동해 명칭의 국제적 확산: 현황과 과제

동해 명칭의 국제적 확산: 현황과 과제

초판1쇄 발행 2021년 9월 17일
초판3쇄 발행 2022년 10월 6일

지은이 동해연구회
펴낸이 한균태
책임편집 최정미
표지 디자인 정서영
내지 디자인 양송희

펴낸곳 경희대학교 출판문화원
주소 서울시 동대문구 경희대로 26
전화 02-961-0106~8
팩스 02-961-0291
설립 1960년 9월 16일 제5-8호
등록 1977년 11월 8일 제6-5호
홈페이지 www.khupress.com
전자우편 press@khu.ac.kr

ISBN 978-89-8222-705-9 (03900)

* 이 책에 사용된 이미지는 모두 저작권자의 동의를 얻어 수록하였거나, 공공저작물로 무료 사용이 가능한 이미지입니다.

동해 명칭의 국제적 확산: 현황과 과제

The Name East Sea: Achievements and Prospects

동해연구회 지음

EAST SEA

경희대학교 출판문화원

차례

제2부 국제법, 국제관계와 동해

제3부 국제기구와 동해

제7장 국제수로기구와 동해의 전개 과정에 관한 연구 **김신**

제8장 국제기구에서의 동해/일본해 표기 분쟁 및 향후 동해 표기의 과제 **류연택**

제9장 국제수산기구와 디지털 시대의 동해 표기 문제 **이창위**

제10장 21세기 국제사회에서 동해 지명 논의 **진준호, 심문보**

제4부 동해 명칭 확산의 다양한 관점과 향후 과제

머리말

동해(East Sea) 명칭 확산을 위한 활동은 2020년 11월 큰 전기를 맞이했다. 국제수로기구(IHO)가 전 세계 바다의 경계와 이름에 대한 디지털 형식의 새로운 체계를 도입하고, 기존에 사용되던 이름은 코드로 대체하기로 했기 때문이다. 『해양과 바다의 경계(S-23)』라 알려진 이전의 아날로그 문서에 'East Sea'를 넣고자 했던 한국으로서는 새로운 국면을 맞이하게 된 것이다.

'일본해'가 단독으로 사용된 문서를 더 이상 쓰지 않기로 했다는 것, 그리고 이 이름이 숫자로 바뀐다는 것은 한국에 있어서는 큰 진전임에 틀림없다. 이러한 변화가 동해 명칭의 병기 또는 병용 제안을 강화하는 근거로 작용할 수 있음도 분명하다. 무엇보다 IHO의 변화를 '현대화'라 부를 수 있는 것과 마찬가지로, 동해 명칭 확산 역시 이제 현대화된 새로운 바람을 필요로 한다.

'동해'를 함께 쓰는 것이 평화와 사회정의로 대표되는 인류 보편 가치를 달성하는 길이라는 합의된 담론에, 디지털 환경이 가져올 지명 사용의 유연성이라는 혜택을 더하여 이를 구체화하는 것이 중요하다. 동해 명칭 확산을 위한 그동안의 노력이 모두 해결을 지향점으로 이루어진 만큼, 이러한 방향이 궁극적으로 명칭 사용 문제를 해결하고 국가 간 갈등을 해소하는 데 기여하기를 기대한다.

이 책은 1992년 이래 지난 30년간 이루어진 동해 명칭의 국제적 확산이 어디까지 와 있고 그 이슈가 무엇이며 앞으로 나아가기 위한 과제는 무엇이 있는지 정리하기 위한 목적으로 준비되었다. 동해 명칭 분쟁의 본질에서 시작하여 국제법과 국제관계의 시각, 국제기구에서의 논의와 진전, 명칭 확산을 위한 다양한 관점, 향후 과제로 나누어 모두 16개의 장으로 구성했다. 마지막에는 장소를 꿰뚫어보는 새로운 관점에서 본 지명의 의미를 보론으로 덧붙였다.

이러한 내용의 편집서에 오랫동안 동해 명칭을 중심으로 연구하고 활동해온 국내 최고 전문가들을 초청한 것은 매우 의미 있는 일이었다. 여기에는 30년 가까이 사단법인 동해연구회를 이끌어온 역대 회장, 창립 멤버, 그리고 각 분야의 전문가가 포함되어 있다.

동해연구회가 1994년 설립된 이래 한 해도 빠짐없이 추진해온 〈바다 이름 국제세미나〉의 결과는 매년 말 논문집으로 발간·활용하였으나, 일반 독자를 대상으로 하는 단행본은 이번이 처음이다. 출판을 맡아준 경희대학교 출판문화원에 감사드린다. 아울러 편집과 행정을 담당한 동해연구회 한은진 사무국장과 김찬호, 박종구 간사에게 감사한다.

이 책이 동해 명칭 확산을 담당하는 정부 기관과 공공 부문, 언론, 출판사, 관련 분야의 학자, 그리고 동해에 관심 있는 모든 독자에게 유용하게 활용되기를 기대한다.

2021년 8월

저자를 대표하여

사단법인 동해연구회 회장 주성재

제1부 동해 명칭 분쟁의 본질

제1장 국제수로기구(IHO)와 미확립된 바다 이름 '일본해'

이기석*

I. 들어가는 말

지구상에 통용되고 있는 모든 지명은 국제적으로 각 나라에서 표준화된 고유 명칭을 세계지도상에서 쓰고 있다. 국제적으로 지명의 표준화는 유엔의 지명표준화회의(UNCSGN: UN Conference on the Standardization of Geographical Names)에서 제정된 지명결의안에 따르고 있으며 해양과 바다의 이름은 국제수로기구(IHO: International Hydrographic Organization)의 결의안에 따르고 있다. 1929년에 국제수로국에서 회원국의 해양 명칭을 등록하면서 발간한『해양과 바다의 경계(*Limits of Oceans and Seas*)』에는 동해의 이름이 일제에 의해 '일본해'로 등재되어 오늘에 이르고 있다. 우리 정부는 1992년 유엔에, 그리고 1997년에는 IHO에 잘못된 등재 표기를 바로잡아 달라고 요청했으

* 서울대학교 명예교수.

나 아직 해결을 보지 못한 채 있다.

본 장은 일본이 '일본해'를 IHO에 등록하는 과정에서 주도적 역할을 하지 않았다는 것과, 일본의 주장대로 '일본해' 명칭이 역사적으로나 국제적으로 '확립된 명칭'인지 확인하고, 최근에 일본이 빈번히 사용하는 지명 용어상의 문제점을 지적하고자 한다.

본 연구에 사용된 자료는 지난 1997년 4월 14일에서 25일까지 모나코에서 개최된 제15차 IHO 총회 기간 중 국제수로사무국(IHB: International Hydrographic Bureau) 도서관 자료에 기초했으며, 추가로 2004년 8월 10일에서 15일까지 모나코에 있는 IHO 사무국(IHB)을 다시 방문하여 자료실 자료 조사와 관계관 면담을 통하여 수집된 자료의 분석을 통하여 작성된 것이다. 그리고 2006년 해양조사원 방문 조사연구 보고서를 참고했다(국립해양조사원, 2006). IHB 자료실에 대한 조사는 1997년 15차 IHO 총회에서 처음으로 개략적으로 조사해 작성한 보고서 "IHO와 '일본해' 표기의 공식화 과정" 이후에 집중적인 조사로는 처음 실시되었다. 제2차로 실시된 자료 조사의 일부는 "IHO의 해양 명칭 표준화와 '일본해'(Japan Sea)"에 정리되었다. 본 조사 자료를 이용한 표준화 과정에 관한 연구 일부분이 이미 학계에 발표된 적이 있었음을 밝혀둔다(동해연구회, 2004; 이기석, 2009).

II. IHO 해양 명칭의 표준화

본 조사 연구의 주요 관심사는 어떤 과정을 밟아 해양과 바다의 명칭이 국제적으로 표준화되었는가 하는 점과 이 과정에서 '일본해' 명칭이 어떻게 국제 표준 명칭으로 등재되었는가 하는 점이다. 이와 관련된 현황 파악을 위해 대체로 런던에서 처음 개최된 1919년 제1차 IHO 총회의 기록부터 1929년 제1차 IHO 특별 총회에서 1928년 마련된 『특별 간행물 23호: 해양과 바다의 경계(*Special Publication No. 23: Limits of Oceans and Seas*)』가 공식 출판물로 채택되기까지의 기간에 있었던 관련 자료를 모두 수집하여 결정 과정을 추적했다. 그리고 이 책자의 1937년 개정 2판과 1953년 개정 3판, 그리고 1986년 제4판 개정판(안)과 2002년 제4판 개정판(안)이 나오기 전후로 논의된 관련 사항에 대한 자료 수집이 중요하리라는 가정하에 자료실 조사 작업을 실시했다.

• IHO 지명표준화와 관련된 주요 자료

IHO의 사무국(IHB)이 현재 보관·관리 중인 자료의 종류는 많으나 이 중에 회원국이 언제든지 접근 가능한 것은 다음과 같다.

1) Circular Letters 1921 이후 회원국에 보낸 공식적인 서신(연간 단위로 제본되어 있음).
2) Board and Directing Committee Meeting의 회의록 1921 이후(매주 회의가 있었으며 회의록에는 President, Directors, Secretary-General의 서명이 있음)
3) Report of the Proceedings by IHB, 1919, 1926, 1929, 1932 등 (IHO 총회 기록)
4) The Hydrographic Review (Biannual since 1923 by IHB)
5) International Hydrographic Bulletin (Supplement to the Hydrographic Review since January 1928 by IHB)

그 밖에 회원국 간에 교환한 주요 서신은 모두 기록실(archives)에 보관되어 있었다. 기록실의 자료는 직원을 통해서 열람 또는 자료 복사가 가능했다.

1. 국제표준화 과정

해양(Oceans)과 바다(Seas)의 명칭에 대한 국제적인 공식화 역사는 1919년 IHO가 설립되면서부터이다. 이 기구는 국제적 항해 안전과 수로 업무의 통일을 위하여 1899년 워싱턴과 1912년 상트페테르부르크에서 개최된 관련 국제회의(International Maritime Conference)를 기반으로 시작되었다. 그러나 실제 IHO의 정기총회는 1919년 영국 런던에서 처음 개최되었고, 1921년에는 국제수로국(IHB)이 처음 설치되었다. 런던 총회에는 모두 24개국이 참가했으며, 일본은 이 회의에 Commander S. Sakonji와 K. Yamaguchi, C. M. G. 해군 사령관, Department of Communications의 정부 관리인 Mr. K. Minato를 파견했다. 또한, 이 회의에서는 해도와 바다의 경계에 대한 중요한 결의안을 채택했다. 그중 해도에 관한 부분(Section I.-CHARTS, P)에서 해양과 바다의 명칭 표기와 관련된 결의 내용은 다음과 같다(IHO, 1920, 28-29).

〈Section I.-Resolution P. I. II. III.〉

Transcription of names, and authorities to be consulted thereon.

I. It is agreed that generally the literal transcription and not the phonetic is to be adopted.

II. It is agreed that for countries and islands that have not an official method of transcription the transcription as adopted by the controlling Power should be used.
III. It is agreed that, in case of those countries using characters other than Roman, the International Hydrographic Bureau, when formed, should as soon as possible prepare an international system of transliteration and transcription of names.

이 결의에 따르면 지명은 표음이 아닌 문자적 표기로, 그리고 공식적인 지명 표기 방법이 없는 국가들은 현재 통제권을 행사하는 국가의 표기법을 쓰고, 로마 표기법이 없는 국가들은 속히 국제표기 체제를 준비해야 한다는 것이다. 이 결의안이 사실상 지구상의 모든 해양과 바다의 이름을 국제적으로 통일하고 공식화하게 된 첫 단계이며 식민지 지배국의 통제에 따르게 한 것이다.

위 결의안의 시행을 위하여 IHB Board Special Meeting No IV가 1922년 9월 15일 개최되었으며 Resolution, Section I, P. III를 시행하도록 다시 결의했다(IHB, 1922). 이에 따라 각 회원국은 공식적으로 개별 국가에서 바다 명칭 결정에 책임 있는 정부기관이나 연구소의 이름과 주소를 1922년 9월 28일 이후 IHB에 등록하게 되었다(Circular-Letter No. 36 of 1922, Transcription of Place-Names, 1922. 9. 28 참고).

As a first step in the required direction Circular-Letter No 36 of 28th September 1922 was sent to the States Members with the following requests:

I. ... to inform the Bureau whether, in your State, any Government Department of Scientific Body is responsible generally for coastal nomenclature and the spelling thereof and, if so,

II. ... to send the Bureau the name and address thereof in order to facilitate the examination of the problem put before the Committee in Resolution P. of Section I

그러나 회원국의 회신이 늦어 자료 수집이 1924년 5월까지 늦어졌으며, 이후 수집된 모든 국가별 보고 자료가 1924년 11월 국제수로사무국 정규 간행물인 Review에 출판되었다.

2. '일본해'의 등록

일본은 일본해 관련 보고에서 아래와 같이 바다 이름을 정부가 결정한다는 사실을 드러냈다. 연락처는 일본제국 해군수로국(Hydrographic Department of the Imperial Navy, Tokyo)으로 명시했다.

Japan

Coastal nomenclature and the spelling thereof are generally decided by discussion between the Government Departments principally concerned in each case. The Hydrographer states that enquiries on such matters should be addressed to the Hydrographic Department of the Imperial Navy, Tokyo, which will endeavour to send a prompt reply after consultation with the Department concerned (Hydrographic Review, November 1924, Vol II. No. 1, 36).

이와 함께 1919년 회의에서는 "바다의 경계에 대한 결의안(Resolution, Section Ⅳ-B): '수로일지와 등대표가 일치되도록 지리적 항해 통보(항로 고시) 마련에 대한 권고안'"을 채택했다(IHO, 1920, p. 36).

"Advisability of arranging Notice geographically, to correspond with Sailing Direction and Light Lists."
It is agreed that it is desirable that the limits of enclosed seas should be laid down, and it might be stated to what sea or ocean a strait connecting two of them should be reckoned.

회원국은 위 결의안에 따라 해당 바다의 경계에 대한 관련 자료를 1922년 9월 이전에 모두 IHB에 제출한 것으로 보인다. 현재로서는 개별 국가들이 어떻게 관련 자료를 IHB 사무국에 접수했는지에 대한 기록을 찾기가 힘들었다. 그러나 IHB는 1922년 9월 29일부터 11월 17일까지 모두 8번의 Special Board meeting을 개최하여 Oceans과 Seas의 한계를 긋고 시안을 작성하게 된다. 이 과정을 통하여 IHB는 1923년 2월 15일 일차적으로 이 시안을 회람서신(No 1-H of 1923) 형식으로 회원국에 배포하여 국제수로국의 결정과 제안에 대하여 이의가 없는지 문의하기에 이른다.

바다 경계를 명시한 이 시안에서 처음으로 동해가 'Japan Sea'로 표기되어 전 회원국가에 배포되었다. 이 시안은 구체적으로 'Japan Sea'(Mer du Japan)의 경계를 방향에 따라 명시하고 있다. 이 시안을 작성하기 위하여 가진 8번의 Special Board Meeting 중 1922년 10월 13일 개최된 회의에서 동해에 대한 언급 없이 'Japan Sea'의 경계가 논의되었다. 그리고 이 회의에서 일본해와 일본해의 경계에 관한 초안이 작성되었는데 무엇을 기초로 논의되었는지 언급이 없었다.

현재까지 IHB 자료에서 'Japan Sea'에 대한 구체적인 공식 기록은 이것이 처음이다. 1924년 8월 5일 회신은 일본해 경계에 대한 의견을 제출한다(〈그림 1-1〉 참조).

이 회람서신(No 1-H of 1923)에는 모두 48개 바다 및 해양의 경계와 각 바다의 이름이 등록되었다. 이로써 1923년 2월 15일을 기해 '일본해'가 동해를 대신하여 국제사회에서 공인받기 위하여 회원국에 회람되기 시작했다. 이에 대한 각국의 반응은 1926년 10월 26일~11월 10일까지 모나코에서 개최된 제2차 국제수로회의록에 요약되어 있으나 '일본해' 표기의 부당성에 관한 논의는 한 건도 없었다(IHB, 1926, Report of the Proceedings, p. 47). 기록에 의하면 모두 14개 나라에서 이 제안에 대하여 회신을 보냈으며 그중 일본을 포함하여 10개 나라가 수정안을 제출했다.

각 국가별 구체적인 수정안은 확인되지 않으나 일본의 경우 1년 반이나 지난 1924년 8월 5일 자로 일본제국 수로국 Rear-Admiral & Director의 이름으로 공식적으로 Japan Sea 경계의 수정안을 제출했다. 이 편지의 원본이 현재 IHB 기록실에 보관되어 있다(Japan: I.H.B. 1643/9-24). 이 수정안에서 Naikai of Inland Sea를 새로 추가했으며, Japan Sea의

〈그림 1-1〉 1922년 10월 13일 자 '일본해에 관한 Special Board Meeting 회의록'

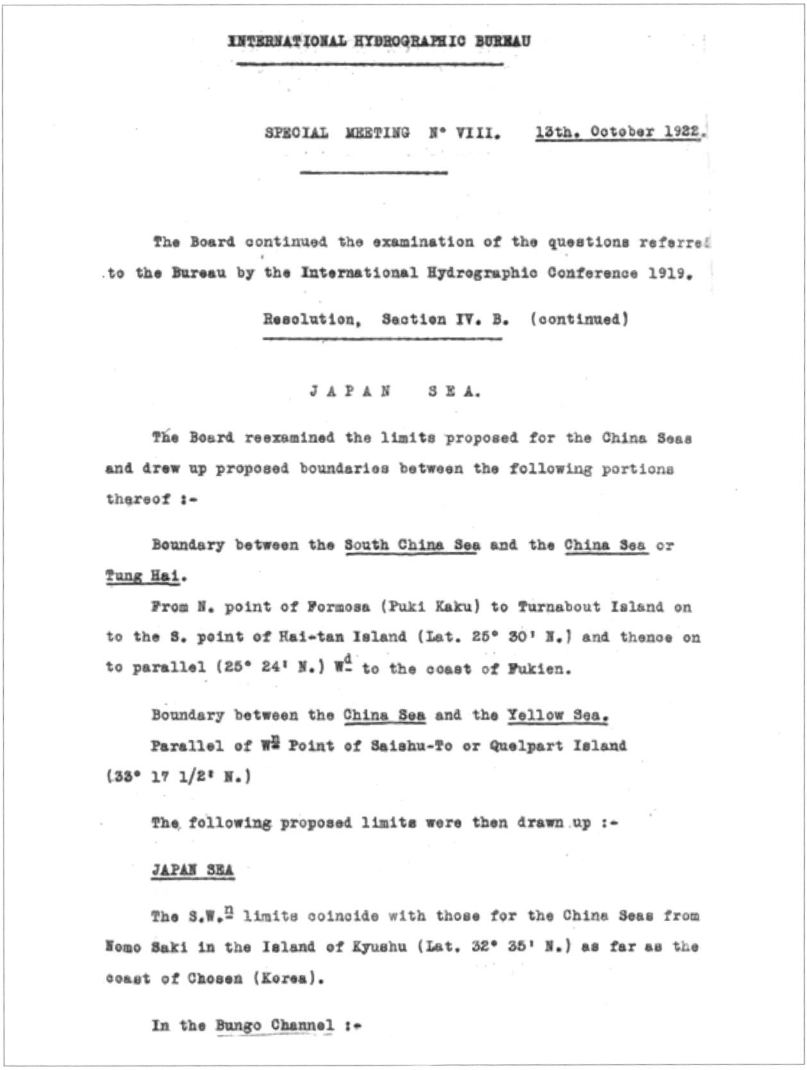

INTERNATIONAL HYDROGRAPHIC BUREAU

SPECIAL MEETING N° VIII. 13th. October 1922.

The Board continued the examination of the questions referred to the Bureau by the International Hydrographic Conference 1919.

Resolution, Section IV. B. (continued)

J A P A N   S E A.

The Board reexamined the limits proposed for the China Seas and drew up proposed boundaries between the following portions thereof :-

Boundary between the South China Sea and the China Sea or Tung Hai.

From N. point of Formosa (Puki Kaku) to Turnabout Island on to the S. point of Hai-tan Island (Lat. 25° 30' N.) and thence on to parallel (25° 24' N.) W^d to the coast of Fukien.

Boundary between the China Sea and the Yellow Sea.

Parallel of W^n Point of Saishu-To or Quelpart Island (33° 17 1/2' N.)

The following proposed limits were then drawn up :-

JAPAN SEA

The S.W.^n limits coincide with those for the China Seas from Nomo Saki in the Island of Kyushu (Lat. 32° 35' N.) as far as the coast of Chosen (Korea).

In the Bungo Channel :-

출처: IHB 사무국.

한계를 규정하는 경계 중 남동쪽과 북동쪽 경계에 대하여 일부 수정을 가한 것으로 기록상에 나타난다. 결국, 1926년 회의에서는 여러 나라의 수

〈그림 1-2〉 1924년 8월 5일 자 일본의 수정 요청 공문(1)

HYDROGRAPHIC DEPARTMENT
JAPAN

NO: 71-6

TOKYO
5th August, 1924

Sir,

In reply to your Circular - Letter No. 1-H of 1923 dated 15th February, I have the honour to inform you as follows :-

I. No. 38
No. 37 The China Sea

The sea under No. 38 is called "China Sea" or "Tung Hai" which in French "Mer de L' Est" and the sea under No. 37 is nominated "South China Sea" which in French "Mer de China" It would better to call the former "Eastern sea" or "Tung Hai" and the latter, "China sea" when they are mentioned in English.

II. The limit of the China Sea, on the East (Paragraph 10 in your letter).

This Department proposes a line joining the North - eastern end of Y'Ami Island (Lat. 21° 5' N.) with Goaram Pii (South point of Taiwan) instead of a line which runs from the E. point of Y'Ami Island etc.---------- to the East coast of Taiwan (Formosa). As for the latter half of the same paragraph, the Department is of opinion that a line joining the North point of Tanega-shima with To-saki in Kyu Shu should be altered to a line joining the North point of Tanega-shima with Hi saki (the west point at the entrance to Ariake Bay).

III. This Department thinks it suitable to separate Naikai (The Inland Sea) from the Japan Sea.

출처: Japan: I.H.B. 1643/9–24.

〈그림 1-3〉 1924년 8월 5일 자 일본의 수정 요청 공문(2)

The limits of Naikai (The Inland Sea) are as follows ;-

(a) The limit with the Japan Sea.

A line runs from Nagoya Saki (east of Wakamatsu Harbour) to Uma Shima, thence to Mutsure Shima and Mura Saki Bana (Lat. 34° 4' N. Honshu).

(b) The limit with the Pacific Ocean.

Kii Suido :

A line joining Tagura Saki (Lat. 34° 16' N.).with Ike Ishi Bena (in Awaji) and a line joining Shio Misaki (Lat. 34° [illegible] N., in Awaji) with Oiso Saki (in Shikoku).

Bungo Suido :

A line joining Sata Misaki (Lat. 33° 20' N., in Shikoku) with Seki Saki (in Kyu Shu).

IV. Soya Strait :

In your letter the meridian which passes thr[illegible] Naka Shiritoko Misaki (cape) is proposed as the limit between the Sea of Okhotsk and the Japan Sea to include Soya Kaikyo (Strait) in the Japan Sea, but a part of the North-east coast of Hokkaido and Aniwa wan (bay) being included in the Japan Sea it is rather too artificial and inconvenient to this Department, so it would be better to take a line joining Soya Misaki with Nishinotoro Misaki as their boundary.

I have the honour to be

Sir,

Your Obedient Servant

G. Spicer-Simson
Secretary-General
I. H. B.
M O N A C O

Rear-Admiral & Director

출처: Japan: I.H.B. 1643/9-24.

정안에 대하여 최종 결정을 내리지 못하고 좀 더 검토하도록 사무국에 돌려보내게 된다.

또한, 이 8월 5일 자 회신에서는 놀랍게도 38 'The China Sea' 또는 'Tung Hai'를 'Eastern Sea' 또는 'Tung Hai'로 부르는 것이 좋다고 제안했다. 일본은 자국의 바다 이름뿐만 아니라 이웃 나라의 바다 이름 결정까지 영향을 미치려 했다(〈그림 1-2〉, 〈그림 1-3〉 참조).

3. 1923년 시안과 1928년 최종본에 나타난 일본해 경계의 변화

1) 1923년 시안(〈그림 1-4〉)

• *On the Southwest.*

The Northeastern limit of the China Sea (37, 38 and 39).

• *On the Southwest.*

In the Bungo Channel:

From Kanai Saki in the Island of Shikoku (Long. 132° 48° E.)

to the points of Okino

Sima and Fuka Sima (Long. 131° 55 1/2′E.) and thence to the extremity of Udo Saki (Lat. 32° 45′N.).

In The Kii Channel:

From the extremity of Kamata Sakai(Lat. 33° 50′ N.) to the S. Point of I-Shima and thence to the extremity of Hino Misaki in the Island of Honshu.

〈그림 1-4〉 1923년 SP-23 초안

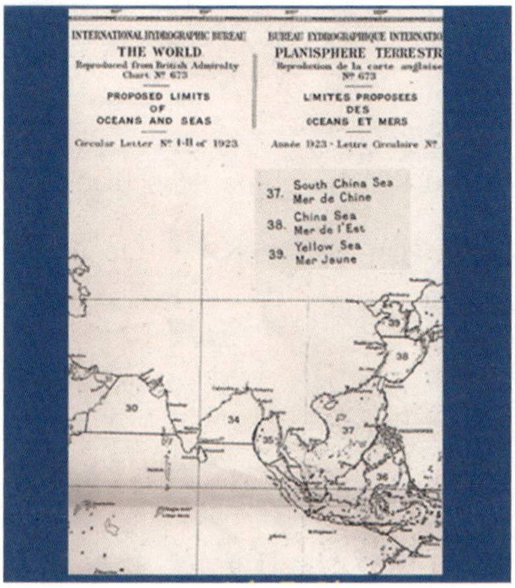

〈그림 1-5〉 1928년 SP-23 초판본

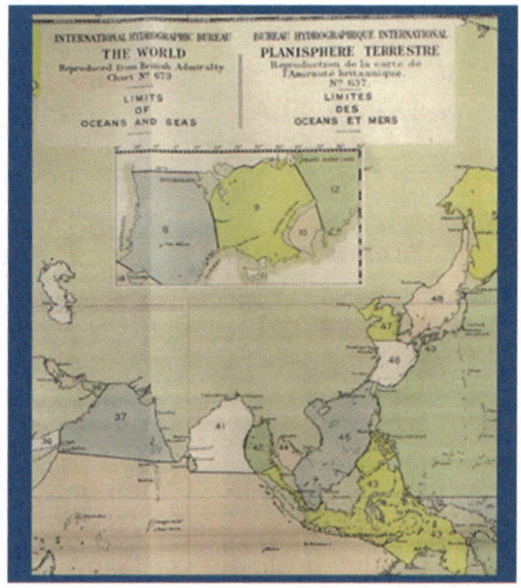

출처: 46 China Sea or Tung Hai; 47 Yellow Sea; 48 Japan Sea

- *On the East*.

  In the Tsugaru Kaikyo:

  From the extremity of Shiriya Saki (Long. 141° 28′E.) to the extremity of Yesan Saki (Lat. 41° 48′N.).

- *On the Northeast*.

  In La Perouse Strait (Soya Kaikyo):

  The meridian of NakaShiretoko Misaki (Cape Siretoko) (Lat. 46° 01° N. Long. 143° 24′ E.) in Sakhalin or Karafuto Island.

- *On the North*.

  From Tuik Point (Lat. 51° 45′N.) to Cape Sushcheva.

2) 1924년 일본 정부 수정안(〈그림 1-5〉)

- **JAPAN SEA**

The S. W. limits coincide with those for the china seas from Nomo Saki in the island of Kyushu (Lat. 32° 35′N.) as far as the coast of Chosen (Korea).

In the Bungo Channel:
the S. pounts of Okino Sima and Fuka Sima (Long. 131° 55 1/4′E.) and thence to the extremity of Udo Saki (Lat. 32° 45′N.)

In the Kii Channel:
From the extremity of Kamata Saki (Lat. 33° 50′N.) to the S. point of I-Shima and thence to the extremity of Hino Misaki in the Island of Honshu.

In the Tsugaru Kaikyo:
From the extremity of Shiriya Saki (Long. 141° 28′E.) to the extremity of Yesan Saki (Lat. 41° 48′N.)

In La Pérouse Strait (Soya Kaikyo):
The meridian of Naka Shiretoko Misaki (Cape Siretoko) (Lat. 46° 01′N.) (Long. 143° 24′E.), in Sakhalin or Karafuto Island.

- *Northern Limit*:

From Tuik Points (Lat. 51° 45′N.) to Cpe Sushcheva.

이후 사무국은 문제되는 지역에 대한 경계를 조정하여 1929년 모나코에서 개최된 제1차 임시 국제수로회의에 최종 출판물 Spec. Pub. No. 23 『해양과 바다의 경계』(1928년 8월에 출간됨)를 제안서로 제출하여 공식적으로 승인받게 되었다(IHB, 1929, Report of the Proceedings, p. 249).

이로써 1929년 동해 이름이 국제적으로 '일본해'(Japan Sea)로 표준화되는 계기가 되었다. 이후 『해양과 바다의 경계』는 1937년, 1952년, 1986년(수정판 미완성)에 각각 개정판이 나왔지만 '일본해' 표기에 대한 문제를 제기하지 않아 현재까지 대다수 해도와 관련 세계지도에 동해가 'Japan Sea'로 표기되고 있다.

III. '일본해'를 주장하는 기본 입장의 문제점

IHO가 1929년 총회에서 『해양과 바다의 경계』 출간물을 채택하면서 지구상에서 처음으로 표준 명칭이 통용되기 시작했다. 일본제국 해군수로국은 1919년 이래 1929년까지 '일본해' 표준화를 위해 총회에 참석은 물론 국제수로 사무국과 적극적으로 교신하며 '일본해' 등재를 위해 주도적인 역할을 했음이 기록상에서 확인되고 있다.

1992년 우리 정부는 공식적으로 '일본해'의 표준화가 잘못됐음을 유엔에 알리고 시정해줄 것을 요청했다. 또한, 지난 30여 년간 유엔지명표준화회의와 유엔지명전문가회의 개최 때마다 우리의 정당한 입장을 관련 주제의 국제학술세미나 보고서와 함께 제출했다. 그러나 일본은 회의 때마다 이에 대응하여 그들의 정부 입장을 반영한 유엔 실무보고서(working paper)나 회의 참가 대표의 입장문(position paper) 혹은 주재 대표부 대사의 발표문(statement)을 회원국에 전달했다.

그동안 우리 정부와 관련 학회 및 연구 단체들은 '일본해' 단독 표기의 부당함을 전 세계에 알리고 시정을 요구했다.

다음은 2002년에서 2019년까지 '일본해' 주장의 근간이 되는 일본의 기본 입장으로 지난 20여 년간 유엔에 제출한 공식 문건에서 주요 부분만 발췌한 것이다. 구체적인 논의는 '일본해' 등록 시 참여 여부, '일본해'의 확립성 여부, 국제 지명 개념의 타당성 등 세 부분으로 나누어 다루었다.

(일본해 주장의 기본 입장을 발췌한 내용: 2002~2019)

2002년: "internationally established as single name"

"widely accepted and internationally established since around late 18th century"

(From "The Name of Sea of Japan," 8th UNCSGN, Berlin, 10 August 2002)

2004년: "methodologically well founded, universally accepted, and has been internationally established since the nineteenth century" (p. 4)

"played no direct role and exercised no influence in th promotion of the use of the name of Japan." (p. 2)

"As noted in the 1929 proceedings of the First International Hydrographic Conference, Japan did not take a active role in the preparation of its first edition" (p. 2)

(From Statement by Mr. Shigeki Sumi, Ministry of Foreign Affairs of Japan, 22nd Session of UNGEGN, 21 April 2004)

2007년: "The name 'Sea of Japan' is only name for the sea area concerned that has been established both historically and internationally" (p. 3)
(From Japan's Position on the name "Sea of Japan" in relation to papers prepared for 15(b) of Agenda, 9th UNCSGN, 24 August 2007)

2012년(a): "Sea of Japan" was established by the early 19th century, Japan Sea remains the only established status quo international name for the sea-area,
(From Japan's position on the name "Sea of Japan" in relation to papers and materials prepared for item 16(a) and other items of the agenda, 10th UNCSGN, New York, 9 August 2012)

2012년(b): The name "Japan Sea" is the only internationally established status-quo-name for the sea-area....
(From Statement by Ambassador Jun Yamazaki, Permanent Mission of Japan to the UN, 6 August 2012)

2019년: First, "Sea of Japan" the only internationally established name for the sea area...
(From Statement delivered by the H. E. Mr. Yasuhisa Kawamura. Deputy Permanent Representative of Japan to the UN, UNGEGN. 2/2019/CRP.118)

1. 등록 과정에서 일본의 주도적 역할

일본은 아래와 같이 IHB에 일본해 등록 시에 주도적 역할을 하지 않았음을 여러 차례 언급해왔다. 그러므로 사실상 그 책임이 없다는 언급이다.

> "As noted in the 1929 proceedings of the First International Hydrographic Conference, Japan did not take a active role in the preparation of its first edition" (Japan, 2004, p. 2)

즉 일본은 국제수로국이 결정한 원안대로 순순히 따랐다는 뜻이다. 그러나 그 실상은 다르다. 일본은 국제수로국과 1920년 이후 여러 차례 서신 교환을 통하여 일본해 명칭과 경계를 확정하는 데 깊이 관여했다. 1924년 IHB에서 발간한 『수로 검토(Hydrographic Review)』 기록에 의하면 일본과의 연락처로 the Hydrographic Department of the Imperial Navy, Tokyo가 등록되어 있다. 이후 구체적인 서신 자료에 따르면(〈그림 1-2〉 참조) 일본해의 공식적 등록뿐만 아니라 해양 경계 외에 있는 중국의 바다 이름까지 바꾸도록 권장한 기록이 있다.

IHO가 설립 초기에 처음으로 〈해양과 바다의 명칭〉을 표준화할 때 일본 해군수로국이 일본해를 단독으로 등록하고 동중국해를 동해(The Eastern sea)로 표기하도록 제안 요청한 것은 놀라운 주도 행위의 하나였다. 일본이 이 바다가 한국의 역사 이래 동해로 불려왔음을 인지하면서 중국해를 동해 혹은 뚱하이(東海)로 표기할 것을 제의한 것으로 보인다. 이러한 제안은 한국의 동해 명칭이 장차 병기 혹은 복수 명칭으로 등록될 가능성을 막으려는 의도로밖에 볼 수 없다. 그 결과 동중국해로 등록되어 일본의 동해 표기 제안은 실현되지 못했지만, 이는 평범한 제안이라고 보기보다는 원천적으로는 한국 동해의 표기를 영구적으로 막으려는 일본의 의도가 있었던 것으로 볼 수 있다.

결과적으로 일본 해군수로국이 한국 동해를 '일본해'로 독단으로 등록하고, 동중국해를 동해(the Eastern sea)로 표기하려고 한 것은 '일본해'의 위상을 견고히 하고 그 정당성을 장기적으로 확보하려는 의도로 볼 수밖에 없다. 이와 같은 일본의 장기적인 움직임에 대한 관찰과 분석은 2006년 연구에서도 지적된 바 있다(국립해양조사원, 2006; Lee, 2011).

중국 해역은 일본의 공유 해역이 아님에도 관여했다는 사실은 놀라운 일이다. 이러한 제안은 일본이 이 해역에서 바다 이름을 등재하는 데 주도적 역할을 했음을 보여주는 증거이다. 일본이 유엔에 제출한 working paper를 보면 IHO가 일본해로 등재할 때 자신들이 주도적 역할을 한 바 없다는 주장과는 거리가 멀다.

2. 미확립된 '일본해' 지명

일본 정부는 '일본해'가 '하나의 이름으로 국제적으로 확립된 명칭'이라는 주장을 하고 있다. 그 주장의 내용은 지난 20여 년간 다소 변화했지만 그 기본 틀은 일관되게 이어지고 있다. 명칭 사용이 국제적으로 확립되려면 관련 공인 기관이나 기구의 언급이 있어야 하는데 이에 대한 구체적 언급이나 근거 제시 없이 같은 주장만 되풀이하고 있다. 사실 1929년 이전에는 IHO와 같이 해양과 바다 이름을 표준 지명으로 등록 혹은 공인하는 기구가 없었다. '일본해'는 1929년에 비로소 IHO에 등록하여 표준 지명이 되었을 뿐이다. 그러므로 1929년 이전에 국제사회에서 통용되던 바다 이름은 모두 같은 위상을 지니고 있었다고 볼 수 있다.

그간 일본은 일본해가 18세기 후반 이후 19세기를 거쳐 국제적으로 확립되었다고 주장한다, 그러나 일본은 처음에는 18세기 후반부터라고 주장하다가 최근에는 19세기부터라고 그 주장을 수정하고 있다. 이 같은 주장의 수정은 세계 고지도상의 표기의 실상이 구체적으로 파악되면서 잘못된 주장을 철회한 것으로 보인다. 17~19세기 말까지는 일본 정부의 '확립된 지명'이라는 주장과는 달리, 지도 제작사와 편집자에 따라 단일 명칭이나 병기 명칭이 다양하게 사용됐다. 1929년 이전까지는 모든 바다의 명칭이 확립되지 않은 채 다양하게 불렸다. 이 시기의 권위 있는 세 가지 고지도는 일본의 기본 주장이 얼마나 취약한가를 실증적으로 보여준다.

하나는 프랑스 벨렝의 한국 지도이고 또 다른 하나는 『브리태니커 백과사전』에 게재된 아시아 지도로, 이 두 지도는 17~18세기 유럽에서 한국 동해에 관한 인식이 어떻게 지도 제작에 반영되었는지 확연히 보여준다. 나머지는 19세기에 100여 년간 일본에서 제작된 대표적인 고지도상에 표기된 바다 이름들이다.

2014년 수교 25주년을 맞아 한국을 방한한 헝가리 빅토르 오르반 총리가 방문 기념으로 대통령에게 한 점의 고지도를 선물했다. 방문 외교에서 아주 드물게 타국에서 제작된 보물급 고지도를 예방국 대통령에게 선물했다는 것은 외교적으로 대단히 예외적인 일이다.

이 고지도의 제작자이자 프랑스 수로학자, 왕실 지도학자인 자크 니콜라스 벨렝(Jacques-Nicolas Bellin, 1703~1772)의 배경과 함께 18세기 중엽 발견 시대(1521~1779) 말기 프랑스 지도 제작의 역사를 간단히 되새겨보고자 한다.

17~18세기 프랑스의 측량과 지도 제작 기술은 유럽에서 가장 앞서갔으며, 17세기 후반 4대에 걸친 카시니가(家)의 프랑스 대축척 지형도와 세계지도 제작은 프랑스가 표준지도 제작에서 세계적인 리더십을 갖는 계기가 되었다. 프랑스 루이 14세는 1669년 이탈리아의 카시니(Giovanni Domenico Cassini, 1625~1712)를 초청하여 프랑스 과학원을 설립했으며 1699년에는 왕실 과학원으로 재편하여 천문학, 측량과 측지학, 지도 제작 연구에 집중했다. 반면에 중국 지도와 한국 전도는 중국에 파견된 선교사들이 수집한 자료를 토대로 제작했다. 특히, 카시니가 수집한 세계 여러 나라의 자료들은 기욤 드릴(Guillaume de Lisle)에 의해 세계지도로 편집되었다. 당시 중국 지도 전문가인 장 바티스트 당빌(Jean-Baptiste d'Anville)과 사위인 필리프 부이시(Philippe Bauche)와 함께 지도를 제작했다.

프랑스에서 중국 전도와 아시아 지도가 정확해진 것은 1708~1716년에 레지(Jean-Baptiste Regis, 雷孝思, 1663~1738) 등 10여 명의 선교사가 중국의 측량 사업에 참여한 후 얻은 자료를 토대로 제작됐기 때문이다. 또한 1726~1747년까지 두 번에 걸쳐 기욤 드릴의 동생인 천문학자 조세프 드릴(Joseph N. De Lisle)이 러시아 아카데미의 초청으로 시행된 베링해역과 북태평양에 관한 실측 탐사에 참여하여 자료를 쉽게 얻을 수 있었다.

드릴이 탐험에 참여하는 동안 수집된 자료를 지리학자 당빌에게 보냄에 따라 1732, 1735, 1737년에 지도가 출간되었다. 사실상 이 시기에 최초로 이 지역에 대한 과학적 탐험과 측량 자료가 지도 작성에 사용되었다. 이때 당빌이 처음 그린 한국 전도는 해안선 윤곽이 지나치게 단순하지만, 최초의 대표적인 고려 왕국을 제작한 지도이다. 이후 지도학자 드

보곤디(Didier Robert de Vaugondy)나 니콜라스 벨렝(Nicolas Bellin) 등도 당빌의 1737년 '중국신지도첩'(Nouvel atlas de la Chine, de la Tartarie chinoise et du Thibet) 지도를 모델로 하여 아시아 지도와 한국 전도를 완성하게 된다.

헝가리 총리가 한국 정부에 기증한 프랑스 벨렝의 지도는 1757년 프랑스에서 제작된 것으로 당빌의 한국 전도와 유사하지만, 표절 시비를 피하려고 영국에서 수집할 수 있는 새로운 정보를 지도에 반영한 점이 특색이다.

지도 이름: Carte de la Province de Quantong ou Lyau-tong et du Royaume de Kau-li ou Corée (Map of Quantong Province or Lyau-tong and the Kingdom of Kau-li or Korea) by Jacques-Nicolas Bellin. Original coloured copper engraving. Paris, 1757.
Published in Antoine-Francois Prevost's Historie General des voyages (Paris, 1757).

벨렝이 그린 한국 전도의 중요성은 시대에 따라 평가가 다르겠지만 지금 우리 입장에서 중요한 점은 '동해' 명칭 표기와 '독도'의 표기(원산만에 표기) 모두 분명하게 당시의 실상을 전하고 있다는 점이다. 동해는 프랑스와 네덜란드어로 'Zee Van Korea'와 'Mer De Coree'(1757년 판)라고 표기하고, 황해는 'LA MEE JAUNE'라고 표기하고 있다. 이러한 표기는 17세기 중반부터 영국과 프랑스에서 널리 알려온 동해 명칭의 일관성을 유지하고 있다는 점에서 높이 평가된다(〈그림 1-6〉).

특히 이러한 표기의 전통성은 러시아 동해안 측량에 직접 참여한 요셉

〈그림 1-6〉 프랑스 벨렝의 한국 왕국 전도(실제 크기 25×36cm)

드릴이 1750년 출간한 〈북태평양 지도(Map of the North Pacific)〉에 'MER DE COREE'의 영향이 반영된 것이라고 본다.

이처럼 표기의 역사적 사실이 명백히 확증되는 프랑스 벨렝의 한국 고지도는 지명 분쟁 중인 우리에게 특별한 의미를 전달한다.

또 하나 지명의 확립성을 실증하는 한국 동해 명칭 관련 고지도로서, 영

〈그림 1-7〉 다카하시 가게야스의 〈신정만국전도〉를 축소해 만든 기념엽서

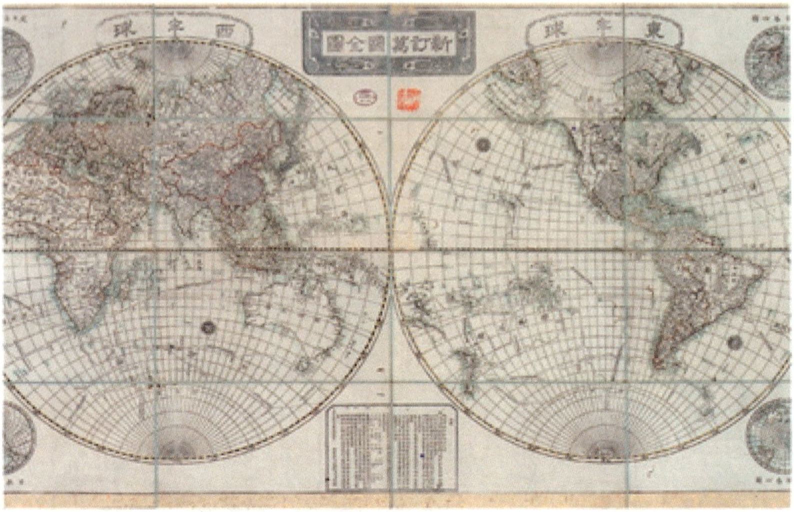

국에서 전통을 자랑하는 초판본(1771) 『브리태니커 백과사전』 아시아 지도에서는 동해를 'Sea of Korea'로 표기하고 있다. 이 시기에 동해(Sea of Korea)가 유럽 사회에서 얼마나 보편화되고 확립된 명칭인지 실증할 수 있는 사례인지 살펴본다.

더군다나 비슷한 시기에 일본에서는 한국 동해가 '조선해'라고 통용됐으며 일본 국민은 이러한 종류의 고지도를 아직 소중히 간직하고 있다. 2013년 8월 일본 교토(京都)에서 국제지리학연합(IGU: International Geographical Union) 지역회의가 개최되었는데, 조직위에서는 도쿄대학교에 소장된 일본 문화재급 고지도 가운데 하나인 다카하시 가게야스(高橋景保) 작(1816년경 제작본, 초판은 1810년 발간) 〈신정만국전도(新訂萬國全圖)〉를 축소해 기념엽서(post card)를 만들어(〈그림 1-7〉) 세계 지리학자들에게 소개했다. 일본이 자랑하는 이 유명한 고지도에는 동해에 '일본해'가 아니라 '조선해'라고 표기되어

있다. 일본해 명칭이 세계적으로 확립된 지명이라고 외치는 일본 학계와 외교 활동과는 거리가 대단히 먼 사실로 보인다. 이처럼 '조선해'로 표기하는 일본의 고지도 제작 전통은 1894년 사가노 히로타로(嵯峨野彦太郎)가 제작한 만국전도(萬國全圖)까지 계속되었다.

이로 보아 일본은 19세기 말까지 표준화된 명칭을 지도상에 확립하지 못하고 제국주의 국가로 발전하고 나서 1929년에야 외국인이 사용해온 '일본해' 명칭을 그대로 국제수로국에 등재하여 단일화를 이룬 것으로 보인다. 이러한 사실로 보아 '일본해' 명칭은 그 표준화의 기원이 일본 제국에 의한 식민지 지배와 외래 명칭에 뿌리를 두고 있다고 보는 것이 적절하다.

3. 동의 기반이 없는 'international name' 용어 사용

일본은 2012년 유엔에 제출한 회의 자료에서 일본해가 'established status quo international name' 혹은 'internationally established status-quo-name'이라고 누차 반복하며 국제 명칭으로서 현상을 유지하고 있다. 이 일본의 주장은 두 가지 측면에서 바르지 않다고 본다. 하나는 일본해가 'international name'이라고 하는데 이는 국제사회에서 공인된 바 없는 지명용어이며, 〈유엔 지명표준 용어집(Glossary of Terms for the Standardization of Geographical Names)〉에서도 사용하지 않는 부실한 학술용어(glossary term)로서 일본만이 임의로 쓰는 것으로 보인다(UN, 2002). 국제사회에서 학술용어로 인정받기 위해서는 전문집단의 동의 기반을 확보하거나 유엔지명전문가회의에 설치되어 있는 실무 유엔지명표준용어위원회

(UNGEGN: Working Group on Toponymic Terminology)의 공인을 받아야만 한다. 그간 유엔에서는 어느 회원국도 '국제 지명'에 관해 사용하거나 용어의 정당성에 대하여 논의한 적도 없었다.

또한, '일본해'는 국제적으로 확립된 명칭이다. 더 나아가 'international'에 추가하여 'status quo 혹은 status-quo-name'으로 확고한 인상을 주려는 시도는 유엔지명표준화 권고 결의안을 전혀 이해하지 못하는 상황이라고 볼 수 있다. 현재 전 세계 권위 있는 지도집 제작사와 다양한 언론계, 그리고 인터넷 온라인 지도 표기 자료 조사에 따르면 '동해'를 단독 표기 혹은 병기하고 있는 것이 2000년에 2.8%에서 최근에 45% 이상으로 변동되었다. 이런 점을 고려하면 '일본해'는 더 이상 'status quo 혹은 status-quo-name'의 위상을 갖추지 못하고 있다.

그간 국제사회의 현황이 많이 변화하고 있음을 일본 정부는 똑바로 감지하지 못하고 있다. 비록 그 표기의 변화 속도가 서서히 이루어지고 있지만 국제사회에서는 기존 유엔과 IHO 권장 결의에 따름을 알 수 있다. 이러한 현상 변화에 따라서 각국의 지명위원회는 당사국 간에 새롭고 적절한 명칭에 합의할 때까지 병기 원칙에 따를 것을 바라고 있다. 지금 바다 이름을 포함하여 세계 주요 지명 중 식민지하에서 제정된 지명을 그대로 사용하고 있는 나라가 얼마나 되는지 되돌아보아야 할 것이다.

Ⅳ. 맺음말

일본 제국 해군수로국은 1919년 국제수로국(IHB)이 설립되어 1929년 『해양과 바다의 경계』 책자가 발간될 때까지 '일본해' 등재를 위하여 주도적인 역할을 했다. 그뿐 아니라 훗날 '일본해'의 지리적 위상을 배려해 전략적으로 중국의 바다 이름 수정에 관여하여 적극적인 의견을 IHO에 제시했다. 이 같은 사실은 '일본해' 위치를 태평양 쪽에서 영구적으로 현 위치로 바꾸고, 그간 일본 다카하시 가게야스의 지도와 같이 동해를 '조선해'라고 널리 불러 온 점을 참작해 '일본해' 이름의 위치 결정과 IHO 등록에 깊이 관여한 것으로 볼 수 있다. 이 과정에서 일본 제국 해군수로국은 중국해 이름을 추천할 때 18세기에 확립된 지명으로 프랑스에서 발간된 지도 사례를 들었으나, 정작 동해 이름을 결정하는 데는 전통적으로 프랑스에서 쓰인 명칭과 일본 내에서 확립된 '조선해'를 제외하고 1928년 IHO에 '일본해'를 등록했다.

역사적으로 '일본해'는 1929년까지는 국제적으로 '확립된 바다 이름'이 아니었다. 더군다나 최근에 '일본해'를 'International Name'이라고 호칭하는 것은 유엔에서도 개념화되지 않은 지리 용어로 국제학계에 혼란만 일으키고 있다. 현시점에서 평가해보면 더는 '일본해'가 'status-quo-name' 지명이 아니라 현상을 유지하기 힘든, 그리고 병기하지 않을 수 없는 상태에 직면하고 있다.

참고 문헌

국립해양조사원, 2006, "동해명칭의 국제적 통용기반 구축연구."

국립해양조사원, 2010, "해양의 경계(SP-23) 전략계획수립연구 최종보고서(안)."

동해연구회, 2004, "국제기구(IHO)의 해양 명칭 표준화와 '일본해(Japan Sea),' '동해' 명칭의 국제통용을 위한 전략개발," 2004 해양수산부 학술용역 보고서, 91-98.

이기석, 1997, "국제수로기구(International Hydrographic Organization)와 '일본해' 표기의 공식화 과정," 1997 제4회 동해연구회 학술발표대회 및 정기총회(1997. 11. 4.) 자료집, 33-45.

이기석, 2009, "국제수로기구(IHO)의 〈해양과 바다의 경계〉 개정판 발간 준비와 동해 명칭의 국제표준화," 누가 독도·동해를 침탈하려 하는가?: 독도 영유권과 동해 명칭 문제의 종합적 접근, (사)독도연구보전협회 2009년도 학술대토론회, 1-16.

International Hydrographic Organization, 1920, *Report of the Proceedings of the International Hydrographic Conference*, London, England, 1919.

International Hydrographic Bureau, 1922, Circular-Letter No. 28 of 1922, 28 September 1922.

International Hydrographic Bureau, 1922-1924, Board Meeting.

International Hydrographic Bureau, 1923, Circular-Letter No. 1-H of 1923, 25 February 1923.

International Hydrographic Bureau, 1924, Transcription of Place-Names, *Hydrographic Review*, 2(1), 33-37.

International Hydrographic Bureau. 1926, IInd International *Hydrographic Conference*, 26 October-10 November 1926, Monaco: Report of Proceedings.

International Hydrographic Bureau, 1928, *Limits of Oceans and Seas*, Special Publication No. 23, Monte-Carlo, Monaco.

International Hydrographic Bureau. 1929, *Report of the Proceedings of the First Supplementary International Conference*, Monaco, 9-20 April 1929.

Kerr, A., 1997, The International Hydrographic Organization and its Involvement with Geographical Place Names, In: The Society for East Sea (ed.), *Special Emphasis Concerning the East Sea: Proceedings of the 3rd International Seminar on the Standardization of Geographical Names*, Seoul, Korea, 11-12 June 1997, 15-35.

Kerr, A., 2002, Problems and Progress-Defining the Limits of Oceans and Seas, In: The Society for East Sea (ed.), *Special Emphasis Concerning the North Pacific Ocean:*

Proceedings of the 8th International Seminar on the Naming of Seas, Vladivostok, Russia, 24-26 July 2002, 4-13.

Kim, S., 2001, International Hydrographic Organization (IHO) and East Sea, In: The Society for East Sea (ed.), *Special Emphasis Concerning the East Sea: Proceedings of the 7th International Seminar on Sea Names*, Seoul, Korea, 1 November 2001, 137-162.

Lee, K.-S., 1999, The Historical Precedent for the Geographical Name of 'East Sea (Sea of Japan)', *The Virginia Geographer: Journal of the Virginia Geographical Society*, 30(2), 13-28.

Lee, K-S. and others, 2003, *East Sea in Old Western Maps with Emphasis on the 17-18th Centuries*, The Society for East Sea and The Korean Oversea Information Service, Seoul.

Lee, S.-T., 2010, Sea of Chosun appeared in Old Japanese Maps, In: The Society for East Sea (ed), *Proceedings of the 16th International Seminar on Sea Names*, Hague, Netherlands, 20-22 August 2010, 193-202.

Lee, S.-T., 2011, Japan's Attempt to name East Sea on East China Sea, In: The Society for East Sea (ed), *Proceedings of the 17th International Seminar on Sea Names*, Vancouver, Canada, 17-20 August 2011, 343-349.

Soh, J. C. and Park, Y. M., 2015, *East Sea. Sea of Japan: History and Truths*, HHU: jNE, Seoul.

The International Hydrographic Review, 1997, 75th Anniversary Commemorative Issue Part 1, 74(1).

UN, 2002, *Glossary of Terms for the Standardization of Geographical Names*.

제2장 한국인의 동해 인식

이상태*

I. 들어가는 말

우리 주변의 자연물인 산, 강, 바다 등에는 아무런 명칭도 없었지만 이러한 자연물에 명칭이 주어진 것은 그 자연물과 더불어 생활해온 사람들이 문화를 발전시키면서 그들의 문화 의식에 적합한 명칭을 자연물에 붙이게 된 데서 비롯한다. 그러므로 산, 강, 바다의 명칭은 그곳에 살고 있던 사람들 가치관의 표현이고, 역사적 산물이며, 문화의 유산인 것이다.

우리나라는 삼면이 바다로 둘러싸여 있어서 일찍부터 바다에 대한 관심이 많았다. 예전에는 대개 오행 사상에 입각하여 동서남북의 네 방향과 중앙을 포함하는 5부의 공간 개념에 따라 동부, 서부 등으로 방향과 공간을 합쳐 불렀기 때문에 바다의 명칭도 동쪽 바다를 동해, 서쪽 바다를 서

* 한국영토학회장.

해 등으로 자연스럽게 불렀다.

우리나라가 언급된 역사, 문헌상에 동해의 명칭이 처음 등장하는 것은 중국 진(秦)나라의 재상 여불위(呂不韋: ?~B.C. 235)가 선진(先秦) 시대의 여러 학설과 사실·설화를 모아 B.C. 239년에 편찬한 『여씨춘추(呂氏春秋)』이다.

> "非濱之東,[1] 朝鮮 · 樂浪之縣, 箕子所封, 濱於東海也. 夷 · 穢之鄕, 東方曰夷, 穢, 夷國名." (呂氏春秋 卷第二十 恃君覽第八 恃君)
>
> 비빈(非濱)의 동쪽은 "조선(朝鮮)과 낙랑(樂浪)의 현(縣)으로, 기자(箕子)가 분봉받은 곳이며, 동해(東海)의 해안가에 있다." 이(夷)와 예(穢)의 고향으로 "동쪽을 이(夷)라고 하는데, 예(穢)는 이(夷)의 나라 이름이다."

위 사료에 동해 명칭이 처음 등장하는데, 이 책이 B.C. 239년에 편찬되었으므로 2,250년 전부터 우리나라는 동해라는 바다 명칭을 사용하고 있었음을 알 수 있다.

두 번째 사료는 『삼국사기(三國史記)』인데, 고구려의 건국 기사에 동해 명칭이 나온다. 『삼국사기』 고구려 본기 시조 동명왕 기사를 소개하면 다음과 같다.

> 북부여국의 재상 아란불이 왕께 아뢰기를 "어느 날 하늘에서 천자가 내려와 명하기를 이곳은 장차 나의 자손들이 나라를 세울 곳이니 너희는 이곳을 피하여 동해(東海)가의 가섭원이라는 곳으로 옮겨라. 그곳은 토지가 비옥하고 5곡이 자라기에 적합하며 왕도를 삼을 만한 곳이다"라고 지시한 말을 전하였다. 아란불이 왕께 권하여 도읍을 그곳으로 옮기

1 "非濱之東"의 非濱은 北濱을 잘못 쓴 글자로 봄.

고 국호를 동부여라고 고쳤다.[2]

위 글의 천자가 말한 '장차 나의 자손'은 곧 고구려의 동명성왕을 지칭한다. 이규보의 『동국이상국집』에 의하면 북부여가 동해변(東海邊) 가섭원으로 옮겨 동부여를 건국한 시기는 중국 한나라 연호인 신작(神爵) 3년에 일어난 일이며 서기로는 B.C. 59년에 해당된다.[3] 삼국의 건국 시기를 살펴보면 신라가 B.C. 57년에, 고구려가 B.C. 37년에, 백제가 B.C. 18년에 건국했다. 동해라는 명칭은 삼국이 건국되기 이전인 B.C. 59년부터 사용하기 시작하여 2,200여 년 동안 우리 민족이 사용해온 유구한 명칭이다.

동해를 우리 민족이 얼마나 오래전부터 사용해왔는가를 알려주는 세 번째 사례를 찾아보면 고구려의 장수왕이 부왕의 업적을 기리기 위하여 A.D. 414년에 세운 광개토대왕비를 들 수 있다. 이 비문 중 제3면 제8행에 수묘인(守墓人)의 숫자가 기록되어 있는데, 그중에 "동해고 국연 3 간연 5(東海賈 國烟 3 看烟 5)"라고 적혀 있다. 동해고의 고(賈)는 물(水)을 가리키는 고구려어이며, 동해고는 동해 물가라는 뜻이 된다. 앞의 기사의 동해변이나 동해고는 비슷한 뜻이다. 동해라는 명칭은 5세기의 금석문에도 등장하는 용어였다.

이에 비해 '일본'이라는 국호는 동해라는 명칭을 우리가 사용하기 시작한 지 700년이 지난 후에야 등장한다. 그것도 일본에서 가장 오래된 사서

2 『三國史記』 卷 第13, 高句麗本紀 第1 始祖 東明聖王,…後其相阿蘭弗曰 日者天降我曰 將使吾子孫 立國於此汝其避之 東海之濱有地 號曰迦葉原 土壤膏腴宜五穀 可都也 阿蘭弗遂勸王 移都於彼 國號東扶餘.

3 李奎報, 『東國李相國全集』 卷第3 東明王篇,…漢神爵三年孟夏斗立巳 海東解慕漱眞是天之子 本紀云 夫余王…天降我曰 將使吾子孫 立國於此 汝其避之 東海之濱有地 號迦葉原 土宜五穀 可都也.

인 『일본서기』나 『고사기』 등에는 나타나지 않고 중국의 『신당서』나 우리 나라 『삼국사기』에만 기록되어 있다. 『삼국사기』 문무왕 조에 보면 "왜국(倭國)이 이름을 고쳐 일본(日本)이라 하였는데, 스스로 말하기를 해 뜨는 곳에 가까워서 이렇게 이름 붙였다"[4]고 했다.

『신당서』에는 함형 원년(咸亨元年, 670: 문무왕 10년)에 사신을 파견하여 "왜라는 국명이 나빠서 일본이란 국명으로 바꾼다"[5]라는 기사가 있다. 일본이라는 국호는 신라 문무왕 10년(670)에야 겨우 등장하여 사용하기 시작했다. 우리가 동해라는 명칭을 B.C. 239년부터 사용한 지 900년 후에야 '일본해'가 아닌 '일본'이라는 국호가 등장하고, '일본해'라는 명칭은 이보다 천 년이 지난 1602년 마테오 리치가 만든 '곤여만국전도'에 처음 등장한다. 우리가 동해라는 명칭을 사용해온 지 1,841년이 지난 후에야 비로소 '일본해'라는 명칭이 등장하는 것이다.

이처럼 유구한 역사를 가진 동해를 우리나라에서는 어떻게 인식했는가를 시대별로 나누어 살펴보고자 한다.

Ⅱ. 삼국 시대의 동해 인식

삼국 시대 동해에 대한 인식은 『삼국사기』와 『삼국유사』를 통하여 알아볼 수 있는데 『삼국사기』에는 19회, 『삼국유사』에는 18회에 걸쳐서 동해에 관한 기사가 수록되어 있다. 이 사료를 통하여 삼국인들의 동해 인식

4 三國史記第6卷, 新羅本紀 第6, 文武王10년 12月.

5 『新唐書』 第220卷, 『通典』 卷185 邊防 倭條 "咸亨元年…惡倭名更號日本."

을 살펴보면 크게 두 가지로 나누어진다. 첫째는 동해가 호국 신앙과 밀접한 관련이 있으며, 둘째는 동해에서 일어난 자연재이(自然災異)에 대해서 자세하게 적고 있다는 점이다.

1. 동해와 호국 사상

신라는 건국 초부터 동해를 통해 왜국의 공격을 종종 받았기 때문에 동해에 대한 관심이 많았다. 왜국의 공격 상황을 살펴보면 박혁거세 8년(B.C. 50)부터 신라 국경을 침범해왔으며, 남해 차차웅 11년(A.D. 14)에는 왜선 100여 척의 대군이 쳐들어와 동해 해변가의 민간인들을 약탈해가서, 경주에 있는 중앙군을 파견하여 이들을 막아냈다.

탈해왕 3년(A.D. 59)에는 왜군의 침입을 막으려고 왜국과 우호 관계를 맺었는데도 불구하고 10년이 좀 지난 탈해왕 17년(A.D. 73)에 또다시 왜군들이 쳐들어왔다. 왕은 각간 우오(羽烏)를 파견하여 그들을 막도록 하였으나 우오가 전사하는 불행한 사태까지 발생한다. 이처럼 건국 초기부터 왜국이 자주 침범해와 신라에서는 커다란 걱정거리였다.

왜국에 적극적인 대응을 한 왕은 문무왕이다. 그는 삼국통일의 대업을 이룩했기 때문에 육지를 통한 외적의 침입은 걱정이 없었지만, 동해를 통해서 쳐들어오는 왜적에 대해서는 걱정이 많았다. 문무왕은 평소에도 늘 지의법사(智義法師)에게 말하기를 "짐은 죽은 후에 호국대룡(護國大龍)이 되어 국가를 수호하고 싶다"고 했다. 신하들은 문무왕의 유언에 따라 동해의 큰 바위에 묻었고 이를 대왕암(大王岩)이라고 불렀다.[6]

그 뒤를 이은 신무왕은 부왕을 위해 감은사를 건립하고 부왕의 호국정신을 받들었다. 이러한 호국 정신이 나타난 것이 만파식적(萬波息笛)에 대한 기록이다.

> 신무왕 3년에 동해 바다에 작은 섬이 떠다니고 그곳에 대나무가 있는데 그 대나무를 취하여 피리를 만들었다.[7]

이 피리는 문무왕이 동해의 호국용이 되고 김유신이 33천(天)의 천자가 되어 신라를 옹위하는 증거로 보내준 것이다. 이 피리를 불면 적병이 물러가고 가뭄에는 비가 오며, 장마에는 비가 그치게 되고 바람과 파도마저 잔잔해져서, 이 피리 이름을 만파식적이라고 불렀으며 국보로 삼고 경주의 천존고(天尊庫)에 보관했다.

그 뒤에도 742년에는 효성왕을[8], 785년에는 선덕왕(宣德王) 등을 유언에 따라 화장하고 그 유골을 동해에 뿌리도록 했다.[9] 신라 왕들은 죽어서도 동해를 지키겠다는 호국 사상이 철저했음을 알 수 있다.

---

6 『三國史記』 卷第7, 新羅本紀 第7 文武王 下 7月,…二十一年 秋七月一日 王薨諡曰文武 群臣以遺言葬東海口大石上 俗傳王化爲龍 仍指其石爲大王石. 『三國遺事』 卷第1, 紀異第2 文虎王法敏 文武王,…大王御國二十一年 以永隆二年辛巳崩 遺詔葬於東海中大巖上 王不時常謂智義法師曰 朕身後願爲護國大龍 崇奉佛法 守護邦家.

7 『三國遺事』 卷第2, 紀異第2 萬波息笛,…爲聖考文武大王創感恩寺於東海邊 明年壬午五月朔 海官波珍喰朴夙淸奏曰 東海中有小山 浮來向感恩寺 隨波往來 王異之 命日官金春質占之 曰聖考今爲海龍 鎭護三韓.

8 『三國史記』 卷第9, 新羅本紀 第9 孝成王 6年 5月,…夏五月 流星犯參大星 王薨 諡曰孝成 以遺命燒柩於法流寺南 散骨東海.

9 『三國史記』 卷第9, 新羅本紀 第9 宣德王 6年 正月,…六年 春正月 死生有命 顧復何恨 死後 依佛制燒火 散骨東海 至十三日 薨 諡曰宣德.

2. 자연재이와 동해

삼국 시대에는 현재와 같이 과학이 발달하지 않아서 자연의 돌연변이 현상에 깊은 관심을 갖게 되었으며, 이러한 현상을 하늘에서 국왕에게 통치를 잘하라고 주는 계시로 받아들였다.

그 사례를 살펴보면 점해니사금 10년(256)에 동해에 큰 고기 세 마리가 나타났는데 길이가 30척이고 높이가 12척이나 되는 큰 고기였다.[10] 실성니사금 15년(416)에도 동해변에서 큰 고기를 잡았는데 뿔이 나 있었고 그 크기는 수레에 가득 찰 정도였다.[11] 요즈음 정세로 보면 기록에 나타나는 큰 고기는 고래가 아니었을까 짐작된다.

선덕여왕 8년(639)에는 동해의 물이 붉어지고 수온이 올라갔으며 고기들이 죽어 해수면에 뜨는 일이 있었다.[12] 효소왕 8년(699)에도 동해 물이 혈색으로 변했고, 동왕 9월에는 동해의 물이 서로 싸우는데 그 소리가 경주에서도 들릴 정도였으며 병기고에 있는 북과 꽹과리 등이 스스로 울리는 일도 일어났다.[13]

신덕왕 4년(915)에도 참포(斬浦)의 물(경북 영일군 흥해읍-필자 주)과 동해수가 서로 싸우는데 그 파도의 높이가 200자가 넘었으며 3일 만에 그치게 되었다.[14]

---

10 『三國史記』 卷第2, 沾解尼師今 10年 3月, 十年 春三月 國東海出大魚三 長三丈 高丈有二尺.

11 『三國史記』 卷第3, 新羅本紀 第3 實聖尼師今 15年 3月, 十五年 春三月 東海邊獲大魚 有角 其大盈車.

12 『三國史記』 卷第5, 新羅本紀 第5 善德王 8年 7月, 八年 秋七月 東海水赤 且熱 魚鼈死.

13 『三國史記』 卷第8, 新羅本紀 第8 孝昭王 8年 7月, 八年 秋七月 東海水血色 五日復舊 九月 東海水戰 聲聞王都 兵庫中鼓角自鳴.

14 『三國史記』 卷第12, 新羅本紀 第12 神德王 4年 4月, 神德王 四年 夏四月 槧浦水與東海水相擊 浪

이처럼 동해에서 큰 고기가 나타났다거나 큰 파도가 일어나는 자연재해 현상에 대해서 신라인들은 경외심을 갖게 되었다.

3. 동해인

고구려 민중왕 4년(A.D. 47) 9월에는 동해인(東海人) 고주리(高朱利)가 고래를 바쳤는데 밤에도 고기의 눈에서 광채가 났다. 동천왕 19년(245)에는 동해인들이 미녀를 왕에게 바쳤으며 왕은 이를 맞아들여 후궁을 삼았다.[15] 여기서 동해인은 동명왕 기사에 등장했던 동부여인들 즉, 동예국의 사람인 듯하다.

4. 『삼국유사』에 실린 동해 기사

『삼국유사』에는 동해에 관한 기사가 18회 실려 있다. 그중에서 '연오랑과 세오녀'의 기록을 살펴보면 다음과 같다.

> 第八阿達羅王即位四年丁酉東海濵有延烏郎細烏女夫婦而居. 一日延烏歸海採藻忽有一巖一云一魚負歸日本. 國人見之曰 "此非常人也", 乃立爲王
>
> (신라) 제8대 아달라왕 즉위 4년(157)에 동해(東海) 바닷가에는 연오랑과 세오녀 부부가 살고 있었다. 어느 날 연오랑이 미역을 따러 바위에

高二十丈許 三日而止.

15 『三國史記』 卷第20, 高句麗本紀 第9 東川王 19年 3月, 東川王十九年 春三月 東海人獻美女 王納之後宮.

올라섰더니, 그 바위가 움직이며 연오랑을 싣고 일본으로 가게 되었다. 연오랑을 본 일본 사람들은 그를 신이 보냈다고 여기고 왕으로 섬겼다.[16]

연오랑이 바위를 타고 일본으로 가게 되었는데, 일본인들은 그를 신이 보내준 인물로 여겨 왕으로 삼아 섬겼다는 이야기다.

5. 금석문에 나타나는 동해

한국에 현존하는 금석문은 수천 종인데, 동해 명칭이 표기된 금석문은 122종이 있다. 그중 하나가 신라 성덕대왕신종(聖德大王神鍾)이다. 이 종은 일명 봉덕사종 또는 에밀레종이라고도 한다. 성덕왕(聖德王)의 공덕을 기리고 왕실과 국가의 번영을 기원하려는 목적에서 경덕왕(景德王) 때 계획되었다가, 혜공왕(惠恭王) 7년(771)에 완성되었다. 이 종의 명문에 동해 명칭이 나온다.

紫極懸象　黃輿啓方　山河鎭列　區宇分張　東海之上　衆仙所藏 地居桃壑　界接扶桑　爰有我國　合爲一鄕
하늘에 천문이 걸리고 대지에 방위가 열렸으며, 산과 물이 나란히 자리 잡고 천하가 나뉘어 뻗쳤다. 동해에는 뭇 신선이 숨어 있는 곳, 땅은 복숭아 골짜기에 머물고 경계는 해 뜨는 곳에 닿았다. 이에 우리나라가 있어 합하여 한 고을이 되었다.

---

16 三國遺事 卷 第一 〈紀異第一〉 〈延烏郎 細烏女〉.

동해를 뭇 신선이 숨어 있는 신성한 곳으로 묘사하고 있다.

Ⅲ. 고려 시대의 동해 인식

고려 시대에는 국가의 중심을 송악으로 옮겼기 때문에 동해보다는 서해에 관심이 더 많았다. 고려 시대 동해에 대한 인식을 살펴보면 다음과 같다. 첫째, 동해는 곧 국가를 지칭하는 단어로 사용되었고, 둘째, 삼국 시대처럼 동해상에서 일어나는 자연재이에 대해 관심이 많았으며, 셋째, 제사 대상으로 동해를 인식하고 있었다.

1. 동해가 국가를 대표하는 명칭으로 사용된 경우

태조 왕건이 고려를 건국한 것은 918년이었지만 936년 후삼국을 통일하기 전까지 18년간은 신라·후백제 등과 함께 후삼국을 형성하여 서로 간의 세력 다툼을 벌였다. 특히 후백제와 고려는 팽팽한 경쟁 관계를 유지하고 있었으며 대외적으로도 후량·후당 등과 외교 관계를 맺고 후백제를 견제했다.

이러한 경쟁 관계 속에서 고려 태조 11년(928)에 왕건은 후백제의 견훤에게 답서를 보낸다. 답서의 내용은 다음과 같다.

만약 족하(足下)가 공손히 예지를 받들어 흉측한 생각을 거둔다면 오직 상국(上國)의 어진 은혜에 부응할 뿐만 아니라 동해(東海)의 끊어진 왕통을 이어나가게 하는 것이다. 만약에 허물을 능히 고치지 않는다면 후회해도 미치지 못할 것이다.[17]

위 사료에서 '족하'란 후백제의 견훤을 지칭한 것이며 공손히 예지를 받든다는 것은 오·월의 왕을 가리킨다. 오·월은 당시 고려·후백제와 동시에 국교를 맺고 있었으며 후백제와 고려에 대해서 피차 침략하지 말고 친선 관계를 유지해달라고 권고하는 국서를 고려에 보내왔다. '상국'은 곧 오월을 지칭한다. "동해의 끊어진 왕통을 이어나가게 하는 것이다"라는 표현은 고구려의 왕통을 이은 것이 고려였기 때문에 왕건이 고구려의 왕통을 다시 이어나가겠다는 말이다. 여기에서 사용한 '동해'라는 명칭은 삼한·해동과 마찬가지로 우리나라를 가리키는 별칭으로 쓰인 것이다.

이러한 사례는 신종 즉위년(1197)에 원나라에 보낸 국서에도 나타난다.

병자에 고공원외랑(考功員外郎) 조통(趙通)을 금(金)에 보내니 전왕이 표(表)에는 이르기를 '학이 언덕에서 우니 오히려 들을 만한 메아리가 있고 해바라기가 해를 따라 기우니 어찌 함빡 비치는 사사로운 은혜가 없으리오. 감히 간절한 정성을 다하여 우러러 고명하신 살핌을 바라나이다. 엎드려 생각건대 제가 외람되이 미력한 몸으로 부질없이 변방의 봉작을 이어받아 동해(東海)의 기슭에 모범이 되었나이다.'[18]

---

17 『高麗史』 卷1, 世家 卷第1 太祖11年 正月 乙亥, …若足下祗承睿旨 悉戢凶機 不惟副上國之仁恩 抑亦紹東海之絕緖 若不過而能改其如悔不可追….

위 사료에서 전왕이 명종을 가리키며, "동해의 기슭에 모범이 되었나이다"라고 한 구절의 '동해'는 고려를 가리키는 별칭이다. 이처럼 고려 시대에는 동해가 고려를 대신하는 국가의 별칭으로 인식되었다.

2. 자연재이와 동해

앞에서 지적했듯이 과거에는 자연재이 현상이 국왕의 통치 철학과 밀접한 관련이 있다고 생각했다. 고려인들은 하늘에는 오행의 운행질서가 있고 땅에는 금, 목, 수, 화, 토의 오재(五材)가 있어 그 쓰임이 다하지 않으면 사람에게 길흉사로 나타난다고 생각했다. 그러므로 이러한 자연재이를 잘 닦으면 길(吉)하게 되고, 잘 닦지 않으면 흉(凶)이 된다고 하였다. 특히, 공자께서 춘추를 지으시면서 재이(災異)를 반드시 기록했으므로 하늘과 사람이 감응하는 이치를 쉽게 말할 수 없어 자연재이 현상을 반드시 기록한다고 하였다.

동해에 관계된 기록으로는 인종 20년(1124) 동해 가운데 있는 두 돌이 진퇴하면서 서로 부딪쳤다는 기록이 있다.[19] 또한, 명종 6년(1176) 동해 물이 황색으로 흐려지기를 3일이나 하더니 변하여 혈색이 되었다고 하였으며, 강종 2년(1213) 3월에도 동해 물이 붉어져서 핏빛과 같았다고 하였다.

동해 물의 적조(赤潮) 현상은 신라 때에도 나타났었고 오늘날에도 종종 있는 자연 현상인 것이다.

---

18 『高麗史』 卷21, 世家 卷第21 神宗即位年 丙子, 遣考功員外郎曺通如金 前王敎曰鶴鳴于皐 尙有可聞之響葵傾於日 豈無委照之私 敢殫懇款之誠 抑瀆高明鑑 伏念某猥將力叨襲藩封表東海之濱.

19 『高麗史』 卷54, 志 卷第8 五行志 2, 仁宗二年三月東海中 兩石進退相擊.

3. 제사와 동해

고려 시대에는 해악독신(海嶽瀆神)의 산천에 제사 지내는 제도가 확립되었는데 동해 · 서해 · 남해에 신사(神祠)가 있었다.

『고려사 지리지』에 의하면 동해 신사(東海神祠)는 교주도 익령현(翼嶺縣)에 있었다. 익령현은 『세종실록 지리지』 양양도호부의 연혁사항을 참고하면 오늘날의 양양에 해당된다. 조선 시대에 간행된 동국여지승람 · 여지도서 · 대동지지 등에도 양양도호부에 동해 신사가 있다고 기록되어 있다. 그런데 조선 세조 때 양성지가 건의한 상소문에 의하면 동해 · 남해 · 서해 신사가 모두 개성을 중심으로 정해졌기 때문에 한양을 중심으로 볼 때 방위가 맞지 않으니 이들 신사를 모두 옮겨야 한다고 건의하고 있다. 그는 동해 신사는 강릉으로, 서해 신사는 인천으로, 남해 신사는 순천 등지로 옮겨야 한다고 주장하고 있다. 이러한 양성지의 상소문을 참고하면 고려 시대에도 동해와 남해, 그리고 서해에 신사가 있었음을 알 수 있다.

Ⅳ. 조선 시대의 동해 인식

조선 시대 동해에 대한 인식은 고려 시대와 비슷하게 동해 신사와 자연재이에 관한 문제가 논의되었다. 특히 울릉도 수토사(搜討事) 문제로 동해가 관심의 대상으로 떠오르고 울릉도의 소유권 문제로 왜국과 교섭하게 된다. 조선 시대에는 동해에 대하여 지대한 관심을 갖게 되는데, 가뭄과 그 극복 방법으로 '동해의 효부'가 거론되었다. 특히 동해가 찬양의 대상이거나 치욕을 씻어주는 신성한 곳으로 거론되었다.

1. 제사와 동해 신사

조선 시대에는 고려 시대의 제사 제도를 그대로 답습했기 때문에 전 시대와 별 차이가 없었다. 태종 14년(1414)에 산천에 제사 지내는 규정을 새로 정비했는데 강원도의 동해, 풍해도의 서해, 전라도의 남해를 국가의 중사처(中祀處)로 지정했다.[20] 세종 19년(1437)에는 예조에서 해·악·독·산천의 단묘와 신패를 정했는데, 강원도 양양부의 동해 사묘의 위판은 동해지신(東海之神)이라고 썼다.[21] 『세종실록』 오례지(五禮志) 변사(辨祀) 항에 보면 나라에서 관장하는 중사처로서 다른 악신(岳神)·독신(瀆神)과 함께 각 바다의 제사처가 소개되어 있다. 그 위치를 살펴보면 남해 신사는 전라도 나주에, 서해 신사는 황해도 풍천에, 동해 신사는 강원도 양주에 있다고 기록되어 있다.[22]

『세종실록 지리지』 양양도호부(襄陽都護府) 항에도 동해 신사가 도호부의 동쪽에 있는데 춘추로 제사를 지낸다고 기록되었다.[23] 한편 세조 때에는 국가의 위신을 드높이고자 원구단을 건립하고 천자와 마찬가지로 하늘에 제사 지냈는데, 동쪽의 10단(壇)인 북악단·북진단·동악단·동진단·태세단·제왕단·산천단·신기단·사독단과 함께 동해단(東海壇)을 설치해

---

20 太宗實錄 卷28,14年 8月21日 辛酉.

21 世宗實錄 卷76,19年 3月13日 癸卯.

22 『世宗實錄』 卷128, 五禮 辨祀條 5-176b 中祀風雲雷雨 嶽海瀆 智異山全羅道南原南三角山漢城府中 松嶽山開城府西 鼻白山永吉道定平北 東海江原道襄州東 南海全羅道羅州南 西海豊海道豊川.

23 『世宗實錄』 卷153, 地理志 江原道 襄陽條 5-676b, 東海神祠堂 在府東春秋降香祝致祭中祀.

제사를 드렸다.[24]

2. 가뭄과 동해

조선은 농본국가(農本國家)이기 때문에 자연재해인 가뭄에 매우 민감하여 그에 대비한 대책을 여러 가지로 마련하였다. 그 방법 중 하나는 억울하게 옥살이하는 사람이 없게 하는 것으로, 나라에 가뭄이 계속되면 감옥에 있는 죄수를 특별히 방면하거나 재판을 신속히 처리하는 것이었다. 이런 논의 때마다 등장하는 고사가 "동해의 효부" 기사이다.

중국 한나라 때 동해현에 효부가 살았다. 일찍이 과부가 되었고 자식이 없었으며 시어머니만 있었는데, 이 며느리는 시어머니를 극진히 모셨다. 시어머니는 며느리가 너무나 고마워 여러 번 자기를 남겨두고 시집가라고 권고했다. 그러나 며느리는 이러한 요구를 거절하고 시어머니를 정성을 다하여 모셨다. 참다못한 시어머니는 동네 사람들에게 "늙은이가 젊은 사람에게 짐만 된다"고 한탄하며 스스로 목을 매어 자살했다. 시어머니의 딸이 이 사실을 알고 며느리가 시어머니를 독살했다고 관가에 고발했다. 며느리는 이를 적극적으로 변명하지 않고 거짓으로 자백했다.

이 사건을 담당한 형리(刑吏)는 여러 가지로 추궁했지만 며느리의 대답은 여전했으므로 이를 상부에 보고하였고, 태수는 마침내 이 며느리를 사형시켰다. 그 후로 이 마을에는 3년 동안 가뭄이 계속되었다. 후임 태수가 부임하여 이 사실을 알고 그 효부 집에 소를 잡아 제사를 드렸더니 하늘

---

24 世祖實錄 卷7, 3年 3月14日 丁丑.

에서 비가 왔다는 고사이다.[25]

위의 고사(故事)는 가뭄이 들기만 하면 "동해에 사는 효부가 원통하게 죽으니 3년간 가뭄이 들었다"고 인용되는 고사로 태종 때부터 조선 후기 정조 때까지 인용되었다.[26] 물론 이때 인용된 '동해'는 오늘날의 동해와는 달리 중국 한나라 때의 동해군을 지칭하지만, 조선 시대에는 우리나라의 동해처럼 이용되었다.

3. 자연재이와 동해

삼국 시대와 고려 시대처럼 동해의 자연재이 현상도 여러 번 나타났다. 태종 15년(1415)에는 영일에서 길주까지 동해의 물이 범람했다. 동해 바닷물의 높이가 5척, 또는 13척이나 되어, 육지에서도 어떤 곳은 5·6척, 어떤 곳은 백여 척이나 바닷물이 덮쳤는데, 바닷물의 진퇴가 조수(潮水)와 같았다. 또 삼척과 연곡 등지에서는 바닷물이 줄고 넘치기를 5·6차례나 하였는데, 넘칠 때는 50·60척이나 되고, 줄어들 때는 40여 척이나 되었다.[27]

---

25 說苑, 貴德 / 漢書, 于定國傳.

26 太宗實錄 卷26,13年 7月5日 壬午 / 成宗實錄 卷238,21年 3月27日 己卯 / 中宗實錄 卷13,6年 4月22日 辛丑 / 中宗實錄 卷65,24年 7月4日 丁酉 / 明宗實錄 卷31,20年10月10日 癸酉 / 宣祖實錄 卷4,3年5月16日 癸未 / 光海君日記 卷77,6年4月24日 丙午 / 仁祖實錄 卷45,22年5月1日 戊子 / 孝宗實錄 卷18,8年5月4日 丙午 / 肅宗實錄 卷56,41年10月11日 癸酉 / 英祖實錄 卷61,21年5月15日 丙戌 / 英祖實錄 卷81,30年4月14日 癸巳 / 正祖實錄 卷16,7年7月5日 甲午.

27 太宗實錄 卷29,15年4月5日 壬申.

명종 20년(1565)에는 음양(陰陽)이 절도를 잃어 항상 춥다가 봄에 동해 바다가 어는 이변이 일어났으며,[28] 선조 38년(1605)에는 동해의 물이 붉어지고 압록강 물이 자줏빛으로 바뀌었다.[29] 인조 25년(1647)에는 동해의 물이 역류했으며,[30] 효종 6년(1655)에는 명종 때처럼 또다시 동해에 얼음이 어는 재변(災變)이 일어났다.[31] 숙종 28년(1702)에는 동해의 수세(水勢)가 바뀌어 어족(魚族)이 모두 서해(西海)로 옮겨가는 이변이 일어났다.[32] 영조 13년(1737)에는 동해에 또다시 적조(赤潮) 현상이 일어나 조정을 긴장시켰다.[33]

한편 서해와 달리 동해에 조수(潮水)가 없는 점을 규명하려는 시도가 여러 번 있었다. 세종 32년(1450)에는 정인지가 중국 사신에게 "동해에 조수가 없음은 무엇 때문입니까"라고 질문했으나 중국 사신도 그 이유를 알 수 없다고 대답했다.[34] 성종 7년(1476)에는 경연석상에서 동해에 밀물이 없는 이치를 궁구(窮究)하였으나 결론을 내리지 못했다.[35] 인조가 경연석상에서 "조석수(潮汐水)에 대한 설명을 들을 수 있겠는가"라고 질문하자 정경세(鄭經世)가 대답하기를, "선유(先儒)가 논한 바를 정확히 알지 못하겠습니다. 어떤 이는 땅이 숨을 쉬어서라고 하는데, 동해는 조석이 없으니 그 이치를 궁구하기 어렵습니다"[36]라고 대답했다. 영조 때에도 경연석상에서 남

28 明宗實錄 卷31,20年3月15日 壬子.

29 宣祖實錄 卷189,38年7月27日 己亥.

30 仁祖實錄 卷48,25年4月6日 丁丑.

31 孝宗實錄 卷14,6年4月1日 乙卯.

32 肅宗實錄 卷37,28年7月1日 庚戌 / 肅宗實錄 卷41,31年1月15日 庚戌.

33 英祖實錄 卷46,13年11月3日 丙辰.

34 世宗實錄 卷127,32年1月7日 壬子.

35 成宗 卷65,7年3月28日 辛未.

36 仁祖實錄 卷19,6年10月9日 丙申.

태제(南泰齊)가 "동해는 어찌하여 조석(潮汐)이 없습니까?"[37]라고 질문하였으나 명확한 답을 내릴 수 없었다.

4. 울릉도 수토사와 동해

울릉도는 신라 지증왕 때 이사부가 점령하여 통치했으나 이 섬에 사는 주민들이 왜구를 인도하는 길잡이가 될 가능성이 있으므로 울릉도에 사는 주민들을 모두 본토로 소환하여 그 섬을 비워두었다. 그러나 언제부터인지 울릉도에도 주민이 살게 되었고, 고려 시대에는 태조 왕건 때와 덕종 때에 도주(島主)가 사신을 보내 공물을 바쳤다. 그 후 인종 때에는 이양실(李陽實), 의종 때에는 김유립(金柔立) 등을 파견하여 주민이 살 수 있는지 여부를 조사시켰으나 바위가 많아 거주할 수 없다고 보고되었다. 최우도 울릉도에 주민들을 이주시키려고 시도했으나 풍파로 많은 인명을 잃고 그 계획을 중단했다.[38]

조선 시대에는 태종 16년(1416)에 삼척 만호였던 김인우(金麟雨)를 무릉도(武陵島)(울릉도-필자 주) 안무사 삼아 병선 2척을 파견하여 그 섬에 거주하면서 군역을 피해간 주민들을 데려오도록 했다. 김인우는 5개월이 지나서 태종 17년(1417)에 돌아왔는데 울릉도(鬱陵島)에는 15가구에 남녀(男女) 모두 86명이 살고 있다고 보고했으며, 그곳의 특산물인 대죽(大竹)과 수우피(水牛皮)(물개 가죽-필자 주) 등을 바쳤다. 그 후 세종 20년(1438)에는 남호(南顥)

---

37 英祖實錄 卷96,36年12月2日 壬申.

38 『高麗史』 卷129, 列傳 卷第42 叛逆 崔怡, 東海中有島名鬱陵 地膏沃多珍木海錯以水程遠絕往來者久 怡遣人視之有屋基破礎宛然 於時移東郡民實之 後以風濤險惡人多溺死罷其居民.

를 파견하여 울릉도 주민 70여 명을 데려오고 그 섬을 비워두었다. 성종 20년(1490)에 박원종(朴元宗)을 삼봉도(三峯島)에 보내 조사시켰으나 주민이 살고 있지 않음을 확인했다. 조선 초기에는 울릉도가 무릉도 · 우산도 · 삼봉도 등으로 불렸음을 알 수 있다.

그 후 잠잠하던 울릉도 문제가 일본과 우리나라의 외교 문제로 비화된 것은 숙종 19년(1693)에 울산에 사는 안용복(安龍福)이 울릉도 부근에서 고기를 잡던 중 왜인들에게 일본으로 붙잡혀 갔다가 대마도를 통하여 송환되면서였다. 일본은 외교 문서에서 울릉도를 자기네 나라의 죽도(竹島)라고 주장했다. 조정에서는 울릉도와 죽도는 일도이명(一島二名)임을 증명하면서 그들의 주장이 터무니없고 울릉도가 우리의 영토임을 확실히 했다.[39] 그 후 조정에서는 왜인들이 울릉도를 자기들의 영토라고 주장하는 것은 우리나라가 오랫동안 울릉도를 비워두었기 때문으로 생각해 3년마다 1회씩 지방관을 파견하여 울릉도 정세를 살펴 관리하도록 했다.

숙종 25년(1699)에는 강원도 월송만호 전회일(田會一)이, 숙종 28년(1702)에는 삼척영장 이준명(李浚明)이 울릉도를 조사했다.[40] 그러나 몇 년이 지나자 울릉도는 뱃길이 멀고 파도가 험하며, 생명을 잃는 경우도 있어서 지방관들이 적당한 핑계를 대고 수토(搜討)를 기피하려 했다.[41] 숙종 43년(1717)에 강원감사 이만견(李晩堅)이 울릉도 수토는 빈 섬을 확인하는 데 불과한데 민폐가 심하니 중지하자고 건의하여 일시 중지되기도 했으나,[42]

39 『肅宗實錄』 卷30, 22年 9月 戊寅.

40 『肅宗實錄』 卷36, 28年 6月 乙酉.

41 『臥遊錄』 三, 趙漢紀, 『蔚陵島搜討記』.

42 『肅宗實錄』 卷59, 43年 3月 壬申.

숙종 때처럼 왜인들의 범경사(犯境事)가 재발할 수 있으므로 고종 때까지 3년마다 1회씩 계속 수토하여 울릉도와 독도를 우리의 영토로 지켜왔다.

5. 동해 찬양시(讚揚詩)

조선 시대 동해 인식 중 다른 시대와 가장 큰 차이는 동해를 찬양의 대상으로 삼거나 신성한 곳으로 인식한 점이다. 세종 때 지은 궁중음악인 "헌남산(獻南山)의 곡(曲)"에서는 "동해(東海)는 물결이 잔잔하고… 공손히 남산수(南山壽)를 드리니, 양궁께서는 만년까지 계시어 백성의 부모가 되소서…"[43]라고 하였으며 "지덕(至德)의 곡(曲)"에서는 "더러운 묵은 인심 깨끗이 씻었사오니, 동해의 바닷물이 영원히 맑으리니, 천명에 순종하고 인심에 호응하여, 우리의 민생이 은혜받아 살리로다"[44]라고 동해를 찬양하고 있다.

세조 때 만든 궁중음악인 "총수(寵綏)의 곡(曲)"에서는 "의기(義旗)를 곧 돌이키니 순종하여 도움이 많았도다. 이미 더러운 덕(德)을 깨끗이 씻으니 동해의 바닷물이 길이 맑도다"[45]라고 했다. 성종 때에는 형조 정랑 유양춘이 희우부를 올리면서 보추가(報秋歌)에 이르기를 "서로들 동해(東海)의 물만큼이나 복 받기를 축원하고 남산(南山)처럼 무궁하도록 장수(長壽)를 빌어 송덕(頌德)하고 축수하니, 그 소리가 온 세상에 진동했다"[46]고 하며 동해

43 世宗實錄 卷57,14年9月19日 甲戌.

44 世宗實錄 卷116,29年6月4日 乙丑.

45 世祖實錄 卷31,9年12月11日 乙未.

46 成宗實錄 卷206,18年8月5日 壬申.

의 물만큼 축복받기를 소원하고 있다.

성종 19년(1488)에는 일본국 대마도의 종정국(宗貞國)이 조선에서 대장경을 보내준 은혜에 감사하며 "동해의 물을 다 퍼내고 남산(南山)의 대나무를 다 검게 한다고 하더라도 어찌 감사의 말씀을 다 드릴 수 있겠습니까? 삼가 천만 번 감축하는 바입니다"[47]라고 감사 편지를 보내왔는데, 일본에서 보내온 편지에도 동해의 물을 다 퍼내도 감사의 정을 다할 수 없다고 표현하고 있다.

정조와 순조 때에는 두 왕의 효성이 지극함을 동해 물에 비유하고 있다. 특히 순조의 공덕을 높여 "북두성 술잔을 기울여 동해 바닷물을 잔질하여 우리 성상 내외의 무한히 오래 살 것을 축하할 것이니, 어찌 이 정성과 사랑을 다할 수 있겠습니까?"[48]라고 했다.

고종 5년(1868)에는 대왕대비의 환갑을 축하하는 교서를 반포했는데 "새해 첫머리에 아름다운 복을 받고 만물이 빛나는 때에 훌륭한 술잔을 올렸다. 화려한 전문을 올리니 그 기쁨은 참으로 동해와 같이 깊었고 그 장수(長壽)가 남산(南山)처럼 오래갈 것을 빌었다"[49]고 했다.

이처럼 동해는 찬양의 대상이었으며 축복의 근원으로 여겨졌다. 우리나라 애국가에 등장하는 "동해와 남산"은 이미 오래전부터 우리 민족의 심령을 울리는 축복과 찬양의 대상이었음을 알 수 있다. 한편 동해는 참을 수 없는 치욕을 깨끗이 씻어주는 신성한 곳으로 여겨졌다. 광해군 때 인목대비 폐비 문제로 시비가 있었을 때 김효성은 "동해에 몸을 던져 죽

---

47 成宗實錄 卷211,19年1月9日 甲辰.

48 純祖實錄 卷29,27年7月22日 乙丑.

49 高宗實錄 卷5,5年1月1日 庚戌.

겠다"고 강력하게 폐비 문제를 반대했으며,[50] 선세휘(宣世徽)는 폐비를 반대한 이항복의 처벌을 주장하고 그의 죄는 "동해의 물을 터서 대더라도 다 씻어낼 수 없을 것입니다"[51]라고 주장했다.

인조 7년(1629)에는 우참찬 김상헌이 청나라의 오랑캐 중남을 의자에 앉힌 것에 반대하여 올린 차자(箚子)에서 "중남(仲男)이 이미 전하의 앞자리에 앉아 손님의 예로 대접받은 이상 이제 동해 바다의 물을 다 퍼서도 그 부끄러움을 씻기에는 부족하게 되었습니다"[52]라고 울분을 토로하고 있다. 이와 같이 동해는 치욕을 씻어주는 신성한 곳으로 인식되었다.

Ⅴ. 맺음말

우리 주변의 자연물인 산, 강, 바다 등에는 뚜렷한 명칭이 없었으나 그 자연물과 더불어 생활해온 주민들의 문화 인식에 알맞은 명칭이 붙게 된다.

동해(東海)라는 명칭은 우리나라가 삼면이 바다로 둘러싸여 있어서 바다에 대한 관심이 많았을 것이고, 동쪽에 있는 바다라서 자연스럽게 동해라고 불렀을 것이다. 우리나라 역사 문헌상에 동해의 명칭이 처음 등장한 것은 중국의 여불위가 B.C. 239년에 저술한『여씨춘추』이다. 우리나라는 2,250년 전부터 동해라는 바다 명칭을 사용하고 있었다.『삼국사기』에 실려 있는 고구려 건국 기사에도 동해라는 명칭이 등장한다. 고구려가 건

---

50 光海君日記 卷89,7年4月18日 甲午.

51 光海君日記 卷121,9年11月28日 己丑.

52 仁祖實錄 卷21,7年8月23日 乙亥.

국한 졸본 지역에는 북부여가 있었는데, 이곳은 고구려가 건국할 곳이니 북부여를 동해변의 가섭원으로 옮기라는 기록에서 '동해'의 명칭을 발견할 수 있다. 또 414년에 세운 광개토대왕 비문에도 '동해'라는 명칭이 보인다.

일본의 경우에는 국호를 '왜국'에서 '일본'으로 바꾼 것이 신라 문무왕 10년(670)이다. 일본이 '일본'이라는 국호를 쓰기 전부터 우리 민족은 '동해'라는 명칭을 사용해왔다. '일본해'라는 명칭이 등장하는 것은 우리나라가 '동해'라는 명칭을 사용하기 시작한 후 1,841년이 지난 1602년 마테오 리치가 만든 '만국곤여전도'에 처음 등장한다. 역사적으로 볼 때 '동해'와 '일본해'는 그 사용 기간이 비교가 되지 않는다. 동해를 사용한 지는 2,259년이 되었고, 일본해는 418년밖에 안 되었다. 이러한 동해의 명칭은 호국 사상과 깊은 관련이 있다. 문무왕을 동해구(東海口)에 장사지내 동해 신사를 짓고 국가의 무사태평을 빌기도 했다.

한편 동해라는 명칭은 삼한, 해동처럼 우리나라를 가리키는 별칭으로 사용되기도 했다. 고려 태조가 후백제의 견훤에게 보낸 답서에서 "동해의 끊어진 왕통을 이어나가게 하는 것이다"라고 밝힌 경우와 고려 신종(神宗)이 원나라에 보낸 국서에서도 "제가 외람되이 미력한 몸으로 부질없이 변방의 봉작을 이어받아 동해의 기슭에 모범이 되었나이다"라고 쓴 것처럼 동해가 곧 고려를 가리키는 별칭이었다.

조선 시대 초기에는 동해가 제사처로 인식되었고, 후기에는 동해에 있는 울릉도 영유권 문제로 왜국이 가끔 시비를 걸어와 3년에 한 번씩 울릉도와 독도를 수토(搜討)하면서 울릉도와 독도를 지켜왔기 때문에 동해가 늘 관심의 대상이었다. 특히 동해를 찬양하여 '신성한 곳,' '성스러운 곳'으로 인식하기 시작했으며 우리 민족의 마음의 고향으로 여겨 후에 애국가의 첫머리에 "동해물과 백두산이 마르고 닳도록…"으로 표현되었다.

제3장 분쟁 지명 '동해'와 디지털 시대

주성재*

I. 2020년 국제수로기구의 변화, 새로운 전기

2020년 11월, 국제수로기구(IHO: International Hydrographic Organization)의 결정은 동해 명칭 확산 활동에 새로운 전기를 마련해주었다. 지난 30년 가까이 한국과 일본이 동해 수역의 이름을 놓고 팽팽히 맞서던 문서를 대체하는 디지털 형식의 새로운 문서를 개발하고, 여기에는 명칭이 아닌 '숫자로 된 고유 식별자'(unique numerical identifiers)를 사용하기로 한 것이다. 1929년 이래 이 문서에 표기되어 있던 'Japan Sea'를 내리는 순간이었다.

한국으로서는 '동해'(East Sea) 확산을 위해 초창기에 수립했던 목표, 즉 현상(status quo)을 깨뜨린다는 목표를 달성하는 데에 성공했다.[1] '일본해'가 아무 문제 없이 홀로 사용되는 현상을 깨뜨리고 동해 수역의 명칭에 분쟁

* 경희대학교 지리학과 교수.

1 이 부분에 대해서는 동해연구회 김진현 초대 회장이 집필한 이 책의 16장을 참조할 것.

이 있음을 확실히 보여주었다. 이 문제를 인식했지만 해결을 찾지 못했던 IHO라는 국제기구가 비로소 가시적인 해법을 제시한 것이다.

이 성과는 단기간 내에 얻어진 것이 아니다. IHO에서 동해 명칭을 분쟁 지명으로 각인시켜 실질적인 해법을 도출할 때까지의 과정을 살펴보면 여러 수준의 제안과 논의가 있었음을 알게 된다. 일본이라는 상대방이 있고 각자의 이해를 계산하는 회원국이 있었기 때문에 그 과정은 결코 순탄하지 않았다. 다행이었던 것은 한국의 문제 제기에 공감하며 직·간접적으로 지지해주었던 인물들이 있었고 이를 가능하게 했던 네트워크가 가동되었다는 점이다.

이 장에서는 '동해'가 어떻게 분쟁 지명으로 자리매김했고 그 분쟁을 해결하기 위해 어떤 과정이 있었는지를 국제기구인 IHO를 사례로 살펴보고 그로부터 교훈을 얻고자 한다. IHO의 변화에서 중요한 키워드로 제시한 '디지털화'(digitalization)가 분쟁 지명으로서 동해를 확산시키는 데 어떻게 활용될 수 있을지 그 방향을 찾아본다. 이는 IHO 이후(Post-IHO) 동해 명칭 확산의 뉴노멀을 세워가는 단초가 될 것으로 기대한다.

II. 분쟁 지명으로서 문제 제기의 시작

분쟁 지명으로서 동해는 1992년 8월, 정부 차원의 전열 정비로부터 시작되었다. 우선 필요한 것은 '동해'의 국제적 표기를 결정하여 통일된 이름을 들고 가는 것이었다. 전 국제표기명칭대사 유의상에 따르면, '동해'의 당시 로마자 표기 'Tong Hae'는 국제사회에서 수용 가능성이 적다는

〈그림 3-1〉 제6차 유엔지명표준화총회(1992) 회의록 표지와 동해 명칭 부분 기록

Features common to two or more nations (item 10 (b))

151. The representative of the Republic of Korea made a statement concerning the history of the naming of the sea to the east of his country. It was known in Korea as Tong-Hae (East Sea), but was often referred to by others as the Sea of Japan. He requested that a name or names acceptable to the parties concerned be determined through consultation, in accordance with relevant resolutions of the Conferences. The representative of the Democratic People's Republic of Korea expressed his country's willingness to consult and negotiate on this matter with other parties concerned. The representative of Japan said that the name "Sea of Japan" had already been accepted world wide and that the introduction of other names would cause confusion and would not be in line with the aim of standardization. It was suggested that the relevant parties consult each other.

출처: United Nations(1993).

이유로, 'Sea of Korea'는 현실성이 적다는 이유로 배제하고, 기존에 국내외에서 사용되고 있던 'East Sea'가 설득력이 있다는 이유로 채택되었다(유의상, 2020).

IHO에 앞서 동해 문제를 제기한 것은 1992년 8월 말, 뉴욕에서 열린 제6차 유엔지명표준화총회(UNCSGN)였다. '두 개 이상 국가에 공동으로 속한 지형물'(Features common to two or more nations) 의제에서 한국 대표는 한반도와 일본 열도 사이의 수역은 한국에서 '동해'라 알려져 있으므로 총회 결의에 따라 당사국들이 합의하여 모두 수용할 수 있는 이름으로 결정해야 한다고 주장했다. 이어 북한은 다른 당사국과 이 문제에 관해 협의하고 협상할 의향이 있다는 지지 발언을 했다. 일본은 '일본해'가 이미 세계적으로 정착된 이름이며 이와 다른 이름을 도입하는 것은 혼란을 유발해 표준화의 목적에도 맞지 않는다는 반론을 펼쳤다. 의장은 관련 당사자들이 상호 협의할 것을 제안함으로써 이 논쟁을 종료시켰다(United Nations, 1993; 〈그림 3-1〉). 동해 명칭이 국제기구에서 처음으로 분쟁 지명으로서 자리를 잡는 순간이었다.

유엔에서의 성공적 문제 제기는 당연한 수순으로 바다 명칭의 표준화를 담당하는 IHO로 이어지길 원했다. IHO에 대한 최초의 문제 제기는 1994년, "국제수로사무국에 '일본해' 표기에 대한 시정을 요구"(이기석, 2004)한 것이다. IHO 주무 기관인 국립해양조사원이 설립된 것이 1996년 8월이므로, 그 전신인 교통부 수로국이 시행한 것으로 추정된다.

당시는 『해양과 바다의 경계(Limits of Oceans and Seas, S-23)』 제3판의 첫 번째 개정 시도가 1986년에 무산된 후 IHO가 새로운 방향을 모색하던 시기였다. 수많은 경계 오류를 바로잡고 새로운 수역의 인식과 명칭 제안을 수용하기 위해 1977년 제11차 총회의 결정에 따라 10년 가까이 추진되었던 S-23 제3판(1953)의 근본적인 개정 작업은 투표 국가 37개국 중 9개국의 반대로 승인되지 못했다. IHO로서는 아쉬운 일이었지만, 아직 동해 문제를 제기하지 못했던 한국으로서는 매우 다행스러운 일이었다.

1997년 제15차 IHO 총회에서 한국 정부는 1974년 채택된 지명 표준 결의[2](〈자료 1〉)에 따라 East Sea를 포함할 것을 공식적으로 요청했다. S-23 개정에 중요한 이슈가 추가되어 새로운 국면을 맞이한 IHO 집행부는 이 총회 이후 S-23의 개정을 전문 컨설턴트에게 맡기기로 한다.[3] 이후 5년간 진행된 작업에서 동해 수역의 표기에 대해서 여러 대안이 제시되었던 것으로 보인다. 2000년이라 적힌 내부 초안에는 한국의 동해 병기 제안이 수용되는 듯한 흔적도 보인다. 결국 총회를 앞두고 2001년 11월 회원국에 회람된 초안에는 '합의되어야 할 이름'(Name to be agreed)이라

---

2 공유하는 바다에 단일 이름으로 합의하지 못할 경우 두 이름을 모두 사용하라는 권고.

3 2007년 5월 제17차 IHO 총회에 제출된 "해양과 바다의 경계(S-23) 발간에 관한 보고서"에 의함.

〈그림 3-2〉 1986년 이후 S-23의 동해 수역 표기

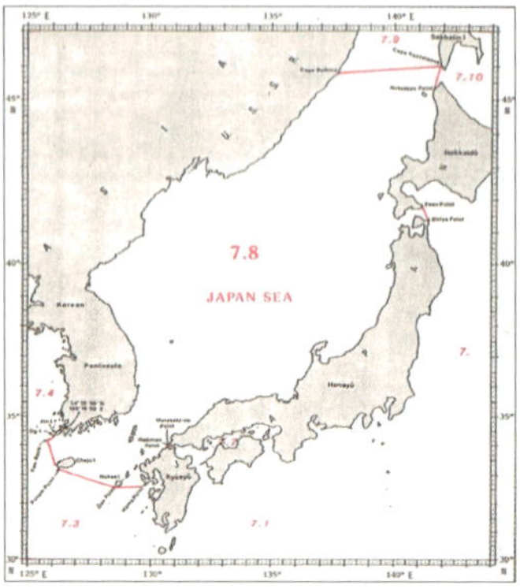

(a) 1986년 개정판

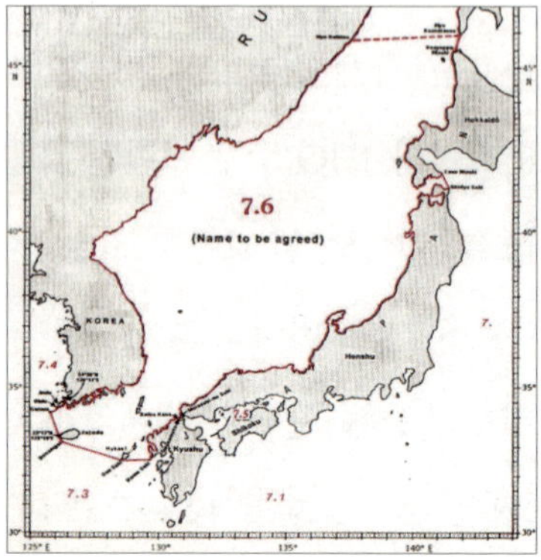

(b) 2001년 회원국 회람판

(c) 2002년 개정판

출처: IHO(1986; 2001; 2002).

고 적혔다(〈그림 3-2(b)〉). IHO가 Japan Sea 단독 표기 문제를 인식하여 기록에 남긴 첫 장면이었다. 동해는 이제 분쟁 지명으로 인정되었다.

III. 절반의 성공과 절반의 실패

2002년 4월의 제16차 IHO 총회에서는 몇 달 전 회람한 S-23 초안을 놓고 공방을 이어갔다. 한국은 IHO 기술결의에 의거해 두 이름을 모두 사용할 것을 주장했고, 일본은 일본해가 이미 정착된 이름이므로 기술 이슈를 다루는 IHO에서 이 문제를 논의하지 말 것을 주문했다. 5년 전과 달라진 점은 한국의 입장을 지지하는 북한과 제3국의 발언이었다. 북한은 한국과 동일한 East Sea 병기 입장을 밝혔고(과거에는 East Sea of Korea를 주장함), 프랑스 대표는 항해 안전을 위해 양국이 사용하는 이름에 모호함이 없어야 한다며 영국과 프랑스 사이의 바다에 English Channel과 La Manche를 함께 쓰고 있음을 사례로 들었다. 알제리 대표는 IHO가 이미 기술적 관점에서 작업을 수행하고 있으므로 이 문제는 타당한 논의 주제라고 일본에 직접 반론했고, 호주 대표는 S-23에 유연성을 추구하자는 한국의 입장을 지지한다는 분명한 의사를 밝혔다(IHO, 2002).

제16차 총회가 끝난 몇 달 후인 2002년 8월 9일, S-23 제4판 최종 초안이 회원국의 승인을 위해 회람되었다. 동해 수역은 직전 버전의 '합의되어야 할 이름'이라는 표시는 물론이고, 도면과 경계 서술이 모두 삭제된 빈 두 쪽으로 채워졌다(〈그림 3-2(c)〉). 함께 발송한 서신에는 빈 부분이 추가 발간될 수도 있다는 설명이 덧붙여졌다. 그러나 이 최종안은 한 달여 지난 시점인 9월 19일에 철회되고 투표는 중단되었다. 9월 1일 임기를 시작한 새 집행부의 결정이었다. 이에 대해 IHO 사무국은 "이 두 쪽의 누락에 대해 각국의 수로국과 대사관으로부터 문의가 빗발치고 있어 IHO의 기술적 목적을 넘어서는 문제라 판단되어" 중단한다고 설명했다.[4]

최근 제시된 표현은 "해당 주제의 구체적인 내용을 연구하기 위하여(중단함)"[5]이다. 한국으로서는 분쟁 지명의 위상을 공식 인정받을 수 있는 기회가 무산된 셈이었다.

또다시 좌절을 겪은 S-23 개정판 발간은 2007년 5월 제17차 총회에서 다시 테이블에 올라왔다. 한국, 북한, 일본의 입장을 청취한 총회 의장은 S-23 발간에 관한 다섯 가지 대안을 제시하면서, 이 중에서 2002년 합의된 수역으로 1권을 즉시 발간하고 합의되지 않은 수역은 당사국 간 합의될 경우 2권으로 발간하는 안을 제안했다. 현장에서 응답이 유보된 이 제안은 추후 한국은 찬성했으나 일본이 반대함으로써 더 이상 진전되지 못했다. 5년 전과 마찬가지로 동해 수역이 합의되지 않은 분쟁 지명 그룹에 포함될 기회가 없어졌다.

이후 여러 대안을 모색하던 IHO 집행부는 2009년 1월, S-23 개정판 발간을 위한 워킹그룹의 활동을 제안한다. 이 제안은 받아들여졌고 참여를 희망한 27개국이 구성되어 활동에 들어갔다. 여전히 중요한 이슈인 동해 수역의 표기에 대한 프랑스와 호주의 제안이 주목을 끌었다. 프랑스는 해당 수역을 접하는 각국의 언어로 된 이름(토착 지명, endonym)과 주요 언어로 된 이름(외래 지명, exonym)을 모두 수록한 표를 만들어 도면에 주석으로 연결하자고 제안했다(〈그림 3-3〉). 동해 수역에 대해서는 한국어, 일본어, 러시아어와 함께 영어, 프랑스어, 스페인어 등 모든 이름을 보여주자는 아이디어였다. '동해'의 각 언어 표기를 '일본해'와 동등하게 나열함으로써

4 각주 3)의 기록과 동일함.

5 2020년 제2차 총회에 제출한 사무총장의 제안서에 나오는 표현이다. 원문은 "to study the details of the subject"이다.

〈그림 3-3〉 프랑스가 제안한 동해 수역 명칭 표 사례(2010년 7월)

<table>
<tr><th colspan="2">Endonym
KR/KP</th><th colspan="2">Endonym
RU</th><th colspan="2">Endonym
JP</th><th>Exonym[2]
en</th><th>Exonym[1]
fr</th><th>Exonym
es</th></tr>
<tr><td rowspan="2">동해</td><td rowspan="2">Donghae</td><td rowspan="2">Япóнское мóре</td><td rowspan="2">Yapónskoye móre</td><td rowspan="2">日本語</td><td rowspan="2">–</td><td>East Sea</td><td>Mer de l'Est</td><td>tbd</td></tr>
<tr><td>Sea of Japan[3]</td><td>Mer du Japon</td><td>tbd</td></tr>
</table>

분쟁을 해결하자는 것이었기 때문에 한국으로서는 수용 가능한 것이었다. 그러나 어떤 이유에선지 프랑스는 이 제안을 철회하고 워킹그룹을 탈퇴했다.

호주는 각국이 부르는 이름이 달리 존재할 경우 이를 모두 보여줘야 한다는 원칙에서 두 가지 대안을 제시했다. 하나는 해당 본문에 다른 의견이 있음을 표시하고 그 자세한 내용(명칭 또는 경계)을 부록에 수록하자는 것이고, 또 하나는 그 다른 의견을 이어진 쪽에 동일한 수역에 대해 표시하자는 것이었다. 한국은 두 번째 대안에서 한 걸음 나아가 동일한 쪽에 각각의 이름이 표기된 두 도면을 삽입하자고 수정 제안했다. 한국으로서는 수용 가능했던 호주의 두 번째 제안에 대한 논의가 상세히 진행되지 못한 것은 아쉬운 일이었다.

워킹그룹 의장단은 호주의 1안을 수용한 안을 제시했다. 본문은 Japan Sea 그대로 놔두고 부록에 한국이 제안하는 명칭을 언급하는 것이었다. 일본은 이 안에 동의했으나, 한국으로서는 수용할 수 없었다. 결국 2012년 제18차 총회에 제출된 "S-23 개정을 위한 워킹그룹 보고서"는 동해 수역에 대해서 "합의 없었음"을 보고할 수밖에 없었다. 총회에서 향후 방향을 제안할 것을 요청한 이 보고서에 대해 미국은 장별(chapter by chapter)

발간을 제안하고 나섰다. 명칭과 경계에 문제가 없는 장(대양을 중심으로 나뉜)을 먼저 발간하자는 것은 2007년 총회 의장의 제안과 같았으나, 합의되지 않은 장은 1953년 제3판이 유효한 것으로 보자는 것은 달랐다. 총회 석상에서 회람된 문서에 대한 검토 시간을 거쳐 논의하기로 예정된 날 미국은 뜻밖에 이 제안을 철회한다.

일본은 미국 제안의 정신을 살리겠다고 하며 또 다른 제안서를 제출했으나, 앞선 미국의 제안과 거의 같은 것이 문제가 되었다. 일본의 제안을 논의할 것인지에 대한 문제 제기가 있었고, 한 회원국의 제안에 따라 논의 여부에 대한 투표가 진행되었다. 그 결과, 일본만이 찬성하고 4개국(한국, 북한, 중국, 쿠바)이 반대, 다른 국가는 모두 기권했다. 일본의 제안을 논의조차 못 하게 한 이 결정은 Japan Sea 단독 표기에서 한 걸음도 움직이려 하지 않는 일본의 입장에 대한 반대로 읽힐 만했다.

IV. 죽어가던 논의의 불씨를 다시 살리다

3년여 운영했던 워킹그룹의 실패와 총회에서의 성과 없는 해프닝은 S-23 개정판 발간을 미궁에 빠뜨렸다. 총회에서 중국이 언급한 S-23의 폐기에 힘이 실리기도 했다. 그러나 Japan Sea를 내리지 못한 상태에서의 폐기를 한국으로서는 받아들일 수 없었다. 제안으로만 무성했던 분쟁지명 동해가 빛을 보지 못하는 것이기 때문이었다.

죽어가던 불씨를 다시 살린 것은 2014년 10월 특별 총회를 앞두고 북한이 제출한 제안서였다. 북한은 S-23 문제의 새로운 방향을 찾기 위해 적절한 논의의 장을 구성하자고 제안했다. 일본은 이 문제를 더 이상 논의하지 않기로 한 지난 총회의 결정과 IHO의 업무 프로그램에 속해 있지 않다는 사실에 근거해 논의 자체를 반대했고, 브라질은 정치적 문제라는 이유를 들어 일본을 거들었다. 한국은 S-23 관련 논의를 이어갈 필요가 있으며 그동안의 실패에 비추어 논의를 위한 적절한 메커니즘(appropriate mechanism)에 대한 고려가 있어야 함을 강조했다. 총회 의장은 이 문제에 대한 회원국의 제안이 있을 경우 차기 정기총회에서 논의될 수 있다고 매듭지었다. S-23 논의가 다시 살아나는 순간이었다.

의회(Assembly) 체제로 개편한 2017년 4월, IHO는 첫 총회를 개최한다(총회 차수가 다시 시작했다). 앞선 특별 총회의 결정에 주목하여 북한과 한국이 제안서를 제출했다. 북한은 S-23의 발간을 3개년 업무 프로그램에 포함시키고 논의를 위한 워킹그룹을 다시 구성하자고 했다. 한국은 사무총장(과거 이사장)이 S-23의 미래를 논의하기 위해 회원국 간에 비공식협의(informal consultation)의 틀을 만들어 의견을 수렴하고 그 결과를 다음 총회에 보고할 것을 제안했다. 일본은 운영방식이 분명하게 합의된다면 참여하겠다는 의사를 밝혔고, 멕시코와 러시아가 지지했다. 모처럼 원만한 합의가 이루어지는 성과였다.

총회 결정에 따라 사무총장은 당사국인 한국, 북한, 일본과 옵서버인 미국, 영국이 참여하는 비공식협의를 주재했다. 참여를 원하는 다른 국가(중국, 에콰도르, 오만, 이탈리아, 포르투갈)와는 개별적으로 협의한 것으로 알려졌다. 그러나 당초 기대와는 달리 각국의 주장은 다시 평행을 이루어 결론을 내지 못하고 답보했다. 향후 방향을 제시하라는 사무총장의 요구에 뚜렷한 응답이 없자 그는 제2차 총회를 앞두고 비공식협의 결과 보고서에 "해양과 바다의 경계 표준화 사업의 현대화"라 이름 붙인 제안을 포함했다. 이것이 앞에서 언급한 IHO의 변화다.

변화의 핵심인 '현대화'는 '숫자로 된 고유한 식별자 체계'로 데이터 세트를 만들어 세계 각 수역에 명칭이 아닌 이 식별자를 부여한다는 것이다. S-130이라는 가칭의 번호가 붙은 이 디지털 문서는 이제 기술적인 과정에 의해 개발이 시작되겠지만, S-23을 대체하는 문서가 될 것이 틀림없다. 원문 그대로 통과된 제안서에 기존의 S-23은 "아날로그에서 디지털로 가는 진화 과정을 보여주기 위한 출판물"로 남게 된다고 적힌 문구가 그 증거가 된다. Japan Sea가 표기된 문서가 진화되기 이전의 아날로그 출판물에 불과하고 새로운 식별자가 부여된 디지털 문서로 대체된다는 것은 동해가 일본해에 대응하는 분쟁 지명으로 인정받았다고 해석해도 무방할 것이다.

화상으로 진행된 총회에서 일본도 이 제안을 환영했다. 제안이 통과된 바로 다음 날 전해진 일본 정부의 반응이 그 이유를 말해주었다. 일본의 관방장관과 외무대신은 각각 "일본해 단독 표기를 유지하는 제안을 승인했다", "일본 주장이 제대로 통했다"고 코멘트했다. 그들은 제안서에 쓰여 있던 "S-23을 공개적으로 이용 가능하도록 보관한다"라는 문구에만 집중했고 그 바로 뒤에 나오는 "아날로그에서 디지털로 가는 진화 과정을 보여주기 위한 출판물로서"라는 문구는 애써 무시했다.[6] 한국과 일본 사이의 첨예한 이슈에 대해 공동의 동의가 있으려면 이렇게 해석의 차이가

6 제안서에 기술된 원문은 다음과 같다. "S-23 is kept publicly available as part of existing IHO publications to demonstrate the evolutionary process from the analogue to the digital provision of limits of oceans and seas." 일본은 앞의 다섯 단어에만 집중해서 해석했다.

있어야 하겠지만, 일본의 반응은 예상을 뛰어넘는 것이었다. 일본 해석의 수용 여부는 세계 각처에 존재하는 지도와 지명의 수요자인 시장이 판별할 것이다(주성재, 2020).

V. 합리적 대안과 네트워킹의 활용

IHO를 상대로 한 30년 가까운 활동의 결실을 보면서 두 가지 큰 교훈을 정리할 수 있다. 하나는 합리적인 대안을 적절한 페이스로 적시하고 이끌어왔다는 것이다. 우선은 '동해'(East Sea)를 함께 쓰자는 제안이다. 현재 '일본해'(Sea of Japan)가 세계적으로 많이 사용되는 추세를 존중하면서 동해 명칭이 갖는 정체성을 인정해달라는 호소가 주효했다. 동해를 병기 또는 병용하는 것이 어떤 지명을 폐기하고 다른 지명을 쓰는 리스크를 감수하지 않으면서 지명에 담긴 여러 다른 정체성을 존중하고, 결과적으로 두 이름 사이의 균형을 유지하면서 보편적인 인류의 가치를 실현하는 혜택이 있다는 점(Choo, 2018)에 세계 지명 전문가들이 주목했고, 마찬가지로 IHO의 지지도 받아낸 것이다. 이 병기 제안은 IHO 규범인 기술결의 A4.2.6(나중에 1/1972로 번호 재편)에 부합하는 것이다(〈자료 1〉 참고).

〈자료 1〉 IHO 기술결의 A4.2.6 (1/1972)

IHO는 1972년 4월 제10차 총회에서 지명 표준화의 중요성을 인식하고 유엔지명전문가그룹(UNGEGN)과 협력할 것을 명시한 기술결의

A4.2를 채택했다. 한 달 후 열린 제2차 유엔지명표준화총회(UNCSGN)는 UNGEGN이 관련 국제기구와 협력하여 단일 주권을 초월한 지형물의 이름 제정을 위한 규칙과 절차를 제시할 것을 권고한 결의 Ⅱ/24와 그 구체적인 내용을 규정한 결의 Ⅱ/25 '단일 주권을 초월한 지형물의 이름'을 채택했다. IHO는 1974년, 이 결의를 참조하여 하나의 지형물에 여러 이름이 있는 경우에 대한 권고를 A4.2에 제6항으로 추가했다.

IHO 기술결의 A4.2.6의 핵심 내용은 다음과 같다.

둘 이상의 국가가 특정 지형물을 다른 형식의 이름으로 공유하는 경우, 해당 국가들이 단일 명칭을 정하는 합의에 이르도록 노력할 것.

해당 국가들이 다른 공식 언어를 가지고 있고 공동의 이름 형태에 합의할 수 없는 경우, 소축적 해도에서 기술적 이유로 금지되지 않는 한, 해당 언어들이 갖는 각각의 이름을 해도와 발간물에 수용할 것.

일본은 이 결의가 규정하는 '공유된 지형물'에 동해 수역이 포함되지 않는다고 주장하면서, 이 결의가 예시로 든 bay, strait, channel, archipelago에 sea가 포함되어 있지 않다는 점을 근거로 든다. 동해는 대부분이 주권(sovereignty)이 미치지 않는 공해이기 때문에 인접 국가가 공유하는 지형물이 아니라는 것이다.

이에 대해 전문가들은 동해 수역이 유엔해양법협약(UNCLOS)이 규정한 배타적 경제수역(EEZ: exclusive economic zone)에 따라 인접 국가의 영역으로 나뉘고 각국의 주권적 권리(sovereign rights)가 적용되기 때문에 동해 전체 수역을 공유된 바다로 볼 수 있다고 말한다. 'Sea'가 예시에 명시되지 않았다고 이를 배제하는 것은 적절하지 않은 해석이라는 견해도 있다.

분쟁의 해결을 위한 절차와 방법을 제안하는 것도 매우 합리적이었다고 평가한다. 2020년 11월에 통과된 제안은 2014년 10월 특별 총회를 계기로 탄생의 조짐을 보였다고 본다. 북한이 단순하게 논의의 장 구성을 제안하고 이에 대해 일본과 브라질이 반대했을 때, 한국 대표는 이전에 있었던 소그룹 운영의 실패를 교훈 삼아 '적절한 메커니즘'이 필요하다는 신중한 접근 방법을 제안했다. 총회 의장은 이에 주목했고 차기 총회에서의 논의 가능성을 열어주었다.

2017년 총회에서 사무총장에게 맡긴 '비공식협의'를 제안했던 것은 3년 후 그의 기술적이면서도 합리적인 해법을 성장시킨 중요한 자양분을 공급했다고 평가한다. 공식적인 형태의 소그룹을 당사국이나 제3국 모두 부담스러워하고 있을 때, 사무총장이 유연성을 가지고 역량을 발휘할 기회를 마련해준 것이다. 기대한 대로 그는 협의 참여국을 설득해나갔고 미진한 진척 상황에서 혁신적인 제안을 고안해냈다. 당사국이 모두 나름의 해석에 기반해 수용할 수 있는 성숙한 제안이었다.

두 번째 큰 교훈은 IHO에서 처음 문제를 제기한 이후 현재까지 중요한 진전이 있을 때마다 핵심적인 위치에 있는 인물의 지원을 받을 수 있었다는 점이다. 그들과 개인적인, 또는 시스템의 후원을 받는 네트워킹이 가능했던 것이 큰 역할을 했다. 한국 대표가 IHO에서 처음으로 만났던 인물은 캐나다 국적의 아담 커(Adam Kerr)였다. 한국 입장을 처음으로 개진한 1997년 총회 당시 IHO 이사였던 그는 총회 후 10년 재직을 마치고 독립 컨설턴트로서 S-23 제4판의 2차 개정 작업을 주도했다. '2000'(년)이라 쓰인 작업본에는 동해 수역에 'Japan/East Sea'라 쓰고 주석 표시를 해서 "IHO 결의 A4.2.6을 준수하여 이 수역에 두 개의 이름을 표시함"[7]이라고 적은 손 글씨가 발견되는데, 이는 그가 쓴 것으로 추정된다. 두 이름 병기를 심각하게 고려했던 흔적으로 볼 수 있다.

2007년 총회의 윌리엄스(Wyn Williams) 의장(영국)은 S-23의 진행을 위한 다섯 가지 옵션 중 가장 현실적인 방법으로, 합의된 수역으로 1권을 우선 발간하자는 제안을 함으로써 분쟁 지명으로서 동해를 확고하게 하려 했다.[8] 2009년 S-23 개정판 발간 워킹그룹에 참여한 깔바랭(Élisabeth Calvarin) 프랑스 대표와 네언(Rod Nairn) 호주 대표는 앞서 언급한 대로 'East Sea'를 수용하기 위한 참신한 방법을 고안해냈다.

2020년 IHO의 변화를 주도한 요나스(Mathias Jonas) 사무총장은 분쟁 지명 동해의 위상을 확고하게 구축한 인물이라 평가받아야 할 것이다. 독일 수로국 부국장이었던 그는 2014년 특별 총회의 의장으로서 S-23 이슈를 부활시키는 데 기여했다. 이후 2017년 제2대 사무총장으로 선출된 그는 3년간 비공식협의를 이끌면서 디지털 시대를 위한 현대화 방안을 주도했다. IHO 마지막 이사장으로서 전환기에 초대 사무총장이 된 호주의 워드(Robert Ward)와 2017년 총회 의장을 맡았던 오이(Parry Oei) 싱가포르 수로국장은 비공식협의 결정에 한국, 일본, 북한이 원만히 합의하도록 분위기를 이끌었다.

이들 주요 인물들이 동해 명칭에 대한 높은 이해를 바탕으로 현실적인 기여에 동참하는 데 한국의 외교관과 전문가들이 가졌던 외교적·학술적·개인적 네트워킹은 큰 역할을 했다. 해양·수로 분야의 기술적인 기여

7 손 글씨로 "Adhering to IHO Resolution A4.2.6 two names for this area have been shown"이라 쓰였다.

8 다른 대안은 제3판과 동일하게 발간, 폐기, 개정판 발간을 위한 실무그룹 구성, 2002년 초안 발간이었다.

도 컸다. 한국의 국립해양조사원은 2007년 이래 IHO 사무국에 인력을 파견해 지원하고 있으며, 2012년과 2017년 총회와 함께 열린 기술전시회에서는 연달아 최우수상을 받았다. 총회 때마다 가졌던 대규모 대표단 파견이 결코 헛되지 않았다. IHO에서의 성과는 이 모든 노력의 결과로 기록되어야 한다.

Ⅵ. 현대화의 수단으로서 디지털 기술과 지명 사용의 유연성[9]

IHO 결정의 화두는 '현대화'(modernization)와 그 수단으로서 '디지털 기술'이다. IHO가 이 키워드를 택한 것은 지난 30년 가까이 전개되어 온 바다 이름 분쟁 해결을 위한 현실적 방법이 여기서 나올 수 있기 때문이었다. 명칭이 갖는 지칭의 목적을 달성하고자 한다면 숫자나 코드로 명칭을 대신하는 것은 충분히 시도할 만한 것이었고 디지털 시대로의 변화라는 추세에도 부합하는 것이었다.

IHO의 변화는 디지털 시대에 명칭 또는 고유 식별자의 의미를 다시 생각하게 하고 그 기술적 유연성을 중요한 변화의 동인으로 가져옴에 따라 보다 큰 변화로 이어질 가능성을 예고한다. S-23이 바다 이름과 경계의 사용자에게 서비스를 제공하는 하나의 도구이긴 하지만, 일반적으로 지도와 지명 사용자에게 더 친근하고 편리한 도구는 전통적인 종이지도책

9 이 부분 이후는 Choo(2020)를 발전시켜 재편하였음.

과 교과서, 그리고 컴퓨터와 모바일기기에서 사용하는 지도와 지명이다. 이것은 디지털 기술이 명칭 분쟁 해결을 위해 기여할 수 있는 분야가 IHO가 제안한 명칭 자체의 디지털화, 그 이상의 훨씬 광범위한 영역으로 발전할 수 있음을 보여준다. IHO의 결정을 계기로 동해 명칭 확산을 위한 활동의 방향을 전면 검토할 필요성이 여기서 도출된다.

디지털 지도로의 전환 과정에서 발생하는 지명 표기의 환경 변화는 이미 주목받아 왔다. 동해연구회가 주최하는 바다 이름 국제세미나에서는 2005년 제11회 대회에서 논의된 것이 첫 기록으로 남아 있다. 여기서 러시아의 티쿠노프(Vladimir S. Tikunov) 모스크바대학교 교수는 "통합된 디지털 영역 모델에서 복수 지명의 사용"[10]을, 미국의 하비(Francis Harvey) 미네소타 대학교 교수는 "지명에서 만나는 문화와 기술"[11]을 발표했다. 두 논문은 공통적으로, 디지털 기술의 환경에서 지명은 더욱 유연하게 채택되어 사용될 것임을 예측했다. 즉 하나의 지형물에 대하여 두 개 이상의 명칭이 불편하지 않고 조화를 이루면서 사용될 수 있음에 주목한 것이다.

디지털 기술은 이렇게 지명 선택의 유연성이라는 혜택을 가져올 것이다. 디지털 기술은 정체성을 가진 지명을 모두 사용할 수 있는 환경을 제공함으로써 지명 분쟁에 대한 기술적 해법을 제공해줄 것으로 기대된다. '숫자로 된 고유 식별자'라는 IHO의 선택은 그 유연적 선택의 하나겠지만, 실용적 목적을 뛰어넘어 유구한 역사와 문화유산을 품고 있는 이름은 여전히 남을 것이므로 디지털 기술에서 그 이름을 어떻게 수용하느냐가

10 원제는 Multiple namings in the integrated digital territory models. http://eastsea1994.org/data/bbsData/14630266381.pdf.

11 원제는 Culture and technology meeting in geographical names. http://eastsea1994.org/data/bbsData/14630266511.pdf.

중요한 과제가 된다. 이제 한국이 제안해온 East Sea와 Sea of Japan, 두 명칭의 병기를 디지털 환경에서 어떻게 구현할 것인가가 핵심적인 문제가 되었다.

디지털 기술이 지명 사용의 유연성을 확보함으로써 병기의 편의성을 높일 수 있다면, 이를 보다 객관적으로 균형 있게 구현하는 방법을 고안하는 것은 자연스러운 후속 작업이 될 것이다. 현재 구글 지도는 어느 나라에서 어떤 언어 시스템을 갖춘 기기로 접속하는지에 따라 첫 화면과 줌인 화면에서 나타나는 명칭을 다르게 보여준다. 예를 들어 한국에서 접속하면 한국어 '동해,' 영어 'East Sea'를 볼 수 있지만, 영국에서 한글 운영체계가 설치된 컴퓨터로 접속하면 첫 화면에 한국어로 '일본해'라는 표기를 만나게 된다(〈그림 3-4〉). 어느 정도 줌인을 해야 두 번째 명칭(한국어로 '동해')이 나타나는지, 어떤 위상으로 나타나는지(대개는 괄호를 사용)도 접속 옵션에 따라 다르다. 따라서 지도 사용 환경의 맥락에 맞추어, 즉 지도의 어떤 부분을 어떤 스케일로 나타내는지에 따라 지명을 유연하게 전환하면서 다양한 정체성을 수용하는 새로운 기술적 규범을 만들어나갈 필요가 있다. 각 명칭에 관한 유래와 역사를 함께 구현하여 문화유산의 요소를 전달하는 형태의 지도를 도입하는 것도 디지털 기술의 혜택이 될 수 있을 것이다.

기술적 발전의 지원을 받기에 앞서 선행되어야 할 일은 두 이름을 함께 사용함으로써 얻게 되는 가치와 혜택에 대한 확신이다. 동해 수역에 대해 변함없이 단독 표기를 고집하는 일본에게 두 명칭의 병기가 줄 수 있는 혜택을 논의하고 발전시키는 일은 지속되어야 할 것이다. 동해의 병기를 오랫동안 지지했던 미국의 스톨트먼 교수는 그 혜택을 동북아시아에서 평화를 구현하는 일본의 기여에 대한 인식 제고, 민주공화국의 가치를 공유하는 한국과의 지역적 협력 강화, 아시아 역사에서 윤리적 회복 진전이라는 오래된 이슈의 해결 등으로 지적한 바 있다(Stoltman, 2018, 25-26). 아울러 병기에 반대하는 담론, 즉 다른 수역도 병기를 요청할 것이며(이를 'chain

〈그림 3-4〉 구글 지도의 동해 표기

(a) 한국에서 영어 구글에 접속(2021. 2. 14.)

(b) 영국에서 한국어 운영체계 컴퓨터로 접속(2019. 11. 21.)

출처: Google Maps.

reaction discourse'라 함) 혼동을 일으키고 항해 안전에 방해가 될 것이라는(이를 'confusion and navigation safely discourse'라 함) 담론(Chi, 2017, 225-226)을 극복하는 데 디지털 기술의 발전이 기여할 수 있는 부분도 논의를 확대해야 할 것이다.

Ⅶ. 사용자 중심, 시장 지향의 관점 도입

주요 인터넷 포털이 제공하는 지도를 사용하는 것은 이제 일상이 되었다. 권위 있는 아틀라스는 여전히 존재하면서 활자화된 모본의 자리를 차지하고 있지만, 일반인의 손에는 구글맵, 빙맵, 네이버 지도, 다음 지도가 훨씬 쉬운 검색의 대상이 되었다. 필요에 따라 지도를 확대·축소하고, 자르고 붙이며, 선별된 정보를 사용한다. 따라서 이제는 이러한 지도 사용자들에게 균형 있는 정보를 제공하여 적절한 선택을 할 수 있도록 지원하는 일이 필요해졌다. 지도가 제공하는 정보의 소비자는 필요에 따라 그 정보를 업데이트하고 보완함으로써 생산에 참여하는 주체가 되기도 한다.

새로운 성격의 모바일 지도 사용자가 지리정보의 중요한 요소인 지명을 어떻게 수용하고 인식하는지, 기존의 아틀라스 지도 사용자와는 어떻게 다른지를 밝히는 것은 디지털 시대의 지명 문제를 다루는 데에 매우 기본적인 요건이라고 본다. 관심 사항으로 특화해서 예를 들면, 두 가지 정체성을 나타내는 두 개의 명칭이 줌인의 단계에 따라 순차적으로 나타날 때 사용자는 각 명칭에 대해 어떻게 인식하는지, 하나를 선택한다면 어떤 기준을 택할 것인지, 각 정체성에 대한 동등한 존중이 가능한지 등이 그 조사의 내용이 된다.

교육 현장은 모바일 지도의 사용자가 밀집해 있는 곳이다. 괘도를 걸어 놓고 위치와 지명을 확인하는 수업 방식은 사라진 지 오래다. 교사는 커다란 모니터에 나타나는 구글맵을 자유자재로 확대, 축소하면서 세계의 자연 지형, 국경, 분쟁, 인구와 자본의 이동에 대한 지식과 스토리를 전달한다. 학생은 지도에 나타난 지리정보의 최종 소비자이며, 교사는 그 소비를 안내하는 가이드 역할을 한다. 이러한 상황에서 교사가 지명에 대한 지식을 어떻게 전달하고 모바일 지도에 나타난 지명의 사용을 어떻게 인도하는지, 그리고 학생은 많은 지리정보 중에서 지명을 어떻게 취사선택하는지 확인하는 것은 미래 사회인의 소양을 형성하도록 교육하는 데 매우 중요한 참고자료가 될 것이다.

인터넷 지도 제공자는 수요에 적응해가는 한편, 수요를 창출하고 이끌어가기도 한다. 디지털 시대의 소비자는 공급자의 인도에 따라가는 수동적 태도를 견지하는 경향이 있으므로, 공급자가 갖는 지리정보 제공의 원칙과 정책은 새로운 수요의 모습을 만들어가는 데 매우 중요한 요소가 된다. 인터넷 포털이 균형 잡힌 정책을 수립하고 시행할 수 있도록 적절한 방법의 프로모션을 전개하는 것이 필요한 이유가 여기에 있다. 디지털 시대의 지명 사용은 수요 지향적이면서도 수요를 주도해나가는 양면성이 있음을 항상 염두에 두어야 할 것이다.

지명 사용자에게 편리하고 풍부한 검색을 가능하게 함으로써 높은 선호도를 유지하고 있는 인터넷 미디어는 지명에 대한 객관적이고 균형 잡힌 정보를 제공하는 좋은 통로가 될 수 있다. 구글, 유튜브, 위키피디아 등 디지털 강자를 통해 제공되는 정보 콘텐츠는 어떤 책이나 문서보다 강력한 힘을 갖기 때문에 이들 매체를 적절히 활용하여 지명 사용자들에게 쉽게 다가가는 것은 전략적 측면에서도 매우 중요한 요소가 될 것이다. 분쟁 해결을 위해 두 이름을 함께 쓰자고 제안하는 한국으로서는 그 논리와 근거를 펼치는 공론화의 장을 마련하는 셈이 된다.

다방면, 다차원적으로 전개되며 생활의 변화를 일으키고 있는 디지털 시대에, 지명 표기가 갖는 특성은 어떻게 정립되어 갈 것이며 분쟁 지명의 해결은 어떤 영향을 받을 것인지의 문제에 대해서는 향후 지속적인 논의가 확대·심화되어야 할 것이다. 사용자 중심, 시장 지향의 관점에서 디지털 시대 지명 표기 논의의 아젠다를 정리하면 다음과 같다.

- 모바일 지도에서 나타나는 명칭 및 표기 방법의 특징, 유연성의 확보 방법과 패턴
- 모바일 지도와 종이지도, 그리고 그 위에 나타나는 지명에 대한 이해와 인식의 차이
- 각각의 정체성을 가진 두 개의 명칭을 기술적으로 균형 있게 구현하기 위한 규범의 개발
- 기술적 지원에 의해 두 명칭을 병기함으로써 얻게 되는 혜택
- 숫자와 코드로 만들어진 식별자(identifier)가 전통적 형태의 명칭을 대체할 가능성과 한계, 이를 위한 새로운 표준의 개발
- 전자해도(ENC: electronic navigational chart)에서 고유하게 나타나는 명칭 또는 식별자(좌표 포함) 사용의 특성
- 교육 현장에서 이루어지는 모바일 지도와 지명 사용의 특성(교사와 학생 각각에 있어)

• 지명 분쟁 해결을 위한 모바일 정보의 활용, 인터넷 미디어(구글, 유튜브, 위키피디아 등)의 활용

Ⅷ. 맺음말: 인류 보편 가치에 부합하는 동해 명칭 확산

숫자로 된 식별자 체계를 도입하기로 한 IHO의 결정은 동해 명칭 확산에 큰 전기가 될 것이 분명하다. 전 세계 바다의 이름과 경계를 규정하는 국제기구의 가이드라인이 변경되는 것이기 때문이다. 이제 동해 수역에는 Japan Sea도, East Sea도 아닌 숫자 체계가 부여된다. 한국으로서는 IHO 문서에 East Sea를 넣지는 못했지만 Japan Sea를 내린 성과로 평가해도 좋을 듯하다. 동해 수역의 명칭을 확고한 분쟁 지명으로 만든 것을 뛰어넘어, 일본해 단독 표기가 근거를 잃는 가시적인 결과를 만들어낸 것이다. 한국은 이 결정을 각국의 정부와 지도제작사를 상대로 하는 동해 병기 설득의 수단으로 활용할 것이다.

그러나 이제는 일본이라는 상대를 지나치게 의식하는 일은 지양하는 것이 바람직하다. 상대방이 일본이고 그 이름이 '일본해'이기 때문에 그 수역의 표기에 집착한다는 인상은 불식시키는 것이 필요하다. 이것은 정체성을 존중하는 지명 사용의 문제이며, 평화와 사회 정의를 이루는 인류 보편 가치의 문제이기 때문이다(Choo, 2019). 우리에게 필요한 것은 '동해'라는 지명에 담긴 정체성과 의미, 그리고 이를 반영하는 공정한 표기 방법을 지명의 수요자인 시장에 적절히 전달하려는 노력이다. 다양한 경로로 전달해온 동해 명칭의 역사성과 문화유산의 가치는 여전히 중요한 요소다.

〈그림 3-5〉 미국 고등학교 인문지리 심화 과정의 동해 교육 매뉴얼(2014) 표지와 목차

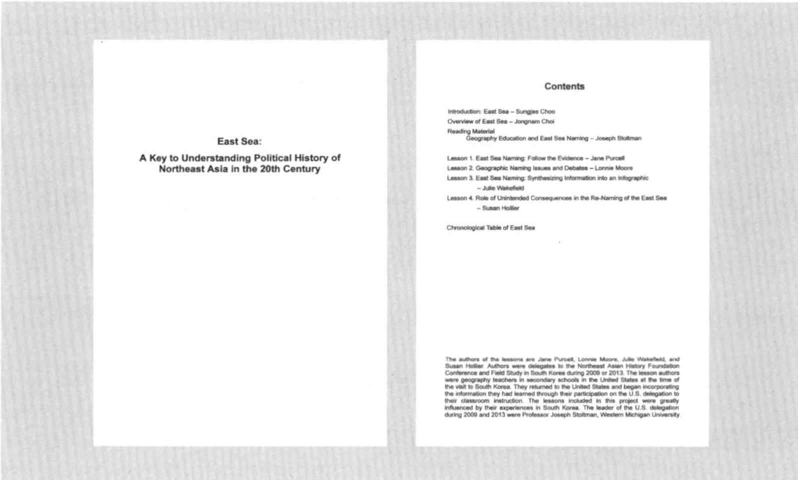
East Sea:
A Key to Understanding Political History of Northeast Asia in the 20th Century

Contents

Introduction: East Sea – Sungjae Choo
Overview of East Sea – Jongnam Choi
Reading Material
Geography Education and East Sea Naming – Joseph Stoltman

Lesson 1. East Sea Naming: Follow the Evidence – Jane Purcell
Lesson 2. Geographic Naming Issues and Debates – Lonnie Moore
Lesson 3. East Sea Naming: Synthesizing Information into an Infographic – Julie Wakefield
Lesson 4. Role of Unintended Consequences in the Re-Naming of the East Sea – Susan Hollier

Chronological Table of East Sea

The authors of the lessons are Jane Purcell, Lonnie Moore, Julie Wakefield, and Susan Hollier. Authors were delegates to the Northeast Asian History Foundation Conference and Field Study in South Korea during 2009 or 2013. The lesson authors were geography teachers in secondary schools in the United States at the time of the visit to South Korea. They returned to the United States and began incorporating the information they had learned through their participation on the U.S. delegation to their classroom instruction. The lessons included in this project were greatly influenced by their experiences in South Korea. The leader of the U.S. delegation during 2009 and 2013 were Professor Joseph Stoltman, Western Michigan University.

출처: Joseph Stoltman.

인류 보편 가치에 기반한 지명 병기 노력이 인정받은 사례로 북미 교사 대상 연수 프로그램과 그 결과를 소개하면서 이 글을 마치고자 한다. 동북아시아의 바른 역사 정립을 목적으로 2005년 설립된 동북아역사재단은 2009년 이래 매년 미국 지리 교사와 관계자(나중에 캐나다와 유럽으로 확대됨) 그룹을 초청하여 한국 관련 이슈를 소개하고 함께 토론하는 기회를 가져왔다. 동해 표기는 교사들의 관심을 끌었던 중요한 이슈였고, 그들 나름의 경험과 조사에 기반하여 활발한 토론을 진행하는 대표 사례였다.

프로그램 시행 4년 후, 미국 교사들은 AP(Advanced Placement) Human Geography라 불리는 고등학교 인문지리 심화 과정에 동해 표기 이슈를 20세기 동북아시아의 정치와 역사를 이해하고 분쟁에 관한 해법을 추구하는 사례로 채택하고 그 교육 매뉴얼을 개발했다(〈그림 3-5〉). 학생들에게 동해 표기 관련 분쟁을 소개하고 분쟁 당사국의 제안을 평가하면서 스

스로 해법을 찾아가게 하는 과정이다. 미국의 교사와 학생은 일본의 식민 지배를 받았던 한국의 사정에 애틋함을 느끼기도 했지만, 더욱 중요한 것은 이 사례 학습을 통해 문제를 객관적으로 보면서 세계인으로서 미래 활동을 위한 자질과 소양을 키워가는 것이었다. 오랜 역사를 가진 지명 사용을 존중하는 것, 그 교육적 가치가 중요했다. 매년 교사 집단을 이끌고 내한하는 웨스턴미시간대학교의 스톨트먼(Joseph Stoltman) 교수는 전 과정의 매니저로서 프로그램 디자이너의 역할을 기꺼이 감당해왔다.

지리 교사 초청 사업은 미래 디지털 시대를 주도할 다음 세대의 교육에 영향을 미칠 수 있다는 점에서 의미가 크다. 그 핵심은 인류 보편 가치의 확인과 공유이다.

참고 문헌

유의상, 2020, "동해 명칭 문제의 현황과 향후 과제," 사단법인 동해연구회 제35차 이사회(2020. 6. 19.) 자료.

이기석, 2004, "지리학 연구와 국제기구: 동해 명칭의 국제 표준화와 관련하여," 대한지리학회지 39(1), 1-12.

주성재, 2020, "지도도 디지털 시대, '동해 명칭 알리기' 멈추지 말아야," 2020. 11. 24, 중앙일보 시론.

Chi, S.-H., 2017, Lingering issues on sea names: Why are we drifting about? In: The Society for East Sea (ed.), *Achieving Peace and Justice Through Geographical Naming: Proceedings of the 23rd International Seminar on Sea Names*, Berlin, Germany, 22-25 October 2017, 221-228.

Choo, S., 2018, The essence and practicality of dual naming: Considerations toward the East Sea/Sea of Japan dual naming, *Journal of the Korean Cartographic Association*, 18(3), 33-43.

Choo, S., 2019, Twenty-five years of the sea names seminar: Where we are and where we are going to. In: The Society for East Sea (ed.), *Educating for Diversity through Geographical Names: Proceedings of the 25th International Seminar on Sea Names*, Virginia, U.S.A., 28-31 July 2019, 5-14.

Choo, S., 2020, A new normal for the name East Sea in the digital era. In: The Society for East Sea (ed.), *Geographical Naming in the Digital Era: Proceedings of the 26th International Seminar on Sea Names*, Gangneung, Korea, 17-19 September 2020.

International Hydrographic Organization, 2002, XVIth International Hydrographic Conference, 15-19 April 2002, Monaco: Report of Proceedings Volume 1.

Stoltman, J., 2018, Dual naming of geographic features: The search for mutual benefits. In: The Society for East Sea (ed.), *Dual Naming: Feasibility and Benefits: Proceedings of the 24th International Seminar on Sea Names*, Gangneung, Korea, 26-29 August 2018, 17-27.

United Nations, 1993, *Sixth United Nations Conference on the Standardization of Geographical Names*, Vol. I. Report of the Conference, New York, 25 August-3 September 1992.

제 2 부 국제법, 국제관계와 동해

제4장 해양 지형의 명칭과 주권의 문제

박노형*

I. 들어가는 말

지리적 명칭은 종종 국가들 사이의 갈등으로 비화해 자칫 국제 평화와 안전에 해가 될 수 있다. 지리적 명칭의 문제는 국제적 성격상 국제연합(UN: United Nations)과 국제수로기구(IHO: International Hydrographic Organization) 등 국제기구에서 심각하게 다루어지고 있다.[1] UN에서는 정부간기관인 유엔지명표준화회의(UNCSGN: United Nations Conference on Standardization of Geographical Names)와 전문가그룹인 유엔지명전문가그룹(UNGEGN: United Nations Group of Experts on Geographical Names)이 별개 기관으로서 협력하고 있었는데, 이들 두 기관은 활동의 목적과 내용의 중첩 등을 이유로 통합되어서, 1967년 이

* 고려대학교 법학전문대학원 교수.

1 IHO의 회원국은 2020년 5월 현재 93개국이다. 한국은 UN에 가입하기 전인 1957년 회원국으로 가입하였고, 해양수산부 국립해양조사원이 한국의 대표기관이다. IHO의 활동은 2016년 11월 8일 발효한 새로운 협약에 따른다.

후 5년 주기로 개최되던 UNCSGN 회의가 2년 주기의 새로운 UNGEGN 회의로 대체되었다.[2]

지형(geographical features)의 명칭을 정하기 위한 UN과 IHO 등의 비교적 완비된 국제 원칙이 존재함에도, 적어도 국제법의 관점에서 다음의 문제가 여전히 존재한다. 첫째, 지리적 명칭의 국제표준화 논의에서 IHO와 UNCSGN에서 채택된 결의(resolutions)에 규정된 관련 국제적 원칙이 충분히 이해되지 않고, 국가들 사이에서 정치적 목적으로 무시되고 있다. 둘째, IHO와 UNCSGN의 지위가 국제적 성격임에도 다른 국제기구들과 달리 국제법 전문성이 제대로 반영되어 있지 않다. 이러한 문제들을 고려하면서 해양 지형의 명칭과 관련된 주권의 문제를 검토하도록 하겠다.

II. 해양 지형의 명칭에 관련된 주요 국제결의의 검토

영토는 국제법상 국가의 주된 구성 요소가 된다는 점에서 지형의 명칭은 직접적으로 국가의 주권과 관련된다. 이런 점은 다음에 살펴볼 IHO와 UNCSGN의 관련 결의에서 확인된다.

2 원래의 UNGEGN은 지리적 명칭의 표준화에 기여하도록 1959년 UN경제사회이사회 결의 715A(XXVII)에 의하여 설치되었다. 통합된 새로운 UNGEGN의 제1차 회의는 2019년 4월 29일부터 5월 3일까지 뉴욕의 UN 본부에서 개최되었다. 한국은 UN 가입 후 1992년 이래 UNCSGN 회의에서 지속적으로 동해 표기 문제를 제기하고 있다.

1. IHO와 지명표준화

IHO의 주된 목적은 다음을 포함한다.

> (d) "수로 데이터, 정보, 상품, 서비스 및 기술의 국제표준 개발을 확립하고 개선하며 이들 국제표준의 사용에서 최대로 가능한 일관성을 달성함"([t]o establish and enhance the development of international standards for hydrographic data, information, products, services and techniques and to achieve the greatest possible uniformity in the use of these standards); (e) "모든 수로 문제에 대하여 국가들과 국제기구들에 권위 있고 시의적인 지침을 줌"([t]o give authoritative and timely guidance on all hydrographic matters to States and international organizations); (f) "회원국들 사이에서 수로 활동의 조정을 촉진함"([t]o facilitate coordination of hydrographic activities among the Member States).[3]

이러한 목적에 따라 "지리적 명칭 취급의 일관된 정책"(Uniform Policy for Handling Geographical Names)에 관한 기술결의 8/1919(A4.1)가 채택되었는데, 동 결의는 지리적 명칭의 국제표준화의 전 단계가 되는 지리적 명칭의 국내표준화에 관련된다.[4] 동 결의가 채택된 1919년 일본을 포함한 24개 국

3 각각 IHO협약 제II조 (d), (e), (f)항. 개정되기 전의 IHO협약 제II조 (b)항은 '해도와 항해 문서에서 최대로 가능한 일관성'(the greatest possible uniformity in nautical charts and documents)의 달성이라고 규정했다.

4 동 결의는 1974년 개정되었다.

가들이 영국 런던에서 수로에 관한 상설 기구의 창설을 결정하기 위하여 국제수로회의(International Hydrographic Conference)를 개최했다.[5] 동 결의는 해양국가들의 국내 수로 기관이 자국의 항해 문서에 표기되는 지리적 명칭의 '대략적 일관성'(approximate uniformity)을 확보할 목적에서 따라야 하는 권고를 제공한다. 지형물의 명칭에 관한 주권의 관련성에 관하여 동 결의의 1(c)항은 각 국내 수로 기관에 다음을 권고한다.

> '주권국가의 문자가 로마자가 아닌 경우 외국 해안의 자국 해도와 다른 항해 문서에서 UN이 승인한 로마자 표기의 다양한 국제체제를 주권 보유 국가의 가장 권위 있는 출처에 표기되는 명칭 또는 그 국가와 통신으로 확인된 명칭에 적용하여 얻은 명칭을 나타냄.'[6] 동 결의에서 외국 해안의 명칭에 관하여 '주권 보유 국가'(the country having sovereignty)의 관련성이 확인된다. 즉, 외국 해안의 지리적 명칭에 대한 처리에서 주권국가가 존중되는 것이다. 주권을 보유하지 않는 실체는 국가가 아니어서 자신의 해안에 대한 지리적 명칭이 표기될 권리를 인정받지 않는다.

---

5 "Adoption of the Resolutions of the International Hydrographic Conference 1919," https://core.ac.uk/download/pdf/268173963.pdf 참조. 일본의 식민지배를 받던 한국은 동 회의 참석이 가능하지 않았고, 따라서 동 결의의 채택에도 관여할 수 없었다.

6 그 원문은 다음과 같다: "On its charts and other nautical documents of foreign coasts where the script of the sovereign country is other than the Roman alphabet, show names that are obtained by applying the various international systems for romanization approved by the United Nations to the names appearing on the most authoritative sources of the country having sovereignty or confirmed by correspondence with that country."

2. 지리적 명칭의 국제표준화

지리적 명칭은 특히 항해의 안전을 위해서라도 국내에서는 물론 국제적으로도 표준화되어야 한다. 지리적 명칭의 국제표준화와 관련하여 IHO와 UNCSGN의 중요한 결의가 있다. IHO에서는 '지리적 명칭의 국제표준화'(International Standardization of Geographical Names)에 관한 결의 1/1972(A4.2)가 채택되었고, UNCSGN에서는 '단일 주권을 넘어 지형의 명칭'(Names of features beyond a single sovereignty)에 관한 결의 III/20(1977)이 채택되었다. 이 두 결의는 지리적 명칭의 국제표준화를 위한 원칙을 권고한다. 우선, 지형의 명칭에 관한 주권의 관련성에 관하여 UNCSGN의 결의 III/20은 '둘 이상의 국가들 주권이 적용되거나 둘 이상의 국가들 사이에서 분할되는 지형 명칭의 국제표준화'(international standardization of names of geographical features that are under the sovereignty of more than one country or are divided among two or more countries)의 필요를 고려한다. UNCSGN의 결의 III/20에서 국제표준화의 기준 또는 연결점은 국가의 주권이다.

한편, IHO의 결의 1/1972의 제6항은 지형(geographical features)을 "예컨대, 만, 해협, 수로 또는 제도와 같은"(as such, for example, a bay, strait, channel or archipelago)이라고 기술한다. "예컨대, ~와 같은"(as such, for example)의 표기에서 다른 지형의 존재 가능성이 인정된다. 마침 동 결의가 채택된 이후 1982년 12월 10일 체결된 UN해양법협약(UN Convention on the Law of the Sea)은 동 협약에 따른 당사국들의 권리 행사와 의무 이행에 있어서 특히 "폐쇄해 또는 반폐쇄해"(enclosed or semi-enclosed sea) 연안국들의 상호 협력을 규정한다.[7] 이러한 폐쇄해 또는 반폐쇄해는 IHO의 결의 1/1972의 제6항에 언급된 지형의 정의에 포함된다.[8] 폐쇄해 또는 반폐쇄해는 "둘 이상의 국가들에 둘러싸이고 좁은 출구에 의하여 다른 해양이나 대양에 연결되거나 전체로서 또는 그 대부분이 둘 이상 연안국들의 영해와 배타적 경제수역으로 이루어진 만, 내만 또는 해양"(a gulf, basin or sea surrounded by two or more States and connected to another sea or the ocean by a narrow outlet or consisting entirely or primarily of the territorial seas and exclusive economic zones of two or more coastal States)이라고 정의된다.[9] 폐쇄해 또는 반폐쇄해를 이루는 둘 이상 연안국들의 배타적 경제수역은 단일 주권을 넘어 존재하는 지형이라는 점에서 IHO의 결의 1/1972는 물론 UNCSGN의 결의 III/20의 적용을 받게 된다.

동해 또는 일본해는 북한, 러시아, 일본 및 한국으로 둘러싸여 있고 쓰가루해협(Tsugaru Strait)을 통해 태평양에, 대한해협을 통하여 동중국해에, 그리고 라페르주해협(La Perouse Strait)을 통해 오호츠크해에 연결된다. 동해 또는 일본해는 이들 네 국가의 영해와 배타적 경제수역으로 구성된다. 따라서 동해 또는 일본해는 UN해양법협약의 정의에 따른 반폐쇄해가 되고, 따라서 국제표준화의 대상이 되는 지형에 해당한다.[10]

---

7 UN해양법협약 제123조. 동 상호 협력의 영역은 IHO의 수로(hydrography)의 정의와 관련된다. 수로의 정의에 관하여 각주 30의 본문 참조.

8 UN해양법협약은 지리적 명칭에 관한 규정을 두고 있지 않다. 예컨대, UN해양법협약은 배타적 경제수역에서 국가들의 '명명의 권리'(naming rights)를 규정하지 않는다. Trent Palmer, "Geographic Names and the United Nations Convention on the Law of the Sea," International Hydrographic Review, p. 50 (Vol. 7 No. 1, April 2006). 그럼에도 USBGN의 Palmer는 UN해양법협약과 해저 지형의 지리적 명칭에 관한 관련성을 주목하고 있다.

9 UN해양법협약 제122조.

10 일본은 동해 또는 일본해를 '공해'(high seas)라고 주장한다. The Ministry of Foreign Affairs of Japan, Sea of Japan 6 (2009). 미국도 동해 또는 일본해를 공해라고 보는데, 소위 '단일 주권을 넘어'(beyond a single sovereignty)라는 관점에서 어느 한 국가의 주권이 미치지 않는 점을 부각하는 것으로 보인다. Palmer, p. 52. 이러한 공해 개념은 전통적으로 항해 등의 차원에서 특정

UNCSGN은 결의 III/20에서 '둘 이상의 국가들 주권이 적용되거나 둘 이상의 국가들 사이에서 분할되는 지형 명칭을 국제표준화'할 필요를 고려하는데, 동해 또는 일본해의 국제표준화와 관련하여 '"둘 이상의 국가들 사이에서 분할되는 지형"(geographical features that ... are divided among two or more countries)의 개념, 특히 '분할되는'(divided)의 개념이 올바로 이해되어야 한다. 'divide'는 "부분 또는 그룹으로 나누거나 나뉘다; 분할하다; 나누다"(to separate or be separated into parts or groups; split up; part)의 의미는 물론 "공유하거나 부분으로 공유되다; 분배하다"(to share or be shared out in parts; distribute)의 의미도 있다.[11] 즉, '나누다'의 의미와 함께 '공유하다'의 의미도 있는 점에 주목해야 한다. 따라서 UNCSGN의 결의 III/20의 적용 대상 중 하나인 '둘 이상의 국가들 사이에서 분할되는 지형'은 "둘 이상의 국가들 사이에서 공유되는 지형"으로서 이해되어야 한다. 실제로 IHO의 결의 1/1972는 "둘 이상의 국가들이 특정 지형을 공유한다"(two or more countries share a given geographical feature)고 언급하고, UNCSGN의 결의 III/20은 "특정 지형을 공유하는 국가들"(countries sharing a given geographical feature)을 언급하고 있음에 주목해야 한다.

UN해양법협약의 반폐쇄해의 정의에 따르면 반폐쇄해는 둘 이상의 국가들에 의해 둘러싸이거나 주로 둘 이상 연안국들의 영해와 배타적 경제

국가의 주권이 미치지 않는 해역이라는 관점에서 이해될 수 있다. 그러나 1982년 채택된 UN해양법협약에서 배타적 경제수역이 도입되고, 이러한 배타적 경제수역으로 이루어진 폐쇄해 또는 반폐쇄해 개념이 인정된 현시점에서 동해 또는 일본해를 공해로서 이해하는 것은 타당하지 않다. 지리적 명칭의 관점에서 동해 또는 일본해는 배타적 경제수역으로서 UN해양법협약에 따른 특정 지형인 반폐쇄해로 이해해야 할 것이다.

11 *Collins English Dictionary*, http://www.thefreedictionary.com/divide.

수역(EEZ: exclusive economic zone)으로 이루어진다. 따라서 반폐쇄해는 위에서 검토한 IHO와 UNCSGN의 각각의 결의의 적용을 받는, 단일 주권을 넘는 지형이 된다. 동해 또는 일본해는 반폐쇄해로서 지명의 국제표준화의 대상이 되는 지형이다.

III. 해양에 대한 국가 주권

주권은 국제법상 기본이 되는 개념이다. 주권(sovereignty)은 "국제법이 인정한 국제적 권리와 의무의 전체"(totality of international rights and duties recognized by international law)로 이해할 수 있다.[12] 주권은 국가의 본질적 속성으로서 다른 국가들과의 관계에서 독립과 평등을 의미한다. 또한, 영토는 국가의 구성 요소로서, 주권국가는 자신의 영토에 소재한 지형에 이름 지을 권리를 가져야 할 것이다. 이러한 지형에 대한 명명의 권리는 국가의 주권에서 파생된 '주권적 권리'(sovereign right)가 될 것이다.[13] 둘 이상의 국가가 관련된 지형의 지명에 대하여 분쟁이 발생할 수 있고, 교통 안전 등의 목적으로 지명의 국제표준화가 요구된다. 영토가 중요한 요소인 국가의 주권

---

12 *J. Crawford, The Creation of States in International Law*, 32 (2006). 그러나 국가의 명칭은 국가의 구성 요소는 아니라고 한다. Heather Forrest, "International Law on Geographic Names: Context for ICANN Policy-Making," GNSO Subsequent Procedures PDP Webinar-Geographic Names (April 25, 2017). 그럼에도 국가의 주권으로부터 국가는 자신의 이름은 물론 자신의 국경 내 장소와 지형의 이름 사용에 대하여 제한을 부과할 수 있다고 한다. Forrest, p. 2.

13 주권적 권리는 국가 자신의 공적 기능을 수행하기 위하여 가지는 법적 권리이다. USLEGAL, https://definitions.uslegal.com/s/sovereign-right.

은 궁극적으로 지명의 국제표준화를 요구하게 되는 것이다. 즉, 국가는 자신의 영토에 대한 주권과 배타적 경제수역에서의 활동에 대한 주권적 권리의 행사에서 동일한 특정 지형에 대하여 서로 다른 명칭을 주장할 수 있다. 이렇게 서로 다른 명칭의 사용으로 국제사회에서 항행의 안전 등 문제가 발생하게 된다면 지명의 국제적 통일, 즉 국제표준화가 필요해진다. 주권과 주권적 권리는 종종 혼동되지만, 다음에서 볼 수 있듯이 해양법에서는 분명하게 구별된다.

1. 영해에 대한 국가 주권

연안국은 자신의 영해(territorial sea)에 대한 주권을 향유한다. 즉, 연안국의 주권은 영토와 내수(internal waters) 너머, 군도 국가의 경우에는 군도 수역(archipelagic waters) 너머, 영해라고 기술하는 인접 해역에 미친다.[14] 또한, 연안국의 주권은 영해의 상공·해저 및 하층토에 미친다.[15]

2. 배타적 경제수역에 대한 주권적 권리

배타적 경제수역에서 연안국은 해저의 상부 수역, 해저 및 그 하층토의 생물이나 무생물 등 천연자원의 탐사와 개발, 보존 및 관리를 목적으로 하며, 해수·해류 및 해풍으로부터 에너지 생산과 같은 이 수역의 경제적

14 UN해양법협약 제2조 제1항.

15 UN해양법협약 제2조 제2항.

개발과 탐사를 위한 다른 활동에 관하여 주권적 권리를 가진다.[16] 또한, 연안국은 UN해양법협약에 규정된 다음 사항에 관한 관할권을 가진다: 1) 인공섬, 시설 및 구조물의 설치와 사용; 2) 해양과학조사; 3) 해양환경의 보호와 보전.[17]

배타적 경제수역에 대한 연안국의 주권적 권리는 천연자원의 탐사와 개발 등의 특정 목적을 위하여 UN해양법협약을 통해 인정된다는 점에서 완전한 주권은 아니다.[18] 따라서 생물자원의 보존을 위하여 연안국은 자국의 배타적 경제수역에서의 생물자원의 허용 어획량을 결정하고,[19] 생물자원의 이용에 관하여 연안국은 배타적 경제수역의 생물자원에 관한 자국의 어획 능력을 결정한다.[20] 또한, 해양과학조사에 관하여, 연안국은 그 관할권을 행사함에 있어 UN해양법협약의 관련 규정에 따라 자국의 배타적 경제수역과 대륙붕에서의 해양과학조사를 규제, 허가 및 수행할 권리를 가진다.[21] 이와 관련해 배타적 경제수역에서 해저 지형을 명명할 때 일반적인 관행은 연안국이 그러한 명명의 '우선권'(first dibs)을 가지는 것이다.[22]

---

16 UN해양법협약 제56조 제1(a)항.

17 UN해양법협약 제56조 제1(b)항. 국가의 관할권(jurisdiction)도 주권과 종종 혼동된다. 실제로 관할권은 국가 주권의 속성으로서, 자신의 국내법에 따라 사람과 재산을 규율하는 국가의 권능을 가리킨다. R. Wallace, International Law 108 (2002). 국제법은 국가 관할권 행사의 적절성에 대한 기준이 된다.

18 마찬가지로 UN해양법협약 제77조 제1항은 대륙붕의 탐사와 천연자원의 개발을 목적으로 연안국의 주권적 권리를 부여한다.

19 UN해양법협약 제61조 제1항.

20 UN해양법협약 제62조 제2항.

21 UN해양법협약 제246조 제1항.

22 Trent, p. 51. 연안국이 이러한 해양과학조사의 주된 당사자인 경우 더욱 그렇다고 한다.

UN해양법협약에 따른 배타적 경제수역에서의 권리 행사와 의무 이행에 있어서, 연안국은 다른 국가의 권리와 의무를 적절히 고려하고, 동 협약의 규정에 따르는 방식으로 행동해야 한다.[23] 예컨대, 연안국이나 내륙국에 관계없이, 배타적 경제수역에서 모든 국가는 UN해양법협약의 관련 규정에 따를 것을 조건으로, 항행과 상공비행의 자유, 해저 전선과 관선 부설의 자유 및 이러한 자유와 관련해 해양을 국제적으로 적법하게 이용하는 것을 향유한다.[24] 또한, 배타적 경제수역과 대륙붕에서의 해양과학조사는 연안국의 동의를 얻어서 수행하지만, 연안국은 통상적 상황에서, 다른 국가 또는 권한이 있는 국제기구가 오로지 평화적 목적을 위하여, 또한 모든 인류에 유익한 해양 환경에 대한 과학지식을 증진시키기 위하여 UN해양법협약에 따라 자국의 배타적 경제수역과 대륙붕에서 수행하는 해양과학조사 사업에 동의해야 한다.[25] 이렇게 연안국이 배타적 경제수역에서 해양과학조사 등의 주권적 권리를 행사함에 따라 관련 데이터 교류 등의 활동에서 해저 지형에 대한 명칭이 요구된다.[26] 따라서 해저 지형의 명칭에 대한 국제표준화 문제가 제기될 수 있다.

UN해양법협약에 규정된 배타적 경제수역은 해양의 새로운 유형으로서, 지리적 명칭의 결정에서 중요한 요소를 제공할 수 있다. 첫째, 폐쇄해 또는 반폐쇄해는 둘 이상의 국가들에 의해 둘러싸이고 전체로서 또는 그 대부분이 둘 이상 연안국들의 영해와 배타적 경제수역으로 이루어지도

23 UN해양법협약 제56조 제2항.

24 UN해양법협약 제58조 제1항.

25 UN해양법협약 제58조 제2항과 제3항.

26 Trent, p. 53.

록 규정된다.[27] 이렇게 둘 이상 연안국들의 배타적 경제수역은 폐쇄해 또는 반폐쇄해를 이루게 되는데, 폐쇄해 또는 반폐쇄해는 명칭이 부여될 수 있는 지형에 해당한다. 둘째, 연안국은 배타적 경제수역에 대하여 주권적 권리를 행사할 수 있다.[28] 특히 경제적 탐사와 개발 목적의 배타적 경제수역에 대한 주권적 권리의 행사는 IHO의 수로 활동과 관련될 수 있다. IHO에 따르면,[29] 수로[학](hydrography)은 물의 깊이 측정과 난파선과 바위와 같은 해저에 놓여 있는 모든 항해 위험의 위치를 고정시키고, 조수와 해류 측정도 수반한다. 수로 정보의 가장 잘 알려진 응용은 모든 선원이 운항에 사용하는 해도(nautical charts)의 작성이다. 또한, 수로[학]은 해양과 호수와 강 등의 지형(physical features) 측정과 기술(description)은 물론 항행 안전의 주된 목적으로 오랜 시간에 걸쳐 이들의 변화를 예상하고 경제적 개발, 안전과 방위, 과학적 연구 및 환경 보호를 포함한 모든 다른 해양 활동을 지원하는 응용과학 분야로 정의되기도 한다.[30] IHO의 해도 작성을 포함한 수로[학]에 관련된 경제적 개발, 과학적 연구 및 환경 보호 등의 해양 활동은 UN해양법협약의 배타적 경제수역에 대한 연안국의 주권적 권리 행사와 깊이 관련된다. 이 점에서 배타적 경제수역의 지리적 명칭에 대한 국제표준화는 IHO에게도 중요하다.

27 UN해양법협약 제122조.

28 UN해양법협약 제56조 제1항.

29 https://iho.int/en/what-is-hydrography.

30 Oxford Public International Law, https://opil.ouplaw.com/view/10.1093/law:epil/9780199231690/law-9780199231690-e489?prd=OPIL. 또는, https://legacy.iho.int/srv1/index.php?option=com_content&view=article&id=299&Itemid=289&lang=en 참조.

Ⅳ. 맺음말

위에서 검토한 대로, 주권은 지리적 명칭의 표준화에 있어서 중요하다. 예컨대, 주권국가가 자신의 연안에 붙인 명칭이 다른 국가들의 존중을 받는다. 특히 둘 이상 연안국들의 배타적 경제수역으로 이루어진 폐쇄해 또는 반폐쇄해는 단일 주권을 넘은 지형으로서 IHO와 UNCSGN의 국제표준화에 관한 결의의 적용을 받는다. 동해 또는 일본해는 한국과 일본 등이 공유하는 지형으로서 반폐쇄해의 대표적인 예가 되고, 한국과 일본 등이 반폐쇄해인 지형의 명칭에 대해 합의하지 못하는 경우, 각각의 국가에서 사용하는 지명이 병기되는 것이 국제적 원칙이다.[31]

또한, 지리적 명칭의 표준화는 UN과 IHO 등 국제기구의 활동 대상이다.[32] 예컨대, IHO는 지리적 명칭의 국제표준화를 목적으로 UNGEGN의 다음의 역할을 인정한다: '현재 분류 관행과 절차에서 개선을 권고할 목적으로 국가 관할권의 경계를 넘어 대양과 해양의 불가분의 부분을 포함한 이들의 경계 획정과 명명에 관한 현존 국가 및 국제 관행 연구.'[33] 따라서 이들 국제기구는 주권국가인 회원국의 의사결정에 따르는 활동을 해야 함에도 지리적 명칭의 국제표준화에서 진전이 없는 것에 관해 책임이 있다고 보아야 한다. 이와 관련하여, 2020년 11월 16일부터 18일까

---

31 IHO, 결의 1/1972(1974)과 UNCSGN, 결의 Ⅲ/20(1977) 참조.

32 그런데도 UNGEGN과 UNCSGN은 물론 IHO도 지리적 명칭의 국제표준화에 있어서 결정을 내리는 권한을 가지지 않고 국가들 사이의 협력 또는 협의 역할을 가진 것에 불과한 점은 인정되어야 한다. Trent, p. 53.

33 결의 1/1972 제4(a)항. 한편, UNCSGN은 결의 II/26(1972)에서 해저 지형의 명명에 관하여 UNGEGN이 IHO와 협력할 것을 권고했다.

지 개최된 제2차 IHO 총회에서 해역을 지명 표기 없이 고유번호로 표기하는 디지털 방식의 새로운 해도집 표준(S-130)을 개발하기로 결정되었다. 이에 따라 동해 또는 일본해의 지명 국제표준화와 관련하여 지난 30년 가까이 한국과 일본의 외교 분쟁의 대상이 된 기존 "해양과 바다의 경계(Limits of the Oceans and Seas)"에 관한 S-23의 제3판은 아날로그에서 디지털로의 역사적 변천을 보여주는 출판물로 남게 되었고, 이로써 한일 간 대립이 일단락되었다고 한다.[34] 그러나 해양의 경계는 수치, 즉 디지털 해도를 통하여 확인될 수 있겠지만, 해당 해양 명칭의 국제표준화는 해결되지 않은 것으로 보아야 한다.[35] 이 점에서 IHO는 자신의 임무인 해양 명칭의 국제표준화를 포기한 것으로 보아야 한다.[36] 한국과 일본이 마주한 배타적 경제수역으로 구성된 반폐쇄해의 명명이라는 주권적 권리의 충돌이 해소되지 않은 것이다.

동해와 같은 해양의 명칭은 여전히 중요하다. 이러한 명칭을 통하여 세상을 이해할 수 있기 때문이다. 또한, 지명은 '장소의 의식'(a sense of place)이

---

34 IHO, Report on the Informal Consultation Process for the Future of S-23 및 국립해양조사원, "디지털 해도 시대의 새로운 표준 개발"(보도자료, 2020. 12. 1.), http://www.khoa.go.kr/user/bbs/detailBbsList.do?bbsMasterSeq=BOARD_MST_0000000003.

35 동해 또는 일본해의 지명 국제표준화의 관점에서 S-23(제3판)에서 일본해의 명칭은 그대로 남고 동해의 명칭은 포함되지 않게 된 현실에 주목해야 한다. 1992년 이래 한국이 UNCSGN 회의에서 동해 표기 문제를 제기한 이후 국제적으로 지도와 언론 등에서 동해와 일본해의 병기가 꾸준히 증가하고 있는 사실은 1929년 S-23(제1판)에 처음으로 표기된 일본해의 '오랜 기간 유지된 명칭'(long-standing names)의 지위가 흔들리고 있음을 보여준다. USBGN은 지리적 명칭을 인정하는 기준으로 '오랜 기간 유지된 명칭'인지를 중요하게 고려하고, 이러한 명칭은 '아주 자주'(very frequently)는 아니지만 변경될 수 있는 것으로 보인다. Jeremy Berline, "Who Decides What Names Go on a Map?", National Geographic, p. 3, https://www.nationalgeographic.com/news/2015/09/150918-us-board-geographical -names-125th-anniversary-national-geographic-maps-place-names.

36 IHO, 결의 8/1919 제1(e)항 참조.

라는 점에서 해당 국민과 국가의 '정체성의 수단'(a vehicle for identity)이기 때문이다.[37]

참고 문헌

Crawford, J., 2006, *The Creation of States in International Law*, Oxford University Press, Oxford.

Forrest, H., 2017, International Law on Geographic Names: Context for ICANN Policy-Making, *GNSO Subsequent Procedures PDP Webinar-Geographic Names*, April 25.

IHO, Report on the Informal Consultation Process for the Future of S-23.

IHO, Resoulution 8/1919, 1/1972.

Palmer, T., 2006, Geographic Names and the United Nations Convention on the Law of the Sea, *International Hydrographic Review*, 7(1), 49-54.

UN, "UN해양법협약."

UNCSGN, Resoultion II/26, III/20.

Wallace, R., 2002, *International Law*, Sweet&Maxwell, London.

[인터넷 및 신문자료]

국립해양조사원, "디지털 해도 시대의 새로운 표준 개발"(보도자료, 2020. 12. 1.), http://www.khoa.go.kr/user/bbs/detailBbsList.do?bbsMasterSeq=BOARD_MST_0000000003.

Berline, J. Who Decides What Names Go on a Map?, https://www.nationalgeographic.com/news/2015/09/150918-us-board-geographical-names-125th-anniversary-national-geographic-maps-place-names.

Collins English Dictionary, http://www.thefreedictionary.com/divide.

https://slidesplayer.org/slide/16508945.

https://www.seoul.co.kr/news/newsView.php?id=20180115002002.

IHO, https://iho.int/en/what-is-hydrography.

Oxford Public International Law, https://opil.ouplaw.com/view/10.1093/law:epil/9780199231690/law-9780199231690-e489?prd=OPIL.

---

37 Berline, p. 4.

Park, N. Sovereignty in naming maritime geographical features, http://eastsea1994.org/data/bbsData/14630303411.pdf.

USLEGAL, https://definitions.uslegal.com/s/sovereign-right.

제5장 일본의 병기 반대주장 논리에 대한 규범적 대응*

김영원**

I. 들어가는 말

1929년 국제수로기구(IHO)는 항행 안전 등을 목적으로 『해양과 바다의 경계(Limits of Oceans and Seas)』 제하 특별자료(S-23)의 발간을 통해 세계의 해양과 바다의 경계 및 명칭을 규정하면서 동해 수역을 일본해(Japan Sea)로 표기했다. 이것이 국제사회가 동해 수역을 일본해로 단독 표기하게 된 배경이다. 우리나라는 1992년 제6차 유엔지명표준화회의(UNCSGN)를 계기로 국제무대에서 일본해 단독 표기에 대해 정식으로 문제를 제기해왔다. 이후 IHO를 비롯한 지명 관련 국제기구와 유엔을 대상으로 적극적인 동해 명칭의 병기를 위한 교섭과 설득을 지속해서 전개해왔다. 동시에 미국

* 이 내용은 2018년 사단법인 동해연구회와 외교부의 용역과제인 "지명 표기 문제에 대한 규범적 접근"의 일부를 수정한 것이다.

** 한국외국어대학교 초빙교수.

등 영향력 있는 국가를 상대로 개별적인 교섭도 적극적으로 전개했다. 나아가 온라인 지도를 포함하여 유명 지도 제작사 및 주요국의 교과서 제작업체를 설득하고 해외 지명전문가 및 지리교사들 방한 초청을 하는 등 다양한 노력을 병행했다. 이러한 노력의 결과는 사실 우리가 생각한 것 이상의 결과를 가져왔다. 무엇보다도 전 세계 지도와 학교 교과서에서의 동해 병기는 기대 이상의 성과를 이루었다.

그러나 아직 우리는 IHO에서 동해 병기를 실현하지 못했으며 미국 등 주요국이 동해 병기를 정부 정책으로 채택하는 수준의 완전한 성공은 거두지 못했다. 이는 분명 안타까운 부분이다. 그러나 지금까지의 노력을 한마디로 설명하면 국제사회가 동해 수역에 대한 한일 간 명칭 분쟁의 존재를 인정하고 있다는 점, 국제사회가 우리의 동해 병기 주장이 설득력이 있다고 인정하고 있다는 점, 나아가 일본조차도 이러한 국제적 대세를 부인하지 못하고 병기 확산에 대한 위기감을 보인다는 점 등으로 요약할 수 있을 것이다.

한편 IHO는 2020년 대안으로 향후 해도에 고유 명칭 대신 수역을 지칭하는 '숫자로 된 체계'(a system of unique numerical identifier)를 도입하기로 했다. 이는 지리정보 체계로 명칭을 대신하는 방안이다. 물론 이 대안은 디지털 시대의 변화된 환경을 반영한다. 따라서 그간 충분히 예견되어왔고 그 효용성을 부인할 수도 없다. 이 대안이 실현된다면 IHO가 이후 발간하게 될 해도에서는 일본해 명칭도 사라지게 될 것이다. 이는 일본해 주장의 근거가 더 이상 존재하지 않게 된다는 의미도 있다. 결과적으로 IHO 차원에서 우리의 주장이 지지를 받고 있다는 증거이다. 그러나 이 방안이 해결책이 될 수는 없을 것이다. IHO가 명칭을 사용하지 않는다고 하더라도 종이지도가 사라지는 것은 아니며, 종이지도는 결국 명칭을 사용할 것이기 때문이다. 그리고 그 명칭의 근거는 S-23이 될 것이며 S-23이 개정되지 않는 한 일본해 단독 표기를 수록한 현행 제3판은 그대로 유효하기 때문이다. 다시 말해서 S-23이 전 세계적으로 인정받는 표준 데이터를 근거로 지속된다면 종이지도에 대한 근거로 계속 사용될 수 있을 것이며, 이 경우 디지털 지도의 출현이 동해 병기를 위한 노력에 반드시 긍정적 영향을 미칠 것이라고 보기는 어렵다.

결국, 우리로서는 대안을 해결로 보아야 할 것인가를 판단해야 한다. 다시 말해 디지털 지도의 출현이 과연 종이지도에서의 동해 병기 노력에 긍정적 영향을 줄 수 있을 것인지 판단해야 한다. 이러한 점을 염두에 두고 생각해볼 때 동해 병기를 위한 우리의 향후 대응 방향은 다음과 같다. 무엇보다도 S-23의 개정을 통해 애초 희망하던 대로 동해 병기를 실현하기 위해 노력해야 할 것이다. S-23의 개정이 어렵다면 S-23 제3판이 실효되었음을 확인하고, 지금까지의 성과를 기초로 국제사회에서 동해 병기의 정당성에 대해 지지를 유도하며 이를 구체적인 결과로 만들어가야 한다. 즉, 지도와 교과서에서 동해를 병기하고, 일본해 단독 표기를 고수하는 미국 등 주요국들의 입장 변화를 유도해야 한다. 동시에 디지털 분야에서의 기술적 우위를 최대한 활용하여 우리 데이터가 다른 나라에서 많이 사용되도록 함으로써 디지털 지도에서 동해 명칭의 확산을 위해 노력해야 할 것이다.

이러한 IHO의 진화된 노력을 염두에 두고 본 장에서는 병기와 관련한 근본적인 문제로 제기되는 일본의 병기 반대 주장에 대하여 우리가 앞으로 정책 수립 과정에서 고려해야 할 사안들을 국제법적 관점에서 검토한다.

II. 일본의 주장에 대한 국제법적 대응

1. 일본의 주장

- 주장 1: 병기 허용 시 많은 해양 지명에 대한 병기 주장이 발생할 것이다.
- 주장 2: 병기는 지명 혼동의 주요 원인이 될 것이다.
- 주장 3: 병기는 항행 안전에 위해가 될 것이다.
- 주장 4: IHO의 S-23이 허용하고 있는 병기의 예(English Channel/La Manche; Dover Strait/Pas de Calais and Bay of Biscay/Golfe de Gascogne)는 IHO의 기술결의 A.4.2.6의 요건을 충족하나 동해의 경우는 그렇지 않다. 즉, 동해 수역은 IHO 및 UNCSGN 등에서 채택한 지명 관련 결의가 규정한 '공유 지형'에 해당하지 않는다.
- 주장 5: 일본해는 국제적으로 확립된 명칭이다.

2. 대응 논리

국제법은 분쟁의 평화적 해결을 국제법의 주요 원칙 중 하나로 규정하고 있다. 분쟁의 평화적 해결은 국가 간 협력의 증진, 국제평화와 안전에의 기여라는 측면에서 특히 중요하다. 더욱이 한일 간 분쟁이 격화되면 국제사회 전체의 이익에도 반하고 유엔이 추구하는 이상에도 부합되지 않는다는 점을 고려할 필요가 있다. 이러한 점에서 한일 양국 간 동해 수역의 명칭에 대한 분쟁은 관련 국제기구설립협정, 동 국제기구의 관련 결의, 유엔해양법협약 및 국제법의 일반 원칙에 따라 평화적으로 해결되어야 한다. 또한, 이들 조약 및 관련 결의의 해석은 조약의 해석원칙 등에 비추어 성실하게 해석되어야 할 것이다.

1) 주장 1: "병기 허용 시 많은 해양 지명에 대한 병기 주장이 발생할 것이다" 라는 주장에 대한 대응

일본은 동해/일본해 병기를 받아들이면 한국 정부가 황해(Yellow Sea)를 서해(West Sea)로 변경해달라고 국제사회에 요구할 가능성이 있고 독일은 Baltic Sea의 명칭 변경을 요구할 가능성이 있다고 우려하고 있다.

예컨대, 일본은 East Sea가 공식 명칭이 된다면 북한은 East Sea of Korea를 주장할 것이고, 마다가스카르는 Indian Ocean을 East Ocean으로 변경하자고 주장하게 될 것이며 호주는 West Ocean을, 파키스탄은 Pakistani Ocean을 주장하게 될 것이라고 우려를 표한 적이 있다. 그러나 이러한 주장은 기우에 불과하다. 2009년 7월 8일 IHO 사무국이 S-23의 발간 준비를 위해 각국에 요청한 문제 수역(areas of concern)에 대한 의견 문의 시 명칭 개정과 관련해서는 동해와 Tonkin Bay 문제만이 제기되었을 뿐이다. 오만 정부가 Gulf of Oman을 Sea of Oman으로 변경해달라고 요청한 바 있으나 이는 국내적인 사안이었다는 점에서 실제로 동해 병기 요청이 가져올 영향은 거의 전무하다.

2) 주장 2: "병기는 지명 혼동의 주요 원인이 될 것이다"라는 주장에 대한 대응

하나의 지형에 대해 여러 명칭이 사용되는 경우 혼동이 발생할 수 있을 것이라는 우려이다. 그러나 현실적으로 동해가 세계지도 제작사 및 언론 등에서 사용되고 있는 현실을 감안할 때 S-23에 동해 명칭이 없을 경우 오히려 혼동을 더욱 야기할 것으로 본다.

더욱이 국제사회에서 동해 사용 빈도가 늘어나는 추세를 고려할 때 병기 반대는 비현실적이라는 지적을 피할 수 없을 것이다. 특히 우리 노력 덕분에 국제사회가 일본해 단독 표기의 문제점을 잘 인식하고 있는 이 시점에서 동해 병기 노력을 포기할 경우 지명으로 인한 혼동이 더욱 확대될 가능성이 크다는 점을 부인할 수 없을 것이다.

3) 주장 3: "병기가 항행 안전에 위해가 될 것이다"라는 주장에 대한 대응

(1) 해도와 항행의 안전

해도란 안전한 항해를 위해 수심, 암초, 해안선, 항로 표지, 항해 위험물 및 목표물 등의 항행 정보와 수로 조사 정보 등을 국제기준에 따라 일정한 축척으로 선, 기호, 숫자, 문자 등으로 표시하여 제작한 바다 지도를 말한다. 모든 연안 국가는 신뢰성 있는 항해 정보를 제공하기 위해 정부에서 직접 국제기준에 따라 해도를 제작하여 국내외에 보급하고 있다. 해도는 항해사의 가이드이며 눈이라고 할 수 있다.

어느 해역을 항해할 경우 항해사들은 그 지역 해도를 보면서 항해를 하는데, 익숙한 지명과 바다 이름이 기재되어 있으면 당연히 항해사들에게 그러한 해역에 대한 신속한 적응력이 확보되므로 안전한 항해에 기여한다. 가령 2002년 IHO가 준비한 제4판 초안은 1929년 초판과 비교할 때 전 세계 해양을 더 세밀하게 나누어 명명했으며, 해당 지역의 대표 명칭을 해양의 이름으로 사용했다. 이러한 해양의 세부적 분할과 구체적인 명칭 부여는 항행의 안전에 기여한다. 그러나 IHO 제4판 초안은 현재 일본해(Sea of Japan)로 표기된 7.6 해역에 대해 한국과 일본의 의견 차로 공란으로 남겨두고 있다.

한편 IHO 제4판 초안은 1953년 S-23과 비교하여 북태평양 지역을 비교적 세부적으로 나누어 명명하고 있다. 즉, 7(North Pacific Ocean)을 7.1(Philippines Sea), 7.2(Taiwan Strait), 7.3(East China Sea) 7.4(Yellow Sea), 7.4.1(Bo Hai), 7.4.1(Liaodong Wan), 7.5(Seto Naikai) 7.6(Blank), 7.6.1(Tararskiy Proliv), 7.7(Sea of Okhotsk) 등으로 세부적으로 구분하고 있다.

만약 어느 항해사가 해도를 보면서 황해(Yellow Sea)를 항해하고 있다고 가정하면, 1953년 S-23의 경우 황해(Yellow Sea, 7.4)로 단일 명명하고 있었지만, 2002년 제4판 초안은 BoHai(7.4.1), Liadong Wan(7.4.2)으로 세분하여 나누고 있다. 따라서 주변 항해 장애물이나 항행 정보에 대하여 익숙한 지명을 제공하는 해도를 보고 항해할 경우 안전한 항해에 기여할 것이라는 점은 자명한 사실이다. 과거 동중국해에 속했던 대만해협(Taiwan Straight)도 마찬가지이다.

(2) 세계항행경보 시스템(WWNWS)과 우리나라 연안 항행경보

국제해사기구(IMO) 및 IHO는 세계의 해역에서 기상, 해상 정보나 항행경보를 NAVTEX, Enhanced Group Call(EGC) SafetyNET service, HF morse(AIA) 등의 수단을 이용하여 항해하는 선박에 항해 안전에 관한 정보를 전파함으로써 1974년 SOLAS 협약이 추구하고 있는 안전한 항해를 지원하고 있다. 당해 구역 전역 및 그 인접 구역을 커버하는 하나의 해안국 또는 여러 해안국으로부터 관련 정보를 송신한다. IHO는 전 세계 해양을 21개로 나누어 지역별 항해 안전 구역에 대한 코디네이터(Coordinator) 국가를 지정하여 운영해왔다. 동해는 이러한 NAVAREA 11구역에 있으며, 코디네이터 국가인 일본 정부가 이 지역의 항해 안전을 위한 제반 정보 수집 및 분석을 통해 이 지역을 지나는 모든 선박에 종합적인 해양 안전 정보를 제공해 항해의 안전을 도모하고 있다.

한편 우리나라 연안에서 발생하는 각종 항행 관련 정보는 통상적으로 해양경찰에서 전파한다. 예컨대, 연안에서 발생한 조난, 해양오염, 선박화재 등 해상사고가 발생하면 해경에서 상황을 전파하고 강릉과 변산반도에 있는 송신소에서 NAVTEX를 통해 상황을 전파하게 된다. 송신문에는 통상적으로 해역/경위도 좌표/상황(예, East Sea/38-23-23N…) 등의 정보가 포함됨으로써 항해사들이 이러한 내용의 해상사고를 인지하고 대처하도록 유도하는 데 그 목적이 있다. 그러나 NAVTEX의 송·수신 가능 거리는 100~150M(160~190Km) 정도로, 그 바깥에 있는 해역에서 국립해양조사원을 경유해 일본에 통보하게 되며, NAVAREA 11구역의 조정국인 일본이 위성송신기 등을 이용하여 상황을 전파한다. 예컨대, 독도 동방 50Km 수역에서 여객선이 화재로 인하여 침몰하는 상황이 발생할 경우, NAVTEX 송·수신 거리를 초과(우리나라 동해안 '죽변'에서 독도까지의 거리가 216Km이며, 독도 동방 50Km의 거리는 266Km)하게 된다. 이러한 상황이 발생할 경우, 해양경찰을 경유해 국립해양조사원이 일본에 통보하면, 조정국 일본은 항해하는 선박

〈그림 5-1〉 IHO 4th S-23 Draft

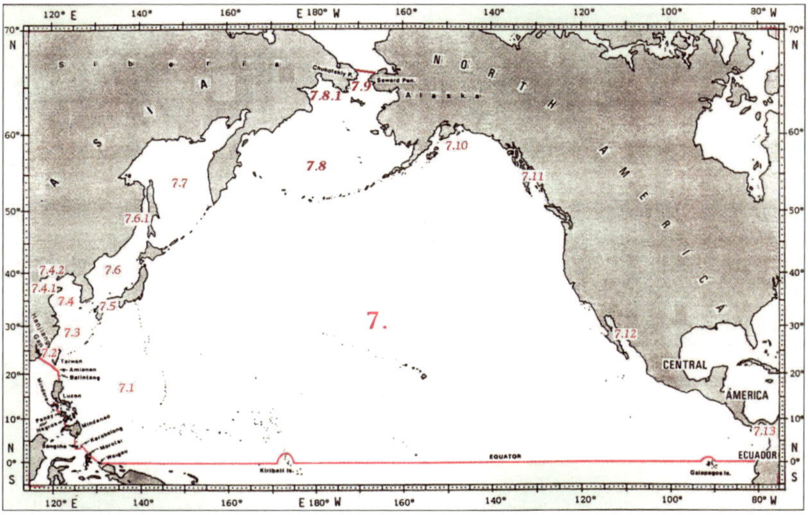

에 대하여 항해 안전에 관한 정보를 전파하게 되는데, 앞의 경우에는 "Sea of Japan/38-23-23N…"으로 상황이 전파될 것이다. 그러나 이 경우 동해 명칭이 동시에 사용되면 항행 안전에 더욱 기여할 것으로 판단된다.

(3) 항행 안전과 전자해도

전 세계적으로 '전자해도'의 사용량이 증가하는 추세에 있다. 전자해도에는 일본해와 동해의 병기 표기가 '일반해도'에 비하여 월등히 많다. 이는 항해 안전을 확보하기 위해 동해 병기가 필요하다는 방증이다. 동해 지역을 항해하는 선박들은 대부분 전자해도를 사용하고 있는데, 이러한 추세로 본다면 NAVAREA 조정국이나 연안국이 전파한 항행 정보의 확인은 전자해도를 통해서 확인해야 함을 의미한다. 예컨대, 울릉도 기점 동방 20Km 지점에서 해난사고가 발생했을 경우 현재의 질서에 따르면

'일본해에 위치한 한국의 울릉도 동방 20Km'라는 의미로 해석될 수 있으므로 이를 바로잡아야 한다.

(4) 평가

2002년 IHO 제4차 초안은 전 세계 해양을 더 세밀하게 나누어 명명했으며, 해당 지역의 대표 명칭을 해양의 명칭으로 사용함으로써 항행의 안전에 기여하고 있다. 한편, IMO 및 IHO는 세계의 해역에서 기상, 해상정보나 항행경보를 NAVTEX 등을 통해 항해하는 선박에 대하여 전파함으로써 1974년 SOLAS 협약이 추구하는 안전한 항해를 확보하고 있다.

이러한 점에 비추어 우리나라 연안에서 항해사고가 발생할 때 항해사들에게 연안국 주민들이 사용하는 바다의 명칭이나 도서 명칭을 제공한다면 항행의 안전에 더욱 기여할 것이다. 이는 일본의 주장처럼 병기가 항행 안전에 위해가 되는 것이 아니라 오히려 병기를 실현하는 것이 역설적으로 항행 안전에 기여하게 될 것임을 입증하는 것이다.

4) 주장 4: "동해 수역은 동 결의가 규정한 '공유 지형'에 해당하지 않는다"는 주장에 대한 대응

IHO의 S-23이 허용하고 있는 병기의 예(English Channel/La Manche, Dover Strait/Pas de Calais and Bay of Biscay/Golfe de Gascogne)는 IHO의 기술결의 A.4.2.6 및 UNCSGN 결의의 요건을 충족하나 동해의 경우는 그렇지 않다.

(1) 지명표준화 관련 국제기구의 결의

• IHO의 지명표준화 관련 정책

IHO의 주목적 중 하나는 해도 및 관련 자료의 통일화를 실현하는 것이다. 이를 위해 지명표준화 관련 정책으로 IHO의 기술결의(Technical Resolution A4.1)가 채택되었다. 해양 지명에 관한 IHO의 관여는 과거 국제수로사무국(IHB: International Hydrographic Bureau)에 의해 시작된 바 있으며 IHB는 이미 1919년 런던 회의에서 이 문제에 관심을 보였다. 이후 바다의 경계를 지정하는 문제가 1929년 IHO 회의의 주요 의제로 등장했으며 이것이 1929년 『해양과 바다의 경계(S-23)』로 나타나게 되었다. 이 책자의 서문에서도 언급한 바와 같이 이 책자에 규정된 경계는 아무런 정치적 의미를 지니고 있지 않다.

또한, 1972년 처음 채택되고 1974년 개정된 국제적 지명표준에 관한 IHO 결의 A4.2(International Standardization of Geographical Names)는 현재 매우 중요한 역할을 하고 있다. 이 결의의 시원은 1967년에 개최된 지명에 관한 국제표준화를 위한 첫 유엔회의(UNCSGN)이다. 동 회의에서 채택된 결의 I/8(Treatment of Names of Features beyond a Single Sovereignty)은 일정 지형에 두 개 이상의 명칭이 사용되는 경우 선호되는 해결책은 하나의 공통의 명칭을 가지는 것이며, 나아가 국가들은 하나의 명칭에 합의할 수 있도록 노력해야 한다고 규정하고 있다. 해양 및 해저 지형 역시 같은 논리가 적용되어야 할 것이다.

이와 관련해 IHO 결의 A4.2에서 가장 중요한 것은 이 결의의 마지막 단락 A4.2.6이다.

* **A4.2.6(International Standardization of Geographical Names)**

"It is recommended that where two or more countries share a given geographical feature (such as a bay, a strait, channel or archipelago) under different names, they should endeavour to reach agreement on a single name for the feature concerned. If they have different official languages and cannot agree on a common name form, it is recommended that the name forms of each of the languages in question should be accepted for charts and publications unless technical reasons prevent this practice on small scale charts, e.g. English Channel/La Manche."

이 결의의 주요 내용은 둘 또는 그 이상의 국가들이 특정 지형(geographical feature)을 공유하는 경우, 다시 말해 만(bay), 해협(strait), 채널(channel), 군도(archipelago) 등이 다른 이름으로 사용되고 있는 경우, 무엇보다도 해당 국가들은 동 지형에 대한 단일 명칭에 합의하기 위해 노력해야 한다는 것이다. 이를 위해 해당국들은 교섭을 시작해야 한다. 그런데도 만일 합의에 이르지 못하는 경우 이들이 다른 언어를 사용하고 있다면 각각의 해당 언어로 된 명칭이 해도나 출판물 등에서 함께 사용되어야 할 것이다. 물론 지도의 크기가 기술적 이유로 이러한 요구사항을 충족시키지 못하는 경우, 예컨대 English/La Manche의 경우와 같은 상황에서는 예외가 될 수 있을 것이다.

• **지명표준화와 UNCSGN**

위에서 설명한 바와 같이 UNCSGN은 1967년 권고결의 I/8을 통해 공유 지형에 대한 명칭 문제를 제기한 이래 1972년 결의 No. II/25, 1977 결의 III/20 및 1987년 결의 V/25를 통해 꾸준히 검토해왔다. 1977년 UNCSGN 결의 III/20은 전문에서 "geographical features that are under the sovereignty of more than one country or are divided among two or more countries"(2개국 이상의 주권하에 있거나 2개국 이상 사이에 분할된 지형물), 본문에서는 "while countries sharing a given geographical feature"라고 규정하고 있다.

결의 III/20(Names of Features beyond a Single Sovereignty)

"The Conference, Considering the need for international standardization of names of geographical features that are under the sovereignty of more than one country or are divided among two or more countries, Recommends that countries sharing a given geographical feature under different names should endeavour, as far as possible, to reach agreement on fixing a single name for the feature concerned; Further recommends that when countries sharing a given geographical feature do not succeed in agreeing on a common name, it should be a general rule of international cartography that the name used by each of the countries concerned will be accepted. A policy of accepting only one or some of such names while excluding the rest would be inconsistent in principle as well as inexpedient in practice. Only technical reasons may sometimes make it necessary, especially in the case of small-scale maps, to dispense with the use of certain names belonging to one language or another."

참고로 IHO 결의 A4.2는 해양 지명(sea names)에 관한 규정이며, UNCSGN 결의 III/20은 육지 지형에 대한 지명의 표준화를 위한 규정으로 반드시 해양 지명과 연계된 것은 아니다. 그러나 양자는 상호 보완적인 기능을 수행하고 있다는 점에서 함께 검토되어야 할 것이다.

• 결의의 구속력

국제법상 국제기구의 결의는 비구속적(non-binding)으로 권고의(recommendatory) 성격을 지닌다. 그러나 동 결의들은 지명표준화와 관련해 영향력이 크고 많은 국가가 이를 준수하고 있다. 비록 구속력은 없어도 국가들이 이를 존중하고 있다. 국가들은 결의를 지키는 것이 자국의 이익에 부합한다고 보고 신의성실의 원칙에 따라 관련 규정들을 이행해오고 있다. 실제로도 이들 결의는 국가들의 행동에 지대한 영향을 미치고 있으며, 많은 국가의 실행으로 뒷받침되고 있다. 그럼에도 국제법상 국제기구의 결의가 구속력을 가지지 못한다는 본질에 변화는 없다. 다만 결의가 현실적으로 많은 국가에 의해 존중되고 이행되는 경우 결의의 이행에 이의를 제기하는 국가들은 이행을 거부할 정당한 이유를 설명해야 할 것이다.

(2) 동해 수역은 공유 지형인가

그렇다면 동해 수역은 상기 결의들이 예정하고 있는 '공유 지형'에 해당되는가. 동 결의를 동해 수역에 적용하는 경우 쟁점은 동해 수역이 둘 이상 국가의 주권하에 놓여 있는가, 둘 또는 그 이상의 국가 간에 분할되어 있는가, 또는 해당 국가들이 동 지형(feature)을 공유하는가의 문제로 귀결된다. 먼저 동해 수역에 대하여 이들 결의를 적용하기 위해서는 동해 수역이 '공유 지형'(geographically shared feature)으로서 상기한 요건에 해당되어야 한다. 따라서 'shared feature'가 무엇을 의미하는지, 즉 동해 수역이 'geographically shared feature'인지 또는 동 지형이 둘 또는 그 이상, 특히 한일 양국의 주권하에 놓여 있는 것으로 간주할 수 있는지의 문제에 대한 해결이 선행되어야 할 것이다. 동시에 다른 명칭으로(under different names) 불려야 할 것이다.

동해 수역이 동 결의가 염두에 두고 있는 공유 지형(geographically shared feature)에 해당될 수 있는 국제법적 근거는 다음과 같다. 유엔해양법협약 제122조는 폐쇄해(enclosed sea) 또는 반폐쇄해(semi-enclosed sea)에 대해 규정하고 있다. 폐쇄해란 만(gulf), 유역(basin), 둘 또는 그 이상의 국가들에 의해 둘러싸이고 좁은 출구를 통해 다른 바다 또는 대양에 연결된 수역, 전적으로 또는 주로 둘 이상 국가의 영해와 배타적 경제수역으로 구성된 수역을 의미한다. 동해 수역은 한국, 일본, 북한과 러시아의 수역으로 둘러싸여 있으며, 남쪽으로는 다른 대양에 연결된 반폐쇄해이므로 구조상 만과 유사한 공유 지형이다. 또한, IHO 결의 A4.2의 6항에 나오는 표현인 "a given geographical feature(such as, for example, a bay, strait, channel or archipelago)"에서도 해결의 시사점을 찾을 수 있다. 무엇보다 동 예시는 글자 그대로 예시일 뿐이다. 여기서 'a given geographical feature'란 지구 표면의 모든 부분을 지칭하는 것으로 해양도 당연히 지형의 일종이고, 만, 해협, 군도는 예시로 언급된 것이지 동 지형에 대해서만 결의가 적용된다는 의미에서 제시된 것이 아니다. 더욱이 예시된 이들 해양 지형은 공통적으로 만, 해협, 수로, 군도 수역 등 수역의 범위가 어느 정도 구체화될 수 있는 경우를 예로 들고 있다는 점에서 동해 수역이 어느 정도로 수역의 범위가 제한되는 수역인지에 대한 검토가 필요하다. 따라서 연안국의 영해를 제외한 동해의 상부 수역이 공해이므로 폐쇄해 또는 반폐쇄해의 개념이 처음부터 적용될 수 없다고 보는 것은 사실 관계를 너무 단순화하는 오류를 범하게 된다. 유엔해양법협약이 배타적 경제수역 등 수역의 범위를 구분하고 있는 데서도 알 수 있듯이 동해 수역을 단순히 태평양과 같은 넓은 공해로 보는 것은 국제해양법상의 해석에도 맞지 않는다.

오히려 동해 수역을 공유 지형이 아닌 단순한 공해라고 할 경우 공해 수역에 대하여 어느 특정국의 명칭을 사용하는 것은 정당하지 않다. 더욱이 1929년 IHO가 S-23 초판을 발간했을 때는 배타적 경제수역의 개념이 존재하지 않았다. 바꾸어 말해서 당시에는 단순히 공해로서의 지위를 가지고 있었을 뿐이다. 따라서 당시 그러한 공해 수역에 대해 국제기구인 IHO가 일본이 주장하는 명칭을 그대로 수용한 것은 절차적 정당성이 결여되었다고 할 수 있다.

(3) 지명 병기 관련 국제기구의 한계

IHO는 연안국이 영해 외측 한계 너머의 해양 지형에 명칭을 부여하는 문제에 있어서 연안국이 역사와 전통에 근거한 자신의 고유 지명을 주장하는 경우 이를 판단할 권능이 없다. 또한, IHO는 동해 수역이 공유 지형인지 아닌지에 대해서도 권위 있고 구속력 있는 결정을 내릴 수 없다.

해양 지명과 관련한 분쟁 발생 시 당사국이 문제를 평화적으로 해결하지 못하는 경우 지명은 더 이상 기술적 문제가 아닌 정치적 문제로 성격이 전환되며, 이 경우 IHO에 의한 해결 가능성은 사실상 전무하다. 정치적인 문제에 대한 논의는 당초 IHB 규정(Statute)이나 IHB의 후신인 IHO의 일반 규칙에서 배제되어 있기 때문이다. 비록 IHO의 설립 문서가 분쟁 해결을 위한 폭넓은 강제 중재절차를 채택하고 있지만, 정치적인 분쟁이 되는 순간 IHO의 분쟁 해결 절차에서도 배제될 것이다. 더욱이 제한된 회원국 수에 비추어, 특히 중요한 국가가 배제된 상태에서 전통적으로 IHO는 기술적인 문제에 집중해왔으며, 정치적인 문제의 해결은 보다 보편적 기구인 유엔에 맡기는 형식을 택해오고 있다.

따라서 IHO의 기술결의에 대해 명확한 IHO의 입장을 정립할 필요가 있으며, 분명한 해석이 나오지 않는 한, 반드시 금지되는 것이 아닌 경우 공유 지형으로 볼 수 있다. 공유 지형인 경우 공유 지형에 대한 둘 이상 국가의 주권이 행사되고 있고 다른 명칭이 사용되고 있다는 점을 부인해서는 안 될 것이다. IHO 회원국들도 이에 반대되는 명시적인 원칙이 합의되지 않는 한 이러한 해석을 받아들이는 것이 정당하다고 본다.

결론적으로 향후 국제사회가 특히 보편적 기구인 유엔을 중심으로 하여 지명과 관련한 분쟁의 해결방안을 마련하거나 국제적으로 승인된 명칭의 표준화에 관한 국제적 합의를 이끌어낼 때까지는 IHO로부터 많은 것을 기대할 수 없을 것이다.

5) 주장 5: "일본해는 국제적으로 확립된 명칭이다"에 대한 반박으로서 '고유 지명으로서의 동해'

앞에서 설명한 제6차 지명표준화회의는 지명의 역사적·문화적 중요성을 인정하고 있다. 즉, 국제법적 정당성이 부여된 기구에 의해 이미 확립되고 국내적으로 승인된 지명의 허가 없는 변경은 역사적·문화적 유산을 박탈하는 것으로 허용되어서는 안 될 것이다(discourages the unauthorized changing of geographical names which have already been established by legally- constituted entity and nationally recognized). 이와 관련해 이미 사용되고 있는 명칭, 예컨대 원주민들에 의해 특정 지역에서 사용되고 있는 명칭은 당연히 존중되어야 할 것이라는 점에서 한국인이 오랫동안 사용해오고 있는 동해 명칭의 역사성과 문화성이 존중되어야 할 것이다.

미국의 BGN도 지명을 결정하는 경우 확립된 local usage를 강력하게 선호하고 있다. BGN은 명칭을 자주 변경하는 것을 원하지 않는다. 다만 오래된 명칭을 사용해오던 지역 주민들이 더 이상 연계성을 못 느끼고 변경을 원하는 경우에만 변경해야 한다는 입장이다. 따라서 BGN은 역사적인 정당성 등을 확인하고 이에 맞추어 명칭을 수정하는 역할을 하는 것이 아니라 대다수의 지역 주민들이 사용하는 지명을 존중하는 역할을 하고 있다. 기존의 확립된 지명을 유지하는 것이 안전하다고 보기 때문이다. 예컨대, 캘리포니아의 Fossil Point는 fossil이 없지만 중요한 항행 장소로 역사성과 무관하게 동 지역 주민들이 쓰는 이름을 사용하고 있으며 동 이름을 그대로 유지하는 것이 매우 중요하다고 보고 있다.

따라서 관련국들은 결의의 구속력 여부를 떠나 신의성실의 원칙에 따라 한일 양국이 단일 명칭에 합의하기 위해 노력하고, 합의될 때까지는 각자의 명칭을 사용하도록 요구해야 할 것이다. 특히 한일 간 지명 분쟁의 평화적 해결이 국제평화와 안전, 국가 간 우호 협력 관계의 증진, 분쟁의 평화적 해결 등 유엔의 목적 달성에도 필요하다는 점이 부각되어야 할 것이다.

6) 평가

IHO 결정은 동해 지명에 관한 한 구속력과 정당성이 없다. 국제사회 전체의 이해가 걸려 있는 문제에 대해 정당한 논의 절차를 거치지 않고 소수 회원국에 의한 배타적인 의사결정이 이루어졌다. 한국은 IHO의 설립과 S-23 제작 과정에 전혀 관여할 수 없었다. 당시 한국은 일제의 지배하에서 주권국가가 아니었다는 점이 고려되어야 할 것이다. 결국, 의사결정 과정에서 당시 주요 해운 강국인 일본의 주장이 여과 없이 수용되었다는 점은 절차적 정당성을 부인하는 근거가 될 수 있을 것이다.

또한, 공해 수역은 육지와는 달리 국제법상 영토 취득의 원리가 적용되지 않는다. 다시 말해 공해 수역은 선점과 실효적 지배의 과정을 통해 영유권이 확립되는 육지가 아니다. 따라서 공해 수역에 대해 육지영토의 선점에 해당될 수 있는 특정국의 명칭을 면밀한 검토 없이 국제기구가 수용한 것도 국제법적 정당성을 결여한다.

더욱이 IHO는 협의체적 성격을 가진 순전히 기술적인 기구로서 명칭과 관련해 어떠한 권한도 없다. UNCSGN도 명칭을 제정하거나 이의를 요구할 수 있는 권한을 가진 기구는 아니다. 동 기구의 역할은 정확한 지명이 전 세계적으로 일관되게 사용되도록 도모하는 데 목적이 있다.

무엇보다도 S-23은 IHO의 주요 목적 중 하나인 항행 안전에 반한다. 한국의 내수, 항만, 영해에서는 물론 접속 수역 및 나아가 배타적 경제수역에서의 항행 안전 등 제한된 목적을 위한 법을 집행할 때 동해 명칭이 사용되는 현실을 반영하지 못한다. 오늘날 사람들은 지도 그 자체를 신봉하는 경향이 있다. 지도에 그렇게 되어 있기 때문에 믿는다. 지도의 정확성을 의심하는 사람들은 많지 않다. 따라서 지도상의 명칭이 일관되지 않을 경우 항행 질서의 혼란 및 궁극적으로는 항행 안전을 위협할 수 있다. 예컨대, 미국에서 Forest Service 또는 Park Service Map을 사용해 등산하는 사람이 실종되는 경우 구출 헬기는 USGS 지도를 사용할 것이고, 이는 혼동을 야기할 뿐 아니라 안전을 위협할 것이다. 전시 및 군사 활동에서 일관성을 유지하는 것도 중요하다. 제2차 세계대전 중 지도 및 지명의 통일이 1947년 외국지명 위원회를 설립하는 계기가 되었다는 점에서도 확인할 수 있다. 더욱이 오늘날 인터넷 시대에 올바른 지명의 확립은 더욱 중요하다.

III. 국제사법재판소와 지명

1. 제소 사건과 지명

지금까지 국제사법재판소 차원에서 지명으로 인한 국제법적 분쟁이 야기된 적은 없다. 그 이유는 많은 해양 지형물과 관련된 소송, 특히 도서 영유권의 경우, 일방적인 제소가 아닌 특별 합의(special agreement)를 통해 재판소의 관할권이 성립되기 때문이다. 그래서 합의서에, 예컨대 섬의 영유권에 관한 사건의 경우 섬의 지명을 포함하여 섬과 관련된 사항들이 적시되고 그들의 주장 내용이 명시되기 때문에 지명으로 인한 분쟁은 사전에 차단된다. 만일 소를 제기하면서 명칭에 대한 합의가 이루어지지 않으면 양자를 모두 사용하며, 특히 '/'를 이용한다. 이 경우 먼저 나오는 이름에 대한 특별한 법적 의미(legal significance whatsoever)는 없다는 점을 분명히 하기도 한다. 2008년 Pedra Branca/Plau Batu Puteh 사건과 1999년의 Kasiki/Sedudu Island 사건 등을 예로 들 수 있다. 예컨대, ICJ는 Pedra Branca/Plau Batu Puteh 사건에서 "양국 간 특별 합의의 목적상 Pedra Branca/Pulau Batu Puteh 명칭의 순서는 재판소가 결정해야 하는 주권의 문제와는 관련이 없다(For the purpose of this Special Agreement the order of the use of the names Pedra Branca/Pulau Batu Puteh or vice versa shall not be treated as having any relevance to the question of sovereignty to be determined by the court)." 또한 공정성을 위해서도 재판소는 사무국(Registrar)과 협의하여 이름의 중립성을 유지하기 위해 노력한다.

한편 2011년 12월 5일 국제사법재판소는 마케도니아 문제(Macedonian question)로 알려진 구유고연방(유고슬라비아 사회주의 연방공화국)과 그리스 간의 'Application of the Interim Accord of 13 September 1995' 사건에 대해 판결한 바 있다. 이는 지명 분쟁과 관련된 의미 있는 사건이다. 사건명을 결정하는 데 있어서 재판소와 사무국은 지명의 중립성을 유지하기 위해 노력했다. 이 사건에서는 첫째, 주권국가는 주권 평등(sovereign equality), 자결권(the principle of self-determination)에 근거하여 자신의 국명과 지명, 국기 및 국가상징물 등을 자유로이 선택할 수 있으며, 이러한 권리는 존중되어야 한다는 점이 강조되었다. 둘째, 국가가 지명을 선택할 권리는 고유한(inherent) 권리로서 지명은 국가 간 관계 형성의 출발점이 될 수 있기 때문이라는 점이 강조되었다.

2. 마케도니아 지명 분쟁에 대한 국제사회의 태도

1) 유엔

마케도니아 문제를 계기로 일어난 국가 간 지명 분쟁에 대한 국제사법재판소의 태도를 살펴보자. 마케도니아는 1991년 9월 구유고연방(유고슬라비아 사회주의 연방공화국)으로부터 평화적으로 분리해 독립을 선언했다. 그러나 독립선언 후 인접국인 그리스는 마케도니아 헌법에 명시된 마케도니아 국명이 영토의 통일을 암시하고 있으며, 나아가 마케도니아가 알렉산더 대제의 문장을 사용했다는 이유로 마케도니아의 신헌법에 반대한다는 의사를 분명히 밝혔다. 그리스는 동 문장의 사용이 그리스의 문화와 역사적 전통을 절취하는 것이라고 주장했다. 그러나 미국을 비롯한 국제사회가 마케도니아의 독립을 지지하면서 양국 간 갈등의 골은 더욱 깊어졌다. 이러한 갈등은 마케도니아가 나토 등 국제기구에 가입하는 문제를 중심으로 한 대립으로 발전했다.

프랑스를 중심으로 한 일부 국가들은 1993년 마케도니아의 정식 국명이 합의될 때까지 마케도니아가 국제기구에 '구유고 마케도니아공화국'(former Yugoslav Republic of Macedonia)이라는 잠정 국명으로 가입할 것을 권고하는 '유엔 안보리 결의'(SC/Res/817)를 채택했다. 이후 유엔 안보리는 이러한 국명 분쟁이 국가 간 안보 문제로 발전할 가능성을 우려하면서 대응 방안의 강구를 모색했다. 결국 구유고 마케도니아공화국은 1993년 유엔에 가입했다. 국제사회에서 한 국가가 정식 국명 없이 잠정 국명으로 국제기구에 가입한 사례로는 처음이다. 따라서 이 문제는 명칭 분쟁이 국가 간 갈등 요소로 중요한 함의를 가진다는 점에서 상징성이 큰 문제로 볼 수 있다.

구유고 마케도니아공화국의 유엔 가입과 관련한 유엔 안보리의 권고안은 국명 문제에 대하여 다음과 같은 설명을 첨부했다.

- 구유고 마케도니아공화국은 정식으로 국명 문제가 해결될 때까지만 사용되는 잠정 명칭(provisional term)이다.
- 이 잠정 명칭은 참고사항(reference)이지 정식 명칭(name)이 아니다. 유엔은 분쟁의 중립적인 당사자로 국명을 결정하지 않는다. 이에 따라 안보리 의장은 안보리를 대신하여 잠정 명칭이 단순히 마케도니아가 과거 유고연방(유고슬라비아 사회주의 연방공화국)의 일부였다는 역사적 사실을 선언하는 것이다. 이처럼 명칭이 아닌 참고사항으로 표현함으로써 마케도니아가 국제적으로 승인된 명칭으로 사용되어서는 안 된다는 그리스의 우려를 고려했다. 여기서 'f'를 소문자로 한 것은 동 명칭이 국명으로 고유명사가 아니라는 점을 강조하기 위해 대문자인 'F'를 사용하는 대신 단순히 유고연방(유고슬라비아 사회주의 연방공화국)의 일부였다는 사실을 설명하기 위한 목적으로 소문자를 사용한 것이다.

- 더욱이 이 명칭의 사용은 순수하게 유엔의 목적을 위한 것이며 다른 목적으로 사용하는 것이 아니다.
- 이 명칭은 마케도니아가 이미 소멸한 유고연방(유고슬라비아 사회주의 연방공화국)에 대응하여 현재 존재하는 세르비아와 어떠한 관련이 있다는 것을 의미하지 않는다.

2) 국제사법재판소

2008년 11월 마케도니아는 그리스가 1995년 9월 13일 양국 간 협력을 규정한 '잠정 합의'(Interim Accord) 제11조상의 의무를 심각하게 위반했다는 이유로 국제사법재판소에 그리스를 제소했다. 제소의 내용은 그리스가 합의를 위반해 마케도니아의 나토 가입을 봉쇄하고 있다는 점이었다.

마케도니아는 그리스가 잠정 합의상의 의무를 위반했으므로 마케도니아가 'The former Yugoslav Republic of Macedonia'의 명칭으로 국제기구에 가입 신청하는 경우 이에 대한 방해를 중지하는 데 필요한 모든 조처를 하도록 재판소가 명령해달라고 요청했다. 이에 대해 그리스는 먼저 재판소가 관할권 없음을 선언해줄 것을 요청하고, 그렇지 않으면 마케도니아의 주장이 근거가 없다는 점을 확인해달라고 요청했다. 이에 대해 재판소는 2011년 판결을 통해 그리스의 잠정 합의 위반을 확인했다.

이 판결에 대해 마케도니아는 환영의 뜻을 표하며 앞으로 그리스와 분쟁을 원만하게 해결하기 위해 노력할 것임을 약속했다. 반면 그리스도 재판소의 판단을 검토하여 마케도니아와의 만족스러운 해결을 찾기 위해 노력하겠다는 뜻을 밝혔다.

이후 양국은 2018년 프레스파 협정(Prespa Agreement)을 통해 마케도니아의 국명을 'Republic of North Macedonia'로 변경하는 데 합의했다.

3) 판결에 대한 평가

마케도니아 사건에서는 국제사법재판소가 명칭 분쟁에 직접 개입해 판단하지는 않았지만, 역사상 처음 있는 분쟁 관련 사건으로 국제사법재판소가 직·간접적으로 국명 분쟁에 관여했다는 점에서 의미가 있다. 또한, 명칭 분쟁에도 불구하고 동 판결 이후 양국이 교섭을 통해 궁극적으로는 타협의 정신으로 합의에 도달했다는 점은 의미가 크다.

3. 지명 문제에 대한 국제사법재판소의 입장 평가

국제사법재판소의 태도는 지명의 선택은 국가 고유의 권리로서 주권평등, 자결, 국내 문제 불간섭의 원칙 등에 근거하여 모든 주권국가는 동 권리를 향유하며 다른 국가는 이를 존중하여야 한다는 점을 확인하고 있다는 점에서 시사하는 바가 크다. 또한, 국제사법재판소는 사건명의 확정과정에서도 당사자 간 입장을 존중함으로써 최대한 중립적 태도를 보이기 위해 노력하고 있다는 점을 확인할 수 있다.

이러한 이유로 한일 간 독도 영유권 문제가 국제사법재판소로 넘어갈 경우 독도의 위치를 확인하는 과정에서 동해 표기 문제가 제기될 수 있으나, 이 경우에도 국제사법재판소는 최대한 중립적인 태도를 보일 것으로 예상된다. 다시 말해 일본해 단독 표기는 허용될 가능성이 거의 없다는 점이 지적될 수 있을 것이다.

IV. 결론 및 건의

한일 양국 간 동해 수역의 명칭에 대한 분쟁은 상기 관련 국제기구설립협정, 동 국제기구의 관련 결의, 유엔해양법협약 및 일반국제법 원칙과 조약 해석 원칙에 따라 평화적으로 해결되어야 할 것이다. 분쟁의 평화적 해결은 국가 간 협력의 증진, 국제평화와 안전에의 기여라는 측면에서 특히 중요하다. 더욱이 한일 간 분쟁이 격화되는 경우는 국제사회 전체의 이익에 반하고 유엔이 추구하는 이상에도 부합하지 않는다는 점을 고려해야 할 것이다. 이를 위해 한일 간 명칭 분쟁 해결을 위한 방법론(methodology)의 개발이 필요하다. 방법론으로는 다음을 생각할 수 있을 것이다.

첫째, 앞으로는 전자해도가 더욱 중요해질 것이다. IHO 내에서도 전자해도의 급속한 발전으로 현행 인쇄본 해도집은 더 이상 의미가 없다는 인식이 회원국들 사이에 확산되어 왔다. 실제로 선박 운항과 수로 측량 등 대부분의 해양 업무에서 인쇄지도는 전자해도로 대체된 지 오래여서 실질적인 동해 표기 논쟁은 인쇄본이 아닌 전자지도를 두고 펼쳐질 것으로 예상된다. 한편 IHO 총회에 참석한 많은 해양 전문가들도 일본과의 동해 명칭 분쟁에서 승리하려면 인쇄지도보다는 전자해도를 통한 기반 확대가 중요하다고 권고하고 있다. 전자해도에서는 IHO 해도집과 달리 동해 지명을 어떻게 표기할 것인지를 둘러싼 논쟁은 문제가 되지 않는다. IHO가 권고 지명을 결정하는 인쇄본 해도집과 달리 전자해도상의 바다 이름 등 지명 결정권이 각 나라로 이관되어 자국 지명 우선주의를 인정하고 있기 때문이다. 이러한 변화된 환경 속에서 IHO는 2020년 향후 해도에 고유 명칭 대신 수역을 지칭하는 '숫자로 된 체계'(a system of unique numerical identifier)의 도입을 결정했다. 이는 지리정보 체계로 명칭을 대신하는 방안이다. 물론 이 대안은 디지털 시대의 변화된 환경을 반영하는 것이다. 이 대안이 실현된다면 IHO가 이후 발간하게 될 해도에서는 일본해 명칭도 사라지게 될 것이다. 이러한 변화된 환경을 잘 활용하여 우리에게 유리한 여건을 조성할 수 있도록 노력한다.

둘째, 상기한 디지털 환경의 도래로 동해 병기 문제가 새로운 전환점을 맞게 된 것은 분명하다. 이러한 변화에 우리가 어떻게 대응하느냐에 따라 변화는 기회가 될 수 있을 것이다. 그러나 이것이 자칫 S-23을 둘러싼 논쟁을 종식시키고 현상을 그대로 유지하는 형식으로 모호하게 정리될 가능성도 배제할 수 없다. 이 경우 종이지도로서 S-23의 효력은 그대로 유지될 것이다. 더욱이 미국 등 국제사회에서 영향력 있는 국가들의 무관심은 결국 현상 유지로 고착될 것이다. 이는 종이지도에서 일본해의 단독 표기가 현행대로 국제사회에서 효력을 유지하게 된다는 의미이다. 이는 지금까지의 우리 노력을 무의미하게 만들 수도 있을 것이다. 따라서 우리로서는 동해 병기 실현을 위해 우리가 지금까지 경주해온 기존의 노력을 보완, 발전시켜 나가는 것이 필요하다. 이러한 노력이 비록 진부해 보일지라도 이 문제에 대한 국제사회의 관심이 더 이상 예전 같지 않은 상황에서 우리의 노력 여하에 따라서는 S-23의 무용성을 쉽게 확인받을 수도 있다고 본다.

셋째, 1919년 채택되고 1974년 개정된 IHO 결의 A4.1(Uniform Policy for Handling Geographical Names)은 각국이 지명표준화를 위해 동일한 지역에 대하여 통일된 명칭을 사용할 수 있게 하려고 자신의 언어로 된 완전하고 권한 있는 명칭을 제공할 것을 규정하고 있으나, 어느 경우에도 우리나라는 당시 우리의 정보를 제공할 수 없었다는 점이 무엇보다도 지적되어야 할 것이다. 다시 말해서 S-23 발간의 절차적 정당성 문제를 지속적으로 지적하는 것이 필요하다. 이 점은 일본이 가장 부담스럽게 느끼는 부분이다.

넷째, 일본해 단독 표기의 현실적 문제점을 지적하는 것이다. 특히 병기가 항행 안전을 저해한다는 일본 측 주장을 반박하고, 오히려 병기 확대 경향으로 병기가 항행 안전에 더욱 기여할 수 있다는 점과 국제사회의 병기 현황을 정확히 설명한다.

다섯째, UNCSGN 결의 III/20과 IHO 결의 A4.2.6에 근거하여 병기 허용을 주장한다. 동해 수역이 지명표준화 관련 국제기구의 결의에 따른 공유 지형인지의 문제에 대해서는 '거증책임의 전환'에 따라 우리가 동해 수역이 공유 지형임을 입증할 것이 아니라, 이에 반대하는 일본 측이 공유 지형이 아님을 증명하도록 요구한다.

여섯째, 국제사회 및 IHO 등 국제기구에 대한 압박수단으로 주권, 관할권 등 국제법의 일반 원칙과 유엔해양법협약의 관련 규정에 따라 최소한 우리의 주권 행사가 명확한 내수 및 영해 수역에 대해서는 우리 고유의 명칭 사용을 주장하는 방안도 적극적으로 검토할 필요가 있다. 이를 위해 먼저 국제사회에 한국 정부는 일본해 단독 표기를 거부한다는 단호한 입장을 전달하는 한편 우리의 주권이 미치는 내수와 영해에 대하여 우리의 고유 명칭이 국제적으로 승인될 것을 강력하게 요구한다. 이 문제는 우리가 한 번도 시도한 적이 없는 방식으로, 이 경우 IHO는 S-23의 효력 문제를 고민하게 될 것이다. 더욱이 S-23의 효용성이 사실상 무의미해지고 있는 상황에서 이 문제로 IHO가 또다시 갈등 국면을 조성하는 것을 원하지 않을 것이므로 결과적으로 S-23의 효력을 부인하는 묵시적인 태도를 취할 것으로 보인다. 더욱이 국제사회의 현상 변화를 반영하지 못하는 S-23의 존치 필요성에 대해서도 계속 문제를 제기한다.

일곱째, 지금까지의 성과를 기초로 국제사회에서 병기의 정당성에 대한 지지를 유도하며 이를 구체적인 결과로 만들어가는 것이다. 즉, 지도와 교과서에서의 병기 실현, 일본해 단독 표기를 고수하는 미국 등 주요국들의 입장 변화 등을 유도한다. 특히 미국 정부를 상대로 하는 외교적 노력은 동해 병기 실현을 위한 우리 노력의 정수이다. 사실 이 모든 노력의 핵심은 결국 미국을 움직이기 위한 과정에 불과하다고 해도 과언이 아니기 때문이다. 아무리 IHO 등 국제사회가 동해 병기에 동의해도 반드시 미국이 지금까지의 방침을 변경할 것이라는 보장도 없다. 이러한 점을 염두에 두고 투 트랙 접근법으로 IHO와 유엔 등 국제기구를 한 축으로 하고 미국을 다른 한 축으로 하는 접근법을 구사해야 할 것이다.

결론적으로 변화된 디지털 환경에서 우리는 먼저 디지털 분야에서의 기술적 우위를 최대한 활용하여 우리 데이터가 다른 나라에서 많이 사용되도록 함으로써 디지털 지도에서 동해 명칭의 확산을 위해 노력해야 할 것이다. 동시에 IHO가 채택한 지리정보 체계의 변화를 수용하고 이를 우리의 동해 병기 실현 노력에 접목하는 방법론의 개발이 필요하다. 끝으로

IHO의 태도 변화로 우리의 동해 병기 노력이 성과를 거양했다는 평가보다는, 역설적으로 이로 인해 우리의 병기 노력이 현 상태에서 더 이상 진전이 없을 수도 있다는 점을 염두에 두고 앞에 제시된 사항들을 유념하여 기존의 노력이 승수 효과를 가져올 수 있도록 선택과 집중에 따른 정책의 개발이 필요하다.

국가의 명칭과 관련된 문제는 국가의 정체성 및 국민적 자존감이 관련된 사안으로 당사국 간 타협으로 해결되기가 쉽지 않으며 제3자적 해결도 난망시된다. 이러한 점에서 마케도니아 국명 분쟁이 국제사법재판소의 판단(국명 자체에 대한 판단은 아님) 이후 양 당사국이 교섭을 통해 원만한 해결책을 발견했다는 점은 우리에게 시사하는 바가 크다.

V. 일본에 대한 제언

한일 간에는 위안부, 독도 강제동원 문제 등 해결해야 할 사안들이 산재해 있다. 그러나 유감스럽게도 어느 하나 해결의 실마리를 찾지 못하고 정체된 상태에서 정치가 지배함으로써 상황이 더욱 악화되고 있다. 한일 관계가 지금보다 더 어려웠던 시기를 찾기가 힘들 정도로 지금 이 순간은 양국 모두에게 어려운 시기이다. 위기는 기회라는 말이 있지만 위기는 위기일 뿐이다. 위기는 위기대로 극복하기 위해 노력하다 보면 경우에 따라서는 이러한 작은 돌파구가 큰 물꼬를 트는 경우가 있다.

동해 병기 문제는 한일 양국이 돌파구를 마련할 수 있는 아주 좋은 기회이다. 그 이유는 다음과 같다.

- 병기 문제를 역사 인식 문제가 아닌 지명 표기에 관한 원칙의 문제로 보는 것이다. 즉, 병기 문제를 지명 표기에 관한 원칙에 따라 해결하기 위해 노력하는 것이다. 이 경우 우리가 사용하는 고유 명칭인 동해는 그 명칭의 역사성, 문화성, 사실성 및 지명학적 원칙 등에 의해 지지될 것이다. 이러한 해결방식은 당연히 국제사회에 의해 지지받게 될 것이다.
- 일본이 이러한 해결방식에 동의해 문제를 원만히 해결하게 되는 경우 한일 관계는 새로운 변화를 맞이하게 될 것이며 일본에 대한 국제사회의 긍정적 평가는 일본의 국제적 위상을 높여줄 것이다. 일본으로서도 과거사가 아닌 지명 원칙에 따른 해결방안에 반대할 명분은 크지 않다. 오히려 일본이 이를 계기로 일본이 안고 있는 과거사에 대한 부담으로부터 벗어날 수도 있을 것이다.
- 마침 IHO도 새로운 디지털 환경의 도래 속에 변화를 추구하고 있으며 이는 분명 기회이다. 이 기회를 놓치지 않고 전자지도의 출현이라는 상황 변화 속에서 문제를 함께 해결하려는 노력이 필요하다. 일본도 이러한 변화를 충분히 인식하고 있을 것이다. 이러한 변화된 환경은 바로 문제 해결의 시작이 될 수 있다.
- 끝으로 일본이 우리의 고유 명칭인 동해를 절대로 사용해서는 안 된다고 주장할 명분이 없으며 국제사회도 우리 수역(내수 및 영해)에 대한 우리의 주권 행사(명칭 부여)에 이의를 제기할 명분이 없을 것이다. 따라서 일본에 대한 질문은 다음으로 요약된다. '일본은 동해 병기로 더욱 좋은 미래를 기대할 수 있다고 보는가, 아니면 일본해 단독 표기로 더욱 좋은 미래를 가질 수 있다고 보는가?'

제6장 동해 병기를 위한 한국 정부의 대미 정책 추진 방향

미 바이든 및 일 스가 정부 출범에 더불어

최양선*

I. 들어가는 말

2021년 1월에는 동해 병기와 관련하여 직접적인 영향을 미치는 3개국, 즉 한·미·일 3개국 중 한국을 제외하고 미국과 일본은 새 행정부가 들어선 상황이 되었다. 이러한 상황을 맞이하여 과연 동해 병기라는 한국의 정책 과제를 달성하기 위한 방안은 무엇이 있는지 고민해야 할 시기가 되었다. 최근 국제수로기구(IHO)는 새로운 규범을 통해 한일 간에 첨예하게 대립 중인 동해 병기 문제를 해소하려고 노력하고 있지만, 항해를 위한 해도상의 표기와 일반적인 지도상의 지명 표기는 분명 달라야 한다고 볼 때 동해 병기 문제는 여전히 해소되지 않고 평행선을 달리고 있다.

비록 일본이 지속적으로 일본해를 주장하고 있지만, 한반도와 일본, 그

* 동명대학교 초빙교수.

리고 러시아로 둘러싸인 바다의 명칭은 그 역사적 근원에서 찾아야 한다. 이 바다를 두고 가장 먼저 구성된 정치적 집단은 고조선이었고, 당시 고조선 이외에는 정치 체제를 갖추지 못해서 이 큰 바다를 통칭하여 부를 만한 이들이 없었기 때문이다. 그리고 고조선의 시각에서 분명 큰 바다는 동쪽에 있었고 동해였다.

사람의 이름처럼 지명은 그 지명을 사용하는 사람들의 삶의 일부로서 중요한 의미를 지닌다. 따라서 세계 각국에서 지도 제작 시 현지 주민들이 사용하는 이름을 중시하는 것이 일반적인 관례이다. 동해는 고조선 이래 수천 년간 사용해온 고유 명칭이다.[1] 『삼국사기』의 동명왕 편(B.C. 57)과 광개토대왕릉비(414년), 팔도총도(1481년) 등을 비롯한 사료와 고지도에도 표기되어 있다. 국제적으로도 일본의 식민지가 되기 전까지 다양한 명칭이 존재했으며 대부분 '한국해'(Sea of Korea), '조선해'(Sea of Joseon), '동양해'(Oriental Sea) 등 한국을 중심으로 한 명칭이 사용되었다.

역사 속에서 각국이 작성한 지도는 그 통치의 경계를 나타내기에 이를 중요하게 여기는 것이다. 동해라는 용어는 오늘날에도 한반도의 7,500만 주민이 사용하고 있고 먼 훗날에도 사용될 고유 명칭이다.

'일본해'라는 명칭은 1602년 마테오 리치의 '곤여만국전도'에서 처음 사용된 명칭이라고 주장하는데, 일본인 스스로가 동해 수역의 지명을 '일본해'로 인식하지 않았음이 다양한 사료를 통해 증명되고 있다. 특히, 일본은 19세기에 '일본해' 사용이 증가하게 되었다는 서양 고지도 조사 결

---

1 Vyacheslav G. SHVEDOV, Professor of Amur State University of Russia, "The historical roots of the East Sea/Sea of Japan naming," comments at the International Seminar, October 25, 2016, 『동해연구회 회의록』(서울: 동해연구회, 2017), pp. 23-24.

과를 제시하며 '일본해' 명칭이 19세기에 확립되었다고 주장하고 있으나, '일본변계략도'(日本邊界略圖, 1809), '신제여지전도'(新製輿地全圖, 1844) 등 당시 일본에서 제작된 다수의 지도가 동해 수역을 '조선해'(朝鮮海)로 표기하고 있는 사실은 '일본해' 명칭이 일본에서조차 확립된 것이 아니었음을 보여주고 있다.[2]

당시 일본은 동쪽 바다를 '대일본해'(大日本海)로 부르고 있었다. 즉 이 시기까지 한국인은 동해로 불렀고 일본도 조선해로 불러 주인이 누군가가 명확한 시기였다. 이후 일본의 개항과 더불어 '대일본해'는 서양 사람들이 부르던 '태평양'이 되었다. 그리하여 일본 정부는 1905년 러시아와의 해전에서 승리한 직후 '동해'를 '일본해'로 공식 사용하기 시작했다. 역사적으로 1905년은 일본이 강제로 을사늑약을 체결하고, 독도를 주인에게 물어보지도 않고 강제로 일본 땅으로 편입한 해이기도 하다.[3]

일본은 2002년부터 2005년까지 미국, 영국, 프랑스 등 주요국들이 소장 중인 고지도들을 조사하여 그중 86~95%가 일본해를 사용했다고 주장했다. 또한, 오늘날 유엔과 미국 정부의 일본해 사용을 근거로 그 정당성을 주장하고 있다. 한편으로는 한국의 동해 병기 사용 제안이 일본해 단독 사용에 대해 근거 없이 도전하는 것이라고 비난하고 있다.[4]

---

2 외교부 홈페이지, "동해 표기의 정당성," http://www.mofa.go.kr/www/wpge/m_3838/contents.do(검색일: 2021. 1. 28.).

3 일본은 독도를 1905년 1월 28일 다케시마로 명명하여 편입하고, 이후 1954, 1962, 2012년 국제사법재판소에서 독도 문제 해결을 주장해왔다. 2005년 3월에는 다케시마의 날(2.22)을 제정하고, 영유권과 관련해 2005년부터는 방위백서에, 2008년 학습지도 요령 해설서에, 그리고 2010년부터 교과서에 싣고 있다.

4 일본 외무성, IHO S-23 Working Group, Area of Concern-Responses to IHB Letter S3/7020 of 9 Novenber 2009, 2010년 1월 8일, pp. 11-18, http://www.mofa.go.jp/a_o/na/page1we_000113.html(검색일: 2021. 1. 28.)

역사는 승자의 기록이라고 할 수 있다. 그러나 국제관계에서 일방적 역사기록이란 불행의 씨앗을 의미한다. '일본해'라는 명칭은 19세기 후반에 일본에 대한 국제적 인지도가 높아지기 시작하면서 사용이 증가했다. 일본이 1905년 '일본해'를 대외적으로 처음 사용하다가 국제적으로 동해라는 이름 위에 덮어씌운 것은 1929년 IHO 총회에서였다.

당시 한국은 1910년부터 일본의 식민지였다. 1919년 런던 제1차 수로국 회의에 식민지 한국은 없었고 일본만 참가했으며, 해양과 바다의 한계를 설정하기로 한 결의안에 따라 1923년 일본은 동해를 '일본해'로 등록하여 회원국 간 회람했다. 아무도 이의를 제기하지 않자 1929년 모나코 회의에서 S-23(『해양과 바다의 경계』) 초판이, 그리고 1937년 제2판, 1953년 제3판이 발간되었다. 즉, 한국이 식민지와 전쟁을 겪었던 시기에 일본이 독단적으로 행한 것이며 그 불행의 씨앗은 암적 존재가 되어 오늘날도 계속 자라고 있다.

오늘날 한국은 일본에게 부당하거나 국제적 관례에 벗어나는 요구를 하는 것이 아니다. 유엔지명표준화회의(UNCSGN)의[5] 1977년 결의(III/20)와 IHO[6]의 1974년 결의(A.4.2.6)는 '둘 이상의 국가가 공유하는 지형의 지명은

5 United Nations Conference on the Standardization of Geographical Names 홈페이지, UN은 두 차례의 세계대전을 치르면서 정확한 지명 표기의 중요성을 인식하고 1959년 유엔경제사회이사회(UN ECOSOC)의 결의에 따라 1967년 제1차 UNCSGN 회의를 개최했다. 5년 주기로 개최되며 지명표준화 원칙, 절차 등은 결의(Resolution)를 통해 채택된다. https://unstats.un.org/unsd/ungegn/Programme-Review(검색일: 2021. 1. 28.).

6 International Hydrographic Organization 홈페이지, 선박의 항해 안전을 위해 세계 각국이 발행하는 해도와 수로 도서지의 통일성을 기하고 회원국 간 수로 정보를 신속하게 교환하기 위해 1919년 6월 런던에서 21개국이 참여한 제1차 국제수로회의를 열고 IHB(Bureau) 설치를 결의, 이후 1970년 9월 정부 간 기구인 IHO로 확대 개편되었다. 한국은 1957년, 북한은 1989년 각각 가입했다. https://www.iho.int/srv1/index.php?lang=en(검색일: 2021. 1. 28.).

관련국 간의 협의를 통해 결정할 것이며, 합의하지 못하는 경우 각 국가에서 사용하는 지명을 존중하는 것이 국제사회 지도 제작의 일반적인 원칙'이라는 기준을 제시하고 있다. 따라서 한국은 동해라는 명칭만으로 원상복구하고자 하는 것도 아니며 양국 간 합의되기 이전까지라도 평화의 바다인 동해를 '동해'와 '일본해'로 병기해 사용하자는 의견이다. 이는 극히 정당하고 합당한 요구이다.

이러한 상황에서 2020년 11월 17일 일본 요미우리신문은 "한국이 일본해 호칭에 대해 동해 병기를 요구했지만 IHO 총회에서 일본해 단독 표기 지침의 지속을 잠정 승인했다"고 일본 정부 관계자를 인용해 보도했다.[7] 우리 외교부는 2020년 11월 17일 정례 브리핑에서 "일본해를 단독 표기 중인 S-23이 새로운 표준인 S-130으로 이행됨에 따라서 일본 측이 주장하는 일본해 명칭이 표준으로서의 지위가 격하된다는 점"이라고 설명했다.[8] 즉, 한일 간에는 IHO 총회의 결의를 두고도 해석이 분분하며, 이러한 대립이 향후에도 지속될 상황에 있다. 이를 해소하기 위해서는 한국과 일본의 동맹국인 미국의 협조를 얻어내는 것도 한 가지 방안이 될 수 있다.

---

7 노컷뉴스, "국제수로기구, '동해' 병기 대신 '일본해' 잠정승인 논란," 2020년 11월 17일 자, https://www.nocutnews.co.kr/news/5448078(검색일: 2020. 12. 13.).

8 대한민국 외교부, "대변인 정례 브리핑(11. 17 브리퍼: 부대변인)," http://www.mofa.go.kr/www/brd/m_4078/view.do?seq=368270(검색일: 2020. 12. 13.).

Ⅱ. 동해 병기가 한미 동맹에 미치는 영향

1. 한일 관계와 동해 병기 문제

수천 년 역사를 통해, 한국인들은 일본에 선진 문화와 종교를 가르치고 전달해왔다. 그럼에도 일본은 섬나라로서 기회가 있을 때마다 한국을 침략하여 발판을 마련하고자 시도했다. 16세기 말, 일본 히데요시(Hideyoshi) 치세 때인 1592년 임진왜란을 일으켜 거의 성공하는 듯했지만, 해전에서 이순신 제독에게 패하고, 국내 정치 격변으로 인해 포기했었다. 이후 한일 간의 평화는 두 세기 반 동안 지속되었다. 일본은 계속 한국에 대한 영향력을 획득하려고 노력했지만, 수차례 거부당했다. 마침내 1875년 일본은 한국에 대한 공격을 감행하고 1876년 한일 간 강화도 조약을 체결한 후부터 다시 오랜 꿈을 실현하기 위해 노력했다. 이러한 상황에서 서구 열강들도 한국과 조약을 맺었지만, 일본은 청일전쟁과 러일전쟁의 과정을 거쳐 한반도를 그 영향권에 편입했다.

일본은 1905년 미국과의 가쓰라-태프트 밀약(Katsura-Taft Memorandum)을 통해 한국에 대한 일본의 영향권을 확립했고, 한국에 대한 일본의 지배권을 인정받은 대가로 일본도 미국의 필리핀 지배권을 인정했다. 즉, 미국과 일본은 자신들의 국가 이익을 위해 약소국들을 먹잇감 삼아 식민지화의 길로 들어섰고, 1905년 을사보호조약을 통해 대외주권인 외교권을 박탈했다. 1907년 고종 황제가 헤이그 만국평화회의에서 일본의 침략 정책을 세계에 알리려 하자 일본은 고종 황제를 강제 퇴위시켰으며, 이로써 한국은 주권을 강탈당한 국가로 한 발짝 더 다가서게 되었다. 1910년 한

반도 강점 이후 일본은 이제 한국이라는 국가를 지배했고, 따라서 역사도 통제하게 되었다.[9]

즉, 1905년 이후 모든 대외관계는 일본에 의해 이루어졌으며, 1910년 강점 이후 식민지 시대에 일본의 초점은 한국인을 문화적으로 동화시키는 것으로 전환되었다. 1940년에는 조선민사령에 관한 칙령 19호가 발효되었고, 한국인들은 이름에서 한국 성을 포기하고 일본 성을 채택할 수밖에 없었다.[10] 일본은 강점기 동안 650만 명에 달하는 한국인을 징용이나 성 노예 등 여러 가지 목적으로 강제로 끌고 갔으며, 식물과 동물의 표본, 한국 언어와 알파벳, 개인의 이름, 그리고 동해의 바다 이름 등을 강탈해갔다. 일본 총독부 인구 통계에 따르면 1940년 한국의 인구는 약 2,430만 명이었기에 그 피해자는 결코 적은 숫자가 아니다.[11]

한국과 일본은 1965년 수교했지만, 유럽 국가들과 달리 동아시아 국가들은 여전히 그 후유증이 심각하게 남아 있다. 아베(Shinzo Abe) 전 일본 총리의 전임자였던 하토야마(Yukio Hatoyama)는 2019년 6월 13일 대한민국 국회 강연에서 아베 전 총리가 한반도 식민통치 피해자들에 대해 일본 정부의 책임을 주저하는 것이 한일 관계를 개선하는 방법이 아니라고 강하게 비판했다. 그는 "일본은 과거사에 대한 끝없는 책임을 져야 한다는 점

9 Duvernay, Thomas. "Truth in Scholarship," http://whyeastsea.prkorea.com/truth-in-scho larship(검색일: 2019. 6. 25.).

10 Haedong, YUN. "Explanation of the Imperial New Civilization Policy," https://web. archive.org/web/20070928015412/http://www.kstudy.com/japan/html/ hwangkook_3.htm(검색일: 2019. 6. 25.). 제국 칙령은 1912년 발효된 후 식민지 전 기간에 지속해서 개정되었다.

11 박상현, "일제 강제동원은 중대하고 명백한 인권침해," 연합뉴스, 2018년 8월 30일 자, https://www.yna.co.kr/view/AKR20181030171200005(검색일: 2019. 6. 25.).

〈그림 6-1〉 S-23(『해양과 바다의 경계』) 발간 시기

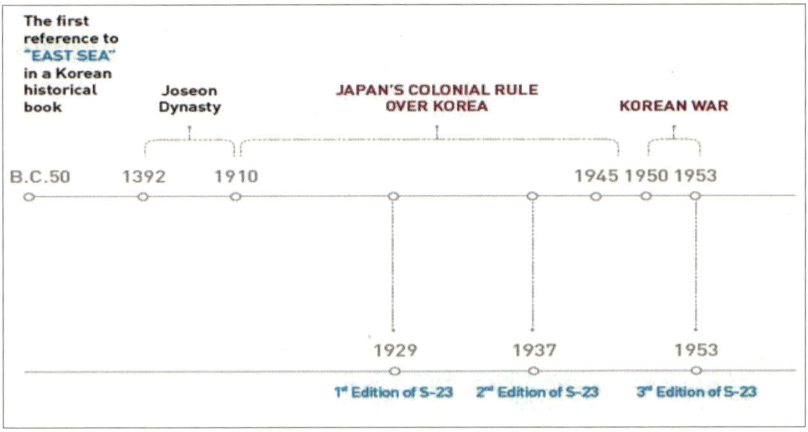

출처: 외교부 홈페이지, "한국의 역사와 S-23 『해양과 바다의 경계』 발간 시기."
http://www.mofa.go.kr/ eng/wpge/m_5435/contents.do(검색일: 2020. 12. 22.).

을 염두에 두고 한국과 교류해야 한다"고 말했다.[12]

오늘날 한국과 일본이 취한 태도가 엇갈리면서, 고통스러운 역사 속의 오래된 상처가 한국의 대법원에서 다시 부상하게 되었다. 한국 대법원은 2018년 10월 일본의 신일본 제철(Nippon Steel)과 스미토모 메탈(Sumitomo Metal Corporation)에 대해 20세기 전반기에 무임금 강제징용을 당한 4명의 한국인 근로자들에게 1억 원(87,700달러)씩 지급하라고 판결했다. 전쟁이 지루하게 이어지고 진주만 기습을 단행하면서 미국과 일본 사이에 태평양 전선이 생겨나자 일본은 노동 수요가 증가했으며, 한국을 포함한 여러 나라에서 남자들이 노동자로 강제 징집되었다.[13]

12 Ji-won, Park. "Japan's ex-PM urges Abe to apologize over past misdeeds," The *Korea Times*, 13 June 2019: http://www.koreatimes.co.kr/www/news/nation/2019/06/356_270593. html(검색일: 2021. 1. 28.).

한국 대법원의 배상 판결로 말미암아 한일 관계는 험악한 분위기가 되고 대화는 단절되었다. 2018년 2월 아베 전 총리가 평창올림픽 개막식에 참석하기 위해 한국을 총리 취임 후 최초 방문했을 때, 그리고 2018년 한·중·일 정상회담을 위해 문재인 대통령이 일본을 방문했을 때 보였던 문-아베 시대의 낙관론은 자취를 감추었다. 이후 2019년 6월 29일 주요 20개국(G20) 정상회의 중 일본에서 양국 정상의 만남은 없었으며, 2019년 7월 1일 아베 전 총리는 7월 4일부터 스마트폰 디스플레이와 칩에 사용되는 3개 핵심 소재에 대한 한국 수출 규제를 강화하겠다고 발표하기에 이르렀다.[14]

한국 정부의 관계 정상화 노력에도 불구하고, 역사 문제에 대한 불신이 양국 관계를 규정하게 되면서 한국과 일본은 정반대 방향으로 나아가게 되었다. 당시 미국의 트럼프 행정부는 일본과 한국의 개별적 양자 협의를 선호하는 편이었고, 북한과 북한의 핵무기 프로그램을 다루는 데 있어 한·미·일 공조의 중요성을 경시했다. 이러한 한일 간의 긴장 상태는 중국을 억제하기 위해 새롭게 제시된 미국의 자유롭고 개방된 인도-태평양 전략을 위한 동맹국들과 우방국들의 지원 유도를 약화했다.[15]

---

13 O'connor, Tom. "Dispute Between U.S. Allies Japan and South Korea Threatens Cooperation on North Korea," *Newsweek*, 17 November 2018, https://www.newsweek.com/ could-conflict-japan-south-korea-hurt-peace-north-korea-1212514(검색일; 2021. 1. 28.).

14 Yamazaki, Makiko, and Park, Ju-min, "Japan to tighten export rules for high-tech materials to S Korea," *Japan Today*, 1 July 2019, https://japantoday.com/category/tech/japan-to-tighten-export-rules-for-high-tech-materials-to-south-korea-media(검색일: 2021. 2. 28.).

15 Miller, J. Berkshire. "Japan and South Korea's History Wars Are About to Get Ugly," The *Foreign Policy*, 2 May 2019, https://foreignpolicy.com/2019/05/02/japan-and-south-koreas-history-wars-are-about-to-get-ugly(검색일: 2021. 1. 28.).

2018년 이후 일본은 미국과 중국이 국가 안보와 무역전쟁(2012년 중국의 희토류 대일 수출 제한 포함)에 대해 자신들에게 했던 것과 거의 같은 경로로 한국을 대하고 있다. 일본은 남중국해에까지 확장된 자국의 국익에 대해 점점 더 많은 조처를 해왔다. 일본은 항해 자유 보장과 무역 보호를 위한 전략인 "자유롭고 개방된 인도-태평양"을 위한 캠페인에 참여해왔는데, 이는 2018년 5월 미 국방부가 미 태평양사령부를 미 인도태평양사령부로 개명한 역사적 결정과 관련되어 있다.[16]

이러한 상황에서 동해 병기 문제는 한일 간 뜨거운 화두 중 하나가 되었다. 지명 표기에 대한 국제적 기본 원칙은 IHO(A.4.2.6, 1974년)[17]의 결의와 UNCSGN 회의(III/20, 1977년)[18] 결의에서 재확인되었다. IHO는 한일 사이의 해역에 대한 명칭을 둘러싼 논란에 대해 일본에게 한국과 논의할 것을 촉구했다.[19]

---

16 Denyer, Simon. "Japan's Abe stakes out new identity in region: Stronger leadership and wider military reach," Washingtonpost, 20 October 2018, https://www.washingtonpost.com/ world/asia_pacific/japans-abe-stakes-out-new-identity-in-region-stronger-leadership-and-wider-military-reach/2018/10/19/c0e4ee8e-d12b-11e8-a275-81c671a50422_story.html?utm_term=.233a2ab32609(검색일: 2021. 1. 28.).

17 It recommends that in case of topographical feature shared with two or more countries, yet naming differently in their own language, the countries concerned endeavored to reach an agreement on a singular name and if failed to, all of the names in each language should be marked in parallel unless technical reasons make simultaneous use impossible. IHO, A.4.2.6(1974).

18 It recommends that in case of a topographical feature under the sovereignty of more than one country or divided between two or more countries, if countries concerned failed to come to an agreement on a common name, it should be a general rule of international cartography to accept all of different names in each of the languages used by each of the countries concerned. UNCSGN, Resolution Ⅲ/20(1977).

19 KBS World Radio, "Yomiuri: IHO Urges Tokyo to Discuss East Sea Dispute With Seoul," KBS World Radio, 18 January 2019, http://world.kbs.co.kr/service/news_view.htm?lang=e&Seq_Code=142386(18 January 2019)(검색일: 2020. 12. 22.).

이러한 IHO의 요청에 대해, 아베 전 일본 총리는 '일본해'라 명명된 일본과 한반도 사이의 바다 이름을 바꿀 필요가 없다고 언급했다. 그는 일본해가 국제사회가 설정한 유일한 이름이라고 주장했다. 아베 전 총리는 2019년 2월 12일 일본 하원 예산위원회에서 일본해라는 이름을 변경할 필요나 근거가 없다고 했다. 그는 일본이 국제사회 및 국제기관들에 이 문제에 대한 올바른 이해와 지지를 호소하기 위한 입장을 확고히 지속할 것이라고 했다. 아베의 발언은 일본해 명칭 사용이 일제강점기의 유산이라는 한국의 항의에 대해 야당인 와타나베 민주당 의원이 총리의 견해를 묻는 말에 대한 반응에서 나왔다.[20]

이러한 한일 간의 동상이몽에도 불구하고, 2020년 11월 16일부터 11월 18일까지 화상회의 형식으로 제2차 IHO 총회가 개최되었고 논의 결과가 2020년 12월 1일 최종 확정되었다. 한일 간 첨예하게 대립하고 있는 S-23(Limits of Oceans and Seas) 관련 주요 내용은 "첫째, 해역을 지명 표기 없이 고유번호로 표기하는 디지털 방식의 새로운 해도집 표준(S-130)을 개발한다. 둘째, 기존 표준(S-23)은 아날로그에서 디지털로의 역사적 변천을 보여주는 출판물로써 남는다. 셋째, 필요 시 해역의 속성 정보를 어떻게 표시할지에 관한 지침 개발을 검토한다"였다.

이러한 회의 결과에 대해 한국 정부는 국제수로기구가 일본해를 단독 표기 중인 S-23를 사실상 더 이상 표준으로 활용하지 않는다는 점을 명확히 한 것이며, 한일 간 대립이 일단락되었다고 설명했다.[21] 하지만 일본

---

20 KBS World Radio, "Abe: No Need to Revise 'Sea of Japan' Title," KBS World Radio, 12 February 2019, http://world.kbs.co.kr/service/news_view.htm?lang=e&Seq_Code=142929(12 February 2019)(검색일: 2020. 12. 22.).

21 해양수산부 홈페이지, "디지털 해도 시대의 새로운 표준개발, 제2차 국제수로기구(IHO) 총회 개최

외무상과 일본 정부 대변인은 "IHO 보고서는 국제적으로 확립된 유일한 명칭으로서 일본해를 수용하고 있는 가이드라인을 계속 현행 IHO 출판물에 공식적으로 이용 가능하다고 기재됐다"고 하면서 한국 정부와 상이한 반응을 보이고 있다.[22] 이는 향후에도 한일 간의 대립은 IHO 차원을 떠나 국제적 차원으로 확산되며, 동해 지명이 각국의 해도와 지도 그리고 생활에 각인되도록 경쟁할 수밖에 없음을 의미한다.

2. 미국의 단일 지명 사용 정책에 대한 한국인들의 실망감

일본 미국 로드아일랜드 협회는 2019년 8월 9일부터 11일까지 제36주년 흑선 축제를 개최했다. 매년 열리는 흑선 축제는 매튜 페리(Matthew C. Perry) 제독을 기념하는 동시에 일본 국가와 로드아일랜드주 간의 우정을 기념하는 축제이다. 페리 제독은 1864년 가나가와 조약(Treaty of Kanagawa)으로 미국과 일본 사이의 무역을 개시했다.[23]

일본은 1875년 9월 20일 미국이 했던 것처럼 한국에 접근했으나 미국의 일본 접근법과는 전혀 다르게 폭력적인 방식이었다. 일본 해군 군함 운요호는 강화도를 침략하여 35명의 한국군 장병들을 죽였다. 그리고 1876년 2월 27일 강화조약이 체결되면서 일본의 침략 야욕은 본격화되

결과가 발표되었습니다?" https://blog.naver.com/koreamof/222159524007(검색일: 2020. 12. 13.).

22 뉴시스, "일 언론들 'IHO, 일본해 단독표기 승인' 주장," https://newsis.com/view/?id= NISX20201117_0001237057&cID=10101&pID=10100(검색일: 2020. 12. 13.).

23 Bristol County, RI, "Black Ships Festival, August 9, 2019–August 11, 2019," *Briston County, RI Homepage*, https://www.visitrhodeisland.com/event/black-ships-festival/48622(검색일: 2021. 1. 28.).

었다. 미·일 관계와 비슷한 역사지만 일본의 탐욕으로 그 차이는 매우 컸다. 일본인들은 페리 제독에게 지금껏 감사해하며 축하 행사를 이어오고 있다. 그러나 한국인들은 일본인들이 자행한 일을 생각하면 증오만 싹트게 된다.

어떤 이들은 미국이 1950년 6.25 전쟁이 일어나기 전까지 군사적인 차원에서 한국에 관여하지 않았다고 생각한다. 미국의 한국 원정은 1871년에 있었다. 제너럴셔먼호가 한국 관리들과 만나 교역을 개시하기 위해 1866년 한국에 도착했는데, 이 배는 무장하고 있었지만 주 임무는 상선이었고, 목화와 주석, 유리를 싣고 있었다. 상선에는 군인들이 승선하지 않았었고 아시아인 선원들과 미국인 무역상들, 그리고 선교사로 구성되어 있었다. 상선이 도착했을 때, 한국인들은 무역을 거부해 양쪽에서 총격이 있었다. 결국 상선은 떠나갔지만, 도중에 좌초되었고 한국인들에 의해 불길에 휩싸였다.

미국은 공식 사과를 요구했지만, 그들은 사과를 받지 못했다. 이러한 상황에서 미국은 1871년 6월 10일, 군함 5척과 650명의 인원으로 한국 원정을 시작했다. 원정군은 500명의 해군과 100명의 해병으로 구성되었으며, 강화도 요새들을 장악하려 함포를 발사했고 초지진과 광성진을 공격했다. 이 전쟁으로 미군은 한국군 200명 이상을 사살하고 포로 20명을 잡았지만, 형편없는 구식 무기들로 무장한 한국군으로 인해 피해는 사망자 3명에 부상자 10명뿐이었다. 당시 총 전투시간은 15분에 불과했고 강화도의 5개 진지가 파괴되었다. 미 국방성(펜타곤) 본관 내 명예의 전당(Hall of Honor)에 미국이 치른 역대 주요 전쟁의 명예훈장 수훈자들이 나열되어 있는데, 그중 한쪽 벽면을 차지하고 있는 것이 한국 원정 1871(1871 Korean

〈그림 6-2〉 신미양요, 6.25 명예훈장 수훈자 명단

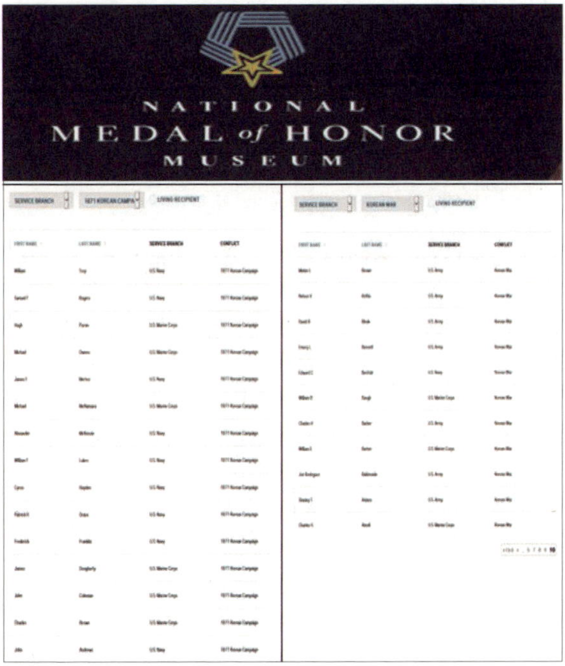

출처: National Medal of Honor Museum, https://mohmuseum.org/ recipient-database (검색일: 2020. 12. 13.); 신미양요 명예훈장 수훈자 15명, 6.25 전쟁 명예훈장 수훈자 146명.

Campaign)이다. 물론 그 한쪽엔 6.25 전쟁(Korean War) 당시 명예훈장 수훈자들의 명단도 있다. 하나는 침략전쟁이었고, 하나는 지원하는 전쟁이었다.

자연스럽게, 1871년 신미양요(한미전쟁) 이후 한국과 미국 간에는 증오심이 커지게 되었다. 한국인들은 미국 외교관들과 함께 일하는 것을 격렬하게 거부했다. 협상은 더는 없었으며, 심지어 서양 방문자들과 모든 외국인을 반기지 않게 되었고, 나라는 외부 세계와 격리되었다. 그렇더라도 한국인들은 다른 외국 선박들을 공격하지 않았다. 고립 기간은 그리 오래 가지 못했다. 몇 년 후, 한국은 이웃 나라 일본, 그 뒤를 이어 유럽 국가들,

그리고 마침내 미국과 조약을 맺고 무역을 개시하게 되었기 때문이다.[24]

신미양요라는 미국과의 불행한 사건에도 불구하고, 1882년 5월 22일 신헌준 한국전권대표와 로버트 W. 슈펠트(Robert W. Schufeldt) 미국전권대표가 타이콘데로가함(USS Ticonderoga) 갑판에서 '한미 수호통상조약'(Treaty of Peace, Amity, Commerce, and Navigation between the United States and Korea)을 체결했다. 이 조약은 미 의회에서 비준되었으며 당시 미 대통령 체스터 아서(Chester Authur)는 "미국이 조약의 각 조항을 엄격히 준수할 것"이라고 선언했다. 한국인들도 두 나라가 서로 도울 수 있는 우호 조약이라고 믿었다.

시간이 흐르고 한국의 국가 주권이 위험에 처했을 때, 미국은 1905년 7월 27일 가쓰라-태프트 밀약을 일본과 맺었다. 일본이 대한제국의 외교권을 박탈했을 때, 미국은 주한 미 공사관을 다른 어느 나라보다 먼저 철수시켜 친일 정책을 주창했다. 이는 1882년 조약을 위반한 것으로, 한국인들은 미국 정부에 대해 배신감을 느꼈으며 크게 실망했다.[25]

미국 수도 워싱턴 D.C.의 로건 서클에 있는 옛 대한제국 공사관은 1889년 공사관이 된 이후 16년간 대한제국의 적극적인 외교 노력과 활동의 핵심이었다. 그러나 일본이 1905년 11월 사실상 미국 정부의 지원을 받아 을사조약으로 대한제국의 외교 주권을 박탈하면서 모든 활동이 중단되었다. 1910년 한일병합조약 이후, 우리 공사관은 일본 정부에 의해 단돈 5달러에 매입되었다가 바로 제3자에게 팔려나갔다. 이렇게 굴욕

---

24 War History Online, "The First United States Military Involvement in Korea, 15 Men Were Awarded The Medal of Honor," *War History Online*, 23 June 2017, https://www.warhistoryonline.com/history/first-united-states-military-involvement-korea-1871-m.html(검색일: 2021년 1월 28일).

25 국방부 군사편찬연구소, 『한미동맹 60년사』(서울: 국방부, 2013), pp. 23-25.

적으로 갈취해간 건물은 1945년 8월 일본 식민통치에서 해방된 뒤에도 수십 년간 한국 소유로 원상회복되지 못하다가, 마침내 2012년 10월 한국 정부가 성공적으로 매입하면서 되찾게 되어 현재는 공사관 시절의 유물과 기록물들을 전시하는 전시관이자 역사 교육장으로 활용되고 있다.[26]

한국과 일본의 동맹에 관한 관심을 비교해보면, 양국은 중국의 부상보다는, 북한 또는 중국과의 특정한 영토 분쟁과 같은 지역적이고 임박한 위협 대응에 대한 동맹을 우선시하고 있다.[27] 중국에 대한 일본의 걱정이 커진다는 것은 일본의 국가 안보에 직접적인 위협이 되는 센카쿠 제도와 관련된 새로운 군사적 충돌에 대한 공포에 기인한 것으로 미·중 간 분쟁은 영역 밖이라 할 수 있다. 한미 동맹은 6.25 전쟁에서 탄생해 한반도(즉, 북한)의 우발적 상황을 목표로 하고 있으며 대만 위기와 같은 지역적 우발상황과는 관련이 없다. 한국은 미·중과의 관계를 제로섬으로 보지 않고 있으며, 중국을 여전히 북핵 문제 해결과 관련된 주요 장애물로 인식하고 있다.

제2차 세계대전에서 적대국으로 싸웠으며 1980년대부터 1990년대 초반까지 치열한 경제적 경쟁자였음에도 불구하고, 오늘날 미국과 일본 국민은 상호 깊은 존경을 공유하고 있다. 미국 국민은 미국과 일본이 동아시아 태평양 지역의 위협에 대한 공통된 견해를 갖고 있고 양측 지도자

---

26 Old Korean Legation, "History–Old Korean Legation Cradle of the Korea–U.S. Friendship," *Old Korean Legation Homepage*, https://www.oldkoreanlegation.org/en/about/welcome(검색일: 2020. 12. 22.)

27 Wong, Audrye. "Comparisons of the Alliance Thinking in Japan and South Korea as a Reflection of National Identity," *Joint U.S.–Korea Academic Studies 2016*(Washington D.C.: KEIA, 2016), pp. 144–155, http://keia.org/publication/comparisons-alliance-thinking-japan -and-south-korea-reflection-national-identity."

〈그림 6-3〉 미국 지명위원회의 PL 80-242에 따른 지명 표기 정책 예시

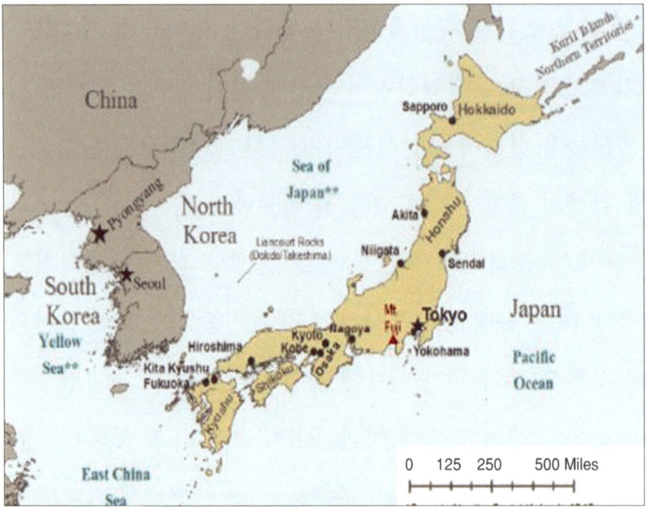

* 1945년 소련 점령, 러시아 영유권에 속하며 일본이 소유를 주장함.

** 이 지도는 미국 지명위원회의 PL 80-242에 따른 지명 표기 정책을 설명함. 한반도와 일본열도 사이에 있는 바다는 미국 정부 공식 문서에 '일본해'로 표기하도록 지명위원회에서 결정함. 한국은 이 바다를 '동해'로 호칭함. 상세한 사항은 "Sea of Japan/East Sea 명칭 분쟁" 부분 참고할 것.

출처: 미-일 관계: 미의회조사국 7-750, 20 February 2014, https://www.everycrsreport.com/files/20140220_RL33436_029ac24 f6001f50cebadf5a8e638c48053e0112c.pdf.

들의 노력에 대한 지지를 공유한다고 생각하기 때문에 일본에 대해 전반적으로 호의적인 태도를 보인다.[28]

나카소네(Nakasone) 전 일본 총리는 그의 저서 『일본의 국가 전략』에서 "한반도 평화통일이 달성되는 시점이 되어야 동아시아가 처음으로 국제적 안정기로 진입할 수 있다고 할 것이다. 남북 평화회담의 진전이나 공동선언 발표 등이 중국과 대만의 평화통일을 위한 회담 추진에도 큰 영향

28 Taewoo, Nam. "What Makes US Citizens Trust Japan?" *Asian Perspective*, Vol. 43, No. 1(Winter 2019), pp. 164–166.

을 미칠 것으로 본다"라고 했다.[29] 최근의 일본 정치인 중 이웃 나라 식민 지배에 대해 미안하다고 말하는 사람이 없다. 한국인들과 중국인들이 그로 인하여 대대로 고통받고 있음에도 그러하다.

2019년 5월 28일 트럼프 전 미 대통령은 일본 방문 중 요코스카 해군기지 와스프함(USS Wasp)에서 미군들을 대상으로 이러한 발언을 했다. "여러분은 황해, 일본해, 동중국해, 그리고 남중국해를 자랑스럽게 초계하고 있습니다. 여러분은 우리의 최첨단 레이더와 무기 체계로 미사일 공격으로부터 미국 본토와 동맹국들을 방어하고 있습니다. 우리는 장비, 미사일, 로켓, 전차, 항공기와 함정들을 보유하고 있습니다."[30]

이러한 연설에서 단 하나의 표현, '일본해'는 한국 국민을 실망시키기에 충분했다. 한국 외교부의 대변인은 한반도와 일본 사이에 있는 바다는 일본해와 병행하여 동해가 사용되어야 하는데 트럼프 전 미 대통령이 일본 측 명칭만 사용했다고 지적했다. 트럼프 전 대통령이 일본해를 초계 책임 해역으로 언급한 것에 대한 한국의 반응이었다.

"동해 명칭과 관련하여 우리의 일관된 입장은 분명합니다. 현재 우리의 입장은 동해가 함께 사용되어야 한다는 것입니다." 외교부 김인철 대변인이 정례 브리핑에서 언급했다. 한국은 세계지도 제작자들에게 두 명칭을 병행해서 사용하도록 요청해왔다. 전문가들은 동해가 가장 오래된 명칭

29 야수히로 나카소네(Yasuhiro Nakasone), 전재국 역, 『일본-21세기 국가전략』(서울: 시공사, 2001), p. 62.

30 White House, "Remarks by President Trump and the First Lady in Memoral Day Address to Troops Aboard the USS Wasp," *The White House Homepage*, 28 May 2019, https://www.whitehouse.gov/briefings-statements/remarks-president-trump-first-lady- memorial-day-address-troops-aboard-uss-wasp(검색일: 2020. 12. 22.).

이며 일본해는 한반도의 일제강점기인 1910~1945년 이후에 알려지게 되었다고 말하고 있다.[31]

한국인들은 한미 자유무역협정을 포함하여 1871년 신미양요, 1905년 가쓰라-태프트 밀약, 1945년 광복, 1950년 6.25 전쟁, 1964년 베트남 전쟁, 이라크전, 아프간전 등 한미 양국이 걸어온 여정에 감사한다. 한국인들은 상황이 바뀌면 과거처럼 언젠가 또 다른 역사적 격변이 일어날 수 있다는 것을 알고 있다. 그러나 그 또한 국제사회의 정상적인 일들이라는 것을 알고 있다. 미·일 간 가쓰라-태프트 밀약과 미국의 6.25 전쟁 참전, 그리고 미국이 제2차 세계대전에서 일본과 싸웠지만 이제 두 나라가 동맹국이 된 것 역시 국제사회의 성격을 잘 설명해주고 있다.

비록 대한제국 공사관은 되찾아왔지만, 일본에게 빼앗긴 동해라는 이름은 아직 되찾지 못했다. 한국은 유일한 이름으로 동해를 되찾으려 하지 않고 친절하게도 일본해와 병기하길 요청했으나, 일본은 이에 반대한다. 한국과 미국, 두 나라는 동해 병기에 대하여 더 현명해져야 한다. 동해/일본해를 병기하지 않으면 이는 실질적 회색지대가 되어 한미 동맹을 지속적으로 약화시킬 것이기에 그러하다.

---

31 연합뉴스(영문판), "S. Korea reiterates stance on East Sea naming after Trump mentions sea of Japan," *Yonhap News Agency*, 28 May 2019, https://en.yna.co.kr/view/AEN20190528008200325(검색일: 2020. 12. 22.).

3. 한·미·일 3국 관계의 회색지대로서 동해 병기 문제

밴 잭슨(Van Jackson) 박사는 미 해군대학교 평론집(Naval War College Review)에 기고한 글 "전략적 경쟁의 전술-회색지대, 적색선 그리고 전쟁 전 갈등들"에서 회색지대를 언급했다. 그러나 회색지대는 미국 정부만의 관심 사항이 아니다. 미국 관리들과 분석가들, 그리고 한국과 일본 관리들이 반관반민 회의에 참여하여 회색지대가 미국의 공약에 대한 신뢰를 떨어뜨린다고 우려를 표명했다. 특히, 일본 정부는 2010년 이래 이 용어를 사용하기 시작했으며, 중국의 특수부대가 분쟁 지역인 센카쿠제도에 침투하는 것을 회색지대로 설정했다. 추가로 다수의 학자와 전문가들은 최근 북한의 도발과 러시아의 크림공화국 합병에서부터 중국의 동중국해 정책과 분쟁 중인 남중국해에서 인공섬 건설을 지속하는 것까지를 범주에 넣는다.[32]

이처럼, 보이는 영역에 많은 회색지대가 있지만, 보이지 않으면서 훨씬 더 파괴적인 회색지대도 존재한다. 한미 동맹과 미일 동맹은 양호한 상태이나 한국과 일본의 관계는 그러하지 못하다. 유럽의 국가들, 그리고 미·일 관계와 다르게 동아시아에는 고통스러운 과거의 역사가 어슬렁거리고 있다.

미국은 역사상 처음으로 정상 간 상호 방문을 통해 진주만과 히로시마 평화기념공원에서 일본과 미국의 고통스러운 과거 역사를 종식시켰다. 아베 전 일본 총리는 2016년 12월 27일 진주만 미 해군기지를 방문하여

---

32 Jackson, Van. "Tactics of strategic competition–gray zones, redlines, and conflicts before war," *Naval War College Review*, Vol. 70, No. 3 (Summer 2017), pp. 40–41.

75년 전 일본의 진주만 기습 희생자들에게 "진심으로 그리고 영원한 애도(sincere and everlasting condolences)"를 표했다. 그는 "우리는 다시는 전쟁의 참상을 되풀이해서는 안 됩니다. 이것은 일본 국민들의 엄숙한 서약입니다"라고 했다.[33] 그해 봄, 5월 27일에는 버락 오바마(Barack Obama) 전 미국 대통령이 히로시마 평화기념공원을 방문하여 헌화했고, 1945년 미국의 원폭 투하 생존자들을 포함한 대중들에게 핵무기에 대한 '도덕적 혁명'을 요구할 만큼 파괴적이었다고 언급했다.[34]

그러나 미국이 여전히 후원하고 있는 일본은 이웃 국가들에 대해 다른 태도를 취하고 있다. 한 예로, 2012년 6월 29일 커트 캠벨(Kurt M. Campbell) 전 미 국무부 동아태 차관보는 백악관 국민청원 사이트에 올라온 '동해'에 대한 자신의 답변에서 미국 지명위원회의 입장을 확인하면서[35] "일본해의 사용에 대하여, 미국이 각각의 바다와 해양을 단일 지명으로 사용하는 것은 오래된 미국의 정책이다. 이 정책은 각국의 명칭이 있으면서 여러 나라에 접해 있는 바다를 포함하여 모든 바다에 적용된다. 일본열도와 한반도 사이의 바다와 관련하여, 오래된 미국의 정책은 일본해를 사용하는 것이다"라고 말했다.

---

33 BBC News, "Japan PM Shinzo Abe offers Pearl Harbor condolences," *BBC News*, 28 December 2016, https://www.bbc.com/news/world-asia-38438714(검색일: 2021. 1. 28.).

34 Harris, Gardiner. "At Hiroshima Memorial, Obama Says Nuclear Arms Require 'Moral Revolution,'" *The New York Times*, 27 May 2016, https://www.nytimes.com/2016/05/28/world/asia/obama-hiroshima-japan.html(검색일: 2021. 1. 28.).

35 White House – President Barack Obama, "Response to We the People Petition on the Sea of Japan Naming Issue," 29 June 2012, *The White House Homepage*–President Barack Obama Blog, https://obamawhitehouse.archives.gov/blog/2012/06/29/respons-we-peoplepetition-sea-japan-naming-issue(검색일: 2020. 12. 22.).

2014년 2월 6일 오후 1시, 미국 버지니아주 하원은 일본의 격렬한 로비가 있었던 상황에서 동해 병기 법안을 통과시켰다. 법안 투표에서 81:15가 나와 버지니아주 하원은 버지니아주 교과서에 '일본해'와 '동해'를 병기하는 법안을 통과시킨 것이다. 이 두 줄짜리 법안은 간단히 "교육위원회가 승인한 모든 교과서는… (중략) 일본해에 관해 언급할 때는, 또한 동해를 언급해야만 한다"[36]라고 말했다.

마크 킴(Mark Keam) 버지니아주 하원의원(민주)은 "일제강점기 동안에, 나의 어머니는 부모가 지어준 이름의 사용이 허용되지 않았고 일본식 이름을 사용해야만 했습니다.… 한국인들이 자녀들의 교과서를 펼쳐 지도(역사적으로 부정확한 것을 반영한 지명과 함께)를 보면 자녀들은 일제의 강압을 회상하게 되고, 침략이 떠오르며, 일본인들이 건너와 35년간 병합했던 그 바다가 떠오르게 됩니다"[37]라고 말했다.

제2차 세계대전 이후 한국 대통령은 1년에 몇 차례 일본을 방문했지만, 일본 국왕은 한국을 단 한 번도 방문한 적이 없으며, 총리가 몇 차례 방문했을 뿐이다. 한국인들은 외국 손님들이 방문하면 따뜻하게 환영하는 전통을 가지고 있다. 세계에서 가장 가까운 이웃 나라가 한국 아닌가? 실질적인 회색지대가 있다. 한국인들은 일본 왕이 가까운 미래에 언젠가 서울을 방문할 기회를 가질 수 있기를 바란다.

---

36 NPR, "Virginia Textbooks To Recognize S. Korea's 'East Sea' Claim," *National Public Radio*, 7 February 2014, https://www.npr.org/sections/thetwo-way/2014/02/07/273125480/virginia-textbooks-to-recognize-s-koreas-east-sea-claim(검색일: 2020. 12. 22.).

37 VANK, "Why is the East Sea not the Sea of Japan–Virginia passed the East Sea Bill," VANK (Voluntary Agency Network of Korea), http://whyeastsea.prkorea.com/virginia-passed-the-east-sea-bill(검색일: 2020. 12. 22.).

또 다른 예로, 2012년 IHO 회의 때 S-23으로 알려져 있고 오직 일본해만이 표기된 『해양과 바다의 경계』 책자 개정과 관련해 한국과 미국 대표단이 부딪친 적이 있다. 한국은 동해라는 명칭을 포함하여 개정되길 원했다. 일본은 일본해를 그대로 유지하기 위해 논쟁의 여지가 있는 사안에 대해 언급하지 않고 부분적으로 개정할 것을 제안했다. 그러나 이 투표에서 일본만이 자신의 제안에 찬성했고, IHO 77개 회원국 중에 한국을 포함한 나머지 국가들은 반대 또는 기권했다.

한국 정부 대표단은 투표일 이른 아침에 미 해군 대표단과의 회의에서, 미국 대표단에게 국제회의에서 두 동맹국이 대결하지 않도록 도와달라고 정중히 요청했다. 하지만 우리의 노력은 수포로 돌아갔으며 미국은 아무런 노력을 기울이지 않고 방관했다. 일본은 공식적으로 투표를 제안했는데, 참가한 77개국의 결과는 찬성 1(일본), 반대 4(중국, 북한, 쿠바, 한국), 그리고 몇몇 국가는 자기 나라가 투표 현장에 없었다는 것을 증명하기 위해 회의장을 바로 떠났고, 나머지 국가들은 모두 기권했다.[38] 이것은 앞으로 IHO 회의에서 일본이 더 이상 자신의 주장만을 고집할 수 없게 되었다는 것을 의미한다.

그러나 미국 신문인 성조기는 다른 뉘앙스로 이를 보도했다. "한반도 동쪽에 있는 바다는 지속적으로 한국인들에게 좌절의 원천이 될 것이고 미군 관계자들에게도 민감한 주제가 될 것이다. 전 세계 바다의 지명에 대한 책임을 진 국제기구는 일본해를 또 다른 지명인 동해와 같이 쓰자는

---

38 연합, "IHO rejects Japan's proposal to rule out East Sea name," *The Korea Times*, 26 April 2012, https://www.koreatimes.co.kr/www/news/nation/2012/04/117_109729.html(검색일: 2021. 1. 28.).

한국의 제안을 거절했다."[39] 이는 미국인들의 한국에 대한 인식의 단면을 그대로 드러낸 것으로 볼 수 있다.

2012년 8월 6일, 북한과 한국의 대표들은 UNCSGN 회의에서 1992년과 같이 '동해'와 '일본해'를 병기할 것을 제안했다. 하지만 일본은 일본해 사용만을 고집했다. 이 위원회의 위원장인 페르얀 오르멜링(Ferjan Ormeling)은 이 문제에 대해 위원회는 결정권이 없으며 관련국 간 대화를 통해 차이점을 해결하도록 요청했다.[40] 다음은 회의에 참가한 일본 대표의 기록이다.

> 제10차 UNCSGN 회의가 2012년 7월 31일부터 8월 9일까지 뉴욕 유엔본부에서 열렸다. 다음은 관련 진술을 요약한 것이다.
>
> 1. 북한 대표는 일본 강점기의 잔재라고 했다. 한국과 북한의 대표들은 지명에 대한 유엔결의 Ⅲ/20과 국제수로기구 결의 A.4.2.6에 대해 언급하고 '동해'가 병기되어야 한다고 주장했다. 이들은 일본해와 '동해' 병기가 세계의 관행이 되었다고 언급했다.
>
> 2. 이에 대해, 일본 대표단은 특정 지형 형태와 관련하여 일본해는 유엔결의와 관계없는 사안이라고 언급했다. 일본 대표는 일본해가 유일하

---

39 Rabiroff, Jon. "Agency rejects South Korea's request to rename Sea of Japan," *The Stars and Strips*, 27 April 2012, https://www.stripes.com/news/pacific/korea/agency-rejects-south-korea-s-request-to-rename-sea-of-japan-1.175687(검색일: 2021. 1. 28.).

40 일본 외무성, "Sea of Japan-The 10th UNCSGN," *Ministry of Foreign Affairs of Japan-*홈페이지, August 2012, https://www.mofa.go.jp/policy/maritime/japan/uncsgn-10.html(검색일: 2020. 12. 22.).

게 국제적으로 설정된 명칭으로 일제 식민지배를 근거로 하는 어떠한 사실적 관계가 없다고 했다. 일본 대표단은 국제적으로 설정된 일본해를 변경하려는 한국과 북한의 제안 내용에 대해 국제적인 견해의 일치가 없다고 지적했으며, 따라서 국제사회에 한국과 북한이 이를 강요하는 것은 정의롭지 않다고 했다. 바다와 해양은 명백히 UNCSGN 결의안 III/20과 IHO 결의안 A.4.2.6의 적용 범위를 벗어났다고 덧붙였다.

일본이 유엔지명표준화위원회의 결의안 III/20과 IHO 결의안 A.4.2.6인 병기 지침에 대해 이토록 국제 규범을 무시할 수 있는 근거를 미국이 제공하고 있다. 만약 미국이 국제 규범인 동해 병기를 수용한다면 일본도 이에 따르지 않을 수 없을 것이다. 새로운 미 행정부에게 회색지대 제거를 요구해야 한다. 국제 관계와 동맹을 중시하는 바이든 미 행정부에 기대를 걸어본다.

III. 동해 병기 문제 관련 한국 정부의 대미 정책 추진 방향

IHO 기술결의안 A.4.2.6에 따라 2002년 IHO의 S-23 간행물 초안에는 병기를 즐겨 쓰는 바다 이름들이 있다. 영국 해협(라 만체), 도버 해협(파스드 칼레)의 경우는 독일(2017), 영국(2017) 지도에서 사용되었으며, 이 병기는 IHO의 제안과 유사하다. 비스케이만(가스콘만)은 독일(2017) 지도에 사용되었으며 프랑스와 스페인의 고유 지명이 사용되었는데, 그 이유는 이 해역

〈그림 6-4〉 S-23 제4판 초안

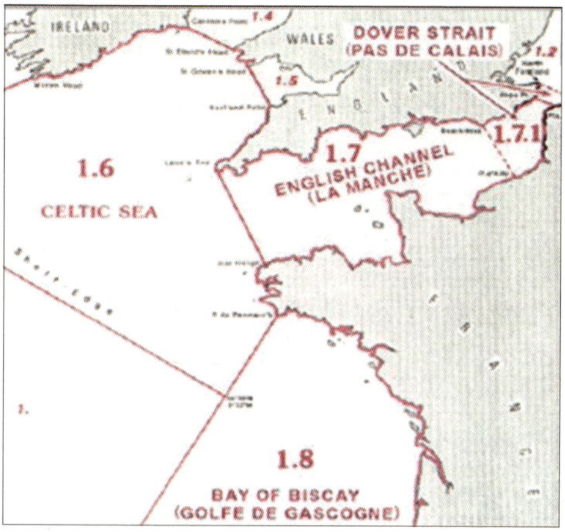

출처: S-23, 제4판 초안. IHO, 2002.

이 프랑스와 스페인에 접해 있기 때문이었다.[41]

민주주의 국가들 사이의 동맹은 공동의 위협과 적에 대항하는 것뿐만 아니라 자유와 민주주의를 포함한 공동의 보편적 가치들을 공유하기에 작동되며, 지속 가능한 평화와 안정은 공유된 민주적 가치에 근거하여 유지·강화될 수 있다는 것으로 이해된다. 한·미·일 3국 지도자들은 국내의 실질적이고 휘발성 있는 정치적 도전에 대응하면서도 자신들의 정치적 기반을 만족시켜야 한다. 각자의 정치적 자산을 유지하면서 여러 외교적 주도권을 모색하며, 각각의 양국 관계에 마찰이 있음에도 불구하고 공동 전략을 수립하는 것은 대담하고, 현실적이며, 협조적인 전략을 필요로 한다.

41 Dormels, Rainer. "Dual naming of sea area in modern atlases and implications for the East Sea/Sea of Japan case," *Dual Naming: Feasibility and Benefits*(서울: 동해연구회, 2018). p. 158.

중국의 군사력 증강에 대한 한국의 공식적인 견해는 일본의 견해에 비해 상당히 부드러운 어조로 받아들여지고 있다. 북핵 문제 대처에 있어 중국의 핵심적 중요성, 극심한 위기나 분쟁이 발생할 경우 중국 인민해방군의 한국 근접성을 감안할 때 그러하다. 한반도 통일이 한국의 주도 아래 이루어질 때, 통일 한국은 바로 국경을 넘어 경제 군사 대국과 직접 마주하게 될 것이기 때문에 더욱 그러하다.[42]

한국은 1950년 6.25 전쟁 발발 이후 일본 안보의 최전방 역할을 해왔다. 일본은 세계 3위 경제대국이자 아시아 2위, 그리고 한국은 아시아 4위이자 세계 10위권 경제대국이어서 경쟁은 물론 협력도 한다. 문재인 대통령은 2019년 5월 21일 한미 동맹의 중요성을 부각했다. "굳건한 한미 동맹과 철통같은 방위 태세의 토대 위에서, 한국은 한반도의 완전한 비핵화와 항구적 평화 정착이라는 평화 과정의 길을 과감하게 걸어갈 수 있었다"며 남북 간 군사적 긴장 완화를 위한 조치들을 나열했다.[43]

한·미·일 3국 협력의 가장 약한 고리는 한일 관계였고 앞으로도 그럴 것으로 보인다. 깊은 분열을 지닌 어려운 과제들, 예를 들면 잔혹했던 일제강점기(1910~1945)에 시작된 강탈된 동해 명칭, 위안부 문제, 강제징용 문제, 그리고 일본의 교과서 문제 등이 양국 간 대치를 지속시킬 것이기 때문이다.

한국의 5,000년 역사 관점에서 보면 250년 역사를 가진 미국이 앞으로

---

42 Chung Min, Lee. "Prospects for US-South Korean-Japanese Trailateral Security Cooperation," *Atlantic Council-Scowcroft Center for Strategy and Seurity*(Washington D.C.: Atlantic Council, 2018), pp. 2-25.

43 He-suk, Choi. "Moon highlights value of Korea-US alliance," *The Korea Herald*, 21 May 2019, http://www.koreaherald.com/view.php?ud=20190521000616(검색일: 2021. 1. 28.).

도 한국을 도울 수 있는 위치에 계속 있지 못하겠지만, 우리는 미국이 일본과 다를 것으로 확신하고 있다. 한국은 역사 속에서 수천 년 동안 일본을 도왔다. 그러나 지난 20세기에는 전혀 달랐다. 한국은 좋은 시절이든 나쁜 시절이든 미국과 함께한 역사를 영원히 기억할 것이다. 미국은 한미 동맹의 역사를 자랑스러워할 수 있고, 한미 양국은 동맹국 미국의 도움으로 극빈국에서 선진국으로 발전했던 한국의 과정을 전 세계인에게 보여줄 수 있을 것이다.

다음은 미국이 거대한 일본 로비가 있었음에도 한국인들에게 큰 치유와 지지를 보내주었던 한 예이다. 2007년 7월 30일 미 하원은 결의안(H.Res.121-A)을 통해 "일본 정부가 1930년대부터 제2차 세계대전 기간에 아시아와 태평양 도서에서 식민지 점령 시 일본 군대가 젊은 여성들에게 '위안부'로 알려진 성노예를 강요한 것에 대해 분명하고 명확한 태도로 그 역사적 책임을 공식적으로 인정하고, 사죄하고, 받아들여야 한다는 것을 밝히는 바이다"라고 했다.[44] 우리는 동맹국으로서 동해/일본해 병기 문제가 한미 및 한·미·일 관계를 위해 미국의 도움으로 가까운 시일 내에 해결될 수 있게 되길 희망한다.

2021년 1월 20일 임기를 시작한 바이든 미 대통령은 당선자 시절인 2020년 11월 15일 문재인 대통령과 첫 통화 시 한국을 인도-태평양 지역의 린치핀, 즉 핵심 축이라고 언급했다. 또한, 바이든 행정부는 트럼프 행정부와는 다르게 독단적 의사결정이 아닌 동맹국 및 우방국들과의 협

---

44 US House Resolution 121, 110th Congress(2007–2008), 30 July 2007, U.S. Congress Hompage, https://www.congress.gov/bill/110th-congress/house-resolution/121(검색일: 2020. 12. 22.).

의와 협력을 통해 업무를 처리해나갈 것임을 비쳤다.[45] 반면 스가 일본 총리는 아베 전 총리의 정책을 그대로 유지할 것으로 보여 한일 관계는 큰 변화 없이 대결이 지속될 것으로 보이며, 미국과 일본의 관계는 미일 동맹을 기본 축으로 한다는 것을 강조하고 있는바, 스가 총리 시대에도 일본에 대한 미국의 영향력이 절대적일 것임을 인지할 수 있다.[46]

이러한 한·미·일 관계를 고려할 때, 향후 바이든 미 행정부하에서 동해 병기 문제는 미국의 협조와 정책 변화를 통해서 이루어질 수 있다는 가능성을 보여준다. 즉, 한·미·일 간에 가장 껄끄러운 부분이 동해 병기와 독도 관련 문제일 텐데, 바이든 행정부가 조금만 관심을 기울인다면 그 협력의 첫 단추로 동해 병기 문제를 국제적 규범에 따라 정리할 수 있다.

이와 더불어, S-23이라는 과거의 출판물에서 시작된 한일 간 동해 병기 전쟁은 이제 S-23을 넘어 본격적인 국제 여론전의 서막이 올랐다고 볼 수 있다. 이미 동해와 일본해 병기가 40%를 넘는 상황에서 일본해 유일 표기의 당위성이 상실되었기에,[47] 한국은 전 세계 지리학자들과 교육자, 지도 및 해도 출판사와 관계관들에게 국제 규범에 따른 동해 병기의 당위성을 지속해서 홍보함으로써 동해 병기를 더욱 확대할 수 있는 기반이 마련되었다. 그 첫 번째 목표는 미국 버지니아주 의회가 수용했듯이

45 연합뉴스, "바이든 진영 '동맹외교·압박'… 대북정책 변화 예고," https://www.ytn.co.kr/_ln/0101_ 202011150510175082(검색일: 2020. 12. 13.).

46 한겨레, "고노 '아베와 스가의 차이는 골프외교 뿐,'" http://www.hani.co.kr/ arti/international/japan/965368.html(검색일: 2020. 12. 13.).

47 윤설영·김다영, 「중앙일보」, "동해·일본해 대신 숫자 도입, 동해 표기 싸움은 이제부터," 2020년 11월 18일 자, p. 12.

미국 정부와 미 의회가 이러한 국제사회와 한국의 요구를 수용하도록 하는 것이다. 즉, 한국 정부는 IHO와 유엔을 통한 논의를 지속하되, IHO를 통해 S-23에 집중하던 역량을 이제는 바이든 행정부를 맞이하여 워싱턴에 효과적으로 집중력을 발휘해야 한다. 워싱턴의 정부 핵심 관계 기관, 의회, 연구소 관련자 및 각종 NGO 단체들과 협력하여 해결방안을 마련할 수 있을 것이다.

Ⅳ. 맺음말

일본해라는 이름의 암적 존재는 한국, 일본과 미국의 역사를 통해 생겨났다. 그 원인 제공자는 미국과 일본임을 본 장을 통해 충분히 드러냈다. 우리 한국인들은 이미 몸속에 들어와 있는 이 암이 우리를 고통스럽게 해도 이를 죽여 달라고 요구하지 않는다. 그러나 일본은 이 암 덩어리를 계속 키우고 있다. 한국은 분단국이고 다른 나라들과 불편한 관계를 유지할 이유가 없다. 일본은 우리의 가장 가까운 자유 우방국이고 미국의 6.25 전쟁을 적극적으로 지원했으며 현재에도 동맹국의 위치를 공고히 하고 있다. 앞으로도 이러한 관계는 큰 틀에서 변함이 없을 것이다.

오늘날, 한국과 일본은 한반도와 일본열도 사이에 있는 바다의 국제적 공식 명칭을 둘러싸고 첨예한 논쟁을 벌이고 있다. 2020년 12월 1일 IHO에서 S-23 지위를 역사적 기록물 수준으로 격하하고 새롭게 디지털화한 체계로 전환하기로 최종적으로 확정했음에도 이에 대한 해석을 달리하고 있다. 국제 규범에 따르면, 2개국 이상이 공유한 지형의 지명은 관계 당사국 간의 합의에 따라 결정하고, 합의가 불가능할 때는 각국에서 사용하는 지명을 함께 적도록 하고 있다. 즉 동해 같은 경우 병기가 국제적 규범인 것이다.

1921년에 설립된 국제수로국(IHB)은 1929년에 『해양과 바다의 경계(S-23)』라는 책자를 출간했다. 출간된 이 책자에 쓰인 '일본해'를 바탕으로 일본해는 국제사회에서 일반적으로 널리 쓰이게 되었다. 그리고 S-23의 제2판(1937년)과 제3판(1953년)이 순차적으로 발간되었을 때도 일본해는 지속적으로 표기되었다. 불행히도, 한국은 이 시기에 일제강점기(1910~1945)와 6.25 전쟁(1950~1953)을 겪고 있어서 동해에 대한 국제적 지명 결정에 참여할 수 없었다.

한국 정부는 1991년 유엔에 가입한 후, 1992년 유엔에서 동해 표기 문제를 국제사회에 제기하기 시작했다. UNCSGN 회의에서 북한 대표도 '동해' 명칭에 동의했다(United Nations, 1993). 그 이후 지속적으로 한국 정부는 동해의 바다 이름을 되찾으려 노력해왔다. 국제사회가 기억해야 할 한 가지는 일본이 일제강점기에 한국에서 동해라는 바다 이름뿐만 아니라 국가의 이름, 개인의 이름, 심지어는 언어 등 수많은 것들을 강탈했다는 것이다.

한국과 북한은 동해 명칭 회복을 위해 노력했지만, 일본은 원상회복을 원하지 않고 있다. 이러한 동해 병기 문제는 단순히 한국과 일본 사이의 문제만이 아니라 역사적으로 미국도 관계되어 있다. 이 동해 병기 문제는 동아시아에서 한·미·일 간의 역사를 통해 탄생한 것이며, 한·미·일 3국 관계를 악화시키고 있다. 미국은 한미 동맹을 위해 일정 수준의 건설적 역할을 해야만 한다고 본다.

2020년 12월 새로이 합의하여 확정된 IHO의 동해 표기 관련 정책에도 불구하고, 일본은 일본해 단일 표기를 주장하고 있다. 국제적 규범에 합당한 동해/일본해 병기는 실현되어야 한다. 미국의 단일 지명 정책은 미국과 일본에는 좋지만 한국에는 좋지 않다.

미국이 국제 규범, 규정과 민주주의를 옹호하고 고양한다면 동해 병기 문제를 해결하는 데 도움을 줄 수 있다. 미국의 동맹국으로서, 한국인들은 미국의 지도와 교과서에서 동해/일본해 또는 일본해/동해가 병기되는 것을 보고 싶어 한다. 미국이 그러한 정책을 추진한다면, 미국의 동맹국 일본도 국내적으로 이를 수용할 수 있는 여지가 커질 것이다. 우리는 바이든 행정부 시대를 맞이하여 미국이 우리를 도와줄 수 있으며, 이를 통해 전 세계에 진정한 한미, 그리고 한·미·일의 우정이 무엇인지를 보여줄 수 있다고 확신한다. 이러한 과정에 한국 정부와 관련 기관들은 동해 병기와 관련한 모든 노력을 워싱턴으로 집중하여 이를 관철하도록 노력해야 할 것으로 보인다.

제 3 부 국제기구와 동해

제7장 국제수로기구와 동해의 전개 과정에 관한 연구

김신*

I. 하나의 바다로 통합되는 세계의 바다

인터넷 등 IT를 활용한 정보화, 지식화 사회가 급속히 도래하면서 네트워크의 표준화가 선결과제로 대두되었다. 세계의 바다가 하나의 바다로 통합됨으로써 국제표준화의 중요성과 확산은 불가피하게 되었고 소위 표준전쟁 시대에 돌입하게 되었다. 표준전쟁 시대는 과거와는 달리 1등, 2등은 없고 승자와 패자만 있을 뿐이며, 승자는 세계 시장을 독식하고 패자는 모든 것을 잃는 냉혹한 세계이다. 정보통신 기술의 발달로 세계가 '지구촌'으로 좁아지면서 이제는 모든 제품과 서비스 시스템이 글로벌 스탠더드로 단일화되어 가고 있는 지금 과거 역사 속에서 표준화의 중요성에 대한 인식을 제고해야 한다.

* 경희대학교 경영학부 명예교수.

동해 표기 문제 역시 새로운 관점에서 접근해야 한다는 것이 21세기에 당면한 과제이다. 국제수로기구(IHO: International Hydrographic Organization)는 2020년 11월 16일 93개 회원국 가운데 65개국이 참석한 가운데 총회(화상회의)를 열어 'S-23의 미래에 대한 비공식협의 결과'를 원안 그대로 도입하기로 했다. 16일 개최된 IHO 총회 화상회의에서 새로운 디지털 지명안이 제안되어 12월 1일 확정되면서 디지털 해도라는 새로운 지명 표기 방식이 도입되었다. 2020년 11월 IHO 비공식협의에서는 한국과 일본은 물론 북한과 미국 등이 참여해 S-23을 대체할 S-130이라는 새로운 표준 개발을 추진하기로 잠정 합의에 이르렀다. 새로 도입되는 디지털 해도에는 숫자로 동해 지명을 표기하게 된 것이다.

국제수로기구는 이제 창립 100년을 맞았다. 창립 당시와 비교해 18개 회원국에서 93개국으로 증가함과 동시에 새로운 디지털 시대를 맞아 새로운 디지털 방식의 지명을 갖게 된 것이다. 이와 같은 시대적 관점에서 국제 지명의 표준화가 되었던 S-23도 장차 S-130으로 다시 출범할 예정이다. 이 장에서는 100년간 국제수로기구의 발전 과정과 S-23의 변화 과정을 비교 분석함으로써 미래 국제수로기구의 변화와 S-23의 변화를 예측하고자 한다.

Ⅱ. 국제수로기구의 역사

1. IHO, 100년간의 변화

2020년 11월 17일 IHO는 16일 93개 회원국 가운데 65개국이 참석한 가운데 총회(화상회의)를 열어 'S-23의 미래에 대한 비공식협의 결과'를 원안 그대로 도입하기로 했다고 외교부와 해양수산부가 2020년 11월 17일 밝혔다. IHO는 지난 9월 비공식협의를 통해 기존 해도인 S-23을 대체하는 디지털 방식의 신표준해도(S-130)를 개발하기로 한국, 일본 등 관련 국가들과 의견을 조율했다.

이날 총회에서 한국 측은 S-130이 디지털 형태의 『해양과 바다의 경계』 표기를 촉진하게 되어 21세기 디지털 정보환경에서 수요자 요구에 효과적으로 부합하며, 세계 지리정보에 대한 접근성과 호환성을 강화할 것으로 기대된다는 취지의 발언을 했다. S-23 개발안이 최종 승인되었고, IHO 내에서 장기간 지속되어 온 지명에 대한 논쟁이 긍정적으로 마무리될 것이라는 컨센서스(전원 합의방식)로 정리했다.

국제수로회의는 1919년 6월 런던에서 개최되었다. 일본에서는 해군중좌 사콘지 세이조(左近司政三), 야마구치 쿠마히라(山口熊平), 체신기사 소 카즈에이(溱一磨) 세 사람이 참석했다. 이 회의는 실질적으로 1912년의 만국항해회의와 깊은 관계가 있지만 국제수로회의로서는 첫 번째 회의였다. 특히 2020년에는 디지털 해도에 맞는 새로운 숫자로 된 지명을 사용하기로 해, 그동안 IHO 결의사항의 준수를 주장해온 한국으로서는 큰 관심사였다고 할 수 있다.

이와 같은 관점에서 보면 국제기구로서의 IHO는 100년 동안 양적으로는 큰 발전을 했지만, 내면적으로는 종래의 틀을 유지한 채로 운용됐다. 그런 관점에서 2020년의 IHO 총회는 파격적인 변화를 수용하고 있음을 알 수 있다.

2. 102년 전 국제수로회의 개최

첫 번째 국제수로회의는 1919년 6월 런던에서 개최되어 영국, 미국, 프랑스, 이탈리아, 아르헨티나, 브라질, 칠레, 중국, 일본, 덴마크, 그리스, 네덜란드, 노르웨이, 페루, 포르투갈, 태국, 스페인, 스웨덴 18개국과 영국 식민지 호주, 인도 및 이집트의 대표자가 참석했다. 일본에서는 해군 중좌 사콘지 세이조, 야마구치 쿠마히라, 체신기사 소 카즈에이 세 사람이 참석했다. 이 회의는 실질적으로 1912년의 만국항해회의와 깊은 관계가 있지만 국제수로회의로서는 첫 번째 회의였다. 이 회의에 대표로 참석한 사콘지 세이조(해군 중좌, 兵28)는 해군 차관을 역임하고 해군 중장으로 예편한 뒤, 상공대신과 국무대신을 역임했다. 야마구치 쿠마히라(해군 중좌, 兵30)는 영국 주재로 있다가 회의에 참석했는데 2년 뒤 전역했다. 20세기 들어 바다의 명칭이 국제적으로 정리된 중요한 국제회의가 당사자인 한국의 참여 없이 개최되었고, 이로 말미암아 동해의 명칭이 1세기 동안 특정 국가의 명칭으로 표기된 것이다.

3. 국제수로회의의 목적

1921년 출발한 IHO의 목적은 지금과 비교했을 때 크게 변화를 보이지 않았다는 것을 알 수 있다. 그런 측면에서 100년 전에 운용되었던 IHO의 설립 목적과 세부 운영사항을 살펴보면 의미 있는 비교분석이 가능하게 된다. 1921년 국제수로회의의 목적은 다음과 같다.

(가) 각국에서 간행한 항해도 및 수로 도지의 구성 편찬 등에 있어 모두 같은 방식을 사용하도록 할 것.

(나) 각국 수로 사업에 관한 보도를 신속하게 교환할 수 있는 조직을 제정할 것

(다) 각국의 수로 전문가들이 서로 만나 수로 관계의 문제를 토의, 상의할 기회를 줄 것

위 3개 항이 1912년의 만국항해회의와 마찬가지로 이 회의의 주요 목적이었다.

4. 국제수로회의 결의사항의 102년

102년 전 국제수로회의의 결의사항과 지금의 IHO의 결의사항을 보면 형식상으로는 큰 변화가 없는 것으로 보인다. 그렇지만 2020년 총회를 기점으로 IHO의 운영과 결의사항은 디지털 해도 등 큰 변화가 있음을 알게 된다. 1921년 이 회의의 성격과 결의사항의 실행 관계에 대해서는 다음 항에 의해 알 수 있다.

(가) 1919년 6월 24일 개회식에서 한 연설에서 영국 수로부장은 다음과 같은 선언을 했다.

"본인은 처음부터 본 회의의 결의가 곧바로 실행되리라고는 예상치 않는다. 또한 참석한 여러 대표의 다수는 각종 사항에 대해 마지막 결정을 내릴 지위에 있지 않다는 점은 명백한 일이다. 그러나 본인은 각 대표자가 충분히 심의 가능한 사항 및 일치가 가능한 사항에 대해서는 각자의 의견과 함께 이를 본국 정부에 보고하여 그 실행을 꾀할 수 있게 되기를 희망하는 바이다."

(나) 이에 대해 회의가 시작된 직후 노르웨이 위원의 질문에 대한 답변으로서 영국 수로부장은 "결의사항의 실행은 각국 정부의 찬부를 선결로 하며, 경비 및 그 밖의 조건에 의해 결정되어야만 하는 사항으로, 본 위원 등은 단순히 기준이 되는 여러 사항에 합의한 후 이를 기록에 남기려 하는 것에 불과하다"라고 답변했다.

(다) 7월 16일 본 회의 마지막 총회에서 의장인 영국 수로부장의 제의에 대해 만장일치로 다음과 같은 결의가 내려졌다.

"각국 정부에서는 본 회의의 결의사항을 승인한 후 가능한 한 신속히 이를 실행할 것을 희망한다."

이상의 사실을 살펴보면 실행 시기를 확실히 정하지 않고 관계도지(關係圖誌)의 신간, 혹은 개정판을 기회로 하여 점차 결의 방식대로 개정시켜 보려는 희망 사항이었다. 다시 말해 제1차 수로회의에서 결정된 사항은 바뀌지 않는 것이 아니라 향후 신간이나 새로운 개정판에 의해 개정될 수 있음을 뜻한다. 이것이 IHO의 설립 정신이었던 것이다.

5. 각국의 참석위원

2020년 IHO 회의의 회원국은 93개국이었다. 이 회원국은 전 세계 국가를 망라하고 있다. 그러나 1919년 국제수로회의에 참가한 국가는 21개국이었다. 이 회의에 참석한 각국 위원은 수로 분야의 전문가도 있고 그렇지 못한 자도 있으나 새로 제정된 국제수로국령에는 이후로 열릴 국제수로회의 위원으로서 될 수 있으면 두 명 이상의 수로 전문가를 참석시키도록 규정되었다.

6. 회의 경과 개요

1919년 6월 24일 개회되었고, 영국 해군 제1군사위원 윔즈(Wemyss) 대장이 영국 해군성을 대표해서 인사했으며, 프랑스 수로부장 르노(Renaud)가 각국 위원을 대표해서 답사를 낭독했다. 다음으로 영국 수로부장 패리(Parry) 소장을 의장에, 프랑스 수로부장 르노를 부의장에 추천했다. 분과회의 조직이 결정되었는데, 각 분과회는 동 일, 동 시각에 열리지 않으며, 각 위원은 어느 분과위원회에도 자유롭게 출석, 토의할 수 있었고, 사실상 의장의 교대 이외에는 각 분과위원회 모두 매회 총회와 차이가 없었다.

각 분과회에서 가장 신중히 심의된 것은 제1분과(해도)였으며, 다음으로는 제2분과(수로지), 제3분과(등대표)로 매회 모든 위원이 참여한 가운데 토의되었다. 각국 위원은 본 회의의 취지를 존중하여 장래 공통의 이익을 꾀하기 위해 약 100가지 양식을 들어 가능한 한 각국이 공통된 방식을 취하려고 하고 본 회의의 목적을 달성하려고 힘썼다. 제4분과(수로고시), 제5

분과(잡종 간행물), 제6분과(조석표)회는 사전에 당해 분과 소속 전문가 두세 명의 심의를 거친 가운데 결의안을 만들어 이를 각 분과 위원에게 제시하여 재론했다. 각 분과회의 결의 및 간행도지(刊行圖誌)의 국제 교환, 국제수로국의 창설 및 일반사항은 총회를 소집하여, 영국 수로부장 주재하에 최종결의안을 제작했다. 그리하여 7월 16일 마지막 총회를 마치고 의장인 패리 소장이 폐회를 선언하면서 각국 위원의 노고를 위로하고 네덜란드 수로부장 파프(Phaff) 대령이 각국 위원을 대표하여 산회했다.

반면에 2020년 총회는 코로나 팬데믹으로 화상회의로 거행되었다.[1] IHO는 2020년 11월 16일 93개 회원국 중 65개국이 참석한 가운데 총회(화상회의)를 열어 'S-23의 미래에 대한 비공식협의 결과'를 원안 그대로 도입하기로 했다. IHO는 2020년 9월 비공식협의를 통해 기존 해도인 S-23을 대체하는 디지털 방식의 신표준해도(S-130)를 개발하기로 한국, 일본 등 관련 국가와 의견을 조율했다. 이날 총회에서 한국 측은 S-130이 디지털 형태의 해양과 바다의 경계 표기를 촉진하게 되어, 21세기 디지털 정보환경에서 수요자 요구에 효과적으로 부합하며, 세계 지리정보에 대한 접근성과 호환성을 강화시킬 것으로 기대된다는 취지의 발언을 했다.

S-23 개발안이 최종 승인되면 IHO 내에서 장기간 지속되어온 지명에 대한 논쟁이 긍정적으로 마무리될 것이라면서 컨센서스(전원합의 방식)로 정리했다. 이번 총회가 화상회의로 진행됨에 따라 IHO는 회의 결과를 회원국들이 열람하게 한 뒤 12월 1일 최종 확정했다.

이번 총회에서 일본 측도 S-130 개발안에 지지하는 입장이었고, 또 다

---

1 노컷뉴스, 서울신문, 중앙일보, 2020년 11월 17일 자.

른 당사국인 북한은 이번에 발언에 나서진 않았지만, 비공식협의에서 긍정적으로 평가한 바 있다. IHO의 이번 결정에 따라 정부는 S-130 개발에 활발히 참여하는 한편 동해 표기도 적극적으로 확산시킬 방침이다. 새로운 해도가 개발되면 해양과 바다의 공식 명칭으로 식별번호만 사용할 수 있게 된다.

11월 17일 대한민국 외교부는 전날 화상으로 개최된 제2차 IHO 총회에서 회원국들이 해역을 지명 표기 없이 고유식별번호로 표기하는 디지털 방식의 신해도집 표준 S-130을 도입하는 내용의 마리아스 요나스 사무총장 보고서상 제안에 원안 그대로 합의했다고 밝혔다.

밴더 덩크 IHO 의장은 이 회의에서 고유식별번호로 지리적 해역을 표기하는 새로운 표준을 개발하는 동안, S-23은 『해양과 바다의 경계』 제공에 있어 아날로그에서 디지털 시대로의 역사적 변천을 보여주기 위한 IHO의 출판물로만 남는다고 발언했다고 한다.

7. 결의사항 개념의 비교분석

1919년 결의사항과 2020년 결의사항을 보면 큰 틀에서는 변화가 보이지 않는다. 그러나 2020 총회에서의 결의사항에는 디지털 시대를 위한 획기적인 내용이 포함되고 있음을 알 수 있다.

이날 총회에서 한국 측은 S-130이 디지털 형태의 『해양과 바다의 경계』 표기를 촉진하게 되어, 21세기 디지털 정보환경에서 수요자 요구에 효과적으로 부합하며, 세계지리 정보에 대한 접근성과 호환성을 강화할 것으로 기대된다는 취지의 발언을 했다. 1919년 회의에서도 2020년에 논의된 것과 유사한 사항들이 논의의 핵심이 되었음을 알 수 있다. 차이가 나는 것은 한국 대표가 참여하지 못한 사실이라고 할 수 있다. 1919년에 논의된 결의사항의 개략적인 내용은 다음과 같다.

의안 중에서 가장 어려운 문제로 생각된 것은 수심, 높이의 단위로 각 관계분과를 통해 각 위원들이 가장 힘을 주어 역설한 부분이었으나 결국 만국 공통의 단위로서 미터법을 적용하기로 하고, 이것이 허용되기까지는 각국의 현행 단위에 따르기로 의견의 일치를 보았다. 이 문제에 관해서 일본 위원은 "만약 본 회의에서 각국이 일치해 체결된다면 제국수로관헌은 장래 미터법의 개정에 있어 추후의 주저함도 보이지 않을 것을 믿어 의심치 않는다"라고 발표했다. 해도에 사용할 기호 및 약호에 대해서 대체로 종래의 영국식이 채용되었지만, 소수의 것은 각국의 제안으로 수정된 것도 있다.

그때까지 산의 높이, 등대의 높이 등을 관측하는 기준면은 해도에 따라 차이가 있었다. 영국, 미국은 만조 수위, 프랑스, 독일, 러시아, 이탈리아 및 네덜란드는 평균수면을 기준으로 하고 있었던 것이다. 또 영국, 미국과 같이 만조면을 따르기는 하지만, 이를 상세히 분류하면 일본은 약최고고조면(略最高高潮面), 영국은 한사리(大潮)의 평균만수면, 미국은 평균만수면, 혹은 약최고고조면을 채용하는 식으로 제각각이었다. 그 때문에 해도 사용자의 입장에서 보면 정밀한 조사가 필요한 경우 높이의 기준면이 무엇인가를 고려하는 것이 문제가 되었다. 회의에서는 이런 불편을 제거하기 위해 각국이 함께 평균수면을 계측하기로 결의했다. 이 개정은 해도 제작자로서는 매우 번거로운 일이다. 또 종래의 높이에 적용할 개정량은 장소에 따라 상이하여, 인천과 같이 수십 피트에 이르는 곳도 있으며, 동해와 같이 일 피트 미만인 곳도 있다.

높이의 기준면과 반대되는 수심의 기준면도 전자와 마찬가지로 제각각이므로 수심의 국제기준면 제정에 관해서 영국 정부의 제안이 있었다, 그러나 이는 전자와 달리 매우 복잡하여 이번 회의에서는 합의를 보지 못하고 국제수로국의 연구에 맡겨졌다.

수로지, 등대표, 수로고시 등 서지에 관해서는 특기할 만한 결의는 없었다. 이들을 해도와 같이 거의 기호만으로 나타내면 다른 문자로 적어야 하는 필요로부터 양식의 통일은 다소의 이익을 얻을 수 있겠으나 각국 언어 문자의 상이점이 이러한 이점의 대부분을 상쇄하게 되므로 당시 회의에서는 결과를 보지 못했다.

잡종 간행물로서 자국 연안의 거리표, 수로부사업사 및 자국 연안의 지명색인을 간행하기로 결의되었으며, 이는 수로부의 금후 사업으로 남겨졌다. 거리표 작성에 대해서는 각국이 공통점을 정하기로 결의되어, 이 공통점의 선정은 국제수로국의 연구에 맡겨졌다. 간행도지의 국제 교환은 회의참가국 모두와 필요한 도지(圖誌)의 교환을 하게 되었으며, 교환 도지에 있어 서로 재판하는 것은 자유로이 하기로 결의되었다. 또 서로 타국의 간행물을 재판할 때는 작업이 중복되는 경우를 방지하기 위해 각 연도 초에 서로 예정작업 계획을 통보하기로 했다.

국제수로국의 창설은 각국 위원이 일치하여 국제수로국의 창설을 위해 자국 정부에 진언하기로 결의하고 창설 특별위원으로서 영국, 미국, 프랑스의 세 수로부장을 선출했다. 이것이 오늘날의 국제수로국을 낳게 된 것이다. 또 희망 사항으로서 각국의 부표식 및 항무신호를 국제적으로 통일하기로 결의했다. 이는 가장 바람직스러운 일이며 1912년 런던 항해회의에서도 논의되어 상당한 의견의 일치를 보았으나 결국 금후의 문제로 남겨졌다. 각국 시각대법(時刻帶法)의 채용을 희망하는 결의를 했으나 이는 이미 각국 해군에 채용되었다.

8. 혁신적인 결의사항의 도출

1921년 IHO의 창설이 1919년의 국제수로회의에 의해서였음은 전술한 바와 같다. 따라서 국제수로회의에서 결정된 여러 가지 운영지침이나 목적을 알기 위해서는 1919년의 운영지침이나 결의사항을 살펴보는 것이 중요하다. 여기서 가장 중요한 임무는 해도 작성이었다.

1) 해도

1919년 회의에서는 해도와 바다의 한계에 관한 중요한 결의안을 채택했다. 그중 해도에 관한 부분(Section 1.-CHARTS, P)에서 해양과 바다의 명칭 표기와 관련된 결의 내용은 다음과 같다(IHO, 1920, 28-29).

> Transcription of names, and authorities to be consulted thereon.
>
> Ⅰ. It is agreed that generally the literal transcription and not the phoennitic is to be adopted.
>
> Ⅱ. It is agreed that for countries and islands that have not an official mothod of transcription the transcription as adopted by the controlling power should be used.

Ⅲ. It is agreed that, in the case of those countries using characters other than Roman, the international Hydrographic Bureau, when formed, should as soon as possible prepare an international system of transliteration and transcription of names.

이 결의안에 따르면 지명은 표음적이 아닌 문자적 표기로, 그리고 지명 표기에 공식 방법이 없는 국가들은 현재 영향을 받고 있는 국가의 표기법을 쓰고, 로마 표기법이 없는 국가들은 속히 국제 표기체계를 준비해야 한다는 것이다. 이 결의안이 사실상 지구상의 모든 해양과 바다의 이름을 국제적으로 통일하고 공식화하게 된 첫 단계이다.

이와 동시에 1919년 회의에서는 바다의 한계에 대한 결의안(Resolution, Section Ⅳ-B): "수로지와 등대표가 일치되도록 지리적 항해 통보(항로 고시) 마련에 대한 권고안"을 채택했다.

2) 수로지

(1) 권의 지리적 분류

지리적 구분 및 권의 분류 방법에 대한 통일은 긴요하다고 판단되지 않으나, 세계 각국의 수로지를 간행하는 나라에 있어서는 각 권말에 세계 각국의 수로지를 간행하는 타국의 수로지 지명과 지리적 한계를 기입해 두는 것이 좋다고 본다(동의).

(2) 각 권 내용의 구성 및 구분

각 권 내용의 구성 및 구분은 각국 수로지에서 채용한 대로 하고 그 세목은 각국 임의대로 할 것(동의).

수권(數券)에 관계된 내방수도(內方水圖)에 관한 기사는 계속항해의 편의상 각 권에 별항으로서 서로 연속하도록 하든가, 또는 관계 페이지 수를 부기하여 이를 검색할 수 있도록 한다.

(3) 추보 및 정기간행

각국이 수로지 개정, 증보판에 필요한 통보 및 개정자료를 모은 추보(追補)를 정기(매년 1회를 기준으로 한다)적으로 발행하는 것이 가장 바람직하다. 이 추보는 본권과 같이 지리순으로 편찬하며 모든 경우 최근의 개정, 보충 사항은 종전의 사항을 무효로 해야만 할 것이다.

이와 같이 1919년의 결의사항은 오늘날에도 그대로 적용되고 있음을 알 수 있다. 그러나 몇몇 부문에 있어 2020년 총회에서는 획기적인 방향의 전환을 예고하고 있다. 100년 만에 혁신적인 해양 정책의 혁신을 예고하고 있는 것이다.

9. IHO 발족

국제수로국을 보다 근대적인 국제기구로 발전시킬 목적으로 새로운 IHO로 개편, 발족하게 됨으로써 명실상부한 정부 간 기구로서 조약의 형식을 취하기 위하여 소위원회를 설치하고 심의를 거쳐 IHO의 기본 문서인 조약안을 설정하게 되었다.

이 조약의 발효는 참가 28개국(당시 41개 가입국의 3분의 2)이 조약국으로 된 날부터 3개월 후로 되어 있으므로 우리나라는 1969년 6월 20일 국회 제70차 본 회의에서 비준 승인을 얻어 비준서를 발송한 결과 26번째의 조약국이 되었고 다음 해 1970년 6월 22일, 28번째 가입국인 덴마크가 비준서를 기탁함으로써 마침내 1970년 9월 22일 발효하게 되었다.

10. 국제수로국의 구성

1) 국제수로국의 조직 시스템

국제수로국(IHB: International Hydrographic Bureau) 집행위원회 이사진은 항해 및 수로학에 상당한 경험을 가진 국적이 다른 3인의 이사로 구성되며, 이 중 1명이 집행위원회 위원장으로 선출된다. 또한, 집행위원회 아래에 기술 자문 및 사무직원 18명을 두고 위원회 업무를 보조한다. 각 해상 기관 간의 수로 부문에 있어서 항구적인 협력체를 구성하고 모든 해상에서 항해의 안전을 기하는 동시에, 이를 용이하게 하는 데 상호 협력한다. 또한 수로학의 발전과 수로 관계자료 작성의 통일을 위해 상호 조정하는 것을 주요 목적으로 한다.

본 기구는 자문적이고 순수하게 기술적인 성격을 가지며, 기구의 설립 목적은 정관에 명시되어 있다. 그 주요 내용은 각국 수로국의 업무 활동 조정, 수로 도지의 국제적 통일, 수로 측량의 효율적 수행을 위한 기술 기준 채택, 수로 조사 및 수로 기술 개발 등이다.

수로 도서지의 국제적 통일화를 위하여 분과위원회 및 실무반의 협력으로 수로 측량 기준 SP-44, 수로 측량 자격 기준 M-5, 국제해도 간행 기준 M-4 및 전자해도 성능 기준 S-52, 디지털 수로 정보 변환 기준 S-57 등을 제정했다.

1999년 5월 현재 IHO 가입국은 67개국이며, 2020년 현재 93개국이 가입되어 있다. 또한, IHO는 유네스코 정부 간 해양학위원회(IOC)와 협력하여 『대양해저 지형도(GERCO)』를 종이 인쇄물과 디지털 형태로 간행해 해양학 발전에 크게 기여하고 있으며, IHO 디지털수심자료센터를 미국 국립지구물리센터에 설치하여 체계적으로 관리하고 있다. 『대양해저 지형도』는 현재 제5판을 축척 1/1,000만으로 간행 중이며, 북극 및 남극을 축척 1/1.600만으로 하는 2매를 포함해 총 18매로 구성하였고 제5판의 디지털본이 간행되었다.

2) 회원가입, 자격 정지, 탈퇴

국제수로기구협약 채택 당시 국제수로국 사업에 참여하고 있던 국가는 비준 또는 승인에 관한 유보 없이 서명하거나, 비준 또는 승인을 조건으로 서명한 후 비준서 또는 승인서를 기탁함으로써 협약 당사국이 될 수 있었다. 협약의 효력 발생 이후에는 회원국의 지위가 모든 해운국에 개방되어 있어, 자국이 보유하는 선박 톤수를 명시하고 모나코 정부에 가입 신청해 회원국 정부 3분의 2 이상의 승인을 받아 회원국이 된다.

분담금의 납부가 2년간 연체된 회원국은 미지급 분담금을 납부할 때까지 자격이 정지된다. 회원국의 탈퇴는 협약의 효력 발행일로부터 5년이 경과한 후, 적어도 1년 전에 모나코 정부에 통고하고, 통고가 접수된 1년 후에 탈퇴할 수 있다. 탈퇴의 효력은 통고의 기간이 만료된 다음 해 1월 1일에 발생한다. 탈퇴국은 기구에 대한 자국의 채무가 탈퇴 전에 결제되어 있지 않은 경우에는 그 채무가 결제될 때까지 재가입할 수 없다.

3) 국제수로회의와 사무국

기구는 회원국 정부의 대표로 구성되는 국제수로회의와 이사회에 의하여 운영되는 사무국이 있다.

(1) 국제수로회의

국제수로회의(IHC: International Hydrographic Conference)는 5년마다 모나코에서 개최되며, 회의는 사무국의 사업에 관한 보고를 심사하고, 사전에 준비된 의사 일정에 따라 토의한다. 의사 일정에 등재되어 있지 않은 문제도 3개 회원국 이상의 제안이 있을 때는 이를 검토한다.

각 회원국은 이사의 선거를 제외한 기타 모든 사항에 관해서는 1개의 투표권만을 보유한다. 회의에서 모든 결정은 이사 선거를 제외하고는 회의에 출석한 정부 대표의 단순 과반수에 의한 의결로서 행해진다. 이 단순 과반수는 기술결의서에 수록될 결의에 있어서는 어떤 경우에도 전체 회원국 정부의 3분의 1 이상의 찬성표를 포함해야 한다. 이사 선거에서 회원국의 투표권은 각국의 보유 선박 총 톤수의 비율에 따른 분담금 비율에 따라 할당된다. 이에 따라 각 회원국은 2개의 투표권을 보유하며, 10만 톤 이상의 선박(해군 및 상선단)을 보유한 회원국은 등급에 따라 1 내지 3

개의 추가 투표권을 갖는다. 회의에서 채택된 결의도 법적 구속력을 갖지는 않으며, 다만 각 국내 기관이 실시하도록 권고할 국제적 표준을 정하는 것뿐이다. 한국은 5장의 투표권을 가지고 있다. 정기회의 외에 회원국 정부 또는 사무국의 요청에 따라 회원국 정부의 승인을 과반수 이상 얻을 경우, 임시회의를 개최할 수 있다.

국제수로회의에는 회계위원회가 설치되어 기구 회계 관리를 감독한다. 회계위원회는 각 회원국 정부에서 파견되는 각 1명의 대표자로 구성되며, 총회의 회기 중이나 필요한 경우 수시 임시회의로 회합한다. 이 밖에도 각종 기술적 문제를 토의하는 위원회가 구성된다.

(2) 집행위원회

집행위원회(Directing Committee)는 국적이 다른 3명의 이사로 구성되며, 그 중 1명이 위원장이 되어 기구를 대표한다. 위원 및 위원장은 국제수로회의에서 비밀투표에 의해 선출된다. 위원의 임기는 5년이며, 재선이 가능하다. 위원회는 사무국을 운영하고, 통상 주 2회 회합하며, 중요 문제는 전체 위원회에서 심의한다.

(3) 국제수로국

국제수로국(IHB)은 기구의 사무국으로서 집행위원회에 의해 운영되며, 기구가 필요로 하는 기술직원과 사무직원으로 구성된다. 종래의 '국제수로국'이란 명칭은 국제기구와 동 사무국에 활용되었으나, 신협약 발효 이후에는 이 명칭을 기구의 사무국에 대해서만 사용하고 있다.

(4) 재정

재정은 회원국 정부가 자국이 보유하는 선박 톤수를 기초로 설정된 등급에 따라 납부하는 통상 연차분담금과 기부금, 보조금, 기타 재원(단, 이 경우에는 회계위원회의 승인을 얻을 것을 조건으로 한다)으로 운영하며, 기구의 모든 자금은 집행위원회가 관리한다.

기구의 예산은 이사회가 작성하여 회계위원회가 검토한 후 국제수로회의에서 승인한다. 회원국은 회계규칙 제4조에 의하여 2계좌를 분담한다. 보유 선박 중 100톤 이상 선박의 총 톤수 합계가 10만 톤을 초과하는 회원국은 보유 선복량에 따라 정해진 등급별로 추가 분담한다. 회계규칙은 통상 회의에 앞서 각 회원국이 그 보유 선박의 총 톤수를 보고할 것을 규정하고 있다. 이처럼 보고된 톤수는 다음 5년간 분담액 결정의 기초가 된다. 우리나라는 1999년도에 총 선박 보유 톤수 6,092,000톤에 대해 349,650프랑의 분담금을 지급하여 세계 70개 회원국 중 12위를 차지했다. 현재(2020년)는 세계 2위를 차지하고 있다.

기구는 1919년 이후 국제수로회의를 모나코에서 개최했고, 이들 회의에서는 제반 문제에 관한 연구 및 결의가 이루어졌다. 그중 주요한 것으로는 국제수로국 규약 및 신기구 협약, 해도, 수로지, 등대표, 항행 통보, 수로 측량, 대양 수심도의 작성 등이 있다.

IHB는 국제측량기술자연맹(FIG), 국제등대협약(IALA), 국제해사기구(IMO), 정부간해양학위원회(IOC), 남극조약, UN해양법협약 등 관련 기구와 해상안전 및 기술 자문에 대한 상호 협력을 위하여 이들 기구의 정기총회 및 분과위원회에 대표를 상호 파견하고 있다.

11. 한국과 IHO

2020년 IHO 사무국에는 한국에서 파견된 인원이 근무하고 있으며, 중요한 포스트를 일본과 함께 얻고 있음을 알 수 있다. 기여금도 일본에 이어 두 번째로 많이 지원하는 등 IHO에서 중추적인 역할을 하고 있다. 1957년 1월 1일자로 IHO에 정회원으로 가입한 이후 획기적으로 그 기여의 폭을 높이고 있다. 국제수로회의에 우리나라 대표가 참가한 것은 1962년 제8차 회의부터이다.

수로국과 관련이 있는 국내외 협력업무는 국제수로기구를 중심으로 하는 국제회의, 한국과 미국 또는 일본 사이의 협력 증진을 위한 한미 및 한일 기술회의, 전자해도 개발 및 발전을 위한 국제전자해도위원회의를 비롯하여 국제연합 산하의 교육과학문화기구(UNESCO)에 속하는 정부간해양과학위원회 회의 및 이와 관련된 활동 등이 있다.

III. 새로운 글로벌 표준의 필요성

1. 표준의 개념적 정의

1919년 런던에서 개최된 국제수로회의에서는 이전까지 없었던 새로운 해양의 표준화를 시도하게 된다. 세계 무역량과 선박의 급증은 새로운 국제적 표준화를 요구하게 되었고, 이와 같은 국제적 표준의 수요를 만들기 위해 국제수로회의가 열렸던 것이다.

20세기에 들어 표준의 중요성이 크게 제기되었다. 표준은 형식에 따라 성문표준, 측정표준, 참조표준으로 분류할 수 있다. 성문표준은 문서화된 기준, 규격, 지침 및 기술 규정을 말하고, 측정표준은 길이, 질량 등 측정으로 얻은 값이 정말 정확한지를 판정하는 기준이 되는 표준 원기 등을 말한다. 참조표준은 국가사회의 모든 분야에서 믿고 지속적으로 사용할 수 있도록 마련된 참고자료로 인체 유전자지도나 한국인 표준체위 등이 여기에 해당된다. 또한, 제정 주체에 따라 국제표준, 국가표준, 민간표준으로 분류할 수 있다. 국제표준은 국제표준화기구(ISO), 국제전기기술위원회(IEC), 국제통신 연합(ITU) 등에서 공식적으로 만든 표준으로, KS, JIS, BS, DIN 등 국가별로 작성된 표준을 말한다. 민간표준은 특정 회사의 사내표준과 특정 단체에서 제정하여 사용하는 표준으로 미국의 ASTM, ASME, UL 규격 등이 여기에 속한다.

성격에 따라 표준을 분류하면, 공적 표준과 사실상 표준으로 분류할 수 있다. 공적 표준(de jure standard)은 공적인 표준화 기구에서 작성한 표준으로 일정한 절차를 거치면서 관계자의 합의를 얻어 만들어진 규격인데 ISO 규격 등이 여기에 해당한다. 사실상 표준(de facto standard)은 시장에서 기업 간 경쟁의 결과로 결정되는 표준으로 마이크로소프트 윈도, 비디오테이프의 VHS 방식 등이 대표적이다.

이러한 표준화는 불필요한 비용의 발생 방지는 물론 업무의 효율성 증대, 품질의 향상, 인명의 보호 및 자유무역 체제하에서의 국가 상호 간의 교역 증대에 꼭 필요하다. 표준화의 효과로는 품질의 균일성 유지와 생산능률의 증진을 통한 생산원가 절감, 부품의 호환성 증가, 인력과 자재 절약, 종업원의 교육 훈련 용이함 등을 들 수 있다.

2. 글로벌 해양의 표준화

표준의 중요성은 시대에 따라 중요성이 가속화되고 있다. 80년대까지의 표준은 선진 각국에 의해 시장수요 확대 및 원가절감의 수단으로 활용되었으며, 선진 기업들은 규격의 단순화, 통일화로 기계화, 자동화를 촉진하여 산업 시대를 주도했다. 그러나 90년대 이후의 표준은 선진 기업들이 세계 시장을 장악하기 위하여 활용하는 새로운 수단으로 자리매김하게 되었다.

마이크로소프트 윈도, 오라클 등 제품 자체가 단일 국제표준으로 세계 시장을 석권하고 있는 것을 그 예로 들 수 있다. DVD, HDTV, MPEG, ITS 등 초기 투자 비용이 막대한 신기술 제품의 경우 생산 이전에 세계적으로 대기업 간 표준화 논의가 선행되고 있으며, 이러한 표준화 작업에 참여하여 일정한 지분을 확보한 기업만이 미래 시장에서 생존할 수 있게 된 것이다.

90년대 이후 동·서 냉전의 종결은 사회주의 국가들을 대거 시장 경제로 편입시켜 세계 시장을 하나로 통합시켰다. 이와 더불어 국제적인 다국적 기업들이 국경을 무시한 최적의 투자 지역을 R&D, 생산, 유통생산 판매의 거점으로 활용하는 글로벌 아웃소싱을 적극적으로 추진했다. 이에 따라 국가 간에 서로 상이한 표준 및 적합성 평가제도 등 불필요한 무역상 기술장벽(TBT)을 철폐하고 국제적인 단일표준의 사용을 요구하는 시장의 목소리가 확대되었다. 1995년 1월 발효한 WTO/TBT 협정에서는 회원국이 국가표준을 새로이 제정하거나 개정할 때 국제표준을 기초로 할 것을 규정하고 있다.

기술장벽을 제거하기 위해 선진국은 2005년까지, 개도국은 2010년까지 자국의 표준을 국제표준에 맞춘다는 합의를 했다. 국가 간 상호인정협정 체결 노력 확산으로 세계 각국은 단일표준의 사용을 통한 범세계적 자유무역을 추구하고 있으나, 현 상황에서 이러한 실현이 쉽지 않은 것이 사실이다. 이에 선진 각국은 국가 간 교역에서 나타나는 실질적 기술장벽은 제품이 표준에 적합하게 만들어졌는지를 시험, 검사, 인증하는 적합성평가 행위임을 고려하여 수출 상대국의 적합성 평가 결과를 상호 인정하기 위한 협정 체결을 적극적으로 추진하기 시작했다.

국가 간 서로 다른 기술 규제, 표준, 중복시험 및 인증으로 인하여 품목에 따라 약 2~10%에 상당하는 추가 비용이 발생하고 있으며, 앞으로 세계는 하나의 표준, 한 번의 시험으로 전 세계에 통용되는 "one standard, one testing, accepted worldwide"라는 캐치프레이즈를 내걸고 도도히 움직이고 있다.

3. 국제표준은 앞으로 어떻게 될 것인가

동해 표기 문제가 60년 이상 지연됨으로써 국제 해양과 해운계는 큰 딜레마에 빠져 있었다. 21세기 국제경제 및 사회의 특징을 가장 잘 설명해주는 globalization(세계화)이란 용어가 탄생한 지 벌써 수십 년이 지났다. 1983년 하버드 비즈니스스쿨의 시어도어 레빗 교수는 전 세계 소비시장에서 국경 개념이 무너지고 글로벌 기업의 표준화된 제품이 휩쓰는 시대가 도래할 것이라고 예고했다. 특히, 디지털화와 더불어 네트워크에 의한 서비스 제공이라는 IT 산업의 속성 때문에 선진 각국은 시장의 목표를 글로벌화에 맞추고 있으며, 그 수단으로 표준화가 핵심적인 역할을 하고 있다. 표준화에 참여하는 궁극적인 목표는 우리가 가진 원천기술을 표준화하여 지적 재산권을 가시화하는 것이다.

이를 위해서는 우수 기술 보유는 물론 국제표준 전문가의 양성과 더불어 국가 간, 또는 기업 간 표준화 협력이 매우 중요하다. 기술이 표준을 선도하는 것이 아니라 표준이 기술을 이끌어가는 디지털 현실을 직시해야 한다. 알게 모르게 글로벌 스탠다드가 일상을 지배하고 세계 시장을 선도하는 표준화 추진이 '선택'이 아닌 '생존'의 문제로 다가온 현실에 적극적으로 대처해야 할 것이다. 세계 바다에서 점점 그 비중을 더해가는 동해도 새로운 혁신적인 표준화에 적응해야 하는 시대가 도래한 것이다.

IV. S-23 초판의 발견과 새로운 전략의 도출

1. S-23 초판의 발견과 문제점 노정

세계 바다의 경계와 명칭을 연구하기 위해서는 S-23 초판의 존재가 중요하다. 그러나 2002년 이전까지는 S-23의 초판(1928년) 제2판을 국내에서 찾을 수 없었다. 대한민국은 1957년에 IHO에 가입했기 때문에 초판과 제2판을 소장할 수 없었고, 국립해양조사원이 1953년(제3판) 것만 소장하고 있었다. 초판과 제2판이 있어야 동해가 처음에 어떻게 경계선이 설정되어 있었고, 그 바다의 명칭은 무엇이었으며, 이것이 어떻게 변화했는지를 알 수 있었기 때문에 초판의 소재를 찾는 것이 연구의 시발점이 될 수 있다.

많은 노력 끝에 2002년 모나코의 IHO 도서관에서 제2판(1937년)을 찾을 수 있었고, 곧이어 미국 하버드대학교 도서관에서 초판(1928년)을 찾을 수 있었다(김신, 2004). 초판이 발견되기 이전까지는 S-23의 문제점과 국제적 대응에도 한계가 있을 수밖에 없었다. S-23 초판과 제2판이 발견된 뒤 동해 표기에 관한 연구에 속도가 붙기 시작했고 이론적인 모형도 수립할 수 있었다.

이와 같은 연구에 의해서 첫째, IHO가 발간해왔던 S-23의 정의 자체에 문제가 있음을 알 수 있게 되었다. 둘째, 무엇보다도 1928년 판, 1937년 판, 1953년 판의 비교분석이 가능해짐으로써 동해 표기를 둘러싼 기본적인 흐름을 파악할 수 있게 되었고, 셋째, IHO가 S-23을 제작한 원인과 의지를 파악할 수 있게 되었다. 넷째, S-23 중 1953년 제3판에서 일본해(동해)가 존재하지 않았다는 사실을 알 수 있었다(김신, 2004, 37). 다섯째, S-23의 변화와 흐름을 파악하고 이를 통해 미래 전략을 수립할 수 있는 기반이 마련되었다.

2. S-23을 활용한 동해 표기 분석

본 연구는 1937년, 1953년 안과 통과되지 않았던 1986년 안과 철회된 2002년 안의 『해양과 바다의 한계』 개정판들을 분석 대상으로 하고 있다. 또한, 동해는 변하지 않았는데 계속 판마다 명칭이 바뀌는 Inland Sea of Japan(일본 내륙해)의 새로운 등장과 Japan Sea 수정 불가의 모순을 밝혀내고자 한다.

일본 정부는 Japan Sea라는 명칭이 80년 동안 관례로 불려왔기 때문에 새로운 명칭으로 바뀔 경우 혼란이 초래된다고 이제까지 주장해왔다. 그러나 이른바 일본의 내해라 불리는 바다의 명칭은 개정판 발간 때마다 다른 명칭으로 바뀌고 있어, 일본의 주장은 근거가 없는 것으로 사료된다. 일본의 이중적 잣대가 그 원인의 하나라고도 할 수 있다.

3. 동해의 역사적 변화 과정

1) 1928년의 동해

1928년의 바다는 이전에는 볼 수 없었던 상선과 수송함, 군함의 개발로 새로운 해양 수송과 운용체계를 요구하고 있었기 때문에 이에 대응할 수 있는 효율적인 해양의 경계와 명칭이 필요했다. S-23에서 동해(일본해)의 경계를 보면 다음과 같이 전개된다.

48. 일본해(Japan Sea)

- *On the Southwest.*

  The Northeastern limit of the China Seas(45, 46, 47).

- *On the Southeast.*

  In Shimonoseki Kaikyo:

  A line running from Nagoya Saki(130° 49 1/2' E.) in Kyu Shu through the islands of Uma-Shima and Mutsure Shima(33° 58 1/2' N.) to Mura Saki Bana(3404'N.) in Honshu.

• *On the East.*

In the Tsugaru Kaikyo:

From the extremity of Shiriya Saki(141° 28'E.) to the extremity of Yesan Saki(4148'N.).

• *On the Northeast.*

In La Perouse Strait(Soya Kaikyo):

A line Joining Sôni Misaki and Nosshahu Misaki(43° 23'N.).

• *On the North.*

From Tuik Point(51° 45'N.) to Cape Sushcheva.

2) 1937년의 동해

48. 일본해(Japan Sea)

• *On the Southwest.*

The Northeastern limit of the China Seas(45, 46, 47).

• *On the Southeast.*

In Simonoseki Kaikyo:

A line running from Nagoya Saki(130° 49 1/2'E.) in Kyûsyû through the islands of Uma Sima and Muture Sima(33° 58 1/2'N.) to Murasaki Hana(34° 01'N.) in Honsyû.

• *On the East.*

In the Tugaru Kaikyô:

From the extremity of Siriya saki(141° 28'E.) to the extremity of Esan Saki(41° 48'N.).

• *On the Northeast.*

In La Perouse Strait(Sôya Kaikyô):

A line joining Sôni Misaki and Nosyappu Saki(43° 23'N.).

• *On the North.*

From Cape Tuik(51° 45'N.) to Cape Sushcheva.

3) 1953년의 동해

52. 일본해(Japan Sea)

• *On the Southwest.*

The Northeastern limit of the Eastern China Sea(50) and the Western limit of the Inland Sea(53).

• *On the Southeast.*

In Simonoseki Kaikyo:

A line running from Nagoya Saki(130° 49',5E) in Kyôsyô through the islands of Uma Sima and Muture Sima(33° 58',5N) to Murasaki Hana(34° 01'N) in Honsyô.

• *On the East.*

In the Tsugaru Kaikô:

From the extremity of Siriya Saki(141° 28'E) to the extremity of Esan Saki(41° 48'N).

• *On the Northeast.*

In La Perouse Strait(Sôya Kaikyô_):

A line joining Sôni Misaki and Nishi Notoro Misaki(45° 55'N).

• *On the North.*

From Cape Tuik(51° 45'N) to Cape Sushcheva.

4) 부결된 S-23안

혼돈의 시대를 거친 S-23은 크게 변화하는 모습을 보였다. 그러나 여러 차례의 진통을 거치며 총회에 부쳐진 S-23 1986년 안마저 부결되고 만다. 제13차 국제수로회의가 48개 회원국 대표들이 참가한 가운데 1987년 5월 5일부터 15일까지 모나코 국제회의장에서 개최되었다. 현대적 해양기술을 총동원하여 설계된 1986년 안은 남극해를 관할하는 문제로 결국 부결되었다. 만약 1986년 안이 통과되었다면 동해를 재차 표기하는 데는 더욱 많은 어려움이 따르게 되었을 것으로 사료된다.

이 안에서는 그동안 사라졌던 일본해의 경계가 과학적으로 정확하게 정리되어 있었다.

7.8 일본해(JAPAN SEA)

The limits of the Japan Sea, situated between the Asian coast and the islands of Japan, are the following:

• *On the North*

A line joining Cape Belkina(45° 49'15"N-137° 41'30"E), on the coast of USSR, eastward to Cape Kuznetsova(46° 02'40"N-141° 55'10"E), on the southwestern coast of Sakhalin Island(the common limit with the Gulf of Tartary, see 7.9).

• *On the East*

A line joining Cape Kuznetsova southwestward to Nosyappu Point(45° 26'50"N-141° 39'E), the northwestern extremity of Hokkaidō(the common limit with the Sea of Okhotsk, see

7.10);

thence from Nosyappu Point southwestward, along the western coast of Hokkaidō, to the eastern extremity of Esan Point(41° 48'12"N-141° 11'24"E), on the southern coast of this island;

thence a line joining Esan Point southeastward to Siriya Point(41° 25'43"N-141° 27'54"E), the northeastern extremity of Honsyū;

thence from Siriya Point southwestward, along the western coast of Honsyū, to Murasaki-no Point(34° 01'18"N-130° 54'24"E), on the southwestern coast of this island:

thence a line joining Murasaki-no Point southwestward, through Muture Island(33° 58'20"N-130° 52'E) and Uma Island(33° 58'N-130° 51'15"E), to Hatiman Point(33° 55'52"-130° 43'50"E), on the northern coast of Kyūsyū(the common limit, in the Kanmon Strait, with the Seto Naikai, see 7.7);

and thence from Hatiman Point Southwestward, along the western coast of Kyūsyū, to Nono Point(32° 34'N-129° 44'30"E).

• *On the South*

A line joining Nomo point westward to the southern extremity of Hukae Island(32° 34'15"N-128° 46'30"E):

thence from the southern extremity of Hukae Island northwestward, through this island, to õse Point(32° 36'35"N-128° 36'E), the southwestern extremity thereof;

thence a line joining õse Point northwestward to Punam Point(33° 11'30"N-126° 17'30"E), the southern extremity of Cheju Island;

thence from Punam Point northwestward, through Cheju Island, to the western extremity of this island(33° 17'15"N-126° 09'45"E)(the common limit with the East china Sea, see 7.3);
thence a line joining the western extremity of Cheju Island northwestward to Kan Rock(34° 12'25"N-125° 48'E) and northeastward to the northern extremity of Og Island(34° 21'40"N-126° 00'50"E) and to the western extremity of Jin Island(34° 25'10"N- 126° 05'25"E);
thence from the western extremity of Jin Island northeastward, along the eastern coast of this island, to its northern extremity(34° 35'20"N-126° 15'E);
and thence a line joining the northern extremity of Jin Island northeastward to position 34° 35'50"N-126° 16'50"E, on the southwestern coast of the Korean Peninsula(the common limit with the Yellow Sea, see 7.4).

• *On the West*

The Asian coast, from position 34° 35'50"N-126° 16'50"E, on the southwestern coast of the Korean Peninsula, northeastward to Cape Belkina(45° 49'15"N-137° 41'30"E), on the coast of USSR.

5) 좌절된 S-23안

2002년 4월 14일부터 19일까지 제16회 국제회의가 몬테카를로의 그리말디 포럼(Grimaldi Forum)에서 개최되었다. 4월 14일부터 18일까지 경영회의를 했고, 다음 5년을 위한 새로운 이사회 선출을 끝으로 폐막했다. 1987년 총회에서 1986년 판 '일본해' 확정에 실패한 일본은 2002년 총회에서는 이를 그대로 밀고 갈 작정이었다.

따라서 일본의 공세에 밀리지 않을 한국 외교부와 해양수산부, 동해연구회 등의 대응도 치열했다. 일본의 공세를 예측한 대학교수들의 모임인 동해포럼에서는 모나코의 IHO를 방문해 전국 47대학 177명의 대학교수가 서명한 청원서를 관련 자료와 함께 제출하고, 닐 가이 사무총장을 직접 면담해 '일본해'를 '동해'로 변경해주기를 청원했다(김신, 2002, 103-105).

IHO는 4월의 총회에서 '동해' 해역을 공란으로 남겨놓고 나머지는 새로 개정된 S-23을 회원국들에게 회람시켰다. 역사상 처음으로 일본해가 동해로 바뀔 기회이자 한국 외교전의 승리로 기록될 기회였지만 막판에 인도 등의 반대로 인하여 이 안마저 철회되고 말았다.

7.6란(동해, 일본해)은 해당 페이지 공란으로 회원국들에게 회람되었다.

6) 2020년의 동해

2020년 총회에서 이제까지와는 다르게 추구하고 있는 새로운 표준체계를 수립했다. 세계 모든 바다와 해양의 명칭에 고유명사 대신 식별번호를 부여하고, 기존의 S-23은 IHO 출판물의 일부로서만 남게 되었다.

Ⅴ. 맺음말

2020년 11월 IHO 비공식협의에서는 한국과 일본은 물론 북한과 미국 등이 참여해 S-23을 대체할 S-130이라는 새로운 표준 개발을 추진하기로 잠정 합의하기에 이르렀다.

IHO에서 개발해 앞으로 운용하고자 하는 S-130의 개발 목적은 궁극적으로 국제적 자유 항행의 구현이다. 전 세계는 4차 산업혁명을 기점으로 방대한 데이터의 발생과 그것들의 수집을 통해 수요를 예측하고 미래에 대비하고 있다. 그뿐만 아니라 실시간 정보 공유를 통해서 다양한 산

〈그림 7-1〉 'Limits of Oceans and Seas'의 변천 과정(1928~1953)

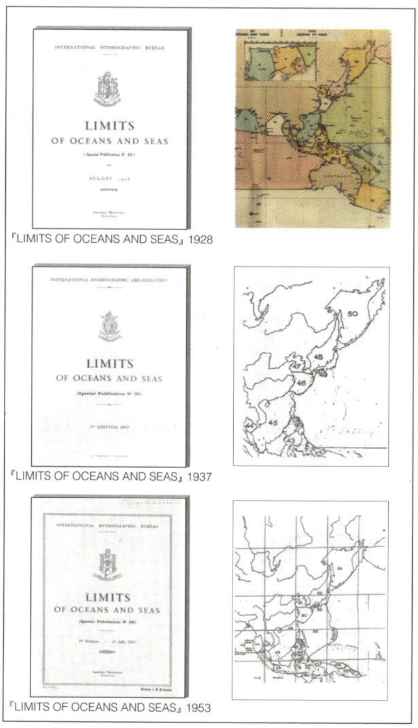

『LIMITS OF OCEANS AND SEAS』 1928

『LIMITS OF OCEANS AND SEAS』 1937

『LIMITS OF OCEANS AND SEAS』 1953

〈그림 7-2〉 'Limits of Oceans and Seas'의 변천 과정(1986~2020)

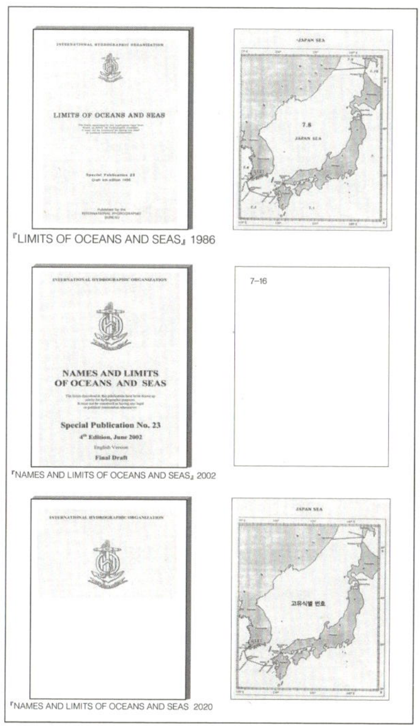

『LIMITS OF OCEANS AND SEAS』 1986

『NAMES AND LIMITS OF OCEANS AND SEAS』 2002

『NAMES AND LIMITS OF OCEANS AND SEAS 2020

업 분야의 발전을 가속화하고 있다. 이렇듯 정보는 중요한 역할을 할 뿐만 아니라 하나의 새로운 자원으로 부각되고 있다.

이와 같은 관점에서 IHO에서는 이제까지와는 다르게 추구하고 있는 새로운 표준체계를 수립하고 세계 모든 바다와 해양의 명칭에 고유명사 대신 식별번호를 부여했으며, 기존의 S-23은 IHO 출판물의 일부로서만 남게 되었다.

이날 총회에서 한국 측은 S-130이 디지털 형태의 해양과 바다의 경계 표기를 촉진하게 되어, 21세기 디지털 정보 환경에서 수요자 요구에 효과적으로 부합하며, 세계 지리정보에 대한 접근성과 호환성을 강화할 것으로 기대된다는 취지의 발언을 했다. 2020 총회에서 일본 측도 S-130 개발안에 지지하는 입장을 나타냈다. 또 다른 당사국인 북한은 이번에 발언에 나서진 않았지만, 비공식협의에서 긍정적으로 평가한 바 있다.

디지털 해도는 선박 운항 관련 단체 등에 데이터를 입력해 이용하게 된다. 종이해도보다 많은 정보를 얻을 수 있고, 선박의 위치 정보나 해역의 가상정보와 함께 제공된다. 따라서 이번 IHO에서 결정된 사항들은 동해 명칭 결정에 큰 영향을 미칠 것으로 분석되며, 향후 심층적인 대응 방안이 필요할 것으로 사료된다.

참고 문헌

『국제수로기구 기술결의집 부속서(I.H.C Repertory of Technical Resolutions)』.

『국제수로기구 연감(International Hydrographic Organization Year Book)』.

『국제수로요보(International Hydrographic Bulletin)』.

김기빈, 1995, 『일제에 빼앗긴 땅이름을 찾아서』, 살림터, 서울.

김신, 1997, 『잃어버린 동해를 찾아서』, 두남, 서울.

김신, 2001, 『East Sea』, 한국학술정보, 경기.

김신, 2002, 『동해와 국제수로기구』, 두남, 서울.

김신, 2004, 『동해의 경계와 명칭』, 지영사, 서울.

김신, 2005, 『동해연구, 지영사』, 서울.

김찬규 · 이영준, 『1994, 국제법개설』, 법문사, 경기.

내무부, 1992, 『지방행정구역요람』, 행정자치부.

내무부, 1982, 『지방행정지명사』, 행정자치부.

노명준, 1976, "외국지도에 나타난 한반도의 표현상의 연구," 대구교대논문집 Vol. 12.

노정식, 1976, "서양지도에 나타난 한반도의 윤곽변천에 관한 연구," 대구교대논문집 Vol. 10.

동해연구회, 1995, 동해지명에 관한 국제학술 세미나 발표 논문집.

동해연구회, 1997, 동해지명 표준화를 위한 국제세미나 논문 발표집.

박갑천, 1973, 『세계의 지명』, 정음사, 서울.

서울대학교 도서관, 1997, 한국고지도 전시회 출품목록.

이기석, 1997, "국제수로기구와 "일본해" 표기의 공식화 과정," 동해연구회 학술발표대회 논문집.

『조선왕조실록』, 민족문화추진회(1993).

『한국지명총람』, 한글학회(1966-1986).

홍시환, 1978, 『지도의 역사』, 대왕사, 경기.

홍시환, 1992, 『지리학사』, 대왕사, 경기.

Beaglehole, J, C., 1966, *The Exploration of the Pacific*, Stanford University Press.

Boorstin, D. J., 1983, *The Discoverers*, Random House, New York.

Britannica, 1995, *The New Encyclopaedia Britannica*.

Cranfield, L., 1976, *The Challengers: British and Commonwealth Adventure since*

1945, Weidenfeld and Nicolson, London.

Day, A. E., 1980, *Discovery and ExplorationA Reference Handbook*, The Old World, London.

Delpar, H. (ed.), 1972, *The Discoverers: An Encyclopedia of Explorers and Exploration*, McGraw-Hill, New York.

Gavet-imbert, M. (ed.), 1991, *The Guinness Book of Explorers and Exploration*, Guinness World Records Ltd, London.

Goodman, E., 1972, *The Explorers of South America*, University of Oklahoma Press.

Hemming, J. M., 1970, *The ConQuest of the Incas*, Harcourt, Brace, Jovanovich, San Diego.

Hemming, J. M., 1981, *Red Gold*, Harvard University Press.

Hemming, J. M., 1987, *Amazon Frontier*, Macmillan, London.

Herbert, W., 1989, *The Noose of Laurels: The Discovery of the North Pole*, Hodder & Stoughton, London.

International Hydrographic Bureau, 1922, Circular-Letter No. 28 of 1922, 28 September 1922.

International Hydrographic Bureau, 1923, Circular-Letter No. 1-H of 1923, 25 February 1923.

International Hydrographic Bureau, 1928, *Limits of Oceans and Seas*, Special Publication No. 23, Monte-Carlo, Monaco.

International Hydrographic Bureau, 1953, *Limits of Oceans and Seas 3rd Edition*, Special Publication No. 23, Monte-Carlo, Monaco.

International Hydrographic Organization, 1920, *International Hydrographic Conference*, London, England, 1919: Report of Proceedings.

Keay, J., 1994, *When Men and Mountains Meet*, Oxford University Press.

Kim, S., 2003, *Limits of Pacific Ocean*, Jiyuungsa, Seoul.

Kim, S., 2003, *Limits of Indian Ocean*, Jiyuungsa, Seoul,

Kim, S., 2004, *The Limits and Names of the East Sea*, Jiyoungsa, Seoul.

Kirwan, L. P., 1959, *The White Road: A Survey of Polar Exploration*, Hollis & Carter, London.

Moorhead, A., 1962, *The Blue Nile*, Hamish Hamilton, London.

Parry, J. H., 1979, *The Discovery of South America*, Taplinger Pub. Co, London.

Parry, J. H., 1981, *The Discovery of the Sea*, University of California Press.

Pennington, P., 1979, *The Great Explorers*, Facts on File, London.

Penrose B., 1952, *Travel and Discovery in the Renaissance*, Harvard University Press.

Peter M. and Neil G., 1992, *The Great Atlas of Discovery*, Alfred A. Knopf, inc., New York.

Reid, A., 1985, *Discovery and Exploration: A Concise History*, Hippocrene Books, New York.

Riverain, J., 1969, *Concise Encyclopedia of Explorations*, Collins, New York.

Robinson, J., 1991, *Wayward Women: A Guide to Women Travellers*, Oxford University Press.

Severin T., 1976, *The Oriental Adventure: Explorers of the East*, Angus and Robertson, Melbourne.

Waldman, C. and Wexier, A., 1992, *Who Was Who in World Exploration*, Facts on File, New York.

[인터넷 및 신문자료]

국제수로요보(International Hydrographic Bulletin), https://iho.int/en/iho-bulletin.

http://www.east.org.

http://www.usc.edu.

http://www.usc.edu/isd/locations/sch/eastasian/maps.htm.

Levitt, T., The Globalization of Markets, https://hbr.org/1983/05/the-globalization-of-markets.

노컷뉴스, 서울신문, 중앙일보, 2020년 11월 17일.

제8장 국제기구에서의 동해/일본해 표기 분쟁 및 향후 동해 표기의 과제

류연택*

I. 들어가는 말

국제적으로 '동해'(East Sea)는 '일본해'(Sea of Japan)와 함께 널리 사용되고 있다. 이는 부인할 수 없는 사실이다. 전 세계적으로 많은 지도 제작사와 출판사들이 'Sea of Japan'과 함께 'East Sea'라는 이름을 채택하고 있다. 한편, 2014년 미국 버지니아주 상원과 하원은 버지니아 교육위원회(The Board of Education of Virginia)가 승인하는 모든 교과서에 'Sea of Japan'과 'East Sea'를 동시에 사용하도록 요구하는 법령도 제정했다(Anderson, 2019; Choi, 2019).

한국과 일본 사이의 해역에 대해서 국제수로기구(IHO)가 1929년에 제작한 특별 간행물인 S-23(『해양과 바다의 경계』)에서 'Japan Sea'라는 이름을

* 충북대학교 지리교육과 교수.

사용하기로 한 이후에 한국과 일본 사이의 해역은 국제적으로 'Sea of Japan'으로 널리 알려지게 되었다. 대한민국 정부는 1992년에 개최된 제6차 유엔지명표준화회의(UNCSGN)에서 한국과 일본 사이 해역의 명칭 문제에 대해 공식적으로 이의를 제기했다(이기석, 2004; 주성재, 2012; Yoo, 2019). 그 이후로 한국 정부는 'East Sea'라는 이름의 정당성에 대한 국제적 인식을 높이기 위해 지속적인 노력을 해왔다. UNCSGN는 동해 표기 문제와 관련된 국가들 모두가 수용할 수 있는 해결책을 찾기 위해 계속 노력할 것을 장려해왔다. 세계의 많은 저명한 지도 제작자와 언론은 'East Sea'라는 이름의 타당성을 인식하기 시작했으며, 'Sea of Japan' 단독 표기로부터 'East Sea'와 'Sea of Japan'을 병기하는 추세로 변화하고 있다(Kim and Yi, 2018). 더 나아가 'East Sea' 단독 표기를 사용하는 경우도 있다.

IHO에서 S-130 표준을 제작하면서 해양과 바다의 이름이 없고 해도에 고유한 수치 식별자만 표시한다고 해도, 일반 지도나 각국의 교과서에는 해양과 바다의 이름이 사용될 것이다. 동해 병기율이 지속해서 증가하여 현재 전 세계 지도의 40% 이상이 동해 병기를 하고 있으며, 일본을 제외한 G-7 국가의 경우에는 50.4%(2007년 기준, 한국 측 조사 결과)가 동해 병기를 하고 있다.

한국과 일본 사이에 있으며 북쪽으로 러시아까지 뻗어 있는 동해 해역은 동해를 둘러싸고 있는 국가들의 영해(territorial water)와 배타적 경제수역(EEZ)을 포함하고 있으며, 동해를 둘러싸고 있는 각 국가는 동해의 일부 수역에 대해 주권(sovereignty)과 주권적 권리(sovereign right)를 가지고 있다. 따라서 동해에 인접한 다른 주변 국가의 동의 없이 특정 국가의 이름으로 동해 해역을 명명하는 것은 부적절하다(Oh, 2017).

II. UNCSGN과 UNGEGN에서 일본과 한국의 논쟁과 반론

'동해'라는 이름의 사용은 역사적으로 2,000년 이상 거슬러 올라가는데, 이는 이탈리아 선교사 마테오 리치가 1602년에 출판한 Mappamondo에 '일본해'라는 이름이 처음 등장한 것보다 약 1,800년 전이다. 심지어 일본 정부가 18세기와 19세기에 제작한 공식적인 관용 지도에도 동해 수역을 '조선해'라고 표기했다(Lee, 2018). 일본은 신(新) 유엔지명전문가그룹(UNGEGN)과 IHO가 지명표준화와 관련된 기술적 문제에만 초점을 맞추어야 한다고 주장하고 있다. 일본은 대한민국이 UNGEGN과 IHO에서 하나의 특정한 바다 이름인 'Sea of Japan'에 대해서만 부적절하면서도 일방적으로 정치적인 문제를 제기해왔다고 주장하고 있다.

UNCSGN 결의 III/20과 관련하여 일본은 어떤 특정 국가의 주권(sovereignty)하에 있지 않은 대양과 바다, 그리고 일본해와 같이 특정 국가의 주권하에 있지 않은 공해(high sea)는 UNCSGN 결의 III/20에서 언급하고 있는 '한 국가의 주권하에 있거나 둘 이상의 국가에 의해 나뉜 지리적 실체'(geographical features)에 포함되지 않는다고 주장하고 있다.

UNCSGN 결의 III/20은 다음과 같이 말한다. "지리적 실체를 공유하는 국가들이 하나의 이름에 동의하는 데 성공하지 못할 경우 관련 국가들이 각각 사용하는 이름을 수용하는 것이 국제 지도 제작의 일반적인 규칙이 되어야 함을 권장한다. 그러한 이름 중에서 하나 또는 일부의 몇몇 이름만 수용하는 정책은 원칙적으로 일관성이 없고 실제로 비효율적이다. 다만 소축척 지도의 경우에는 기술적인 이유로 인해서 그러한 이름들을 모두 사용하지 않는 것이 필요할 수는 있다."

〈그림 8-1〉 유엔해양법협약(UNCLOS)에 따른 영해(territorial sea), 배타적 경제수역(Exclusive Economic Zone), 공해(high sea) 구분도

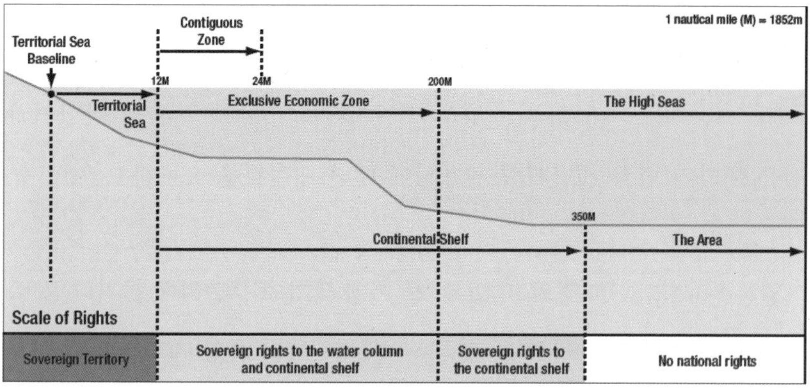

출처: Arctic Council, 2009, p. 52.

병기(dual naming)의 과거 관행뿐만 아니라 현재 관행과 관련하여 IHO 간행물로서 해양과 바다의 경계를 다룬 S-23의 다양한 버전들에서 다수의 병기 사례를 찾을 수 있다(Ryu, 2020). S-23 제4판 초안(2002)을 포함하여 S-23 제1판부터 제3판까지 다수의 병기 사례들을 보여주고 있다. 병기의 대표적 사례로 S-23 제4판 초안(2002)에서의 'English Channel/La Manche'를 들 수 있다. 'English Channel/La Manche'는 영국과 프랑스의 배타적 경제수역뿐만 아니라 영해(territorial sea)로 구성되어 있다는 점에서 'East Sea/Sea of Japan'의 경우와 관련성이 아주 높다. 'English Channel/La Manche'와 매우 유사하게 동해는 한국과 일본을 포함한 관련 연안 국가들의 영해와 EEZ로만 구성되어 있다(〈그림 8-1〉). 따라서 'English Channel/La Manche'와 마찬가지로 'East Sea/Sea of Japan'의 경우에 UNCSGN 결의 III/20을 적용하지 못할 이유가 전혀 없다.

하나 이상 국가의 주권하에 있는 지리적 실체, 둘 이상의 국가가 공유

하거나 분할하고 있는 지리적 실체, 둘 이상의 국가에 공통으로 나타나는 지리적 실체에 대한 논의는 앞서 언급한 주권, 공해, EEZ, 영해와 같은 개념들의 관계성뿐만 아니라 유엔해양법협약(UNCLOS: United Nations Convention on the Law of the Sea)이 다루고 있는 주권적 권리(sovereign right)와 관할권과 같은 여타의 법적 개념과의 관계성에 대한 재검토를 요구하고 있다(Lee, 2015).

일본은 UNCSGN 결의 III/20이 둘 이상 국가의 주권하에 있거나 둘 이상의 국가 간에 나뉘어 있는 해상 지형물이 아닌 육상 지형물에만 적용된다고 주장하고 있다. 일본의 주장과는 반대로 UNCSGN과 UNGEGN에서 다수의 해양 지형물의 이름들이 단일 주권을 넘어서는 이름과 관련하여 다루어져 왔다. 육지 지형물뿐만 아니라 해양 지형물의 이름이 UNCSGN과 UNGEGN에서 다루어졌고, UNCSGN과 UNGEGN의 초창기 회의에서의 논의는 오히려 단일 주권을 넘어서는 해양 지형물의 이름에 초점을 두었다(Raper, 2010). 육상 지형물에 대한 UNSCGN 결의 III/20의 적용 가능성과 관련하여 지리적 지형물은 육상 지형물뿐만 아니라 해상 지형물도 포함하는 것으로 확실히 해석될 수 있다.

신(新)UNGEGN은 특히 최근의 경향과 맥락적 변화에 비추어 지명 표준화에서 UNCSGN 결의 III/20의 중요성을 재평가할 필요가 있다. UNCSGN 결의 III/20의 중요성에 대한 재평가에는 1977년 UNCSGN 결의 III/20이 채택된 이후 결의 이행의 역사에 대한 검토 및 관련된 지리적·법적 개념들의 최근 발전으로 인해 제기된 과제도 포함될 수 있다. 일본은 'Sea of Japan'이 일본열도와 한반도 사이의 해역에 대해 국제적으로 확립된 유일한 바다 이름이기 때문에 유엔과 여타 국제기구들이 'Sea of Japan'을 지속적으로 사용해왔다고 주장하고 있다. 일본은 2004년 3월 10일에 일본 정부의 질의에 대해서 유엔 사무국이 'Sea of Japan'이 표준 지명이므로 유엔의 공식 문서에 사용될 것이라고 공식적으로 밝혔다고 주장하고 있다. 이를 근거로 일본은 'Sea of Japan'이라는 이름이 유엔의 승인을 받았다고 주장하고 있다. 일본은 유엔 사무국이 'Sea of Japan'의 단독 표기 관행을 준수한다는 입장을 명확히 밝혔으며, 이는 'East Sea' 병기가 유엔의 관행을 위반하고 유엔의 중립성을 침해함을 의미하는 것이라고 주장하고 있다(Ministry of Foreign Affairs, Japan, 2006).

일본은 일본, 러시아, 한반도의 동쪽 해안과 접해 있는 해역에 대해 'Sea of Japan'이 유일하게 국제적으로 확립된 이름이라고 주장하고 있다. 일본은 지명학의 관점에서 17세기부터 'Sea of Japan' 또는 'Mer du Japon'이 이미 지명으로 사용되었으며, 19세기 초에 국제적으로 확립된 이름이 되었다고 주장한다. 또한, 유엔과 여타 국제기구들이 'Sea of Japan'이라는 이름을 계속 사용해왔다고 주장하고 있다(Ministry of Foreign Affairs, Japan, 2006).

일본은 대한민국이 국제적으로 확립된 이름과 국내에서 사용되는 이름의 병기를 계속해서 주장하도록 허용하면 다른 국가들이 또 다른 병기를 요구하게 되어 지명에 대한 잠재적인 분쟁이 확대되고 지명표준화를 지연시킬 수 있다고 주장하고 있다. 일본 정부는 유엔이 일본과 한국 사이의 해역에 대해 유일한 공식 명칭으로 'Sea of Japan'이라는 이름을 승인했다고 주장한다. 그러나 유엔 사무국은 'Sea of Japan'의 단독 표기 관행을 유지하고 있다고 언급은 했지만, 이것을 일본과 한국 사이의 바다 이름에 대한 일본의 입장을 지지하거나 승인하는 것으로 해석해서는 안

된다고 분명히 밝혔다. 국제적으로 확립된 이름의 문제와 관련하여 일본이 언급한 것은 유엔 사무국의 내부 관행이었다. 그러나 분명한 것은 유엔 사무국의 관행이 유엔의 정책은 전혀 아니라는 것이다. 더 나아가 유엔 사무국은 유엔 사무국의 관행이 유엔의 정책을 구성할 수 없다고 강조했다. 따라서 우리는 유엔 사무국의 관행을 유엔의 관행과 동일시할 수 없다.

일본은 IHO 기술결의안 A4.2.6이 만(bay), 해협(strait), 수로(channel) 또는 열도(archipelago)와 같은 지리적 실체에는 적용되지만, IHO 기술적 결의안 A4.2.6이 일본해를 포함한 대양과 바다에는 적용되지 않는다고 주장한다. 따라서 일본은 이 결의안이 'Japan Sea'와 'East Sea'의 병기에는 적용되지 않는다고 주장하고 있다. 그러나 IHO 기술결의안 A4.2.6으로도 알려진 IHO 기술결의안 1/1972는 "such as"라는 표현을 사용하여 예를 든 것이다. 이러한 표현은 예를 들어, 만, 해협, 수로 또는 열도를 포함하는 것으로 해석되어야 하며, 만, 해협, 수로 또는 열도에 한정된 것으로 해석되어서는 안 된다.

III. IHO에서의 동해/일본해 표기 분쟁

S-23 제1판(1929년), 제2판(1937년), 제3판(1953년), 제4판 초안(1986년)에서 한반도와 일본열도 사이의 해역 이름은 'Japan Sea'였으나, 제4판 초안(2002년)에서는 한반도와 일본열도 사이의 해역(해역 7.6) 페이지는 한일 간의 명명 분쟁으로 인해 공백으로 남겨졌다.

2002년 8월에 제4판 초안(2002년)이 승인을 위해 회원국들에게 회람되었는데, 이 제4판 초안(2002년)에서 한반도와 일본열도 사이의 해역에 해당하는 두 페이지는 포함되지 않았으며, 추후에 이 문제를 해결하기 위해 부록을 발행할 수 있다는 설명이 회람 문서에 포함되어 있었다. 그러나 2002년 9월에 국제수로국(IHB)의 새로운 이사진은 투표 절차를 중단하기로 결정했다(International Hydrographic Organization, 2005).

2007년 제17차 IHO 총회에서 총회 회장은 S-23 제4판을 두 권으로 출판할 것을 제안했다. 해양과 바다의 경계 및 명칭과 관련하여 회원국 간에 합의된 해역에 대해서 한 권을 먼저 발행하고, 두 번째 권은 해양과 바다의 경계 및 명칭과 관련하여 회원국 간의 문제가 해결될 때까지 보류 중인 미해결 해역을 다루자는 것이었다. 그러나 이 제안은 받아들여지지 않았다(International Hydrographic Organization, 2007).

이후 한반도와 일본열도 사이의 해역이 S-23에서 어떻게 명명될 수 있는지에 대한 몇 가지 옵션이 제안되었지만, 이는 한국과 일본 중 하나 또는 둘 다에 의해 거부되었거나 회원국 다수로부터 지지를 받지 못했다. S-23 워킹그룹에서의 논의를 위해 국제수로국은 이슈가 되고 있는 세 가지 관심 해역을 파악하고 회원국들이 이를 회람했다. 이슈가 되고 있는 세 가지 관심 해역은 1) 한반도와 일본열도 사이의 해역, 2) 믈라카해협, 3) 남중국해 및 동중국해였다. 국제수로국에 따르면 해양과 바다의 경계 및 명칭과 관련하여 이슈가 되고 있는 관심 해역에 대한 IHO 회원국의 응답 대부분은 한반도와 일본열도 사이의 해역 명명 문제에 관한 것이었다. IHO 회원국의 응답을 통해 세 가지 그룹을 파악할 수 있다. 첫 번째 그룹은 다수의 회원국으로 이슈와 관련된 국가들이 S-23을 개정하기 전에 반드시 합의에 도달해야 한다는 입장이었다. 두 번째 그룹은 S-23의 부록이 아닌 S-23 본문상에 서로 다른 명칭들이 함께 표기되는 것을 지지하는 입장이었다. 세 번째 그룹은 S-23의 부록에 이의 제기 내용을 표시하고 S-23 본문상에는 하나의 명칭만을 표시하는 것을 지지하는 입장이었다. 한국과 북한은 S-23 본문의 동일 페이지에 'East Sea'와 'Japan Sea'가 동시에 표기되어야만 한다는 입장이었다(International Hydrographic Organization, 2012).

이슈가 되고 있는 세 가지 관심 해역 모두에 대해 S-23 워킹그룹 회원들 사이에 합의가 이루어지지 않았다. 당시 호주 대표는 S-23 개정에 대한 합의에 도달하지 못한 근본 원인은 해양과 바다의 이름과 경계와 관련된 기술적 표현에 대한 차이보다는 강한 국가적 입장과 관련된 정치적 압력으로 인한 것이라고 지적했다. 프랑스의 S-23 워킹그룹 탈퇴는 이러한 사실을 반영하며, 프랑스 S-23 워킹그룹 회원들의 후속 성명서에서도 이를 강조했다(International Hydrographic Organization, 2012; Ryu, 2012; 2015; 2018). IHO는 S-23이 기술적인 수로 출판물로서 기술적인 방법을 사용해 국가 간의 의견 불일치를 해결할 수 있는지 여부를 결정해야 한다. 또한, 국가에는 정치적 이슈가 더 중요하다는 점과 IHO가 국가 간의 의견 불일치를 해결할 수 없음을 인정하고 IHO 출판물 목록에서 S-23을 없애야 한다. 사실 지명은 본질적으로 정치적 문제와 얽혀 있다(김순배, 2017; 이상균 외, 2017; 지상현, 2012; Alderman, 2002; 2006; Alderman and Inwood, 2013; Radil, 2016; Rose-Redwood et al., 2019; Short, 2012).

또한, S-23 워킹그룹 회의에서 호주 대표는 UNGEGN에서 사용하고 IHO에서 채택한 방법으로 동일한 지리적 실체에 대해 서로 다른 이름

〈그림 8-2〉 IHO 기술결의 A4.2.6에 따른 'English Channel'과 'La Manche' 병기 사례, S-23 제4판 초안(2002)

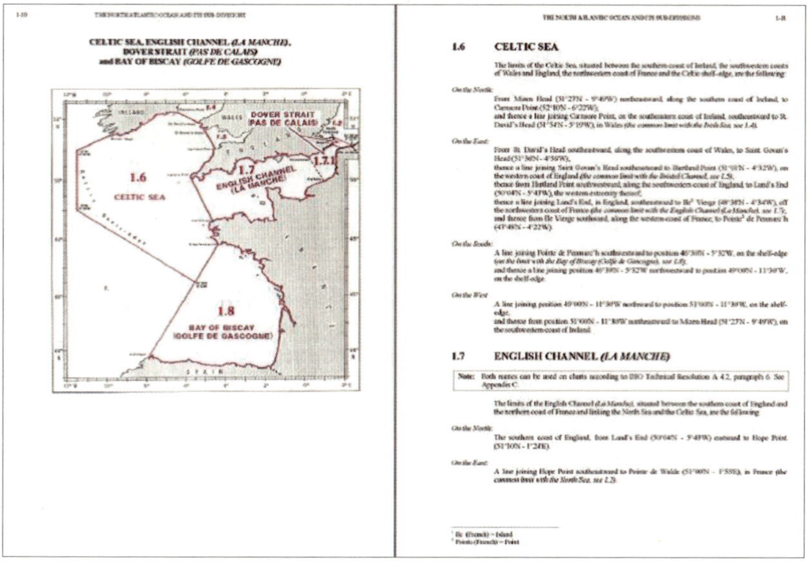

THE NORTH ATLANTIC OCEAN AND ITS SUB-DIVISIONS

1.6 CELTIC SEA

The limits of the Celtic Sea, situated between the southern coast of Ireland, the southwestern coasts of Wales and England, the northwestern coast of France and the Celtic shelf-edge, are the following:

On the North:

From Mizen Head (51°27'N - 9°49'W) northeastward, along the southern coast of Ireland, to Carnsore Point (52°10'N - 6°22'W);
and thence a line joining Carnsore Point, on the southeastern coast of Ireland, southeastward to St. David's Head (51°54'N - 5°19'W), in Wales *(the common limit with the Irish Sea, see 1.4)*.

On the East:

From St. David's Head southeastward, along the southwestern coast of Wales, to Saint Govan's Head (51°36'N - 4°56'W),
thence a line joining Saint Govan's Head southeastward to Hartland Point (51°01'N - 4°32'W), on the western coast of England *(the common limit with the Bristol Channel, see 1.5)*,
thence from Hartland Point southwestward, along the southwestern coast of England, to Land's End (50°04'N - 5°43'W), the western extremity thereof,
thence a line joining Land's End, in England, southeastward to Île[1] Vierge (48°38'N - 4°34'W), off the northwestern coast of France *(the common limit with the English Channel (La Manche), see 1.7)*,
and thence from Île Vierge southward, along the western coast of France, to Pointe[2] de Penmarc'h (47°48'N - 4°22'W).

On the South:

A line joining Pointe de Penmarc'h southwestward to position 46°30'N - 5°32'W, on the shelf-edge *(see the limit with the Bay of Biscay (Golfe de Gascogne), see 1.8)*,
and thence a line joining position 46°30'N - 5°32'W northwestward to position 49°00'N - 11°30'W, on the shelf-edge.

On the West:

A line joining position 49°00'N - 11°30'W northward to position 51°00'N - 11°30'W, on the shelf-edge,
and thence from position 51°00'N - 11°30'W northeastward to Mizen Head (51°27'N - 9°49'W), on the southwestern coast of Ireland.

1.7 ENGLISH CHANNEL *(LA MANCHE)*

Note: Both names can be used on charts according to IHO Technical Resolution A 4.2, paragraph 6. See Appendix C.

The limits of the English Channel *(La Manche)*, situated between the southern coast of England and the northern coast of France and linking the North Sea and the Celtic Sea, are the following:

On the North:

The southern coast of England, from Land's End (50°04'N - 5°43'W) eastward to Hope Point (51°10'N - 1°24'E).

On the East:

A line joining Hope Point southeastward to Pointe de Walde (51°00'N - 1°55'E), in France *(the common limit with the North Sea, see 1.2)*.

[1] Île (French) = Island
[2] Pointe (French) = Point

출처: International Hydrographic Organization, 2002, pp. 1-10～1-11.

을 표시하는 국제적으로 인식된 방법이 이미 있다고 주장했다. 예를 들어 2002년 S-23 제4판 초안에서는 IHO 기술결의 A4.2.6에 따라 'English Channel'과 'La Manche' 두 이름을 함께 적어서 해도에 사용할 수 있다고 명시하고 있다(International Hydrographic Organization, 2012; Ryu, 2012; 2015; 2018)(〈그림 8-2〉). 비슷한 맥락에서 'East Sea'와 'Sea of Japan'은 병기되어야만 한다. '동해'와 '일본해' 병기는 IHO 기술결의 A 4.2.6에 부합한다는 점에 주목할 필요가 있다.

2012년 제18차 IHO 총회에서 미국은 장별 접근(chapter-by-chapter approach) 방식을 제안했다. 그러나 어떤 이유로 미국은 그 제안을 철회했다. 한편 중국은 S-23 폐지를 제안했다. 일본은 미국의 제안과 유사한 접근 방식을 제안했다. 그러나 일본의 제안에 대해서 일본을 제외한 모든 IHO 회원국이 지지하지 않았다. 대부분의 IHO 회원국은 기권했다. 한국, 중국, 쿠바, 북한을 포함한 4개 국가가 일본의 제안에 반대했다(International Hydrographic Organization, 2012).

2017년 제1차 IHO 총회에서 총회는 S-23의 미래에 관해 관심 있는 회원국 간 비공식협의 과정을 촉진할 임무를 사무총장에게 부여했다. 또한, 총회는 사무총장에게 S-23 비공식협의와 관련하여 관심 국가 간에 상호 합의된 업무 양식을 결정하고 제2차 IHO 총회에서 S-23 비공식협의 결과를 보고하도록 임무를 부여했다(International Hydrographic Organization, 2017).

IV. IHO에서 디지털 버전의 S-130 개발의 의미

2020년 11월에 개최된 제2차 IHO 총회에서 이미 승인된 요나스 IHO 사무총장의 "S-23의 미래를 위한 비공식협의 과정 보고서"는 해양과 바다의 경계에 대한 디지털 경위도 좌표 제공의 필요성을 언급하고 있다. 요나스 사무총장의 제안을 세부적으로 살펴보면 다음과 같다. 현대 지리정보시스템(GIS)이 보편적으로 사용되고 있는 점을 고려해볼 때, 해양과 바다의 경계에 대해서 디지털 경위도 좌표를 제공하는 것에 대해 회원국들이 동의해줄 것을 제안했다. IHO 산하의 적절한 기술적 기구에서 1) 고유한 수치 식별자(unique numerical identifiers only) 시스템으로만 지리적 해역을 지정하기 위해 "전 세계 해역의 다각형 경계(polygonal demarcations of global sea areas)"라는 데이터 세트를 개발하게 하고 2) 새로운 S-130 데이터 세트를 통해 적절한 IHO S-100 기반의 표준을 작성하거나 적용하여 "전 세계 해역의 다각형 경계"의 디지털 제공을 용이하게 할 것을 제안했다. S-23 현대화와 관련하여 요나스 사무총장의 첫 번째 제안은 해양과 바다의 이름이 없고 고유한 수치 식별자만 있는 것이다(No naming but numeric identifier only). 새로운 접근으로 URI(Uniform Resource Identifier)를 언급했는데, 이 제안의 장점은 S-130 해도에서 일본해 단독 표기가 없어진다는 것이다.

요나스 사무총장은 필요한 경우 지리정보시스템에 적용할 해역의 속성(attributes) 할당 및 표시를 위한 기본 지침 개발을 고려할 것을 제안했다. 또한, 해양 및 바다의 경계에 대한 아날로그 제공으로부터 디지털 제공으로의 진화 과정을 보여주기 위해 현존하는 IHO 간행물의 일부로서 S-23은 공개적으로 이용할 수 있도록 남겨둘 것을 제안했다. 요나스 사무총장의 제안의 최대 장점은 디지털 버전의 S-130 해도에서 일본해 단독 표기가 없어진다는 것이다.

IHO에서 1929년 S-23 제1판이 간행된 이후 1953년 S-23 제3판이 간행되었다. S-23 제3판이 간행된 이후 지난 68년 동안 IHO는 S-23 개정 논의를 8차례 이상 진행했으나 주로 한일 간 의견 차이로 무산되었다. 제2차 IHO 총회에서 이미 승인된 요나스 사무총장의 보고서는 IHO가 2017년 비공식협의체를 구성하여 참여국(한국, 일본, 북한, 미국, 영국)과 협의한 결과를 정리한 보고서로, 그간 S-23에 대해 한일 간 교착 상태에 빠져 있는 오랜 논쟁에서 벗어나 한일 모두 수용 가능하다. 과거의 아날로그 시대에서 벗어나 현대 디지털 시대로의 변화를 고려해볼 때 진전된 제안이라 평가할 수 있다.

S-130 해도상에 수치식별자만 표시된다는 것은 해양과 바다의 명칭에 대해서 전 세계 지도 제작자 및 사용자가 각각의 수역을 어느 명칭으로 사용할 것인가에 대한 선택권이 확대되는 효과를 가져올 수도 있다. 즉, 지도 제작자 및 사용자가 해양과 바다의 명칭에 관한 현실을 반영할 가능성이 과거보다 커질 수 있다. 전 세계적으로 동해 병기율이 증가하고 있는 현실을 고려해볼 때, 수치식별자만 표시하는 S-130 제작은 동해 표기 확산의 좋은 기회가 될 수도 있다.

종이지도보다 디지털 지도(전자지도)를 더 많이 사용하는 디지털 시대로의 변화가 지명 사용에 미치는 영향 또는 함의를 고려해본다면, 컴퓨터 화면상에서 줌인(zoom-in) 기능을 통한 다양한 지리적 스케일에 따라 디지털 지도상에서 이중 지명(dual naming) 또는 복수 지명(multiple naming)이 더 나타날 가능성이 크다. 디지털 시대의 지명 사용과 관련하여 사용자 지향의 디지털 지도 제작이 이루어질 가능성이 커지면서 디지털 지도 사용자들이 많이 사용하는 지명들이 디지털 지도에 반영되어 지리적 스케일에 따라 이중 지명 또는 복수 지명이 사용될 가능성이 크다.

종이지도보다 디지털 지도(전자지도)를 더 많이 사용하는 디지털 시대로의 변화가 지명 사용에 미치는 영향 또는 함의를 고려해본다면, 아날로그 방식의 S-23에서 디지털 방식의 수치 식별자만 표시되는 S-130 해도로의 변화가 동해 병기에 있어서 유리하게 작용할 가능성이 있다. 즉, 디지털 지도를 생산하는 전 세계의 주요 포털 회사들이 지도 시장에서 수요자의 사용 및 요구를 고려하여 향후 동해 수역에서 동해 병기를 더 확대할 가능성이 있다.

세계적으로 동해 병기율이 증가하는 상황에서 현대 디지털 시대에 과

거의 종이지도보다 대중에게 더 영향력을 미치고 있는 디지털 지도상에서 지도 사용자의 수요를 반영한 이중 지명이 나타날 가능성이 더 커

〈그림 8-3〉 구글 맵을 한국에서 한국어로 접속할 경우의 세계지도 및 동해 수역 표기

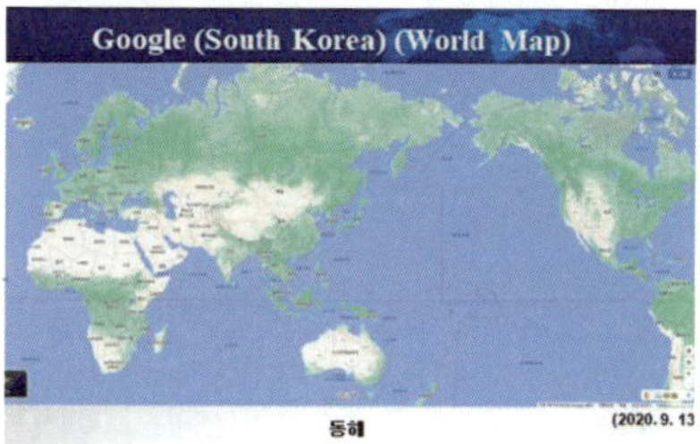

〈그림 8-4〉 구글 맵을 한국에서 한국어로 접속하여 세계지도로부터 3회 줌인하는 경우의 동해 수역 표기

〈그림 8-5〉 구글 맵을 일본에서 일본어로 접속할 경우의 세계지도 및 동해 수역 표기

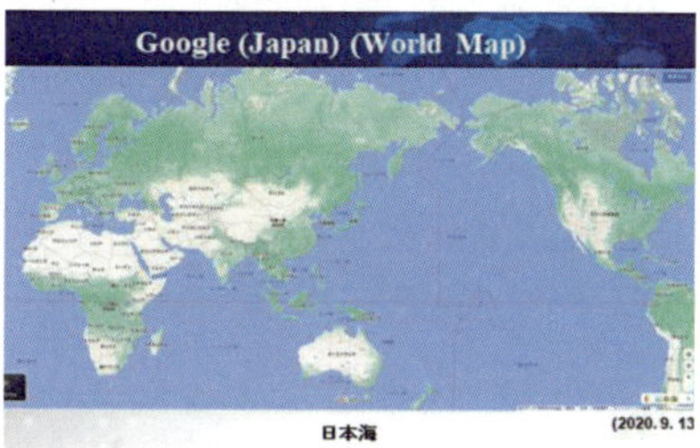

〈그림 8-6〉 구글 맵을 일본에서 일본어로 접속하여 세계지도로부터 3회 줌인하는 경우의 동해 수역 표기

〈그림 8-7〉 구글 맵을 미국에서 영어로 접속할 경우의 세계지도 및 동해 수역 표기

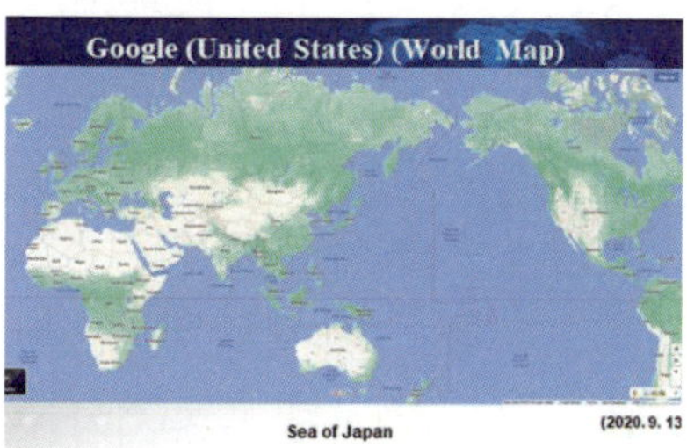

〈그림 8-8〉 구글 맵을 미국에서 영어로 접속하여 세계지도로부터 3회 줌인하는 경우의 동해 수역 표기

〈그림 8-9〉 구글 맵을 프랑스에서 불어로 접속할 경우의 세계지도 및 동해 수역 표기

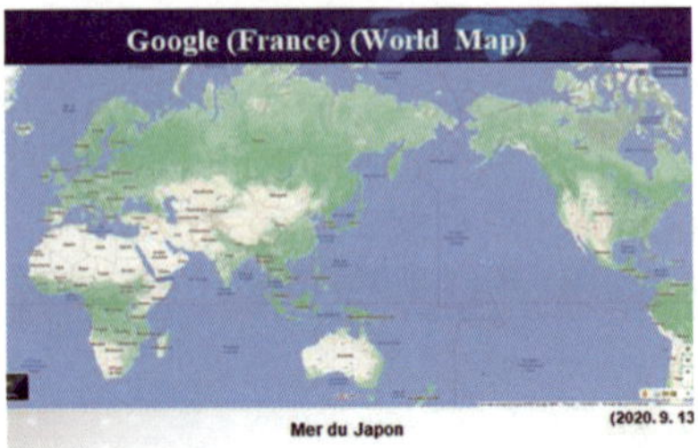

〈그림 8-10〉 구글 맵을 프랑스에서 불어로 접속하여 세계지도로부터 3회 줌인하는 경우의 동해 수역 표기

질 것이다. 예를 들어 디지털 지도로서 전 세계적으로 가장 많이 사용하는 구글맵(Google Map)의 경우 한국과 일본을 제외한 여타 국가에서 해당 국가의 언어를 사용해 접속할 때 가장 소축척 지도인 세계지도(World Map)에서 3회 줌인(Zoon In)하면 동해 수역에 대해 동해 병기가 나타난다(〈그림 8-3~10〉). 구글 맵뿐만 아니라 랜드 맥낼리(Rand McNally), 빙맵(Bing Map), 맵퀘스트(MapQuest) 웹사이트상의 디지털 지도에도 동해 병기가 나타난다.

V. 맺음말

지리적·역사적·국제법적 측면을 고려해볼 때, 한반도와 일본열도 사이의 해역을 지칭하는 명칭으로 'East Sea'와 'Sea of Japan'이 병기되어야 한다. 19세기까지 한국과 일본 사이의 해역에 대해서 '조선해,' '동해,' '동양해' 등 다양한 명칭들이 사용되었다. 심지어 일본에서조차도 '일본해'는 널리 사용되지 않았다. 또한, 19세기까지 많은 지도에는 한국과 일본 사이의 해역에 대한 명칭이 표시되지 않았다. 19세기 말과 20세기 초

에 일본이 아시아의 강국으로 부상하면서 한국과 일본 사이의 해역은 '일본해'로 널리 알려지게 되었다. 1929년 S-23 제1판과 1937년 S-23 제2판이 출판되었을 때 한국은 일본의 식민지배하에 있었기 때문에 S-23 제1판과 제2판에서 한국과 일본 사이의 해역이 'Japan Sea'로 표기되는 것에 대해서 반대 의견을 제시할 수도 없었다. 1953년 S-23 제3판이 출판되었을 때에도 한국은 한국전쟁 중이었다.

역사적으로 '동해'라는 이름은 한국에서 지난 2,000년 동안 사용되었다. 현재 한반도에 거주하는 약 7,500만 명이 '동해'라는 이름을 사용하고 있으며, 세계지도와 언론 매체에서 'East Sea' 명칭 사용이 지속해서 증가하고 있다(Stoltman, 2018). 또한, 'East Sea'와 'Sea of Japan'의 병기는 IHO의 기본 원칙과 일치한다. IHO는 1974년에 기술결의 A4.2.6을 채택했다. 본 기술결의에 따르면 하나의 지리적 지형물을 공유하는 둘 이상의 국가들이 서로 다른 이름을 사용하고 하나의 공통 이름에 동의할 수 없는 경우 서로 다른 각각의 이름을 수용해야 한다고 본질적으로 명시하고 있다(Ryu, 2012; 2015; 2018; 2020). 이러한 국제 지도 제작의 일반적 규칙은 1977년 채택된 UNCSGN 결의안 III/20에서도 명시하고 있다.

한반도와 일본열도 사이의 해역 명명에 대한 가능한 해결책과 관련하여 첫 번째 옵션은 한일 간 갈등 중인 바다 이름을 공백으로 두는 것이다. 그러나 이 옵션은 적절한 해결책이 아니다. 두 번째 옵션은 한일 모두 새로운 제3의 이름에 동의하는 것이다. 그러나 한국인과 일본인의 공감대를 얻기가 어려우므로 한국이나 일본이 새로운 제3의 이름에 동의하기는 어려울 것으로 보인다. 한국과 일본 사이의 해역에 대해서 각 해역의 경계를 명시하지 않고, 한국 측 해역을 'East Sea'로 표기하고 일본 측 해

〈그림 8-11〉 한반도와 일본열도 사이의 해역에 대한 명명 옵션

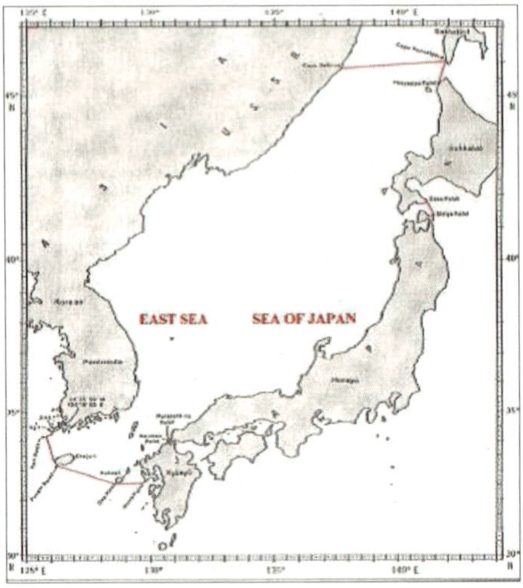

출처: Ryu, 2020, p. 232.

역을 'Sea of Japan'으로 표기하는 것이 가장 중립적이고 타당한 해결책이 될 수도 있다(〈그림 8-11〉). 이는 UNCSGN 결의 III/20 및 IHO 기술결의 1/1972(A4.2.6)와도 부합한다(Ryu, 2012; 2015; 2018; 2020). 또 다른 가능한 해결책은 'East Sea'와 'Sea of Japan'의 경계를 획정하여 한국의 EEZ(또는 한국의 영해)에는 'East Sea'로 표기하고 일본의 EEZ(또는 일본의 영해)에는 'Sea of Japan'으로 표기하는 것이다(주성재, 2012; Choo, 2009; Ryu, 2012; 2015; 2018; 2020). 한국 측 해역을 'East Sea'로 표기하고 일본 측 해역을 'Sea of Japan'으로 표기하는 경우 'East Sea'와 'Sea of Japan'의 경계를 획정(劃定)하는 것은 한일 간에 또 다른 분쟁을 일으킬 가능성이 있다.

특히 해양 지형물에 국가 이름을 사용할 때 관련 국가 간에 잠재적으로 분쟁이 있을 수 있다. 동해/일본해 표기 문제를 해결할 수 있는 몇 가지 방법을 생각할 수 있다. 그러나 디지털 시대의 디지털 지도에 'East Sea/

Sea of Japan' 병기가 나타날 가능성이 더 크다는 점을 고려할 때, 'East Sea'와 'Sea of Japan'의 병기는 한일 양국 협의를 통해 한국과 일본 모두 수용할 수 있는 이름에 대한 합의가 이루어지기 전까지 가장 타당한 방법이다. 한일 모두 수용 가능한 합의점에 도달하기 위해서는 지명 관련 전문가 그룹과 한일 정부를 포함한 다양한 이해 관계자 간의 지속적이고 생산적인 대화가 필요하다. 각 해역의 경계를 획정하지 않고 한국 측 해역은 'East Sea,' 일본 측 해역은 'Sea of Japan'으로 명명하는 것이 가장 중립적인 해결책으로 IHO 기술결의 A4.2.6뿐만 아니라 유엔지명표준화 결의 III/20에도 부합하지만, 국제법적 관점에서 이에 대한 심도 있는 연구가 필요하다. 또한, 한반도와 일본열도 사이의 해역에 대해 'East Sea/Sea of Japan'으로 병기하는 것이 어떻게 한국인, 일본인, 국제사회에서 동시에 정당화될 수 있는지에 대한 심층 연구가 필요하다.

참고 문헌

김순배, 2017, "전통적 지명 연구의 비판적 독해: 「疆界考 序文」을 사례로," 문화역사지리, 29(1), 93-110.

이기석, 2004, "지리학 연구와 국제기구: 동해명칭의 국제표준화와 관련하여," 대한지리학회지, 39(1), 1-12.

이상균·최희·융 티 탄 프엉·김종근, 2017, "베트남의 남중국해 영유권 문제와 영토교육," 한국지리학회지, 6(1), 1-13.

주성재, 2012, "동해 표기의 최근 논의 동향과 지리학적 지명연구의 과제," 대한지리학회지, 47(6), 870-883.

지상현, 2012, "지명의 정치지리학: 행정구역개편으로 인한 시 명칭 결정을 사례로," 한국지역지리학회지, 18(3), 310-325.

Alderman, D., 2002, School names as cultural arenas: the naming of U.S. public schools after Martin Luther King, Jr., *Urban Geography*, 23(7), 601-626.

Alderman, D., 2006, Naming streets for Martin Luther King, Jr.: No easy road, In Schein, R. H. (ed.), *Landscape and Race in the United States* (213-236), Routledge, New York.

Alderman, D. and Inwood, J., 2013, Street naming and the politics of belonging: spatial injustices in the toponymic commemoration of Martin Luther King Jr, *Social & Cultural Geography*, 14(2), 211-233.

Anderson, P., 2019, A reflection on the 2014 Virginia legislation: The East Sea Law, In: The Society for East Sea (ed.), *Educating for Diversity through Geographical Names*: Proceedings of the 25th International Seminar on Sea Names, Virginia, U.S.A., 28-31 July 2019, 87-92.

Arctic Council, 2009, Arctic Marine Shipping Assessment 2009 Report.

Choi, Y., 2019, Looking back: The 2014 Virginia legislation and the challenges to the Korean-American community, In: The Society for East Sea (ed.), E*ducating for Diversity through Geographical Names*: Proceedings of the 25th International Seminar on Sea Names, Virginia, U.S.A., 28-31 July 2019, 93-112.

Choo, S., 2009, Endonym, geographical feature and perception: the case of the name East Sea/Sea of Japan,*Journal of the Korean Geographical Society*, 44(5), 661-674.

International Hydrographic Organization, 1953, *Limits of Oceans and Seas*, Special Publication No. 23(3rd Edition), Monte-Carlo, Monaco.

International Hydrographic Organization, 2002, *Names and Limits of Oceans and Seas*, Special Publication No. 23(4th Edition, Final Draft), Monte-Carlo, Monaco.

International Hydrographic Organization, 2005, *IIIrd Extraordinary International Hydrographic Conference*, April 11-14, Monaco: Report of Proceedings.

International Hydrographic Organization, 2007, *XVIIth International Hydrographic Conference*, May 7-11, Monaco: Report of Proceedings.

International Hydrographic Organization, 2012, *XVIIIth International Hydrographic Conference*, April 23-27, Monaco: Report of Proceedings.

International Hydrographic Organization, 2017, *1st Session of the IHO Assembly*, April 24-28, Monaco: Report of Proceedings.

Kim, Y. H. and Yi, S., 2018, Current recognition of East Sea by world media: A case study of Commonwealth and Francophone media sources, In: The Society for East Sea (ed.), *Dual Naming: Feasibility and Benefits*: Proceedings of the 24th International Seminar on Sea Names, Gangneung, Korea, 26-29 August 2018, 155-167.

Lee, C. W., 2015, Maritime boundary delimitation around the Korean Peninsula and its implication for naming issues, In: The Society for East Sea (ed.), *Sea Names: Heritage, Perception and International Relations*: Proceedings of the 21st International Seminar on Sea Names, Helsinki, Finland, 23-26 August 2015, 65-72.

Lee, S. T., 2018, Dual names of East Sea and Sea of Japan on the maps produced by Western countries and Japan, In: The Society for East Sea (ed.), *Dual Naming: Feasibility and Benefits*: Proceedings of the 24th International Seminar on Sea Names, Gangneung, Korea, 26-29 August 2018, 41-56.

Ministry of Foreign Affairs, Japan, 2006, A Historical Overview of the Name "Sea of Japan."

Oh, S. J., 2017, An identity aspect to the "wars" of maps in East Asia: Focusing on the East Sea/Sea of Japan name debate, *Korea Observer*, 48(1), 57-83.

Radil, S. M., 2016, The multi-scaler geopolitics of place naming: The case of post-civil war Cyprus, In: The Society for East Sea (ed.), *Seas and Islands: Connecting People, Culture, History and the Future*: Proceedings of the 22nd International Seminar on Sea Names, Jeju, Korea, 23-26 October 2016, 185-196.

Raper, P. E., 2010, United Nations resolutions on maritime feature names, In Raper, P. E., Kim, J. H., Lee, K. S., and Choo, S. (eds.), *Geographical Issues on Maritime Names*: Special Reference to the East Sea, Northeast Asian History Foundation, Seoul, 141-155.

Rose-Redwood, R., Vuolteenaho, J., Young, C., and Light, D., 2019, Naming rights, place branding, and the tumultuous cultural landscapes of neoliberal urbanism, *Urban Geography*, 40(6), 747-761.

Ryu, Y.-T., 2012, Reflections on the IHO S-23 and the naming of East Sea, In: The Society for East Sea (ed.), *Asian and European Perspectives*: Proceedings of the 18th International Seminar on Sea Names, Brussels, Belgium, 7-9 March 2012, 177-187.

Ryu, Y.-T., 2015, International Hydrographic Organization and the East Sea/Sea of Japan issue, In: The Society for East Sea (ed.), *Sea Names: Heritage, Perception and International Relations*: Proceedings of the 21st International Seminar on Sea Names, Helsinki, Finland, 23-26 August 2015, 189-207.

Ryu, Y.-T., 2018, Dual naming in the International Hydrographic Organization's S-23, In: The Society for East Sea (ed.), *Dual Naming: Feasibility and Benefits*: Proceedings of the 24th International Seminar on Sea Names, Gangneung, Korea, 26-29 August 2018, 119-131.

Ryu, Y.-T., 2020, Reflections on the naming dispute between Korea and Japan about East Sea/Sea of Japan at the International Hydrographic Organization (IHO) and the alternatives for the revision of S-23, *Journal of the Association of Korean Geographers*, 9(1), 223-235.

Short, J. R., 2012, Korea: A Cartographic History, University of Chicago Press, Chicago.

Stoltman, J. P., 2018, Dual naming of geographic features: the search for mutual benefits, In: The Society for East Sea (ed.), *Dual Naming: Feasibility and Benefits*: Proceedings of the 24th International Seminar on Sea Names, Gangneung, Korea, 26-29 August 2018, 15-24.

Yoo, E. S., 2019, Current status of the East Sea/Sea of Japan naming issue, In: The Society for East Sea (ed.), *Educating for Diversity through Geographical Names*: Proceedings of the 25th International Seminar on Sea Names, Virginia, U.S.A., 28-31 July 2019, 151-158.

[인터넷 및 신문자료]

Google Map, https://www.google.co.kr/maps.

International Hydrographic Organization, https://iho.int/en.

United Nations Group of Experts on Geographical Names, https://unstats.un.org/unsd/ungegn.

제9장 국제수산기구와 디지털 시대의 동해 표기 문제

이창위*

Ⅰ. 들어가는 말

인류의 해양 이용 활동은 대략 두 가지로 나눌 수 있다. 첫째는 해양자원의 개발이고, 둘째는 해양에서의 항해이다. 전자는 주로 해양생물자원의 이용, 즉 어업을 가리킨다. 동해 문제와 관련하여, 오랫동안 논란이 되어온 국제수로기구의 해도는 항해 문제에 관련된 것이다. 그래서 국제수로기구에서 공식으로 발간하는 해도에서의 동해 표기를 둘러싸고 한국과 일본은 오랫동안 치열한 논쟁을 전개해왔다.

국제적인 문제가 되어온 국제수로기구(IHO)의 해도 S-23(『해양과 바다의 경계』)의 개정 문제는 결국 디지털 해도의 채택이라는 방법으로 해결됐다. IHO는 2020년 11월 16일 화상회의를 통해 동해 표기와 관련된 한국, 북

---

* 서울시립대학교 법학전문대학원 교수, 세계국제법협회(ILA) 한국 본부 회장.

한, 일본 3개국 및 미국과 영국이 비공식협의를 통해 제출한 보고서를 만장일치로 승인했다. 이 보고서의 핵심은 IHO가 그동안 사용해온 해도의 제작 지침서인 S-23을 개정하지 않고, 디지털을 기반으로 한 S-130이라는 새로운 방식을 도입한다는 것이었다.

그중에서 민감한 해역의 명칭은 "a system of unique numerical identifiers"라는 숫자 표기 방식으로 진행하는 것으로 잠정 합의됐다. 이렇게 숫자에 의한 해도의 표기 방식이 실행되면, 우리는 유엔식량농업기구(FAO)에서 현재 사용하는 방식에 주목해야 할 것이다. 유엔식량농업기구와 협력 관계에 있는 각 지역수산기구(RFB: Regional Fisheries Bodies)의 해역 표시 방법도 연구하지 않으면 안 된다.

유엔식량농업기구는 주요 어업수역(Major Fishing Areas)이라는 제도를 통해 전 세계의 해양을 19개 수역으로 나누어 숫자를 부여하고 있다. 즉, 북극해, 지중해, 대서양 지역은 18, 21, 27, 31, 34, 37, 41, 47, 48이라는 9개 부분으로 나누었고, 인도양은 51, 57, 58이라는 3개 부분으로 나누었으며, 태평양과 남극해 지역은 61, 67, 71, 77, 81, 87, 88이라는 7개 부분으로 나누었다. 각 해역은 FAO와 깊은 관련이 있는 지역수산기구의 활동 범위를 나타내는 데 주로 사용된다.

현재 지역수산기구는 전 세계에 53개가 있으며, 태평양을 활동 범위로 하는 지역수산기구는 13개이다. 즉, 태평양의 지역수산기구로는 아시아·태평양수산위원회(APFIC), 중부베링공해명태자원보존관리협약(CBSPC), 태평양도서수산포럼(FFA), 전미열대다랑어위원회(IATTC), 국제태평양넙치위원회(IPHC), 북태평양소하성어류위원회(NPAFC), 북태평양수산위원회(NPFC), 북태평양해양과학기구(PICES), 태평양연어위원회(PSC), 동남아어업

개발센터(SEAFDEC), 태평양국가연합연구기구(SPC), 남태평양수산관리기구(SPRFMO), 중서부태평양수산위원회(WCPFC) 등이 있다.

유엔식량농업기구의 주요 어업수역 중에서 동해가 포함된 북서 태평양 해역은 61번 해역이다. 전체 주요 어업수역과 61번 해역에 대한 설명은 해당 지도와 내용을 보면 알 수 있을 것이다. 이러한 상황의 변화를 고려하여, 이하 국제기구의 일반적인 문제와 지역수산기구의 현황을 살펴보기로 한다. 우리나라는 현재 18곳의 지역수산기구와 5곳의 관련 위원회에 가입해 있다.

Ⅱ. 국제기구의 정의와 종류

1. 광의의 국제기구

오늘날 국제기구(International Organization, International Institution, International Agency)라고 하는 실체는 매우 다양한 의미를 지닌다. 넓은 의미의 국제기구는 국제하천위원회나 행정연합 또는 국제연합(UN)이나 국제노동기구(ILO)와 같은 정부 간 국제기구, 그리고 국제적십자위원회나 국제올림픽위원회 같은 비정부 간 기구(민간단체, NGO: Non Governmental Organization), 국제사법재판소와 같은 사법기관, 국제결제은행과 같은 국제공동기업, 다국적기업 등을 포함하는 개념이다.

이러한 국제적 실체들은 오늘날 복잡·다양한 국제사회에서 중요한 역할을 하고 있으므로 모두 국제기구라고 부를 수 있다. 그러나 이러한 넓은 의미의 국제기구들은 설립의 기초, 조직이나 활동을 규제하는 법규, 구성원의 성격, 권한 및 임무 등이 서로 달라서 동일한 분석의 틀로써 고찰하는 것이 적절하지 않다.

2. 협의의 국제기구

위에서 본 광의의 국제기구 개념에 포함되는 단체 중에서 가장 일반적으로 국제기구라고 부를 수 있는 것은 정부 간 국제기구(Inter-Governmental Organization)이다. 정부 간 국제기구는 국가가 조약에 의해 설립한 국제적인 단체로서 주권국가가 병존하는 국제사회의 현실적인 구조를 기본적으로 변혁할 수 있는 주요 요인을 제공할 수 있기 때문이다. 한 국가만으로 달성하기 어려운 공공 목적을 각국이 공동으로 설립한 기구를 통해 실현할 수 있으며, 절대적이고 독립적인 주권을 갖는 국가에 궁극적인 영향을 미칠 수 있는 것도 그러한 국제기구를 통해서 가능하다.

따라서 오늘날 국제사회의 다양한 국제단체 중에서는 정부 간 국제기구가 가장 중요한 위치를 점하고 있으므로, 정부 간 국제기구를 협의의 국제기구라고 할 수 있다. 국제법에서도 국제기구는 원칙적으로 정부 간 국제기구를 의미한다. 예컨대, 조약법에 관한 비엔나 협약(1969년) 제2조 1항도 "「국제기구」란 정부 간 기구를 말한다"고 규정하고 있다.

3. 국제기구의 정의

이상과 같은 사정을 종합하면, 가장 일반적으로 내릴 수 있는 국제기구의 정의는 다음과 같다. "국제기구란 복수의 국가들이 공동의 목적을 달성하기 위하여 국제조약에 입각해 설립한 고유의 상설적인 기구를 말한다."

4. 국제기구의 종류

오늘날 국제사회에 존재하는 국제기구의 수는 몇백 개에 이른다. 비교적 잘 알려진 기구들만 해도, 국제연합과 같이 200여 회원국을 보유하고 국제평화의 유지 외에 경제적·사회적·문화적 문제 등에까지 관여하는 일반적인 국제기구에서부터, 북대서양자유무역지역(NAFTA)이나 과거의 유럽공동체(EC: European Communities)와 같이 활동 범위가 지역적으로 한정되고 목적도 경제협력이나 기술협력 분야 등으로 특정되어 있는 것까지 다양하다. 이러한 국제기구는 편의상 회원국 수, 목적, 권한이라는 세 가지 기준에 따라서 유형화할 수 있다.

우선, 회원국 수에 의하면 국제연합이나 ILO같이 전 세계 국가들이 가입하고 있는 국제기구, 또는 유럽공동체나 미주기구(OAS: Organization of American States)처럼 특정 지역 국가들이 가입하고 있는 국제기구로 나눌 수 있다. 전자를 보편적 국제기구(universal international organization)라고 하며, 후자를 지역적 국제기구(regional international organization)라고 한다. 보편적 국제기구에는 국제연합, ILO, 기타 국제연합의 전문기구 등이 포함된다. 지역적 국제기구에는 전술한 유럽공동체나 미주기구 외에도 아시아개발은행(ADB: Asian Development Bank), 북대서양조약기구(NATO: North Atlantic Treaty Organization) 등이 있다.

다음, 설립 목적을 기준으로, 일반적·정치적 국제기구와 전문적·기술적 국제기구로 나눌 수 있다. 전자에 속하는 것으로 국제연합, 미주기구, 아프리카 통일기구(OAU: Organization of African Unity), NATO 등이 있고, 후자에 속하는 것으로 국제연합의 전문기구 외에 세계무역기구(WTO), 국제원자력기구(IAEA: International Atomic Energy Agency), 유럽공동체, 아시아개발은행, 경제협력개발기구(OECD: Organization for Economic Cooperation and Development) 등이 있다. 따라서 FAO는 전문적·기술적 국제기구가 된다. 지역수산기구도 그와 같은 국제기구다.

그리고 국제기구의 권한을 기준으로 하면, 초국가적 국제기구, 규제적 국제기구, 업무적 국제기구, 정책 조정적 국제기구로 나눌 수 있다.

초국가적 국제기구는 경우에 따라서 각 회원국 내의 개인이나 기업에 대하여 구속적인 규칙이나 명령을 내릴 수 있는 권한을 갖는 국제기구로, 과거의 유럽공동체가 대표적인 예라고 할 수 있다. EC에서 발전한 EU는 그러한 권한이 더욱 강화되었다.

규제적 국제기구는 회원국에 대하여 구속력 있는 결정을 내림으로써 회원국의 활동을 규제하는 권능을 갖는 국제기구인데, 과거의 국제통화기금(IMF: International Monetary Fund)이 그러한 예에 속했다. IMF 협정의 개정으로 현재 IMF는 그러한 규제 권능을 갖고 있지 않다. ILO나 국제민간항공기구(ICAO: International Civil Aviation Organization), 세계보건기구(WHO: World Health Organization) 등은 각각 해당 분야에 있어서 어느 정도의 국제적 기준 설정과 감시 기능을 갖지만, 이는 규제 권한이라고 할 정도로 강력하지는 않다.

업무적 국제기구는 국제기구 고유의 업무를 수행하는 경우를 말한다. 세계은행(국제부흥개발은행, IBRD: International Bank for Reconstruction and Development)이나 아시아개발은행과 같이 금융 서비스를 유상으로 제공하는 경우가 대표적인 예다.

정책 조정적 국제기구는 국제적 기준을 설정하여 각국의 정책을 그에 맞추어 조정하는 역할을 하는 기구를 말한다. 조사나 권고 등에 의해 각국 정책에 간접적인 영향력을 행사하고 있다. 오늘날 많은 국제기구가 이러한 형태에 속한다.

Ⅲ. 지역수산기구의 현황

1. 지역수산기구의 정의

유엔해양법협약과 유엔공해어업협정에 의해 규제되는 공해어업은 지역수산기구에 의해 더욱 구체화되었다. 지역수산기구(RFB: Regional Fisheries Bodies)는 특정 어업협정(agreement)이나 약정(arrangement)의 당사자인 국가나 조직이 수산자원의 보존, 관리와 이용을 위해 협력하는 체제를 말한다. 이는 특정 수산 분야의 국제기구라 할 수 있는데, 그 대상이 해역이나 어종으로 통상 한정된다. 따라서 어업의 국제적 규제 방식에 있어서 영역적 접근(regional approach)과 어종별 접근(species approach)을 포괄하는 기능을 갖는다.[1] 특히 최대지속생산량(MSY)의 결정과 같은 어업 규제 방식으로는 더는 공해 어업자원에 대한 효율적인 규제가 불가능하므로 이러한 지역수산기구 체제가 갖는 의미는 더욱 각별하다.[2]

1 영어로 RFO(Regional Fisheries Organizations)라는 표현이 사용되기도 한다.

2 R. R. Churchill and A. V. Lowe, op. cit., pp. 282–283; 지역수산기구의 현황과 우리나라가

지역수산기구는 다양한 권한을 갖는다. 어업자원의 보존·관리 조치와 관련해, 회원국에 대하여 비구속적인 결정이나 협조를 권고하는 지역수산기구가 있는 반면, 좀 더 강력한 권한을 갖는 지역수산기구도 있다. 후자와 같이 구체적이고 강력한 권한을 행사하는 경우를 특히 지역수산관리기구(RFMO: Regional Fisheries Management Organizations)라고 한다.[3]

유엔해양법협약은 지역수산기구와 관련된 내용을 어업 문제와 관련된 조문에서 다양하게 규정하고 있다. 즉, 소지역적·지역적 또는 지구적 국제기구[4], 소지역 또는 지역기구[5], 국제기구[6], 지역기구[7] 등의 표현이 그러한 내용을 가리킨다. 공해어업협정은 지역기구나 약정이라는 용어, 또는 소지역적·지역적 수산관리기구 및 약정이라는 용어를 주로 사용했다.[8] 다만, 공해어업협정은 약정(arrangements)에 대한 정의를 내리고 있다. 동 협정에 의하면, 약정이란 "협약 및 이 협정에 따라 2개국 또는 그 이상의 국가

가입한 지역수산기구 부분은 필자가 참여한 『대한민국의 해양법 실행』(KMI, 2017) 중에서 '공해제도' 일부를 수정·보완하여 작성한 것이다.

3 http://www.fao.org/fishery/topic/16800/en(검색일: 2021. 1. 12.)
"Regional Fishery Bodies (RFBs) are a mechanism through which States or organizations that are parties to an international fishery agreement or ("agreement" is fundamental, and different from arrangement) arrangement work together towards the conservation, management and/or development of fisheries. (Some RFBs, especially those with an ecosystem mandate, work with seabirds, etc that are connected with fisheries but are not fish stocks per se.)"

4 international organizations, whether subregional, regional or global(유엔해양법협약 제61조 및 119조).

5 subregional or regional organizations(유엔해양법협약 제63조).

6 international organizations(유엔해양법협약 제66조 및 123조).

7 regional organizations(유엔해양법협약 제64조 및 65조).

8 regional agencies or arrangement, subregional and regional fisheries management organizations and arrangements(유엔공해어업협정 제8조, 9조, 27조).

가 특히 소지역 또는 지역에서 1종 또는 그 이상의 경계왕래어족이나 고도회유성어족의 보존 및 관리 조치를 설정하기 위해 설립한 협조체계를 말한다"라고 되어 있다.[9] 그러나 동 협정은 기구(organizations)에 대한 정의는 내리지 않았다.

이와 관련하여, FAO는 지역수산기구(Regional Fishery Body)가 회원국으로 구성된 관리조직에 의해 운영되는 사무국을 갖추었지만, 지역수산약정(Regional Fishery Arrangement)은 그렇지 않다고 설명하고 있다.[10] 이는 상설 사무국을 갖춘 국제기구와 그렇지 않은 조약 체제의 차이와 유사한 정도의 차이를 의미하는 것이라 할 수 있다. 실질적으로, 공해어업협정에 있어서 지역수산기구와 약정은 명칭의 차이를 갖는 데 불과하다.[11]

2. 지역수산기구의 기능

원양어업의 규제와 관련하여, 보편적인 다자조약보다는 지역수산협정 내지 기구와 같은 개별적·구체적 규범 체제가 전 세계 해역별로 존재한다.[12] 유엔해양법협약은 배타적 경제수역이나 공해에서의 어업자원 이용

9 "arrangement" means a cooperative mechanism established in accordance with the Convention and this Agreement by two or more States for the purpose, inter alia, of establishing conservation and management measures in a subregion or region for one or more straddling fish stocks or highly migratory fish stocks(유엔공해어업협정 제1조 d항).

10 http://www.fao.org/fishery/topic/16800/en(검색일: 2021. 1. 12.).

11 Bob Applebaum and Amos Donohue, "The Role of Regional Fisheries Management Organizations," Ellen Hey(ed), Developments in International Fisheries Law, 1999, pp. 218–220.

12 카네하라 아츠코(兼原敦子) 교수는 "패치워크(patchwork) 상태로 누적된 규범 체제의 집적"이라는 표현으로 국제적 어업 규제의 현실을 설명한다(兼原敦子, 「執行手續における特別事情」,

에 대한 기본 원칙을 규정하고 있고, 공해어업협정은 고도회유성어족과 같은 특정 어업자원의 이용과 관리에 대한 내용을 담고 있다. 그러나 생태계 전체의 일반적 어업에 대한 구체적인 규제를 기술하지 않았기 때문에 지역수산기구가 갖는 의미는 각별하다. 전 세계적 차원에서 상업적 대형 원양어업에 대한 효과적인 규제는 유엔해양법협약, 유엔공해어업협정 및 해당 지역수산기구의 3단계에 걸친 기능적 관리를 통해서 완성되기 때문이다.[13] 우리나라는 주요 원양어업국으로서 해당 조업 수역에서 지역수산기구의 규제를 피할 수 없으므로 그러한 의미가 더욱 중요하다.

지역수산기구는 해당 해역에서 수산에 관련된 자료와 정보의 수집, 분석 및 배분과 같은 기능을 수행한다. 그러한 기능을 통하여 지역수산기구는 수산자원을 관리하는 기술적·정책적 포럼의 역할을 수행한다. 요컨대, 지역수산기구는 수산자원의 보존, 관리, 개발 및 책임 있는 이용과 관련된 포괄적 권한을 갖고 다양한 기능을 수행한다. 이하에서는 우리나라가 현재 가입했거나 가입을 앞둔 지역수산기구의 분석을 통해 동해 표기 문제의 함의를 살펴보기로 한다.

山本草二『海上保安法制−海洋法と國内法の交錯』, 2009, pp. 215−217). 실제로 각 해역에 존재하는 지역수산기구나 협정 체제 또는 FAO의 통계구역은 패치워크 상태로 공해와 각 관할 수역으로 나뉘어 있다(Gail Lugten, The Role of International Fishery Organizations and Other Bodies in the Conservation and Management of Living Aquatic Resources−FAO Fisheries and aquaculture Circular, No. 1054−, 2010, p. 2).

13 林 司宣, "漁業の國際的規制とその課題", 栗林忠男·秋山昌廣(編), 『海の國際秩序と海洋政策』, 2006, p. 252.

Ⅳ. 우리나라가 가입한 지역수산기구

지역수산기구는 규제 어종에 따라 다랑어를 대상으로 하는 곳과 다랑어 외의 어종을 대상으로 하는 곳으로 크게 나눌 수 있다.

1. 고도회유성어족 관련 기구

우리나라가 가입한 수산기구 중에서 다랑어와 같은 고도회유성어족을 규제 대상으로 하는 지역수산기구는 다음과 같이 5곳이 있다.

1) 대서양다랑어보존위원회

대서양다랑어보존위원회(ICCAT: International Comrnission for the Conservation of Atlantic Tunas)는 1966년 5월 브라질의 리우에서 서명하고 1969년에 발효한 '대서양다랑어보존협약'에 따라 설립되었다. 우리나라는 1970년 8월 28일 이 기구에 가입했다. 본부는 스페인의 마드리드에 있다. 회원국은 알제리, 앙골라, 바베이도스, 브라질, 케이프베르데, 캐나다, 중국, 코트디부아르, 크로아티아, 유럽연합, 적도기니, 프랑스, 가봉, 가나, 기니코나크리, 온두라스, 일본, 대한민국, 리비아, 모로코, 나미비아, 파나마, 러시아, 상투메 프린시페, 남아프리카, 트리니다드토바고, 튀니지, 영국, 미국, 우루과이, 베네수엘라, 알바니아, 이집트, 나이지리아, 니카라과, 과테말라, 노르웨이, 필리핀, 터키, 세네갈, 시리아, 라이베리아 등 49개국이다. 이 기구의 주요 활동은 대서양의 다랑어 보존을 위한 협력의 증진인데, 구체적으로 총허용어획량(TAC)의 결정, 어구의 규제, 휴어기 실시, 정보 교환 등 관리 조치를 권고하고 있다.[14]

2) 인도양다랑어위원회

인도양다랑어위원회(IOTC: Indian Ocean Tuna Commission)는 1996년 3월에 발효한 '인도양다랑어위원회설립협약'에 의해 설립되었는데, 우리나라는 1996년 3월에 이 위원회에 가입했다. 본부는 세이셸의 빅토리아 마헤에 있으며, 회원국은 호주, 에리트리아, 유럽연합, 프랑스, 인도, 인도네시아, 이란, 케냐, 일본, 대한민국, 마다가스카르, 몰디브, 모잠비크, 오만, 모리셔스, 파키스탄, 세이셸, 스리랑카, 수단, 태국, 필리핀, 시에라리온, 탄자니아, 영국 등 32개국이다. 이 기구는 인도양 다랑어의 보존과 최적 이용을 위한 회원국 간의 협력 증진을 목표로, 지속 가능한 자원의 이용을 위한 관련 조치를 도입하고 있다.[15]

3) 남방참다랑어보존위원회

남방참다랑어보존위원회(CCSBT: Commission for the Conservation of Southern Bluefin Tuna)는 1993년 5월 10일에 서명하고 1994년 5월 20일에 발효한 '남방참다랑어보존협약'에 의해 설립되었다. 우리나라는 2001년에 이 기구에 가입했다. 본부는 호주의 캔버라에 있고, 호주, 일본, 뉴질랜드, 대한민국, 대만, 인도네시아 등 6개국이 회원국이다. 이 기구는 남방참다랑어의 보존과 최적 이용을 확보하기 위하여 적절한 과학적 조사와 관리 조치를 통한 어업 규제 관련 조치를 시행하고 있다.[16]

---

14 https://www.iccat.int/en(검색일: 2021. 1. 12.).

15 http://www.iotc.org(검색일: 2021. 1. 12.).

16 https://www.ccsbt.org/en/content/home(검색일: 2021. 1. 12.).

4) 중서부태평양수산위원회

중서부태평양수산위원회(WCPFC: Western and Central Pacific Fisheries Commission)는 2004년 6월 19일 발효한 '중서부태평양고도회유성어족보존협약'에 의해 설립되었다. 본부는 미크로네시아의 폰페이에 있다. 위원회 공식 회원국으로는 아르헨티나, 호주, 벨기에, 브라질, 칠레, 중화인민공화국, 유럽연합(EU), 프랑스, 독일, 인도, 이탈리아, 일본, 나미비아, 뉴질랜드, 노르웨이, 폴란드, 러시아, 남아프리카공화국, 스페인, 스웨덴, 우크라이나, 영국, 미국, 우루과이 등 25개국이 있다. 한 조약만 가입하고 위원회 회원이 아닌 국가는 불가리아, 캐나다, 쿡제도, 핀란드, 그리스, 모리셔스, 네덜란드, 페루, 바누아투 등이 있다. 벨리즈, 북한, 에콰도르, 엘살바도르, 멕시코, 파나마, 태국, 베트남 등이 협력국으로 참가하고 있으며, 그 외에 괌, 사모아, 마리아나제도, 폴리네시아, 뉴칼레도니아 등이 해외령으로서 참가하고 있다. 우리나라는 2004년에 가입했다. 이 기구는 중서부 태평양에서 고도회유성어족의 장기적인 보존과 지속적인 이용을 위하여 효율적인 관리 방안을 도입하는 것을 목적으로 하고 있으며, 이를 실행하기 위한 하부 조직으로 과학이사회(Scientific Committee), 기술이행이사회(Technical and Compliance Committee), 북부이사회(Northern Committee)를 두고 있다.[17]

5) 전미열대다랑어위원회

전미열대다랑어위원회(IATTC: Inter-American Tropical Tuna Commission)는 1949년 5월에 서명하고 1950년에 발효한 미국과 코스타리카 간의 '전미열대

17 https://www.wcpfc.int(검색일: 2021. 1. 12.).

다랑어위원회설립협약'에 따라 설립되었다. 본부는 미국 캘리포니아주 라호야에 있다. 회원국은 벨리즈, 캐나다, 중국, 콜롬비아, 코스타리카, 에콰도르, 엘살바도르, 유럽연합, 프랑스, 과테말라, 일본, 키리바시, 대한민국, 멕시코, 니카라과, 파나마, 페루, 대만, 미국, 바누아투, 베네수엘라 등 21개국이다. 우리나라는 2005년 12월, 이 위원회에 가입했다. 이 위원회는 동태평양에 있어서 다랑어 관련 연구와 과학적 조사를 통해 다랑어의 보존 조치를 권고한다.[18]

2. 고도회유성어족 외의 기구

다랑어 외의 어종을 대상으로 하는 지역수산기구 내지 약정은 국제포경위원회, 남극해양생물자원 보존위원회, 북태평양소하성어류위원회, 북서대서양수산기구 등 11개가 있다. 구체적인 내용은 다음과 같다.

1) 국제포경위원회

국제포경위원회(IWC: International Whaling Commission)는 1946년 미국의 워싱턴에서 서명하고 1948년에 발효한 '국제포경규제협약'에 의하여 설립되었다. 우리나라는 1978년 12월 29일 이 기구에 가입했다. 본부는 영국의 케임브리지에 있다. 회원국은 안티과, 아르헨티나, 호주, 오스트리아, 벨기에, 벨리즈, 베닌, 브라질, 불가리아, 캄보디아, 칠레, 중국, 콜롬비아, 콩고, 코스타리카, 코트디부아르, 크로아티아, 체코, 덴마크, 도미니카, 에콰

18 http://www.iattc.org(검색일: 2021. 1. 12.).

도르, 에리트레아, 에스토니아, 핀란드, 프랑스, 가봉, 독일, 그레나다, 과테말라, 헝가리, 아이슬란드, 인도, 아일랜드, 이탈리아, 일본, 케냐, 키리바시, 대한민국, 리투아니아, 룩셈부르크, 말리, 멕시코, 모나코, 모로코, 나우루, 네덜란드, 뉴질랜드, 노르웨이, 오만, 팔라우, 페루, 폴란드, 포르투갈, 러시아, 세인트키츠네비스, 세인트루시아, 세인트빈센트그레나딘, 세네갈, 슬로바키아, 솔로몬군도, 남아프리카, 스페인, 스웨덴, 스위스, 수리남, 탄자니아, 통고, 투발루, 영국, 미국, 베네수엘라 등 88개국이다. 이 기구는 고래자원의 효율적인 보존과 개발을 위한 국제적인 규제 제도를 마련하여 실행하는 것인데, 일본을 비롯한 포경 찬성국과 그에 반대하는 국가들의 대립이 심하다. 즉, 1986년에 국제포경위원회가 상업적 포경을 금지한 이후, 그에 대한 갈등이 현재까지 지속적으로 이어지고 있다. 이 기구는 과학적 조사 목적의 실험적 포경을 위한 고래의 포획량을 규제하고 있으며, 감소한 고래자원의 회복을 위하여 포경 작살이나 어망 걸림과 같은 구체적인 이슈를 포함한 다양한 포경의 규제 조치를 시행하고 있다.[19]

2) 남극해양생물자원보존위원회

남극해양생물자원보존위원회(CCAMLR: Commission for the Conservation of Antarctic Marine Living Resources)는 '남극해양생물자원보존협약'에 따라 1982년에 설립되었으며, 우리나라는 1985년 4월 28일 이 기구에 가입했다. 본부는 호주 태즈메이니아 호바트에 있다. 회원국은 아르헨티나, 호주, 벨기에, 브라질, 칠레, 유럽공동체, 프랑스, 독일, 인도, 이탈리아, 일본, 대한

19 http://iwc.int/home(검색일: 2021. 1. 12.).

민국, 나미비아, 뉴질랜드, 노르웨이, 폴란드, 러시아, 남아프리카, 스페인, 스웨덴, 우크라이나, 영국, 우루과이, 바누아투 등 25개국이다. 이 기구는 남극해양생물자원에 대한 연구, 관련 자료의 수집 · 조사 · 분석 및 과학적 증거에 기초한 보존 조치의 수립을 주요 목적으로 설립되었다.[20]

3) 북태평양소하성어류위원회

북태평양소하성어류위원회(NPAFC: North Pacific Anadromous Fish Commission)는 1992년에 서명되어 1993년에 발효한 '북태평양소하성어류보존협약'에 의해 설립되었다. 본부는 캐나다의 밴쿠버에 있으며, 회원국은 캐나다, 일본, 대한민국, 러시아, 미국 등 5개국이다. 이 위원회는 북태평양 소하성어류의 보존 조치를 수립하고, 협약의 위반 활동에 관한 정보를 교환하며, 이와 관련된 회원국들의 이행 조치를 평가하는 것을 주된 목적으로 하고 있다.[21]

4) 북서대서양수산기구

북서대서양수산기구(NAFO: Northwest Atlantic Fisheries Organization)는 1949년에 설립된 '북대서양수산기구'(ICNAF)가 변경 · 대체된 것인데, 1978년에 서명하고 1979년에 발효한 '북서대서양어업에 관한 장래다자협력협약'(Convention on Future Multilateral Cooperation in the Northwest Atlantic Fisheries)에 의해 설립되었다. 본부는 캐나다 노바스코시아의 다트머스에 있다. 회원국은 불가리아, 캐나다, 쿠바, 덴마크, 유럽연합, 에스토니아, 프랑스, 아이

---

20 http://www.ccamlr.org(검색일: 2021. 1. 12.).

21 http://www.npafc.org(검색일: 2021. 1. 12.).

슬란드, 일본, 대한민국, 라트비아, 리투아니아, 노르웨이, 폴란드, 루마니아, 러시아, 우크라이나, 미국 등 12개국이다. 이 기구는 북서대서양 수산자원의 최적 이용과 합리적 관리 및 보존을 위하여 규제 수역의 어족자원 보존관리 조치를 수립하고 실행하는 것을 주된 목적으로 하고 있다.[22]

5) 중동대서양수산위원회

중동대서양수산위원회(CECAF: Fishery Committee for the Eastern Central Atlantic)는 FAO 헌장 제6조 2항에 의거하여 FAO 이사회 결의(1/48)에 따라 1967년 9월에 설립되었다. 우리나라는 1974년 1월 이 기구에 가입했다. 사무국은 로마에 있는 FAO 내에 있다. 위원회 회원국은 앙골라, 베냉, 카메룬, 카보베르데, 콩고민주공화국, 콩고, 코드디부아르, 쿠바, 적도기니, 유럽연합, 프랑스, 가봉, 감비아, 가나, 그리스, 기니, 기니비사우, 이탈리아, 일본, 한국, 라이베리아, 모리타니, 모로코, 네덜란드, 나이지리아, 노르웨이, 폴란드, 루마니아, 상투메프린시페, 세네갈, 시에라리온, 스페인, 토고, 미국 등 34개국으로 구성되어 있다. 이 기구는 협약 수역 내 수산자원의 합리적 관리를 위한 연구와 조정, 교육과 연수활동 장려, 각국의 관련 정책 수립 지원 등을 주요 목적으로 하여 활동하고 있다.[23]

6) 중서대서양수산위원회

중서대서양수산위원회(WECAFC: Western Central Atlantic Fishery Commission)는 FAO 헌장 제6조 1항에 의거해 1973년 11월 FAO 이사회 결의(1/48)에

---

22 http://www.nafo.int(검색일: 2021. 1. 12.).

23 http://www.fao.org/fishery/rfb/cecaf/en(검색일: 2021. 1. 12.).

따라 설립되었다. 우리나라는 1974년 1월, 이 기구에 가입했다. 사무국은 로마의 FAO 내에 있다. 회원국은 안티구아, 바하마, 바베이도스, 벨리즈, 브라질, 콜롬비아, 코스타리카, 쿠바, 도미니카, 프랑스, 유럽연합, 그레나다, 과테말라, 기니, 가이아나, 아이티, 온두라스, 자메이카, 일본, 대한민국, 멕시코, 네덜란드, 니카라과, 파나마, 세인트키츠네비스, 세인트루시아, 세인트빈센트그레나딘, 스페인, 수리남, 트리니다드토바고, 영국, 미국, 베네수엘라 등 33개국이다. 이 기구는 협약 수역 내 수산자원의 합리적 관리를 위한 연구와 조정, 교육과 연수 활동 장려, 각국의 관련 정책 수립 지원 등을 주요 목적으로 하여 활동하고 있다.[24]

7) 남동대서양수산기구

남동대서양수산기구(SEAFO: Southeast Atlantic Fisheries Organization)는 유엔해양법협약 제118조와 유엔공해어업협정(UNFSA)의 취지에 따라 2001년 4월에 서명하고 2003년 4월에 발효한 '남동대서양 어업자원의 보존과 관리에 관한 협약'에 의해 설립되었다. 본부는 나미비아의 스바코프문트에 있다. 회원국은 앙골라, 나미비아, 일본, 대한민국 등 6개국이다. 이 기구는 협약의 효율적인 이행을 통해 협약 수역 내 수산자원의 장기적인 보존과 지속 가능한 이용의 확보를 주요 목적으로 하여 활동하고 있다. 이 기구는 경제적으로 중요한 공해에서의 정착성 또는 분리성 어종을 포함하기 때문에 그에 대해서는 유엔공해어업협정과 별도로 적용된다.[25]

---

24 http://www.fao.org/fishery/rfb/wecafc/en(검색일: 2021. 1. 12.).

25 http://www.seafo.org(검색일: 2021. 1. 12.).

8) 북태평양해양과학기구

북태평양해양과학기구(PICES: North Pacific Marine Science Organization)는 1990년 12월에 체결되어 1992년 3월 24일에 발효한 '북태평양해양과학기구 협약'에 의하여 설립되었다. 본부는 캐나다의 브리티시 컬럼비아주 시드니에 있다. 회원국은 캐나다, 일본, 중국, 대한민국, 러시아, 미국 등 6개국이다. 우리나라는 1992년 8월에 이 기구에 가입했다. 이 기구는 북태평양의 해양환경과 기후변화, 생태계, 자원의 이용 및 그곳에 대한 인간 활동의 영향 등에 관한 과학 지식을 증진하기 위하여, 그곳에 대한 해양과학조사를 촉진하고 조정한다. 또한, 해양과학조사에 관련된 정보의 수집과 교환을 장려하는 것을 주된 목적으로 하여 설립되었다.[26]

9) 중부베링공해명태자원보존관리협약

중부베링해명태자원보존관리협약(CBSPC: Convention on the Conservation and Management of Pollock Resources in the Central Bering Sea)은 '중부베링해명태보존협약'이라고도 하는데, 1994년 6월 16일 서명하고 1995년 12월 8일에 발효했다. 이 협약은 미국과 러시아의 배타적 경제수역으로 둘러싸인 베링해의 이른바 도넛홀(Donut Hole)이라 불리는 공해에서 명태자원을 보존하기 위하여 체결된 것이다. 이 협약은 상대적으로 좁은 협약 수역과 한정된 명태자원을 대상으로 하고 있어서 상설 사무국이 없다. 회원국은 대한민국, 미국, 러시아, 일본, 중국, 폴란드 등 6개국이다. 각 회원국의 주최로 연차회의가 열리다가, 2010년부터는 화상회의로 대체되어 회의가

26 https://www.pices.int(검색일: 2021 .1. 12.).

열리고 있다.[27] 이 협약의 웹사이트는 미국의 해양대기청(NOAA)이 관리하고 있다.[28]

10) 아시아 · 태평양수산위원회

아시아 · 태평양수산위원회(APFIC: Asia-Pacific Fishery Commission)는 FAO 헌장 제14조에 규정된 지역수산기구의 하나로 1948년에 설립되었다. 처음에 이 기구는 FAO에 의해 인도양 · 태평양어업이사회(IPFC: Indo-Pacific Fisheries Council)로 출범했다가, 1976년에 현재의 명칭으로 변경되었다. 태국의 방콕에 있는 FAO 아시아 · 태평양 지역사무소(RAF: Regional Office for Asia and the Pacific)가 이 기구의 사무국 역할을 담당 내지 후원하고 있다. 회원국은 호주, 방글라데시, 캄보디아, 중국, 프랑스, 이탈리아, 말레이시아, 미얀마, 네팔, 뉴질랜드, 파키스탄, 필리핀, 대한민국, 태국, 영국, 미국, 베트남 등 21개국이다. 이 기구는 아시아 · 태평양 지역에서 해양생물자원의 최적 이용과 지속 가능한 이용을 증진하는 데 필요한 조치를 정하여 회원국에게 그 이행을 권고한다.[29]

11) 남태평양수산관리기구

남태평양수산관리기구(SPRFMO: South Pacific Regional Fisheries Management Organisation)는 2011년 1월 31일에 서명하고 2012년 4월에 발효한 '남태평양 공해어업자원의 보존과 관리에 관한 협약'에 의하여 설립되었다. 본

27 http://www.fao.org/fishery/rfb/ccbsp/en(검색일: 2021. 1. 12.).

28 https://archive.fisheries.noaa.gov/afsc/REFM/CBS/Default.htm(검색일: 2021. 1. 12.).

29 http://www.apfic.org(검색일: 2021. 1. 12.).

부는 뉴질랜드의 웰링턴에 있다. 회원국은 호주, 칠레, 중국, 쿡제도, 쿠바, 에콰도르, 유럽연합, 덴마크령 페로제도, 한국, 뉴질랜드, 페루, 러시아, 대만, 미국, 바누아투의 15개국으로 이루어져 있다. 이 기구는 협약 수역 내 어업자원에 대한 예방적 접근과 생태계적 접근을 통해 어업자원의 장기적인 보존과 지속 가능한 이용을 확보함으로써, 그러한 어업자원이 서식하는 생태계를 보호하는 것을 주된 목적으로 하고 있다. 협약의 초안 단계에서는 주로 저층 어업자원을 목적으로 설립이 논의되었으나, 결국은 다랑어와 같은 고도회유성어족을 제외한 어업자원을 대부분 규제 대상으로 하게 되었다.[30]

12) 북태평양수산위원회

북태평양수산위원회(NPFC: North Pacific Fisheries Commission)는 북태평양 공해어업자원의 보존 및 관리에 관한 협약(Convention on the Conservation and Management of High Seas Fisheries Resources in the North Pacific Ocean)에 의해 2015년 7월 설립된 정부 간 국제수산기구이다. 이 협약의 목적은 이러한 자원이 서식하는 북태평양의 해양 생태계를 보호하면서 협약 수역 수산자원의 장기 보존 및 지속 가능한 이용을 보장하는 것이다. 현재 회원국은 캐나다, 중국, 일본, 대한민국, 러시아, 대만, 미국 및 바누아투이다. 사무국은 일본 동경에 있다.[31]

30 https://www.sprfmo.int(검색일: 2021. 1. 12.).

31 https://www.npfc.int(검색일: 2021. 1. 12.).

13) 남인도양수산협정

남인도양수산협정(SIOFA: Southern Indian Ocean Fisheries Agreement)은 2006년 7월 7일 로마에서 체결돼 2012년 6월 발효했다. 남인도양수산협정의 회원국은 11개국으로 구성돼 있다. 즉, 호주, 중국, 쿡제도, 유럽연합, 프랑스, 일본, 대한민국, 모리셔스, 세이셸, 태국, 대만이 회원국이 된다.

이 협정의 목적은 회원국 간 협력을 통해 해당 수역 수산자원의 장기적 보존과 지속 가능한 이용을 보장하고, 협정 수역의 어업 발전을 촉진하는 것이다. 특히 회원국으로서 협정 수역에 접한 개발도상국들의 요구를 고려해, 협정 수역 수산자원의 지속 가능한 개발을 도모하는 것이다.

3. 기타

이상 18개 지역수산기구 외에, 현재 우리나라는 수산정책 내지 수산규범위원회에도 가입해 있다. 즉, 유엔에서 이루어지는 수산결의를 포함하여, FAO 수산위원회, OECD 수산위원회, APEC 해양수산실무그룹, 멸종위기종거래협약(CITES) 등에도 활발하게 참여함으로써, 국제수산정책 내지 규범의 국내적 도입과 실행을 위해 노력하고 있다. 이상과 같은 내용이 〈표 9-1〉에 정리돼 있다.

〈표 9-1〉 우리나라가 가입한 국제수산정책 관련 기구(해수부 자료)

구분		기구(회의)명	가입일	회원국	주요 활동
국제법·정책(5)		FAO 수산위원회	1965. 12	133	국제수산 규범 수립
		UN(수산결의안, 해양법 결의 등)	1991. 9	193	공해상 어업 관리
		CITES(멸종위기종거래협약)	1993. 7	183	CITES 등재 기준 마련
		OECD 수산위원회	1996. 12	34	주요 수산 이슈의 경제적 분석
		APEC 수산실무그룹	1991. 3	21	역내 수산자원 관리 기술 이전 등
지역수산기구(18)	비다랑어지역기구(13)	아시아·태평양수산위원회(APFIC)	1950. 1	21	수산 정책 수립 및 이행 능력 지원
		북서대서양수산위원회(NAFO)	1993. 12	12	북서대서양수역 수산자원 관리
		중동대서양수산위원회(CECAF)	1968. 1	34	중동대서양수역 수산자원 관리
		중서대서양수산위원회(WECAFC)	1974. 1	34	중서대서양수역 수산자원 관리
		남동대서양수산기구(SEAFO)	2011. 4	7	남동대서양 수산자원 최적 이용
		남인도양수산협정(SIOFA)	2014. 10	8	남인도양 수산자원 보존 관리
		남태평양수산관리기구(SPRFMO)	2012. 4	15	비다랑어어종 관리
		북태평양수산위원회(NPFC)	2015. 6	7	저층 어업 및 비다랑어어종 관리
		국제포경위원회(IWC)	1978. 12	88	고래자원 보존 관리, 상업 포경
		남극해양생물보존위(CCAMLR)	1985. 4	25	남극해양생물자원 보존 관리
		중부베링공해명태자원 보전관리협약(CBSPC)	1995. 12	6	중부베링해 명태 보존 관리
		북태평양소하성어류위원회(NPAFC)	2003. 5	5	연어자원 보존 관리
		북태평양해양과학기구(PICES)	1995. 7	6	북태평양 해양과학 연구 협력
	다랑어지역기구(5)	대서양다랑어보존위원회(ICCAT)	1970. 8	51	대서양 다랑어자원 보존 및 이용
		인도양다랑어위원회(IOTC)	1996. 3	32	인도양 다랑어자원 보존 및 이용
		남방참다랑어보존위원회(CCSBT)	2001. 10	8	남방참다랑어 자원 보존 관리
		중서부태평양수산위원회(WCPFC)	2004. 11	26	태평양수역 다랑어자원 보존 관리
		전미열대다랑어위원회(IATTC)	2005. 12	21	동부태평양 다랑어자원 보존 관리

Ⅴ. 맺음말

본 장에서 살펴본 지역수산기구는 공해와 배타적 경제수역을 주 대상 해역으로 하고 있다. 동해 표기 문제와 관련해서는, 우리나라가 가입해 있는 국제수산기구로서 태평양을 활동 범위로 하는 지역수산기구를 주목해서 검토해야 할 것이다. 아시아·태평양수산위원회(APFIC), 중부베링공해명태자원보존관리협약(CBSPC), 북태평양소하성어류위원회(NPAFC), 북태평양수산위원회(NPFC), 북태평양해양과학기구(PICES), 북태평양수산위원회(NPFC)와 같은 지역수산기구 내지 위원회를 중심으로 하여 해양의 표기 문제를 분석할 필요가 있다.

물론, 기본적으로 유엔식량농업기구(FAO)에서 규정하고 있는 주요 어업수역(Major Fishing Areas)에서 동해를 어떻게 표시하고 있는지 주목해, 향후의 표기 문제에 대한 대책을 마련해야 한다. 앞에서 논했듯이, 동해가 포함된 북서태평양 해역은 61번 해역이다. 개별적 지역수산기구는 그 규모나 기능이 같지 않기 때문에 일률적으로 표기 문제를 목표로 접근하는 것은 비효율적일 수도 있다. 따라서 앞으로 FAO에서 이 문제를 어떻게 다룰 것인지 염두에 두고 대책을 세울 필요가 있다.

제10장 21세기 국제사회에서 동해 지명 논의

진준호*, 심문보**

I. 들어가는 말

국제수로기구(IHO)[1]가 2021년 100년을 맞이한다. 그간 해양에 있어서 콜럼버스의 항해와 정화의 항해 등 역사적인 사건이 많았지만, 100년 전 당시의 해양 강국들이 국제적으로 바다에 대한 지도를 함께 만들기로 의견을 모아 국제기구를 설립한 것은 매우 의미 있는 일이다. 우리나라는 1957년에 IHO의 회원국이 되었으니 63년이란 시간 또한 짧지 않은 세월이다. 본 장에서는 IHO의 간략한 연혁과 주요 활동을 소개한다. 특히 우리나라의 동해 지명 표기에 대한 활동과 기여도를 분석하고, 향후 발전 방향과 역할 확대에 관한 의견을 개진하고자 한다.

---

* 한국해양조사협회 이사장.

** 한국해양조사협회 수로기술연구소장.

1 IHO의 공식 사이트는 다음과 같다. www.iho.int.

1. IHO

IHO는 전 세계의 모든 대양, 바다를 운항할 수 있는 수체(水體)에 해양조사를 하고 이에 대한 정보를 공유할 수 있도록 하는 국제기구이다. IHO는 International Hydrography Organization의 약자인데 여기서 H가 가장 중요한 키워드이다. Hydrography는 한국어로 '수로'라고 번역되지만, 이는 단지 '물길'만이 아닌 넓은 의미의 '해양조사'를 의미한다. 손쉽게 Hydrography를 해도 제작이라고 이해하는 사람도 있으나 IHO 공식 간행문서인 M-2에 의하면 다양한 형태의 해양 정보, 제품, 서비스를 위한 데이터와 관련된 활동을 포함한 Hydrography의 사회적 수요 전체를 의미한다고 보는 것이 타당하다.

IHO의 공식 간행문서에서는 해양조사의 중요성에 대해서도 자세히 언급하고 있는데, 먼저 해양조사가 없다면 무엇보다도 각국의 영해 관리에 문제가 발생한다는 점을 강조했다. 선박 운항과 항구의 건설과 유지·보수에 곤란을 겪고, 연안 관리, 섬에 대한 보호와 탐색 및 구조를 위한 활동이 불가능해질 뿐만 아니라, 해상풍력발전소, 크루즈 관광산업 등 여러 경제 활동에 심각한 어려움이 초래된다. 또한, 조사가 이루어진다고 해도 제대로 수행이 되지 않으면 해양사고 증가로 생명 손실과 환경오염이 커지고, 항구와 항행 경로의 효율이 저하된다. 해상물류에 차질이 발생하는 등 경제적 기회 손실이 발생하게 되면 잠재적인 신뢰 구축도 타격을 입게 된다. 게다가 항구 건설에 제약이 발생하고 유독물질의 운송 보험이 상승하며, 연안과 바다에 대한 계획이 부실해질 수 있다. 재해 모델링이 부정확해지면서 재해 대응력이 떨어지게 되며 이는 사회적 비용 증가로 이어

〈그림 10-1〉 해양조사의 범위

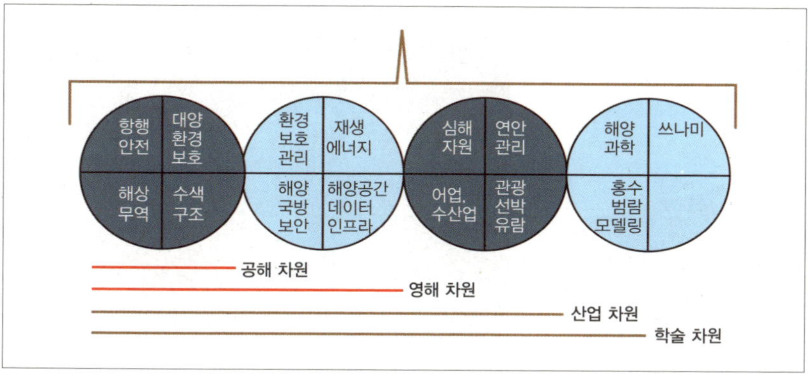

진다.[2] 〈그림 10-1〉과 같이 바다에 관련된 일체의 활동에 필요한 해양조사의 범위는 공해, 영해, 산업, 학술 차원을 포괄한다.

2. IHO의 연혁

1921년에 IHO가 설립되기 약 30년 전인 1889년 워싱턴 D.C.에서 국제해양회의가 열렸을 때 하나의 분과로 Hydrography가 논의되면서, 별도의 보고서가 발간되었다. 이를 계기로 해양 영역에서 국제협력의 필요성이 공식적으로 논의되기 시작했다. 그러나 실제로 각국은 지속적으로 각자 해도를 만들고 필요한 만큼 우방 간에 공유했다. 결국 1908년이 되어서야 국제항해회의(International Navigation Conference)가 러시아 상트페테르부르크(St. Petersburg)에서 개최되고, 1912년 국제해상회의도 역시 같은 도시인 상트페테르부르크에서 개최되었다. 1919년에 독립된 학술대회로

2 해양조사의 정확하고 정기적인 필요성에 대해서는 IHO의 임무 및 역할 문서에서 확인할 수 있다.

〈그림 10-2〉
수로분과 학술보고서(1889)

〈그림 10-3〉
1919년에 런던에서 개최된 해군, 해도 제작기관의 국제회의

〈그림 10-4〉 새로 개편된 IHO 조직도

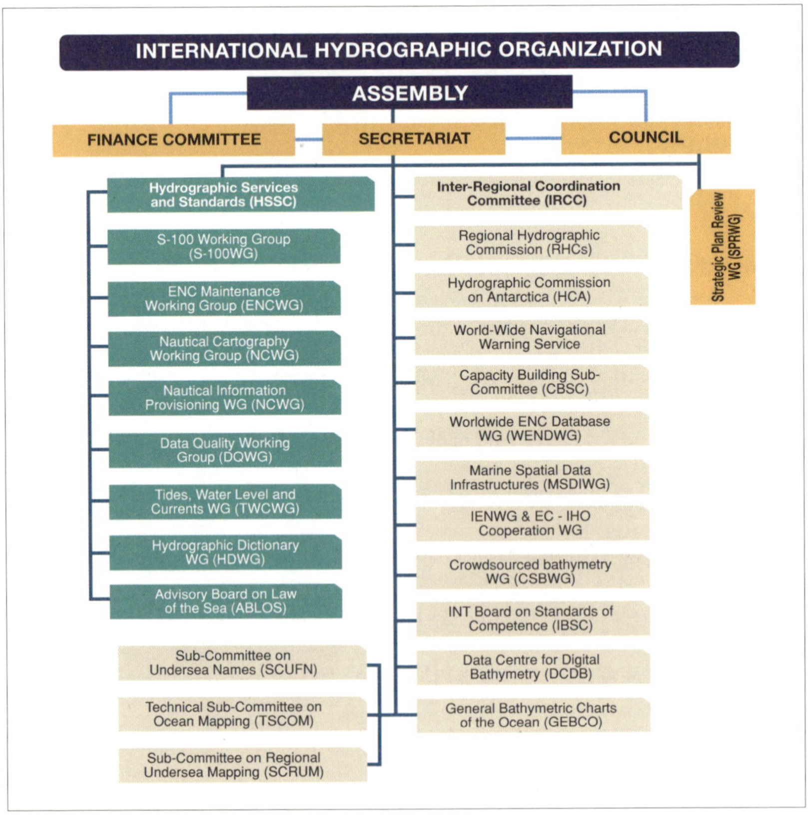

서 International Hydrographic Conference가 런던에서 열린 것은 주목할 만한 일이며, 학계가 아닌 18개국의 해군을 비롯한 해도 제작기관이 모여 1921년 6월 21일 국제수로사무국(IHB: International Hydrography Bureau)을 모나코에 설립하게 되었다. 개최 장소를 살펴보면, 제1차 세계대전 중에는 승전국인 삼국동맹에 해당하는 러시아, 영국, 프랑스가 중심이 되었으나 1918년 종전과 함께 여러 종류의 항해 경험을 나누고 해도를 평화적으로 활용하려는 이슈가 암묵적으로 포함되면서, 중립국을 표방하는 모나코 공국의 적극적인 의사표시와 함께 국제수로사무국을 제3의 장소에서 유치한 것으로 보인다.

1970년 국제조약 협약 이후, 2005년 수정 · 보완 프로토콜을 마련하고 5년에 한 번씩 모이던 총회 회의가 2016년에 신협약으로 개정하면서, IHO 조직은 회원국 전체가 참여하는 총회와 재정위원회, 사무국과 30개국의 이사회로 새로 조직을 구성하게 되었다.

또한, 수로업무표준화위원회(HSSC) 산하에 S100 실무그룹 등 8개 워킹그룹이, 지역간조정위원회(IRCC) 산하에 11개 실무그룹 등 4개의 소실무그룹이 구성되었으며 IHO 전략계획 실무그룹 등도 편성되었다.

이사회를 매년, 총회는 3년에 1번씩 개최하기로 한 것은 변화하는 해양조사 및 측량기술을 파악하고 다른 해양 관련 국제기구에 발 빠르게 의사결정을 하기 위한 것으로 추정된다. 2020년 2차 총회는 모나코에서 개최하기로 했으나 코로나19로 인해 하반기로 연기되고, 11월 17일부터 20일까지 화상으로 총회가 개최되었다. 그리고 현재는 2021년에 맞는 100주년을 대비해 10년을 바라보는 비즈니스 플랜을 수정하는 활동을 진행하고 있다. 2020년 12월 현재 회원국은 93개국이다. 유보된 회원국, 고

〈표 10-1〉 2020년 개편된 30개국 이사국 현황

<table>
<tr><th>대륙별(국가 수)</th><th>제2기 이사회(2020~2023)</th><th>비 고</th></tr>
<tr><td rowspan="2">아시아(9개국)</td><td>한국, 중국, 일본, 싱가포르</td><td>총톤수 순위</td></tr>
<tr><td>인도, 인도네시아, 이란, 태국, 오만</td><td>지역수로위원회 추천</td></tr>
<tr><td rowspan="2">유럽(14개국)</td><td>영국, 그리스, 노르웨이, 키프로스, 몰타</td><td>총톤수 순위</td></tr>
<tr><td>프랑스, 독일, 러시아, 이탈리아, 스페인, 스웨덴, 네덜란드, 핀란드, 포르투갈</td><td>지역수로위원회 추천</td></tr>
<tr><td rowspan="2">북미(2개국)</td><td>미국</td><td>총톤수 순위</td></tr>
<tr><td>캐나다</td><td>지역수로위원회 추천</td></tr>
<tr><td>중, 남미(3개국)</td><td>브라질, 페루, 아르헨티나</td><td>지역수로위원회 추천</td></tr>
<tr><td>아프리카(1개국)</td><td>남아프리카공화국</td><td>지역수로위원회 추천</td></tr>
<tr><td>오세아니아(1개국)</td><td>호주</td><td>지역수로위원회 추천</td></tr>
<tr><td>계</td><td colspan="2">30개국(총톤수 10, 지역수로위원회 추천 20)</td></tr>
</table>

〈그림 10-5〉 2020년 회원국 현황

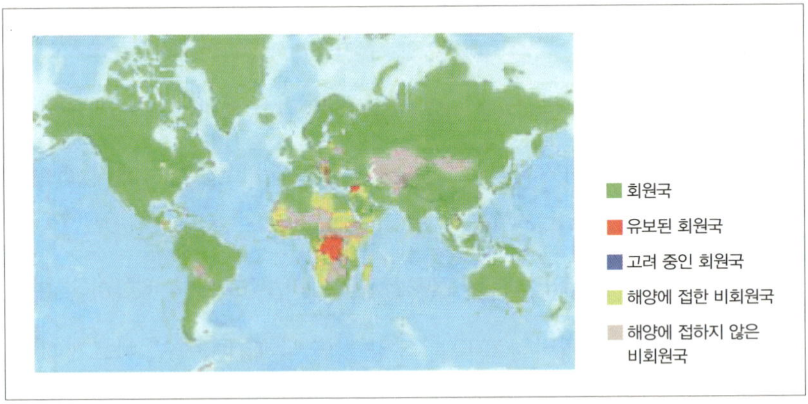

려 중인 회원국, 해양에 접한 비회원국과 해양에 접하지 않은 비회원국의 분포를 보면 〈그림 10-5〉와 같다.

3. IHO의 간행물

IHO에서는 항해와 관련된 국제표준과 제작 사양 등 다양한 간행물을 출판해오고 있다. 간행물은 다음과 같이 크게 5가지로 분류할 수 있다.

B자로 시작하는 해저지형간행물(Bathymetric Publications) 총 9종류, C자로 시작하는 능력배양간행물(Capacity Building Publications) 총 8종류, M자로 시작하는 기타 간행물(Miscellaneous Publications) 총 5종류, P자로 시작하는 정기간행물(Periodic Publications) 총 4종류, S자로 시작하는 표준이나 사양서 간행물(Standards and Specifications) 총 38종류로 현재 전체 64종류를 간행하고 있다.

그중, 1928년에 인쇄하고 1929년에 승인한 23번 특별간행물(Special Publication N° 23/LIMITS OF OCEANS AND SEAS)을 간행했다. 이 간행물은 우리나라 일제 식민지 기간(1910~1945년)에 간행 및 개정(1937년)되었으며 한국전쟁 시기인 1953년에 마지막으로 개정되었다. 우리나라는 1957년에 IHO에 가입했으며, 동해(East Sea)가 일본해(Japan Sea)로 잘못 기재되어 국제적으로 일본해가 널리 사용되었다. IHO는 1977년에 이미 낡고 쓸모없게 된 S-23을 개정하기로 하고 1986년에 개정판에 대한 회원국 의견을 회람했으나 과반의 지지를 얻지 못하고 부결되었다. 우리나라는 1991년 유엔에 가입한 이후로 1992년 유엔지명표준화총회(UNCSGN: United Nations Conference on the Standardization of Geographical Names)에서 동해 명칭이 일본해로 잘못 기재되었다고 시정해달라고 요구했으며, 1994년과 1996년 유엔지명전문가회의(UNGEGN: United Nations Group of Experts on Geographical Names)와 1994년 이후 IHO 및 IHO 총회(IHC: International Hydrographic Conference)에서 시정을 요구했다(1997년). 하지만 관련 당사국인 일본의 반대로 해결되지 못했다.

이에 우리나라는 IHO 기술결의 1/1972 개정안 8/1974 및 UNCSGN 총회 결의안 III/20(아테네, 1977)에 따라 단일 지명에 합의할 때까지 동해와 일본해를 병기하도록 요구했으나 이마저도 일본의 결사적인 반대에 막혀, IHC와 UNCSGN(UNGEGN)는 지금까지 관련 결의안의 적용을 미루고 있다.

IHO에서는 1997년부터 2001년까지 다시 개정안을 준비했다. 또한, 2002년도 IHC에서 프랑스, 북한, 알제리, 호주 등이 동해와 일본해의 병기를 지지했고, 2002년에 동해 해역의 해양 명칭을 삭제한 개정안을 회원국의 투표를 위해 회람했으나(2002년 8월) 일본의 투표 반대 캠페인으로 회람 도중에 IHO 신임이사회에서 철회했다(2002년 9월). 이러한 과정을 포함하여 2002년까지 동해 명칭의 현황과 대책에 대해서는 이전의 학술 세미나에서 이미 자세히 논의한 바 있다.[3]

그러므로 이 장에서는 S-23 제4차 개정안이 철회된 2002년 이후부터 지난 2020년까지 IHO를 중심으로 국제사회에서 동해 지명에 대한 논의를 기술하고 향후의 전망과 대책을 제시하고자 한다.

3 경희대학교 혜정문화연구소/(사) 동해연구회 2002.

II. 본론

1. IHO에서 동해 명칭 논의

IHO는 2002년도 IHC 및 2005년도 IHO 특별총회에서 동해 명칭에 대해 한일 간 조속한 합의를 요청했으며, 2007년 총회 시까지 합의가 없으면 회원국의 의견 수렴을 통해 해결하기로 했다. 2007년도 IHC까지 한일 양국은 여러 차례 협의했음에도 불구하고 합의에 이르지 못했다.

2007년도 IHC에서 윌리엄스 의장(Dr. Williams, 영국 전 수로국장)은 S-23 간행 문제 해결을 위해 5개 방안을 제시했으며, 이 중 1권(합의된 명칭)과 2권(합의되지 못한 명칭)으로 분리간행하는 방안을 가장 현실적인 대안으로 제시했다. 이 분리간행안은 2002년에 철회된 동해 수역을 공란으로 처리하는 제안과 비교해 동해 병기 추진에 있어 진일보한 제안으로 평가되었다. 그러나 일본은 의장의 제안을 수용할 수 없다는 입장을 강력히 고수했다. 어떤 예외도 없이 제4판으로 발간하고 제4판 도입부 또는 마지막에 일반주석("제4판의 어떠한 명칭도 IHO 회원국 간의 합의(consensus)로 승인되지 않음")을 기술하도록 다시 제안하는(2007년 8월) 등 일본의 끈질긴 반대로 결국 무산되었다.

[2007년도 IHC 윌리엄스 의장이 제시한 5가지 S-23 해결방안]

① S-23 제3판(1953년 간행)과 동일한 방식으로 발간

② S-23 자체를 폐기

③ S-23 제4판 발간을 위한 초안 작성 실무그룹 구성

④ 동해 이외 수역은 2002년 초안 작성 시 합의된 내용을 기반으로 S-23 제4판 제1권으로 발간하고, 미해결된 명칭은 2권으로 발간

⑤ 2002년 작성된 초안(동해 수역을 공란으로 처리)을 발간

IHO 이사회는 2008년 6월 한·일·IHO 이사회의 3자 회의 개최를 제안했으나 일본의 반대로 무산되었고, 북한은 이 회의에 배제된 사실에 대하여 강한 불만을 제기했다. 2008년 말에는 발틱수로위원회(BSHC: Baltic Sea Hydrographic Commission)가 지역 기반의 S-23 간행을 제의했으나 부결되었다. 우리나라는 개정되지 않은 지명에 대해서는 S-23 제3판의 지명 표기가 유효하다는 부분에 대해서만 반대하는 의견을 제시했으나 IHO 이사회는 반대 의사로 처리했다. 한편 BSHC는 자체적으로 기존의 제안에 대한 논의를 계속하는 것으로 파악된다.

[BSHC 제안 내용]

BSHC는 각 지역 수로위원회에서 관할 해역의 지명 표기 개정을 합의하면 동 개정된 지명 표기를 수록한 IHO 문서를 발간하여 Reference Document로 사용하는 방안을 제안함(단, 개정되지 않은 지명은 S-23 제3판의 지명 표기가 유효함을 언급)

IHO는 2009년 4월 IHO 회원국의 투표를 거쳐 과반수 찬성으로 S-23 실무그룹(S-23 WG)을 27개국 36명으로 구성하고, 같은 해 6월 제4차 IHO 특별총회(EIHC: Extraordinary International Hydrographic Conference) 직전에 S-23 실무그룹 제1차 회의를 모나코에서 개최했다. 제1차 S-23 WG 대면 회의에서는 의장단[4]을 선출하고 2011년 6월까지 제4차 개정안 초안을 IHO에 제출하기 위한 비공개 활동을 시작했다. 당시 우리나라의 S-23 WG 위원은 3명이 참여하여 활동했다.

S-23 WG은 2년의 활동 기간 중 2번의 대면 회의와 수차례의 문서 회람을 진행했으며 비공개 홈페이지를 개설하고 국가별 위원 간 의사를 교환했다. 한국과 일본, 한·S-23 WG 의장단 간 양자 회의가 추가로 진행되었으나 우리나라와 일본의 주장과 반론은 전체적으로 새로운 내용이 없었으며, 일본은 관련 규정(IHO 1/1972 개정안 8/1974, UNCSGN III/20)이 동해 지명의 병기와 전혀 무관하다는 궤변을 계속했다.

[IHO 국제지명표준화 결의 1/1972 개정안 8/1974 제6항: (구)IHO 기술 결의안 A4.2.6]

둘 또는 그 이상의 국가가 각기 다른 지명하에 하나의 특정 지형(만, 해협, 수로, 군도 등)을 공유할 경우, 해당 국가들은 관련 지형물에 대하여 단일한 지명을 확정하는 합의에 이르기 위해 노력할 것을 권고한다.

---

4 의장으로는 IHO 이사장 알렉산드로스 마라토스, 부의장에는 미국 국가지리정보국 크리스찬 안드레이션, 간사로 IHO 이사보좌관 미셜 휴엣이 선출되었다.

해당 국가들이 서로 다른 공용어를 사용하고 공동의 지명에 합의할 수 없는 경우, 소축척 해도에서 기술적 사유로 불가능하지 않은 한, 논의 중인 각 언어의 명칭을 해도 및 간행물에 사용할 것을 권고한다.

예) English Channel/La Manche.

INTERNATIONAL STANDARDIZATION OFGEOGRAPHICAL NAMES	1/1972 as amended	8/1974	A4.2

…

6. It is recommended that where two or more countries share a given geographical feature (such as, for example, a bay, strait, channel or archipelago) under a different name form, they should endeavour to reach agreement on fixing a single name for the feature concerned. If they have different official languages and cannot agree on a common name form, it is recommended that the name forms of each of the languages in question should be accepted for charts and publications unless technical reasons prevent this practice on small scale charts. e.g. English Channel/La Manche.

[UNCSGN 결의안 III/20(아테네, 1977): 다수 국가의 주권이 미치는 해역 명칭]

UNCSGN 회의에서 2개국 이상의 주권이 미치거나 2개국 이상이 인접한 지형물의 명칭에 대해 국제표준이 필요함을 고려함.

1. 각기 다른 지명하에 하나의 특정 지형물을 공유하는 국가들은 관련 지형물에 대하여 단일한 지명을 확정하는 데 합의할 수 있도록 최대

한 노력할 것을 권고함.

2. 하나의 특정 지형물을 공유하는 국가들이 공동의 지명에 합의할 수 없는 경우, 각 해당 국가가 사용하는 지명이 인정된다는 것이 국제 지도 제작의 일반 규칙이 되어야 한다고 권고함. 이러한 지명 중 하나 또는 일부 지명만 인정하고 나머지를 제외하는 정책은 이론적으로 일관성이 없으며 실행상 합당하지 않음. 오직 기술적인 사유로 인해, 특히 소축척 해도의 경우, 하나의 또는 다른 언어에 속한 특정 지명을 사용하지 않는 것이 때때로 필요할 수 있음.

'The Conference,

"Considering the need for international standardization of names of geographical features that are under the sovereignty of more than one country or are divided among two or more countries,

"1. Recommends that countries sharing a given geographical feature under different names should endeavour, as far as possible, to reach agreement on fixing a single name for the feature concerned;

"2. Further recommends that when countries sharing a given geographical feature do not succeed in agreeing on a common name, it should be a general rule of international cartography that the name used by each of the countries concerned will be accepted. A policy of accepting only one or some of such names while excluding the rest would be inconsistent in principle as well as inexpedient in practice. Only technical reasons may sometimes make it necessary, especially in the case of small-scale maps, to dispense with the use of certain names belonging to one language or another.

* Subject: NAMES OF FEATURES BEYOND A SINGLE SOVEREIGNTY

S-23 WG 활동은 2012년 2월에 S-23 WG 의장단이 '동해' 명칭 관련 보고서를 실무반에 회람하면서 실무그룹의 활동이 종료되었다. 우리나라는 S-23 WG 의장단이 합의를 이루지 못한 진전방안을 회원국이 회람하도록 한 것에 대해 '부적절하다'는 의견을 제시했으며 S-23 WG 실무반 보고서는 부결되었다.

2014년 1월 북한은 "S-23 발간에 대한 새로운 방향 모색"이라는 제목으로 제5차 IHO 임시총회(2014년 10월 6일~10일)의 의제를 제안함에 따라 제5차 IHO 임시총회에서 S-23 『해양과 바다의 경계』의 신판 발간을 위해 새로운 방향을 모색해야 한다는 의제가 채택되어 논의되었다.

논의 결과 북한에서 S-23(『해양과 바다의 경계』) 논의를 위한 IHO 산하의 상설 실무그룹(WG) 구성을 제안했으며, 브라질 대표단은 정치적인 문제를 본 회의에서 논의하지 않는 방안을 제안했다. 일본은 지난 총회(2012년) 안건을 더 이상 다루지 않기로 결정했다고 주장하며, S-23 WG 구성안에 반대했다. 한국은 S-23은 IHO의 기술적인 기본 문서로 충분히 논의될 사안이며, 일본의 주장은 지난 총회로 한정됨을 지적하고 S-23 개정을 위한 새로운 틀(New Mechanism) 구성을 제안했다.

임시총회에서 논의한 최종 결과, 이번 총회에서 S-23 개정을 논의하는 것은 적절치 않으며, 회원국 제안 시 차기 제19차 정기총회(2017)에서 논의하기로 결정했다.

2. 우리나라의 IHO 내 전략적인 활동

우리나라는 해양과 바다의 경계와 명칭이 기재된 S-23 개정을 다루는 IHO 내 개발도상국에 대한 능력배양 프로그램을 지원하고 IHO 내에서 국가 위상을 높이는 전략으로 2006년 5월에 해양수산부와 IHO 간 양해각서를 체결하여 매년 약 1억 원의 능력배양기금을 제공했다. 2011년 6월에는 2012년도 IHC에서 동해 문제가 재론될 때를 대비하여 S-23 WG 의장 겸 IHO 이사장인 알렉산드로스 마라토스 해군중장을 국내로 초청하여 양해각서를 갱신하고 능력배양기금을 약 4억 원으로 증액했다. 2012년도 IHC에서 IHO 이사회는 우리나라의 IHO 내 능력배양 프로그램 지원에 찬사를 보냈고, 개발도상 회원국들은 우리나라의 지원에 깊은 감명을 받고 감사의 뜻을 표시했다.

2013년부터는 장기교육 훈련과정으로 남미시시피대학교에 수로학 석사과정을 개설하여 지역수로위원회에 적합한 국제수로 훈련과정을 개발해, 동아시아수로위원회를 중심으로 시범운영할 계획을 구상했다. 이외에도 IHO 능력배양소위원회(CBSOC: Capacity Building Sub-Committee)의 단기 훈련 연수과정 및 기술방문 프로그램을 지원하고 IHO 내에서 우리나라의 역할과 위상을 높이고 유지하기 위하여 IHO와 능력배양 프로그램 관리위원회(PMB: Programme Management Board)를 운영하고 있다.

한편으로 우리나라는 2006년 해저 지명을 정하는 IHO 산하 해저지명소위원회(SCUFN: Sub-Committee on Undersea Feature Names)에 한국지질자원연구원 한현철 박사가, 2009년에는 IHO와 IOC가 공동으로 설치한 대양수심도 운영위원회(GGC: General Bathymetry Chart of the Oceans Guiding Committee)에 이화여대 성효현 교수가, 2012년에는 IHO와 국제측지협회(IAG: International Association of Geodesy)가 공동으로 설치한 해양법 자문위원회(ABLOS: Advisory Board on the Law of the Sea)에 인하대학교 김현수 교수가 진출했다.

〈표 10-2〉 우리말 해저 지명 IHO/IOC GEBCO 지명집 등재 현황

연도	개수	등재 지명(39건)	지역
2007	10	안용복해산, 강원대지, 후포퇴, 이규원 해저융기부, 김인우 해산, 온누리 분지, 새날분지, 울릉대지, 우산 해저절벽, 우산해곡	동해
2008	8	가거초, 갈매기초, 제주 해저계곡, 죽암 해저융기부, 새턱퇴, 울산 해저수로, 우산 해저융기부, 왕돌초	우리나라 주변 해역
2009	4	장보고 해산, 아리랑 평정해산, 온누리 평정해산, 백두 평정해산	태평양
2010	9	청해진 해산, 보름달 평정해산, 연 평정해산, 해미래 놀, 급수선 놀, 전복 놀, 올챙이 놀군, 풍뎅이 놀, 가락지 놀	동태평양, 서태평양
2011	4	강릉 해저협곡, 동해 해저협곡, 궁파해저구릉군, 쌍둥이 해저구릉군	동해, 남극 주변
2012	4	봉수대놀, 맷돌놀, 병풍해저절벽, 옹진해저분지	동태평양, 백령도
2013	4	가마솥해저몰, 꽃신해저놀, 돌고래해저구릉군, 전라사퇴 지형구	동태평양, 남극해, 황해
2014	2	패랭이해저놀, 항아리해저놀	동평양
2015	3	고깔해저구릉, 마이산해저구릉군, 달팽이해저놀	남극해
2016	2	첨성대해저구릉, 쌍촛대해저구릉	남극해
2017	4	왕돌해저협곡, 울진해저구릉, 설악해산, 삿갓해산	동해, 남극해
2018	3	울진해저계곡, 해달해산군, 키오스트해산	동해, 남극해, 북서태평양
2019	2	새나래해저융기부, 돌개해저구릉	동태평양, 서태평양

SCUFN 한현철 위원은 2007년부터 2019년까지 59건의 우리말 해저 지명을 IHO/IOC GEBCO 지명집에 등재했고(〈표 10-2〉), 국립해양조사원에서 SCUFN 회의에 참석하고 있다. 또한, 2018년에는 SCUFN 위원장으로 선출되는 쾌거를 이루기도 했다.

〈그림 10-6〉 GGC 회의(2012년 10월)에서 합의하여 해양 지명을 삭제한 기본 지도

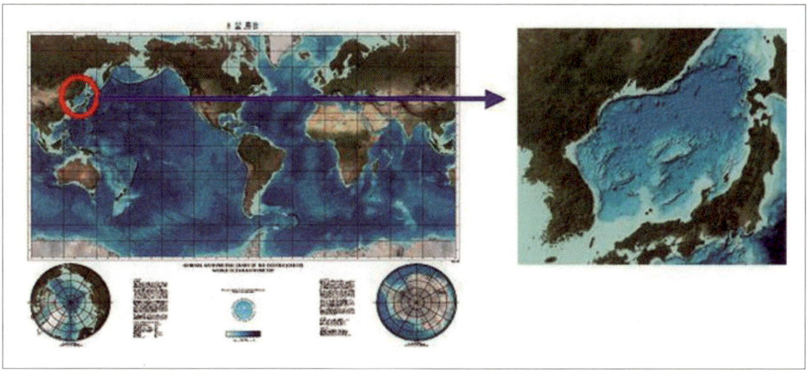

우리나라는 2008년부터 GGC 회의에 참석하여 위원 진출방안을 모색했으며, 2009년에 성효현 교수를 GGC 위원으로 진출시켰다. 성효현 위원은 2012년 2월에 GEBCO World Map을 IHO 정식간행물로 등록하는 것이 절차와 내용상 부적절하므로 GGC 의장과 위원들을 설득하여 회람 도중에 철회시켰다. 그리고 2012년 10월 GGC 회의에서는 해양 지명을 삭제한 기본 지도만 GGC가 제공하고 각국 기관이나 단체별로 필요한 지도를 제작하는 원칙에 합의했다. 이에 따라 우리나라는 2013년부터 동해(East Sea) 명칭을 표기한 다양한 GEBCO 파생 지도와 지구본을 제작·배포하여 전 세계에 동해를 홍보하기 위한 다각적인 연구를 진행하고 있다.

2013년 7월 해양법 자문위원회(ABLOS) 김현수 위원은 해양법의 수로, 측지 및 해양 지구과학적 적용에 대한 기술적 측면에 관한 자문과 지침 등 권고안을 제시하게 된다. 우리나라는 IHO에서 해양 경계와 해양 명칭의 해양법적인 문제에 대해 근본적이고 효과적인 대응이 가능하게 되었다.

그리고 2006년 11월부터 매년 IHO 사무국(IHB)에 국립해양조사원 사무관 1명을 파견하여 IHO 업무를 지원하고 IHO 이사회, 사무국 직원 및

〈표 10-3〉 연차별 동해 명칭 홍보 및 알리기 현황

연도	IHO 관련 국제회의	연수 훈련	IHO 관련 국제회의 (참석/개최)	IHO 총회 (특별총회)	동해 지명 국제 세미나	해저 지명 국제 세미나	SCUFN 참석	KOICA 연수	기타
2000	7	1	(7/–)	–	O	–			
2001	6	2	(4/2)	–	O	–			
2002	3	1	(3/–)	O	O	–			
2003	9	3	(9/–)	–	O	O			
2004	8	3	(8/–)	–	O	–			
2005	15	3	(11/4)	(O)	O	–			
2006	12	10	(8/4)	–	O	O	(O)	(O)	
2007	11	11	(8/3)	O	O	O	(O)	(O)	
2008	13	7	(13/–)	–	O	O	(O)	(O)	
2009	18	9	(16/2)	(O)	O	O	O	O	
2010	20	9	(19/1)	–	O	O	O	O	
2011	26	10	(22/4)	–	O	O	O	O	
2012	24	11	(20/4)	(O)	O	O	O	O	
2013	26	8	(13/–)	–	O	O	(O)	(O)	
2014	19	7	(16/2)	(O)	O	O	O	O	
2015	18	8	(19/1)	–	O	O	O	O	
2016	22	3	(22/4)	–	O	O	O	O	
2017	34	8	(20/4)	–	O	O	O	O	
2018	37	6	(22/4)	–	O	O	O	O	
2019	72	8	(20/4)	–	O	O	O	O	

회원국 주요 인사들과 인적 네트워크를 확대했다.

결과적으로, 2012년도 IHC에서 일본의 S-23에 관한 제안은 일본 이외에 단 한 회원국의 지지도 얻을 수 없었다. 이는 그동안 IHO에 대한 우리

나라의 전략적인 지원과 위원회 활동 및 인적 네트워크 구축에 힘입은 결과이다. 이와 같이 최근 우리나라의 IHO 내 위상은 크게 높아지고 있다.

이러한 사례와 UN 및 IHO 기술결의를 근거로 2000년 이후 동해 명칭을 병기하기 위한 IHO 관련 국제회의에 참석해, 동해와 해양 지명에 관한 국제세미나를 개최하는 등 국제사회에서 동해 지명을 알리기 위한 직·간접적인 노력을 지속하고 있다. 그 구체적 성과는 <표 10-3>과 같다.

제18차 국제수로총회(The XVIIIth International Hydrographic Conference)(이하 총회라고 함)가 2012년 4월 23~27일 모나코에서 개최되었다. 이 총회에서는 제17차 총회(2007년 5월, 모나코)와 제4차 특별총회(2009년 6월, 모나코) 이후에 이루어진 국제수로 업무를 논의하고, 특히 제4차 특별총회 개최 직전 조직된 "해양과 바다의 경계" 워킹그룹(S-23 WG)(이하 워킹그룹이라 함)의 활동 내용을 보고받아 이에 대해 논의했다.

이 워킹그룹 및 당사국 간 회의와 앞으로 총회의 상황 흐름에 따라 적절한 대응방안을 제시하고 활용하려면 동해 표기의 역사, 동해 표기의 최근 현황, S-23의 바다 이름 표기 원칙과 관련 결의, 관련 국제기구의 논의 및 결의 내용, 동해 표기의 해법 및 병기의 타당성, 워킹그룹의 논의 내용 및 절차에 대한 신중한 고찰이 필요하다. 따라서 이 보고서에서는 총회에서 동해 표기에 대한 논의에 대비하여, 기존의 대응자료를 토대로 총회 대비 전략, 동해 표기를 위한 향후 대응방안에 대하여 기술했다.

III. 동해 명칭 표기

1. 동해 표기의 역사

1) 2천 년 이상 사용되어 온 역사적 정당성

'동해'는 역사 문헌상에 기원전 59년 고구려의 역사를 서술한 『삼국사기』의 고구려 시조 동명왕에 관한 기사에서 처음 등장하며, 414년 고구려의 장수왕이 아버지 광개토대왕의 업적을 기리기 위해 세운 비석에서 '동해'가 언급되었다. 1531년 왕명에 의해 편찬된 지리서 『신증동국여지승람』에 첨부된 '팔도총도'에서 '동해' 이름을 공식적으로 사용했다. '동해' 명칭은 '일본해' 사용의 시작으로 알려진 1602년(이탈리아 신부 마테오 리치가 베이징에서 제작한 '곤여만국전도')보다 약 1,800년 가까이 앞섰다.[5]

2) IHO S-23 간행까지 국제적인 명칭 미확립

일본은 서양 고지도에서 19세기 중반 이후 '일본해' 사용이 많이 발견되기 때문에 18세기 말에서 19세기 초에 '일본해'가 국제적으로 확립되었다고 주장하지만, 일본이 조사한 프랑스국립도서관 소장 고지도 표본 중 72.8%(1,495점 중 1,088점), 미국 의회도서관 소장 고지도 표본 중 19세기 이전에 만들어진 지도의 50.1%(445점 중 223점)가 동해에 대한 명칭 표기가

---

5 일본해가 기재된 1568년 서양 고지도가 있다고도 한다.

없었다. 따라서 국제적으로 동해 표기에 대한 인식과 이해를 공유하지 않았다.

일본은 공식적으로 '일본해' 대신 '조선해'를 사용했다. 일본의 역사 문헌, 지리서에서 '일본해'는 18세기 말까지 발견되지 않는다. 일본인 학자들도 외국인이 '일본해'를 사용한 것을 차용한 것임을 인정했다. 1794년 카츠라가와(桂川甫周)가 만든 '아시아전도'(亞細亞全圖), 1850년에 야스다 라이슈(安田雷州)가 만든 '본방서북변계약도'(本邦西北邊界略圖) 등 약 18종에서 '조선해'로 표기해, 일본이 동해를 '일본해'가 아닌 '조선해'로 인식한 다양한 사료가 남아 있다. 1883년 일본과 당시 조선 사이에 체결된 외교문서집 『한국조약집』도 동해 해역을 '조선해'로 표기하고 있다. 18세기 말부터 19세기 중반 이후까지 일본 정부의 공식 지도와 문서에 '조선해'로 표기한 것은 이때까지 일본에서 '일본해'를 사용하지 않았다는 의미이다.

그러나 20세기 초 IHO에서 안전 항해에 필요한 일관성 있는 해도 제작을 위하여 전 세계 해양의 경계와 명칭을 규정한 특별간행물 S-23 『해양과 바다의 경계(Limits of Oceans and Seas)』[6]에 동해가 일본해(Japan Sea)로 잘못 표기되어 전 세계적으로 사용하는 계기가 되었다.

역사적으로 대한민국은 일본해를 인정한 적이 없었다. IHO는 반드시 식민지국의 의견을 반영하도록 했으나 일본은 이를 무시하고 일본해를 표기하며 36년간 한반도의 역사, 문화 말살정책을 추진했다. 동해 표기 문제를 대한민국이 국제사회에 제기하기까지 36년 이상이 걸렸는데, 그 동안 대한민국은 IHO의 결의(S-23)를 존중하고 항해 안전을 위해 일본해

---

6 S-23는 1928년 발간, 1929년 승인되었다.

를 함께 적었으며, 이후에야 비로소 IHO S-23에 공식적인 병기를 요청한 것이다.

3) 현칭주의 원칙이 우선

지명은 사용하는 사람들의 삶의 일부이므로, 지명을 국제적으로 통용할 때 현지인이 사용하는 이름을 최우선 순위로 고려하는 것이 널리 사용되는 관례이다. UNCSGN 총회 결의 Ⅳ/20은 외부인이 외래어로 명명한 외래 지명(exonym)을 가급적 줄이도록 권고한다. 이러한 지리학적 학술 지식에 따라 지도 제작자(사)들이 동해를 병기하는 것이다.

'동해'는 남북한 75백만 명이 2천 년간 사용하여 역사적 · 문화적 정당성을 가진다. 동해와 관련된 다양한 전설, 설화, 가요, 역사적 기록을 통해 동해는 한국 민족의 삶에 체화된 존재가 되었다. 반면에, '일본해'는 서양인들이 사용한 명칭을 19세기 중반 이후 받아들인 것이다. 유엔지명회의는 외부인보다 지역 주민이 부여한 명칭에 우선순위를 갖도록 권고한다.

2. 동해 병기 주장 근거인 IHO 기술결의서

1) IHO 결의 A.4.2.6의 내용과 법적 성격

IHO 기술결의 A.4.2.6은 해양 지명에 특화되어 채택된 결의로서, IHO의 현재 지위에서 최적의 규범으로 볼 수 있다. 따라서 해양 지명의 국제 표준화에 있어서 회원국들이 존중해야 할 중요한 지침이다. 이 기술결의는 그 자체로 권고이므로 회원국을 법적으로 구속하지 못하지만, IHO의 협의적이고 기술적인 성격에 따라 구체적인 활동은 관련 기술결의의 적용을 받는다는 점에서 현실적으로 법적인 효력을 발휘하며 무시할 수 없다.

2) IHO 결의 A4.2.6의 위상과 효력에 대한 해석

(1) 해당 지형(geographical feature)

이 결의가 적용되는 대상으로서 둘 이상의 국가가 '특정 지형'(a given geographical feature)을 다른 이름 형식으로 공유하는 경우로 규정한다. 특정 지형으로서 만(bay), 해협(strait, channel), 군도(archipelago) 등의 사례를 들고 있으나, 이들 지형을 규정하면서 'such as, for example' 같은 용어를 사용한 점에서 이들 지형에 만, 해협이나 군도가 아닌 다른 지형도 해당된다고 해석할 수 있다.

또한 '폐쇄해'(enclosed sea) 혹은 '반폐쇄해'(semi-enclosed sea)에 대하여 제122조에서 "둘 이상의 국가들에 의하여 둘러싸이고 좁은 방수구로 다른 바다나 대양에 연결되거나 전부 또는 그 대부분이 둘 이상 연안국의 영해와 EEZ로 구성되는 만, 또는 바다"라고 특별히 규정하고 있다. '반폐쇄해'에는 동해(East Sea), 발트해(Baltic Sea), 흑해(Black Sea), 지중해 등이 있고 '폐쇄해'에는 카스피해(Caspian Sea)가 있다. 한국, 북한, 러시아, 일본이 동해를 공유하고 'East Sea'와 'Japan Sea'(Sea of Japan) 등의 이름 형식을 사용하므로 동 결의는 동해 지명에 적용되어야 한다.

(2) 실행의 강제성

개별 국가 언어 명칭의 수락에 대한 문제는 특정 지형을 공유하는 해당 국가들에 국한되어 단일 명칭 합의를 위해 노력하라는 권고이다. 하지만 동 결의의 두 번째 권고로 비춰봤을 때 해당 국가들에만 국한되지는 않는다. 해당 국가들은 자국 언어의 명칭을 사용할 것이므로, 이 권고는 IHO 전체 회원국에 대한 권고로 보아야 할 것이다. 즉, 해당 국가들이 단일 명칭으로 합의하지 못하면 IHO 회원국은 해당 국가들의 개별 언어로 된 명칭을 수락해야 함을 의미한다. 그러므로 IHO와 IHO 회원국들이 한국의 'East Sea'와 일본의 'Japan Sea'를 같이 사용하지 않는 것은 기술결의 A4.2.6을 준수하지 않는 것이다.

이 결의의 핵심은 특정 지형을 공유하는 국가들이 일차적으로 단일 명칭의 합의를 보기 위해 노력해야 하고, 다른 공식 언어를 사용해 합의할 수 없다면 이차적으로 각각의 명칭을 사용하도록 권고하므로 'East Sea'와 'Japan Sea'에도 적용되어야 할 것이다.

3) 일본의 주장과 이에 대한 반론

일본은 IHO 기술결의 A.4.2.6가 공해인 동해 수역에는 적용되지 않으며, 이 결의가 동해 표기 문제를 지칭하지 않기 때문에 적용할 수 없다는 주장을 펼치고 있다.

(1) 공해의 적용 문제

일본은 IHO의 기술결의 A.4.2.6가 해당 지형이 둘 이상 국가들의 주권

아래에 있는 것을 전제로 하는 것이며, 이 결의가 만(bay) 또는 해협(strait)의 경우에 적용되지만 동해와 같은 공해(high seas)에는 적용되지 않는다고 주장한다. 그러나 이 결의는 해양의 법적 지위(legal status)에 관련된 것이 아니라, 특정 지형물(geographical feature)에 관련된 내용에 관한 것이다. 따라서 동해가 '공해'인지 여부를 떠나, 동 결의가 규정하고 있는 '지형물'에 해당하는지 여부가 중요하다. 또한, 해양의 법적 지위 관점에서도 동해는 한국, 북한, 일본, 러시아의 영해와 배타적 경제수역(EEZ)으로 구성되어 있다. 영해는 연안국의 주권(sovereignty)이 미치며, EEZ는 다른 국가의 항행의 자유 등을 존중하는 범위에서 연안국이 자원 개발과 관련된 주권적 권리 및 관할권 등을 향유한다.

(2) 구체적인 권고 여부

일본은 이 기술결의가 만, 해협, 군도 등 특정 지형에만 적용되고 공해에는 적용될 수 없다며 '구체적인 권고'(specific recommendation)를 포함하지 않는다고 주장한다. 그러나 'geographical feature'는 해양을 포함한 지구 표면의 모든 부분을 지칭한다. 만, 해협, 군도는 둘 이상의 국가들이 공유하는 특정 지형의 예로 거론된 것에 불과하다.

이 결의는 동해에 대하여 채택된 것이 아니므로 'Japan Sea'나 'East Sea'에 대한 구체적인 언급이 없으나, 지명의 국제표준화를 위한 일반적인 원칙 내지 권고를 포함하고 있으므로, 동해의 지명은 물론 다른 지명에도 적용될 수 있다. 만과 해협이 둘 이상 국가들의 주권 아래에 있어야 하고, 공해를 포함하면 적용될 수 없다는 것은 아니므로, 일본의 주장은 타당성이 없다.

〈그림 10-7〉
IHO 기술결의 A.4.2.6가 적용된 세 바다

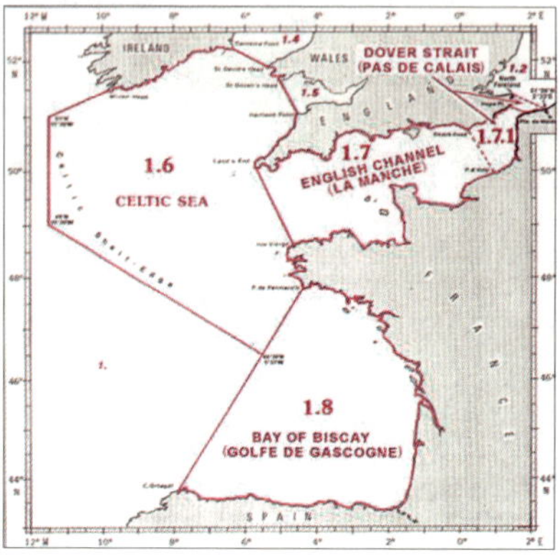

출처: IHO, 2002, Names and Limits of Oceans and Seas.

〈그림 10-8〉
IHO 기술결의 A.4.2.6가 적용되었다는 표현

1.7 ENGLISH CHANNEL *(LA MANCHE)*

Note: Both names can be used on charts according to IHO Technical Resolution A 4.2, paragraph 6. See Appendix C.

The limits of the English Channel *(La Manche)*, situated between the southern coast of England and the northern coast of France and linking the North Sea and the Celtic Sea, are the following:

1.7.1 DOVER STRAIT *(PAS DE CALAIS)*

Note: Both names can be used on charts according to IHO Technical Resolution A 4.2, paragraph 6. See Appendix C.

The limits of the Dover Strait *(Pas de Calais)*, situated between the southern extremity of the British Isles and the northern extremity of France, are the following:

1.8 BAY OF BISCAY *(GOLFE DE GASCOGNE)*

Note: Both names can be used on charts according to IHO Technical Resolution A 4.2, paragraph 6. See Appendix C.

The limits of the Bay of Biscay *(Golfe de Gascogne)*, situated between the western coast of France and the northern coast of Spain, are the following:

출처: IHO, 2002, Names and Limits of Oceans and Seas.

4) IHO 결의 A4.2.6의 적용 사례

2002년 회람된 『해양과 바다의 경계(S-23)』 제4판 초안에서는 세 개의 바다[7] 이름에 대하여 A4.2.6에 의거해 두 이름을 병기하고 있다(〈그림 10-7〉, 〈그림 10-8〉).

이러한 병기 사례는 IHO의 인접 국가 언어인 동시에 공식 언어인 영어와 프랑스어의 두 개 언어로 표기된 사례이므로 다른 사례에는 적용될 수 없는지를 살펴보자. Bay of Biscay(Golfe de Gascogne)만은 인접 국가 언어가 프랑스어, 스페인어, 바스크어, 갈리시아어의 4개 언어이므로, 공식 언어가 아닌 영어와 프랑스어로 표기했다. 이 사례는 동해 인접 국가의 공식 언어가 아닌 영어로 병기한 사례이다.

7 영국과 프랑스 사이의 해협: English Channel(La Manche), Dover Strait(Pas de Calais), 프랑스와 스페인 사이의 만: Bay of Biscay(Golfe de Gascogne).

〈그림 10-9〉 영국, 프랑스, 스페인의 영해 경계

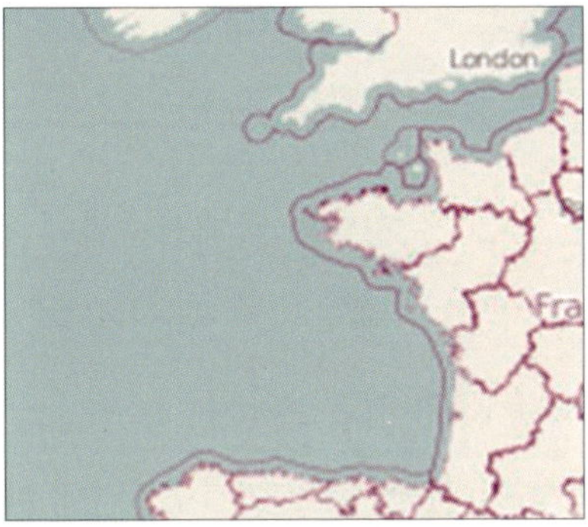

출처: Dormels, R., 2011, Dual naming of Oceans and Seas: Theory and praxis, Paper presented at the 17th International Seminar on Sea Names.

그리고 이 세 바다에는 영해(기선에서 12마일까지) 이외의 매우 넓은 공해가 존재한다(〈그림 10-9〉).

3. 동해 명칭 관련 국제기구의 논의 및 결의 내용

1) 유엔지명회의의 논의

동해 표기 문제는 우리 정부가 1992년 제6차 UNCSGN 총회에서 제기하기 시작한 이래, 유엔지명회의에서 지속적으로 논의되었다. 주로 한국과 북한의 문제 제기와 일본의 대응 논리 제기의 방식으로 진행되었다. 유엔지명표준화 결의 Ⅲ/20은 하나의 주권을 초월한 실체에 대하여 두 개 이상의 이름이 있을 때 이를 모두 존중해야 하므로 유엔지명회의는 당사국 간에 합의를 권고한다.

2) 유엔지명표준화회의 결의 Ⅲ/20

(1) 내용과 법적 성격

UNCSGN의 결의 Ⅲ/20은 지명의 국제표준화에 관하여 대륙과 해양 모두에 일반적으로 적용된다. '해도'(chart) 대신에 '지도'(map)를 사용하며, 해양 지명에 적용되는 IHO의 기술결의 A4.2.6이 1974년 채택된 이후에 대륙을 고려한 UNCSGN 결의 Ⅲ/20이 1977년에 채택된 것으로 볼 수 있다.

(2) 구체적 내용에 대한 해석

이 결의는 IHO의 기술결의 A4.2.6과 달리 '공식 언어'의 사용을 전제로 하지 않는다. 국제지도 제작법의 일반 원칙이 적용되지 않는 기술적 이유가 존재하는 경우에 '특정 언어'(one language or another)에 해당하는 특정 이름의 사용을 생략할 수 있다고 하는데, 여기서 언어는 공식 언어에 국한되지는 않는다.

UNCSGN의 결의 Ⅲ/20의 핵심은 특정 지형을 공유하는 국가들이 일차적으로 단일 명칭에 합의하고, 이러한 합의가 실패하면 이차적으로 모든 명칭을 사용해야 한다는 것이다. 따라서 한국과 일본이 단일 명칭에 합의하지 못한다면, UN과 UN 회원국들은 'East Sea'와 'Japan Sea'를 해도, 지도집, 관련 자료 등에서 병기해야 한다.

4. 동해 표기의 해법 및 병기의 타당성

1) 당사국 간의 합의

IHO와 UNCSGN 총회 및 전문가그룹(UNGEGN) 등 국제사회는 한일 간에 동해 표기에 관한 분쟁이 존재함을 공식적으로 인정한다. 각 기구는 결의 조항에 따라, 각기 다른 이름을 가진 지리적 실체를 공유하고 있는 한-일 양국이 단일 지명을 확정 짓는 합의에 이르도록 노력할 것을 권고한다.

제8차 UNCSGN 총회(2002), 제22차 UNGEGN 회의(2004), 제23차 UNGEGN 회의(2006), 제9차 UNCSGN 총회(2007)에서 반복적으로 권고했다. 특히 제9차 총회에서는 당사국 간 해결을 위한 회의를 지속하고 그 결과를 제10차 총회(2012)에 보고하도록 권고했다.

2) 합의 이전의 잠정적인 해법으로 병기

IHO에서는 항해자의 혼란을 방지하고 안전을 도모하기 위해 1974년 기술결의 A.4.2.6을 채택하여 기존 지명의 병기를 유도했으며, 당시 일본도 동 채택에 동의했다.

동해 표기는 한국이 2,000년 이상 사용하고 국제적으로 사용되므로, 공식 병기하여 국제적으로 통용하는 것이 1개의 명칭만 잘못 사용되는 문제의 해결책이다. 연간 약 30만 척[8]에 이르는 동해를 항해하는 한국 선박은 동 해역의 지명을 '동해'라고 인식하고 있어, 오히려 '일본해' 단독 표기가 항해자에게 혼동을 일으킬 수 있다. 기존의 S-23 제1판(2개), 제2판(4개) 및 제3판(5개)에도 명칭이 병기된 사례가 있었으며, 제4판 2002년 미발간 최종 회람 안에도 3개 명칭이 병기되어 있다. 기존에 병기 사례가 꾸준히 존재했다는 것은 병기에 따른 항행의 안전에 문제가 없으며, 오히려 안전 항해에 기여했음을 보여준다.

3) 동해 표기 정당성 논거 보완

동해 표기(병기) 정당성에 대하여 다음 사항의 논거 보완이 필요했다. 그 구체적 내용을 정리하면 다음과 같다.

먼저 일본은 수차례에 걸쳐 1986년 초안 작성 시 일본과 관련된 수역(동해 수역)에 대해 회원국들의 이견이 없었음을 강조한다. 우리 측이 1986년 초안 작성 시 'Japan Sea' 표기에 대해 문제를 제기하지 않았다고 주장하는 논거에 대하여, 부결된 안건으로 재론이 필요 없으며, 우리 측이 의견을 제출하지 않은 것이 찬성한 것이 아님을 강조할 필요성이 있다.

다음으로 IHO 내에서 1957년 이후로 1997년까지 동해 지명에 대한 문제 제기가 없었다는 논거에 대해서, 당시(1991년 유엔 가입 시까지) 한국은 일제 식민지와 한국전쟁으로 인한 국가 재건 문제로 국제사회에서 한국의 의견을 적극적으로 제시하는 상황이 아니었음을 밝힐 필요가 있다.

셋째, 일본은 IHO 기술결의 A4.2.6과 UNCSGN 총회 결의 Ⅲ/20이 동해 수역에서 적용되지 않는다고 주장하므로, 이에 대한 보다 실질적인

8 입항: 외항선 중 국적선 22,669척, 연안선 119,938척. 출항: 외항선 중 국적선 22,677척, 연안선 119,938척.

반박 논거를 제시해야 한다. 이러한 병기는 IHO의 인접 국가 언어인 동시에 공식 언어인 영어와 프랑스어 두 개 언어로 표기된 사례이다. 이것이 다른 사례에는 적용될 수 없는지를 살펴보면, Bay of Biscay(Golfe de Gascogne)만은 인접 국가 언어가 프랑스어, 스페인어, 바스크어, 갈리시아어의 4개 언어이므로, 공식 언어가 아닌 영어와 프랑스어로 표기했다. 이 사례는 동해 인접 국가의 공식 언어가 아닌 영어로 병기한 사례이다. 이 세 바다에는 영해(기선에서 12마일까지) 이외의 매우 넓은 공해가 존재한다.

넷째, S-23 제4판 초안에 반영된 세 가지 병기 사례는 모두 영어권의 전통 이름(conventional name)과 프랑스어권의 전통 이름을 병기한 사례이므로 동해/일본해 병기와는 다르다는 주장에 대한 반박 논거가 필요하다. IHO에서는 항해자의 혼란을 방지하고 안전을 도모하기 위해 1974년 기술결의 A4.2.6을 채택하여 기존 지명의 병기를 유도했으며 당시 일본도 동 채택에 동의했다. 동해 표기는 한국인이 2,000년 이상 국제적으로 사용했으므로 공식 병기하여 국제적으로 통용하는 것이 1개의 명칭만 잘못 사용되는 문제의 해결책이다. 연간 약 30만 척에 이르는 동해를 항해하는 한국 선박은 동 해역의 지명을 '동해'라고 인식하고 있기에, 오히려 '일본해' 단독 표기가 항해자에게 혼동을 일으킬 수 있다. 기존의 S-23 제1판(2개), 제2판(4개) 및 제3판(5개)에도 명칭이 병기된 사례가 있었으며, 제4판 2002년 미발간 최종 회람 안에도 3개 명칭이 병기되어 있다. 기존에 병기 사례가 꾸준히 존재했다는 것은 병기에 따른 항행의 안전에 문제가 없으며, 오히려 안전 항해에 기여했음을 보여준다.

5. IHO의 S-23 워킹그룹 동해 표기 활동 현황

1) S-23 제4판 간행을 위한 워킹그룹 구성, 논의 내용 및 절차

(1) 워킹그룹의 구성

2009년 1월, IHO 이사회가 S-23 제4판 간행을 위한 워킹그룹 구성을 제안했다. 표결 결과 52국이 투표에 참여하여 50개 회원국이 WG 구성에 찬성, 2개국(북한, 싱가포르)이 반대했다.

(2) 워킹그룹 1차 대면 회의

『해양과 바다의 경계(S-23)』 제4판 발간을 위한 실무그룹(WG) 첫 회의가 IHO 제4차 특별 총회(2009년 6월 2~4일) 개회 전날인 6월 1일 모나코에서 개최되었다. 의장 및 부의장 선출, 임무 범위(Terms of Reference)와 운영 규칙(Rules of Procedure), 진행 방법 등을 논의하여 확정했다.

2) 문제 수역의 도출과 2차 대면 회의

(1) 문제 수역의 도출과 각 회원국의 응답

2009년 7월 IHO 사무국(S-23 WG)은 문제 수역(Areas of Concern)으로 3개 수역(동해 수역, 믈라카해협, 동중국해/남중국해)을 통보하고 이에 대한 의견을 요청했다. 2009년 11월 IHO 사무국(S-23 WG)은 'Areas of Concern' 목록이 회람한 3개 수역(동해 수역, 말라카해협, 동중국해/남중국해)으로 확정되었음을 알리며, WG 회원국 및 관련국들이 2010년 1월까지 의견을 제출할 것을 요청했다(추후 2월 말까지로 연장).

이에 대해 일본은 일본해가 17세기 이후 국제적으로 확립된 유일한 명칭이므로 문제 수역에서 삭제되어야 하고, 일본해 변경 또는 여타 표기가 불필요하다고 주장했다. 프랑스는 문제 수역에서 통용되는 지명의 해당 언어나 로마자 표기(동해 또는 Donghae/日本海 또는 Nippon-kai)로 증보하는 방안을 검토할 것을 제안했다. 북한은 일본 주장에 대해 적절하지 못하다고 언급하고, 병기가 가장 공평하고 현실적인 방안이라고 언급했으며, 한국은 동해가 문제 지역에 포함되어야 하는 논거에 대해 의견을 제출했다.

(2) 워킹그룹 2차 대면 회의

『해양과 바다의 경계(S-23)』 제4판 발간을 위한 실무그룹(WG) 2차 회의가 2010년 7월 5~7일 싱가포르에서 개최되었다. 참석 국가는 호주, 중국, 프랑스, 인도네시아, 일본, 북한, 한국, 모로코, 싱가포르, 영국, 미국, 나이지리아로 총 12개국이었으며, 동해 표기 방법에 대하여 프랑스와 호주가 제안했다. 프랑스는 3개 언어의 토착 지명과 주요 언어의 외래 지명을 망라하여 표로 보여주는 방안을 제안했으며, 호주는 각 이름이 표기된 두 개의 도면을 두 쪽(연속 또는 하나는 부록에)으로 보여주는 방안을 제안했다.

2차 대면 회의가 끝난 이후 한국과 일본에서도 제안을 했다. 한국은 호주 제안을 따르되 한쪽에 두 도면을 모두 보여주는 방안을 제안했으며, 일본은 1953년 판의 소개 정안을 제안했다.

3) 제안에 대한 코멘트와 진행 방향 논의

(1) 워킹그룹 의장단의 1차 진행 방향 제안

2010년 12월 20일 IHO 사무국(S-23 WG 의장단)은 제2차 대면 회의에 따라 동해 수역 표기에 대해 진행 방향(a way forward)을 제안하고 이에 대한 코멘트를 2011년 1월까지 요구했다(추후 2월 말까지로 연장). 의장의 진행 방향은 동해 수역에 대해 현재 유효한 제3판 명칭을 사용하며, 같은 면(동해 수역을 표시한 면)에 그 명칭에 대한 이견(reservation)을 표명하는 나라의 이름과 그 이견이 명칭, 경계 또는 명칭과 경계 모두인지 여부를 명시하고 구체적인 내용은 부록에 포함시키지 않는 것이다. 그리고 책자의 도입부에 이견이 무엇에 관한 것이며 이들이 책자에 어떻게 표시되어 있는지를 설명하는 텍스트를 포함시키고, 현재 S-23 서문에 수록되어 있는 이 책자의 기술적 목적을 언급하는 부분, 그리고 S-23이 어떤 법률적·정치적 의미로 이해되어서는 안 된다는 부분을 다시 면밀히 검토하고 필요한 경우 보다 강력하고 명확하게 만든다는 것이다.

한국이 제3판에 표기된 명칭을 사용하는 것은 회원국의 의견이나 S-23 WG을 포함한 IHO의 그간의 진전을 적절히 반영하지 못했다고 보았다. 한국은 국내외적으로 사용되고 있는 또 다른 합법적 이름 'East Sea'를 부록이 아니라 문제 수역이 표시된 같은 면에 표기해야 하고, 이것은 S-23의 기능을 효과적으로 수행하는 IHO 기술결의 A4.2.6에 부합한다는 의견을 제출했다. 일본은 타협의 정신에 근거하여, 합의된다면 의장의 진행 방향에 찬성한다고 했다.

(2) 워킹그룹 의장단의 2차 진행 방향 제안

2011년 3월 21일 IHO 사무국(S-23 WG 의장단)은 1차 진행 방향 제안에 대한 각국의 코멘트를 요약·정리했다. S-23 4판 초안의 내용을 포함한 2차 진행 방향을 제안해, 2011년 5월 2일까지 코멘트를 요구했으나, 제안된 진행 방향(way forward)에 어떤 합의도 없었다.

(3) 워킹그룹 의장단의 향후 절차 제안

2011년 7월 22일 IHO 사무국(S-23 WG 의장단)은 WG 보고서 회람에 대한 WG 멤버들의 의견을 종합하고, 2011년 8월 26일, S-23 WG 의장은 WG의 활동을 2012년 초까지 연장함을 통보했다. 당시에 제시된 코멘트, 그리고 특히 한국과 일본의 의견에 주목하여, 의장단에서 관련 국가들과 미해결된 이슈에 관한 대화를 시작했으며, 한국이나 일본 또는 다른 WG 회원국들이 이 일을 주도하도록 제안했다.

2011년 9월 9일 S-23 WG 의장단은 IHO-한국, IHO-일본의 양자 회담, 필요 시 IHO-한국-일본의 삼자 회담을 제안했다. IHO-한국, 한국-일본 간 양자 회의에서 양국은 기존의 입장을 교환했으나 합의에 이르지 못했다.

4) 워킹그룹 활동의 현황

S-23 내 동해 표기에 대한 최종 목표를 설정하여 동해 표기 방법에 대해 어디까지 수용할 수 있는지, 그 목표에 대한 합의가 필요하다. 당시에 제시된 방안에 기초하면 다음 5가지 대안이 있다.

- 제1안: 같은 페이지, 한 도면에 병기(한국 측 제시안)
- 제2안: 같은 페이지, 두 도면에 각 표기를 삽입(한국 측 변형안)
- 제3안: 이어진 페이지, 두 도면에 각 표기를 삽입(호주 제시 2안)
- 제4안: '동해'가 표기된 도면을 부록에 삽입(호주 제시 1안, 의장단 제시안)
- 제5안: '동해' 표기 내용을 본문의 각주로 표시(이탈리아 제시안)

당시 '제1안, 제2안'이 아국의 대안이지만, 제3안의 가능성도 검토했다. 제4안, 제5안도 S-23 제3판보다는 약간 진전된 방법이지만 2002년 초안(백지 안)보다는 후퇴한 안이고, '동등한 대우'(equal treatment) 원칙에 위배되는, 받아들이기 어려운 안으로 판단했다.

그러나 양자 간 회의 또는 삼자 간 회의에서 달성하고자 하는 가시적인 목표를 설정하는 일이 중요하다. 이러한 양자 간 회의 또는 삼자 간 회의 결과가 S-23 WG 보고서에 적절히 서술되도록 하는 일은 더욱 중요했다.

한편 S-23 WG 회원국들에 대한 교섭을 지속적으로 전개해나갔으며, WG 회원국들에 대한 교섭으로 우리 측에 불리한 부록안 지지를 철회하게 만든 사례에서 볼 수 있듯이, 외교적인 교섭은 분명한 효과가 있었다. 부록안을 여전히 지지하고 있는 미국, 영국, 이탈리아, 남아공, 그리스, 명확한 입장을 밝히지 않고 있는 그 밖의 국가들과 IHO 전체 회원국으로 확대해나가는 것이 필요했다.

6. 제18차 IHO 총회 동해 표기 활동 현황

1) S-23 워킹그룹 활동 대응

한국은 워킹그룹의 활동 보고서가 2009~2012년까지의 활동이 사실에 근거하여 동해 수역에 관한 표기의 대안이 모두 서술되어 있는지, 의장단의 제안(a way forward)에 대한 회원국들의 의견(당사국 간의 합의가 필요하다는 의견)이 적절히 서술되어 있는지, 한국-IHO, 일본-IHO, 한국-일본의 양자 회담 또는 혹시 있을 수도 있는 한국-일본-IHO 삼자회담의 결과가 적절히 서술되어 있는지 철저히 검토해서 대응 활동을 했다.

워킹그룹 활동 보고와 향후 방향에 대한 우리나라 대표의 적절한 발언으로는 다음과 같은 내용이 포함되도록 준비를 실시했다.

- 워킹그룹 활동을 이끈 의장단과 참여한 회원국들에 감사
- 한국 측은 IHO 기술결의 A4.2.6에 의거한 도면에 두 이름을 병기하는 것(제1안)을 가장 선호하지만, 제2안 또는 제3안을 받아들일 유연성을 갖고 있음을 표명
- 분쟁 사례를 부록에 수록한 사례가 있다고 하지만, 현재까지 수록된 것은 모두 경계에 대한 분쟁이며, 이름에 대한 분쟁은 없다는 점을 강조
- 표기 결정의 중요한 원칙은 회원국 간의 동등한 대우(equal treatment)임을 강조
- 어떤 형태로든 동해를 표기한다는 원칙에 변함이 없다는 점을 강조하면서 그 방법에 다양한 대안이 있을 수 있다는 점을 부각시킨 상태에서 이에 대한 회원국들의 건설적인 토론을 유도

2) IHO 총회 전략

총회에서 토론이 진행됨에 따라, 동해 표기 관련 최종 결정에 대한 입장을 정립했으며, 토론에 진전이 없고 S-23 발간 방법에 대한 논의가 이루어질 때, 다음 세 가지 대안에 대한 사전 검토를 했다.

- 2002년 초안(동해 수역 백지 안)으로 회귀하는 안
- 제17차 총회의장의 Two-volume approach(합의된 이름으로 제1권을 내고 합의되지 않은 이름을 모아 제2권으로 내는 안)를 채택하는 안
- S-23을 폐기하고 전자해도(ENC)의 활용을 활성화하자고 제안하는 안

  Two-volume approach는 일본해 단독 표기에 문제가 있다는 것을 명확히 드러내는 것이므로 우리 측에서는 수용할 수 있다. 단, 이 방법에도 다음의 여러 가지 대안을 고려해야 했다.

- 합의된 제1권을 출판할 때, 미합의된 것을 모아 제2권을 발간하는 방안과 합의될 때까지 발간하지 않고 있다가 합의된 이후에 발간하는 방법. 이때 미합의된 수역의 표현 방법(수역 경계만 표시 또는 백지 처리)도 고려해야 함
- 제1권, 제2권을 별개의 책으로 발간하는 방법과 한 권의 책에 제1부, 제2부로 발간하는 방법

  S-23을 폐기하자는 제안은 전자해도(electric nautical chart)의 활성화를 전제로 하는 것으로서 최후의 수단으로 간주해야 했다. S-23 폐기에도 제3판까지 기존의 S-23을 모두 폐기할 것인지, 제3판까지는 유지할 것인지 두 가지 방안이 있다. 전자는 '일본해'가 없어진다는 점에서 수용할 수 있는 안이 되겠지만, 후자는 여전히 '일본해'만 남는다는 점에서 수용하기 어려운 안이었다.

이러한 제안에 대하여 총회에서 당사국을 대신하여 회원국들이 표결하는 것은 적절하지도 않고 결과를 속단하기 어려우므로 총회 의장이 사전에 당사국과 협의하여 신중히 처리하도록 사전에 대응해나갔다.

IV. 맺음말

1. IHO 내에서 한국의 역할과 동해 명칭 활동 평가

1) 동해 표기 관련

제16차 총회에서는 S-23 개정판 회람 투표와 관련하여 적극적인 발언을 전개함으로써 프랑스, 알제리, 호주 등의 지지 발언을 이끌어내는 성과를 거두었다. 제17차 총회에서는 동해 이외 수역은 2002년 초안 작성시 합의된 내용을 기반으로 S-23 제4판 제1권으로 발간하고, 미해결된 명칭은 2권으로 발간하자는 총회의장의 제안을 이끌었다. 이는 2002년 시도되었던 동해 수역을 공란으로 처리하는 제안과 비교하여 동해 병기 추진에 있어 진일보한 제안으로 평가된다.

그러나 제17차 총회에서는 북한 이외에 우리 측의 발언을 지지하는 국가는 없었다. 이는 동해 표기 문제가 지난 5년간 성과도 있었지만, 일본의 반대 활동도 상당한 수준으로 전개되었음을 보여준다. 제18차 총회에서 미국이 제안한 Chapter by Chapter 자진 철회와 일본이 S-23 제3판을 기초로 Part or Parts를 개정하기 위해 소규모 WG 구성을 제안한 것이 부결됨에 따라 제18차 총회에서도 사실상 아무런 결론 없이 끝났다.

제18차 총회에서도 S-23 관련 논의에 대해서 살펴보면 IHO 회원국 대부분이 동해 표기 문제와 관련해 중립적 입장(기권)으로, 한일 양국 중 어느 한 나라가 어떤 제안을 표결에 회부하는 제안은 통과하기 어려울 것으로 예상되었다(일본 측 제안 표결에 67개국 중 62개국이 기권). 또한 S-23 개정이 동해 수역 문제로 지연되고 있어 미국 등 서구 일부 국가들은 합의 부분을 우선 발간하는 방안을 추진하려는 경향을 파악할 수 있었다. 중국, 프랑스 등은 처음으로 S-23 폐기론도 제기해 점차 설득력을 얻어가고 있을 것으로 예상되어 이에 대한 우리 측 대응방안 마련도 필요했다.

그러나 2020년 제2차 총회에서 IHO 사무총장이 S-23 간행을 고유 식별번호로 표기하는 신규 표준(S-130)을 개발하자는 제안을 함으로써 앞으로 S-23 간행에 대해서는 더 이상 논의가 없을 것으로 예상된다. 향후에는 신규 표준 S-130 개발에 대응하기 위한 국내 전문가들을 구성하여 준비해나가야 할 것으로 예상된다.

2) IHO 총회 기술 업무 의제 관련

IHO 총회 시 기술 분야 업무에 보고서를 제출하고 토론에 적극적으로 참여하는 등 IHO의 활동에 기여하는 모습을 보여줄 필요가 있다. IHO의 운영, 능력배양 기금의 활용, 해저 지명 제정 활동, 전자해도 사용 등에 기여하고, 특히 우리나라의 수로 측량 및 전자해도 활용과 관련된 전시를 통해 우리의 기술력을 보여줄 뿐 아니라 동해 표기의 역사와 정당성을 보여주는 기회로 삼을 필요가 있다.

제17차 총회에서는 IHO 협약 개정, 능력배양 기금 지원, 기타 절차 규정에 대한 제안 등의 측면에서 기여하는 부분을 증가시키고 있으며, 특히 차세대 전자해도 시범 운영국으로 지정되어 활동해오고 있다. 또한, IHO 내 이러닝 활성화를 위한 인프라를 지원하고 이러닝 센터 구축 및 운영지침을 마련하자는 제안을 통해 한국의 위상을 높여나가고 있다.

3) 총회 의장 사전 교섭

IHO는 총회를 개최할 때마다 사전에 총회 회의를 진행하는 의장을 선임하게 된다. 총회 진행 시 의제에 대하여 발언권 부여와 의제 채택에 상당한 영향력을 가지고 있어 총회 개최 전에 의장을 사전에 교섭하여 동해 표기와 관련된 S-23 관련 의제에 대한 현황 및 진행 상황에 대한 논의와 우리 측의 입장을 지지할 수 있는 국가를 적어도 2개국을 물색하여 총회 석상에서 발언하도록 유도할 필요가 있다. 현지에서 발언을 약속받더라도 회의장에서 나서기를 기대하기는 매우 어려우므로 사전에 교섭해 발언을 약속받을 필요가 있겠다. IHO 총회의 경우 몇몇 주요 인사들이 회의 분위기를 주도하는 경우가 많으므로, 이들을 사전에 관리해야 한다.

4) 차기 IHO 의장단 선출 관련 전략 수립

IHO 총회에서는 총회 마지막 날에 차기 IHO 이사진(이사장 1인, 이사 2인)에 대한 선출이 진행된다. 이사진의 5년 임기로 1회 연임을 할 수 있다(단 이사 선출 출마 연도에 60세 이하). IHO 내에서 이사장과 이사 2명이 IHO의 모든 의사결정을 하는 중요한 역할을 하므로 S-23 관련 전략을 이 선거와 연계하여 수립하는 것이 중요하다. 이사 출마자들의 성향을 파악하여 우리 측의 입장을 동조하는 인물이 당선될 수 있도록 투표권을 행사하고 다른 회원국과 협력해야 한다.

2. 동해 표기를 위한 향후 대응 방안

1) 관련 당사국 간의 대화 지속

동해 표기와 관련해서는 한국과 일본, 그리고 북한이 주요 당사국이므로, 문제 해결을 위한 이들 당사국 간의 지속적인 대화가 필요하다. 동해 표기와 관련된 남북 간의 대화도 재개할 필요가 있는데, 이를 위해 로마자 표기법에 관한 논의부터 시작할 수 있다. 관련 당사국의 지명전문가 중에서 동해 표기에 대해 우호적인 지명전문가들과 인적 네트워크를 확대·심화해가는 것도 하나의 방안이 될 수 있다.

2) 새로운 결의안 개발 및 제안

지명 병기를 권고하는 IHO 기술결의 A4.2.6과 유엔지명표준화총회 결의 Ⅲ/20(1977년)의 동해 수역 적용 가능성에 대해서 이견이 제시되고 있으므로 새로운 결의안(resolution)을 개발·제안하는 방안이 있다. Resolution Ⅲ/20은 육상 지명을 대상으로 규정된 결의라는 해석이 있으므로 해양 지명에도 함께 적용되는 새로운 결의를 개발하는 것도 필요하다.

해양의 국가관할권에 대해 현재는 암묵적으로 기선으로부터 12해리 이내의 영해(territorial water)만을 인정하고 있으므로 유엔해양법협약(UNCLOS)이 규정하는 배타적 경제수역(EEZ)의 개념을 포함할 필요가 있다.

이러한 결의 개발을 위해 기존의 결의 개발, 논의, 채택의 절차로부터 시사점을 도출하고 전략을 세우는 일이 중요하리라 판단된다. 이를 위해 유엔지명전문가그룹(UNGEGN)의 전문가들, 국제법 전문가들과 협력하고 필요 시 과제로 발전시키는 방안이 필요하다.

이러한 새로운 결의안의 개발과 제안은 기존에 우리가 준수해야 한다고 주장했던 IHO 기술결의 A4.2.6과 UNCSGN 총회 결의 Ⅲ/20를 동해 수역에 적용되지 않는 것으로, 포기했다는 잘못된 인식을 줄 수 있으므로 주의해야 한다. 기존의 결의도 적용할 수 있지만 40년 이상 지난 시점에서 변화된 상황을 반영하는 보다 명확한 결의를 제정하자는 의도임을 분명히 밝힐 필요가 있다.

3) 동해 표기 정책 점검 및 대응능력 제고

동해 표기의 국제적 확산이라는 궁극적 목표 달성을 위해서는 기본적으로 국제적(해양) 지명 표기 및 국제적 (해양)지도 제작과 관련하여 운영되고 있는 국제기구(UNCSGN, UNGEGN, IHO, IOC, GEBCO Guiding Committee, SCUFN 등)의 과거와 현재의 운영 및 의사결정 과정에 대한 심도 있는 분석이 지속적으로 이루어져야 한다.

IHO 총회, 유엔지명표준화회의 등 기타 지명 관련 국제기구를 상대로 한 동해 표기의 정당성 입증, 국제적 확산을 위한 지속적인 전략 분석 및 효과적 실행을 위해서는 동해 표기 문제를 종합적으로 관리하는 상설 기구도 필요하다.

또한, 유엔지명표준화회의, IHO, IOC, GEBCO Guiding Committee, SCUFN 등 지명 및 지도 관련 국제기구의 요직에 한국 위원들이 지속해서 진출하는 방안 모색, 국제적으로 영향력을 미치는 지명전문가들과의 지속적이고도 긴밀한 인적 네트워크 구축, 그리고 이에 대한 정부의 지속적 관심과 지원이 요구된다.

해양 지명과 관련된 IHO 총회, 유엔지명표준화회의의 기존 회의록 및 자료, 그리고 국제적으로 지명도가 높은 아틀라스 등에 대한 데이터베이스를 구축하고 지속해서 면밀히 분석하는 것이 필요하다. 지명에 대한 IHO 총회 및 UNCSGN 총회의 국제적 의사결정 관행을 파악하고 이에 맞는 적절한 전략 설계가 지속적으로 이루어져야 할 것이다.

4) 동해 표기의 국제적 홍보

국제적 지명표준화 활동에 발맞추기 위한 향후 연구 및 사업과제로서 다음을 고려할 수 있다.

- 국제적 매스미디어 회사, 국제적 인터넷 포털 회사, 국제적 지명전문가, 국제적 지도 제작사 등을 대상으로 '동해'(East Sea) 표기에 대한 지속적인 국제 홍보와 정부 및 민간 단체의 홍보 지원 체계 구축
- 바다 이름에 관한 국제세미나(International Seminar on the Sea Names)의 지

속적 개최

- 국가지도집 영문판의 국제적 홍보(특히 동해 지명과 독도 영유권에 대한 국제적 홍보)
- 국가지도집 영문판 축소판 제작 및 국제적 홍보
- 유엔지명전문가회의 평가·실행 실무위원회에서 한국의 주도적 조직 및 개최를 통해 한국의 유엔지명표준화 사업에의 지속적 기여
- 유엔지명전문가회의의 다양한 워킹그룹에의 적극적 참여
- 해저 지명에 관한 국제 심포지엄의 지속적인 조직 및 개최
- 한국 해양 또는 해저 지명에 관한 체계적 관리 체계 구축 및 국제적 홍보

5) IHO 내 수로 분야 선진국의 위상 확보와 유지

IHO 개발도상 회원국의 수로 기술 담당자를 대상으로 한국이 지원하는 능력배양 프로그램을 지속적으로 시행함으로써 동해 표기에 대한 회원국의 지지를 확보해나갈 필요가 있다. IHO와 우리 정부 간 체결한 MOU에 따라 프로그램 관리위원회(PMB)를 통하여 회원국 훈련생을 강사급으로 양성하는 새로운 능력배양 프로그램과 지역 수로훈련센터를 설립하여 추진해야 한다.

그리고 IHO 관련 회의를 매년 적극적으로 국내에 유치하여 최신 수로정보를 습득하고 인적 네트워크를 가진 국제적 기준에 걸맞은 한국의 차세대 수로 전문가들이 국제기구에 진출하여 동해 표기를 바로잡고 미래의 지명 표기를 선도할 필요가 있다.

제 4 부 동해 명칭 확산의 다양한 관점과 향후 과제

제11장 해양학 분야 국제학술지의 최근 동해 명칭 표기 현황

김기덕*, 박재훈**

I. 들어가는 말

대한민국 동쪽에 위치하는 바다인 동해는 태평양의 서쪽 변두리인 연해로서 한반도, 러시아 연해주, 일본열도에 둘러싸여 있다. 삼면이 바다와 맞닿아 있는 반도인 우리나라의 지리적 특성상 각 바다는 육지를 중심으로 서해(황해), 남해, 동해로 불리고 있다. 그중 동해라는 명칭이 역사 문헌에서 최초로 등장한 것은 고구려의 시조인 동명왕의 기사이며, 이 시기는 삼국이 건국되기 이전인 B.C. 59년 정도로 추정된다(Yee, 1995). 반면 일본해라는 명칭은 1602년 이탈리아의 선교사였던 마테오 리치가 제작한 세계지도에서 처음 지칭되었다(한, 2015).

* 인하대학교 해양과학과 대학원생.

** 인하대학교 해양과학과 교수.

동해라는 명칭이 일본해보다 현저히 오래 사용되었음에도 최근까지 해양학 분야 국제학술회의 또는 국제학술지 논문들에 일본해라는 명칭이 더 많이 통용됐다. 이에 강 등(2009)은 국제학술지에 동해가 소개되었던 1967년부터 2006년까지 해양학 분야 국제학술지 논문에서 동해가 어떻게 표기되었는지에 대해 처음으로 조사한 바 있다. 그 결과 1980년대 중반을 기준으로 동해와 일본해가 조금씩 병기되기 시작하여 1990년대 말을 넘어가면서 그 수가 증가했음을 보고했고, 지속적인 동해 표기에 대한 변화를 기대했다. 하지만 2006년 이후 해양학 분야 국제학술지의 동해 표기 변화에 관한 연구는 보고된 바 없다.

따라서 본 장에서는 강 등(2009)이 제시한 1967~2006년의 해양학 분야 국제학술지 논문의 동해 표기 현황에 더해 2007년부터 2019년까지의 현황을 추가 조사하여 해양학 분야 국제학술지의 동해 표기 동향을 분석하고자 한다.

II. 자료

해양학 분야 국제학술지의 동해 표기 현황을 파악하기 위해서 조사 기간 중 가장 최근인 2019년의 SCIE급 저널을 기준으로 사용했다. 2019년의 해양학 분야 SCIE급 학술지 67개(〈표 11-1〉)에 게재된 2007년부터 2019년까지 동해 관련 연구 논문들을 조사했으며, 연구의 연속성을 위해 강 등(2009)의 검색 키워드였던 'East Sea,' 'Japan Sea,' 'Sea of Japan,' 'JES'를 동일하게 입력하여 검색했다. 그 결과 67개의 학술지 중 29개의

〈표 11-1〉 2019년 기준 해양학 분야 SCIE급 학술지명과 ISSN 번호 및 영향력 지수(Impact factor)

No.	Journal title	ISSN number	Impact factor
1	Acta Adriatica	0001–5113	0.746
2	Acta Oceanologica Sinica	0253–505X	1.146
3	Annual Review of Marine Science	1941–1405	16.359
4	Applied Ocean Research	0141–1187	2.753
5	Atmosphere–Ocean	0705–5900	1.426
6	Brazilian Journal of Oceanography	1679–8759	0.583
7	Bulletin of Marine Science	0007–4977	1.432
8	Chinese Journal of Oceanology and Limnology	0254–4059	1.068
9	Continental Shelf Research	0278–4343	2.424
10	Deep–Sea Research Part I–Oceanographic Research Papers	0967–0637	2.606
11	Deep–Sea Research Part II–Topical Studies in Oceanography	0967–0645	2.697
12	Dynamics of Atmospheres and Oceans	0377–0265	1.592
13	Environmental Fluid Mechanics	1567–7419	1.512
14	Estuarine Coastal and Shelf Science	0272–7714	2.333
15	Fisheries Oceanography	1054–6006	2.198
16	Geo–Marine Letters	0276–0460	1.429
17	Helgoland Marine Research	1438–387X	1.250
18	ICES Journal of Marine Science	1054–3139	3.188
19	IEEE Journal of Oceanic Engineering	0364–9059	3.005
20	Indian Journal of Geo–Marine Sciences	0379–5136	0.328
21	Izvestiya Atmospheric and Oceanic Physics	0001–4338	0.725
22	Journal of Geophysical Research–Oceans	2169–9275	3.559
23	Journal of Marine Research	0022–2402	1.500
24	Journal of Marine Science and Engineering	2077–1312	2.033
25	Journal of Marine Systems	0924–7963	2.528
26	Journal of Navigation	0373–4633	1.908
27	Journal of Ocean University of China	1672–5182	0.802
28	Journal of Oceanography	0916–8370	1.469
29	Journal of Oceanology and Limnology	2096–5508	0.617
30	Journal of Operational Oceanography	1755–876X	4.040
31	Journal of Physical Oceanography	0022–3670	3.318
32	Journal of Plankton Research	0142–7873	2.149
33	Journal of Sea Research	1385–1101	1.725

No.	Journal title	ISSN number	Impact factor
34	Journal of Southern Hemisphere Earth Systems Science	1836-716X	1.476
35	Limnology and Oceanography	0024-3590	3.778
36	Limnology and Oceanography Letters	2378-2242	5.242
37	Limnology and Oceanography-Methods	1541-5856	2.458
38	Marine and Freshwater Research	1323-1650	1.488
39	Marine Chemistry	0304-4203	2.933
40	Marine Ecology Progress Series	0171-8630	2.326
41	Marine Geodesy	0149-0419	1.322
42	Marine Geology	0025-3227	3.040
43	Marine Geophysical Research	0025-3235	2.295
44	Marine Georesources & Geotechnology	1064-119X	1.716
45	Marine Technology Society Journal	0025-3324	0.619
46	Naval Engineers Journal	0028-1425	0.227
47	New Zealand Journal of Marine and Freshwater Research	0028-8330	1.400
48	Ocean & Coastal Management	0964-5691	2.482
49	Ocean Dynamics	1616-7341	1.887
50	Ocean Engineering	0029-8018	3.068
51	Ocean Modelling	1463-5003	3.215
52	Ocean Science	1812-0784	2.864
53	Ocean Science Journal	1738-5261	0.726
54	Oceanography	1042-8275	3.431
55	Oceanography and Marine Biology	0078-3218	3.833
56	Oceanologia	0078-3234	2.198
57	Oceanological And Hydrobiological Studies	1730-413X	0.753
58	Oceanology	0001-4370	0.838
59	Paleoceanography	0883-8305	3.313
60	Paleoceanography and Paleoclimatology	2572-4517	2.888
61	Plankton & Benthos Research	1880-8247	0.764
62	Polar Research	0800-0395	1.127
63	Progress in Oceanography	0079-6611	4.060
64	Revista De Biologia Marina Y Oceanografia	0717-3326	0.439
65	Tellus Series A-Dynamic Meteorology and Oceanography	0280-6495	1.932
66	Terrestrial Atmospheric and Oceanic Sciences	1017-0839	0.703
67	Thalassas	0212-5919	0.657

〈표 11-2〉 2007~2019년에 동해 관련 논문이 게재된 해양학 분야 SCIE급 학술지 목록

No.	학술지명	동해	병기	일본해	합계
1	Acta Oceanologica Sinica	0	6	3	9
2	Chinese Journal of Oceanology and Limnology	0	0	3	3
3	Continental Shelf Research	1	12	8	21
4	Deep-Sea Research Part I-Oceanographic Research Papers	0	9	3	12
5	Deep-Sea Research Part II-Topical Studies in Oceanography	1	19	36	56
6	Dynamics of Atmospheres and Oceans	0	2	2	4
7	Estuarine Coastal and Shelf Science	0	1	10	11
8	Fisheries Oceanography	0	0	12	12
9	Geo-Marine Letters	3	9	1	13
10	Ices Journal of Marine Science	0	1	7	8
11	Izvestiya Atmospheric and Oceanic Physics	0	1	12	13
12	Journal of Geophysical Research-Oceans	2	20	12	34
13	Journal of Marine Systems	0	21	4	25
14	Journal of Ocean University of China	0	1	3	4
15	Journal of Oceanography	0	7	50	57
16	Journal of Physical Oceanography	0	5	4	9
17	Journal of Sea Research	0	1	3	4
18	Limnology and Oceanography	1	2	0	3
19	Marine Chemistry	0	6	4	10
20	Marine Geology	1	9	4	14
21	Marine Geophysical Research	2	1	3	6
22	Marine Georesources & Geotechnology	6	0	0	6
23	Ocean Dynamics	0	6	5	11
24	Ocean Modelling	0	2	2	4
25	Ocean Science Journal	31	39	0	70
26	Oceanology	0	1	54	55
27	Plankton & Benthos Research	0	1	22	23
28	Progress in Oceanography	0	14	3	17
29	Terrestrial Atmospheric and Oceanic Sciences	2	4	3	9
합계		50	200	273	523

* ▒▒ 표시는 동해 관련 논문이 가장 많이 게재된 상위 3개 학술지를 나타냄.

학술지에 동해 관련 해양학적 연구를 주제로 한 논문이 게재되었으며 그 수는 총 523편이었음을 확인했다(부록 참조). 학술지별로 동해 관련 논문이 몇 편 게재되었는지에 대해 〈표 11-2〉에 정리했다.

III. 동해 표기 경향

전체 학술지 중 동해에 관한 논문이 가장 많이 게재된 학술지는 대한민국의 Ocean Science Journal(OSJ)이었으며 총 70편이 출간되었다. 그다음으로 동해 관련 논문이 많이 게재된 학술지는 각각 57편과 56편이 출간된 일본의 Journal of Oceanography(JO)와 유럽의 Deep-Sea Research Part II-Topical Studies in Oceanography(DSRII)였다. 세 학술지들은 가시성을 위해 〈표 11-2〉에서 초록색으로 음영 처리를 했다. 여기서 3번째로 많은 동해 관련 논문이 게재된 학술지인 DSRII에는 56편 중 29편(51.8%)의 논문이 러시아 국적을 가진 주 저자의 논문이었는데, 이는 SoJaBio Expedition과 같은 독일-러시아 협력 사업의 특별호를 발간한 영향 때문으로 나타났다. 이러한 결과는 지리적인 측면에서 보았을 때 동해와 맞닿아 있는 세 나라인 한국, 일본, 러시아에서 동해에 관한 연구가 가장 활발하게 이루어졌다는 것을 의미한다.

강 등(2009)에 따르면 1967년부터 2006년까지 총 472편의 논문 중 일본해 단독 명칭을 사용한 논문이 322편이었으며, 동해와 일본해를 병기하여 사용한 논문이 129편, 마지막으로 동해를 단독으로 표기한 논문이 21편이었다. 본 조사 기간인 2007년과 2019년 사이에 29편의 SCIE

〈표 11-3〉 선행 연구와 본 연구의 조사 기간 각 표기 방법의 비율과 증감 비율

표기 방법	1965~2006년	2007~2019년	증감 폭
동해	4.4%	9.6%	+5.2%p
동해/일본해 병기	27.3%	38.2%	+10.9%p
일본해	68.2%	52.2%	-16.0%p

급 국제학술지에 게재된 총 523편의 논문 중 일본해로 단독 표기된 논문이 273편, 병기로 표기된 논문이 200편, 동해로 단독 표기된 논문이 50편이었다. 단순 비율로 따지면 일본해의 단독 표기는 16%포인트 감소했고, 동해의 단독 표기는 5.2%포인트 증가했으며, 동해와 일본해 병기는 10.9%포인트 증가했다(〈표 11-3〉).

강 등(2009)에서 제시되었던 연도별 표기 현황을 토대로, 2007~2019년의 조사 결과를 추가하여 1967년부터 2019년까지 해양학 분야 SCIE급 국제학술지에 게재된 동해 관련 논문의 동해 표기 현황을 〈그림 11-1〉에 시계열로 나타냈다. 2006년까지의 자료에서는 2004년을 기준으로 일본해 표기와 병기 표기의 수가 역전되어 병기 표기가 더 많아지는 것으로

〈그림 11-1〉 해양학 분야 SCIE급 학술지에 게재된 동해 관련 논문 현황

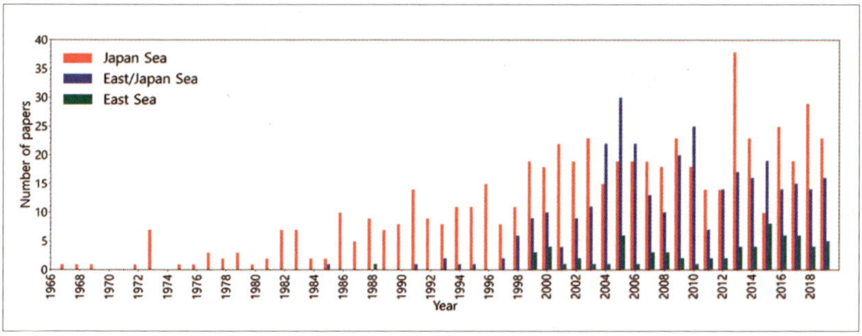

* 강 등(2009)의 자료에 2019년까지의 자료가 추가됨. 일본해로 표기한 논문의 수는 빨간색, 동해 단독 표기 논문의 수는 녹색, 동해/일본해 병기 논문의 수는 파란색 막대로 표시함.

나타났지만, 2007년 이후의 자료에 따르면 2010년과 2015년을 제외하면 일본해 단독 표기보다 병기 표기가 많아진 적은 단 한 번도 없었다.

동해를 연구한 논문들을 제1저자의 국적으로 분류한 결과(〈표 11-4〉), 전체 논문을 크게 4개의 국가로 분류할 수 있었다. 동해에 관한 논문이 제일 많았던 국가는 총 198편으로 한국이었으며, 일본은 139편으로 두 번째로 많았다. 그 뒤로 러시아와 중국이 각각 119편과 34편으로 그 뒤를 이었으며, 기타 국가들은 총 33편의 논문을 게재했다. 한국 국적 제1저자 논문의 경우 동해와 일본해를 병행해 표기한 논문이 152편으로 가장 많았으며, 일본해 단독 표기도 3편이 있는 것으로 파악됐다. 반면에 일본은 일본해로 단독 표기한 논문이 132편으로 압도적으로 큰 비중을 차지했다. 이는 한국에서 출간하는 학술지인 OSJ가 병기를 지향하는 반면, 일본에서 출간하는 학술지인 JO는 일본해의 단독 표기를 엄격하게 규정하는 데서 기인한 것으로 사료된다. 마지막으로 비율은 조금 낮았지만 적지 않은 비율로 러시아의 논문들이 일본해를 명칭으로 사용했고, 그 외의 국가들도 차이가 미미하지만 병기보다는 일본해로 표기하는 경향을 보였다. 그런데도 병기와 동해의 단독 표기가 이전에 비해 증가한 이유는 한국의

〈표 11-4〉 동해 표기 방식에 따른 제1저자의 국적 수

국가	동해	동해/일본해 병기	일본해	합계
대한민국	43	152	3	198
일본	0	7	132	139
러시아	1	13	105	119
중국	0	15	19	34
기타	6	13	14	33

동해 연구가 늘어난 영향으로 해석된다.

IV. 맺음말

동해의 명칭 확립을 위해 한국의 수많은 해양학자가 노력했고, 현재까지도 변화를 위해 정진하고 있다. 이는 연도별로 동해에 관련한 해양학 분야에서의 연구 논문을 작성한 한국 국적 제1저자 논문의 출간이 최근 들어 증가하는 경향을 통해서도 확인된다(〈그림 11-2〉). 비록 아직까지는 일본해의 단독 표기를 넘어섰다고 볼 수는 없지만, 꾸준히 동해를 단독 혹은 병행해서 표기하는 국제학술지 논문 수가 증가하고 있다는 건 긍정적으로 볼 수 있다. 동해의 중요성이 꾸준히 높아지고 있는 가운데, 이를 연구하기 위해 EAST(East Asian Seas Time-Series) 사업 등 정부 차원의 관심과 지원이 지속해서 이루어짐에 따라 동해의 표기 현황에 변화가 나타났고, 지

〈그림 11-2〉 동해 연구 논문 제1저자의 연도별 국적 분포

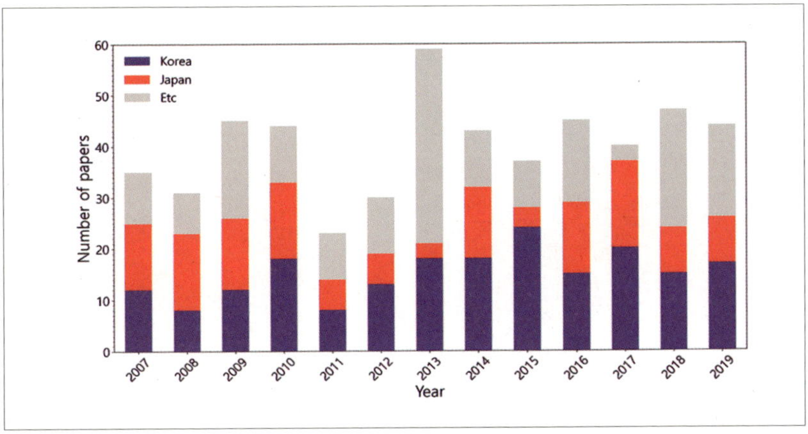

속적인 독려를 기반으로 할 때 긍정적인 효과가 뒤따를 것으로 기대된다. 하지만 제1저자가 한국 국적인 해양학 분야 국제학술지 연구만이 증가하는 추세가 나타난 것은 동해의 명칭을 국제적으로 통용시키기에는 한계가 있음을 시사한다. 따라서 동해의 단독 혹은 병행 표기가 국제적으로 통용되는 확실한 효과를 보기 위해서는 국외 해양학 분야 연구자들이 동해 연구에 참여할 수 있는 국제 공동 협력 연구의 확대 및 활성화가 필요해 보인다. 이는 정부 차원의 관심과 관련 연구비의 지속적 지원 및 확대를 통해 가능할 것이다.

참고 문헌

강동진·임병호·장소영·김윤배·김경렬, 2009, "국제학술지에 발표된 연구 논문에서 동해의 표기 현황," *Ocean and Polar Research*, 31(1), 133-156.

한종엽, 2015, "'동해' 표기에 대한 계량적 분석," 정보관리학회지 32(1), 23-41.

Yee, S.-T., 1995, The Geographical Name of 'Tonghae(East Sea)' in the Korean Historical Documents, In: The Society for East Sea (ed.), *Proceedings of the International Seminar on the Geographical Name of 'East Sea'*, Seoul, Korea, 25 May 1995, 32-35.

부록: 해양학 분야 SCIE급 논문에 게재된 동해 연구 논문 리스트[1]

1. Park, J.J., Kim, K. 2007. Evaluation of calibrated salinity from profiling floats with high resolution conductivity-temperature-depth data in the East/Japan Sea. *Journal of Geophysical Research: Oceans*, 112(5): C05049.
2. Onitsuka, G., Yanagi, T., Yoon, J.-H. 2007. A numerical study on nutrient sources in the surface layer of the Japan Sea using a coupled physical-ecosystem model. *Journal of Geophysical Research: Oceans*, 112(5): C05042.
3. Mask, A.C., Preller, R.H. 2007. A numerical simulation of the East Asian Seas in March 2002: Effect of vertical grid choice. *Ocean Modelling*, 18(2): 81-96.
4. Park, M.-H., Kim, J.-H., Kil, Y.-W. 2007. Identification of the late Quaternary tephra layers in the Ulleung Basin of the East Sea using geochemical and statistical methods. *Marine Geology*, 244: 196-208.
5. Obata, H., Alibo, D.S., Nozaki, Y. 2007. Dissolved aluminum indium and cerium in the Sea of Japan and the Sea of Okhotsk: Comparison to the marginal seas of the western North Pacific. *Journal of Geophysical Research: Oceans*, 112(12): C12003
6. Inoue, M., Tanaka, K., Kofuji, H., Nakano, Y., Komura, K. 2007. Seasonal variation in the 228Ra/226Ra ratio of coastal water within the Sea of Japan: Implications for the origin and circulation patterns of the Tsushima Coastal Branch Current. *Marine Chemistry*, 107(4): 559-568.
7. Jenkins, W.J. 2008. The biogeochemical consequences of changing ventilation in the Japan/East Sea. *Marine Chemistry*, 108: 137-147.
8. Chiba, S., Aita, M.N., Tadokoro, K., Saino, T., Sugisaki, H., Nakata, K. 2008. From climate regime shifts to lower-trophic level phenology: Synthesis of recent progress in retrospective studies of the western North Pacific. *Progress in Oceanography*, 77: 112-126.
9. Tian, Y., Kidokoro, H., Watanabe, T., Iguchi, N. 2008. The late 1980s regime shift in the ecosystem of Tsushima warm current in the Japan/East Sea: Evidence from historical data and possible mechanisms. *Progress in Oceanography*, 77: 127-145.
10. Kim, S.-B., Fukumori, I. 2008. A near uniform basin-wide sea level fluctuation over th Japan/East Sea: A semienclosed sea with multiple straits. *Journal of Geophysical Research: Oceans*, 113(6): C06031.
11. Itaki, T., Minoshima, K., Kawahata, H. 2008. Radiolarian flux at an IMAGES site

1 동해 관련 논문이 게재된 SCIE급 국제학술지 중 2019년 기준 Impact Factor가 상위 30% 이내인 8개 국제학술지에 게재된 논문들만 나타냄.

at the western margin of the subarctic Pacific and its seasonal relationship to the Oyashio Cold and Tsugaru Warm currents. *Marine Geology*, 255: 131-148.

12. Horozal, S., Lee, G.H., Yi, B.Y., Yoo, D.G., Park, K.P., Lee, H.Y., Kim, W., Kim, H.J., Lee, K. 2009. Seismic indicators of gas hydrate and associated gas in the Ulleung Basin, East Sea (Japan Sea) and implications of heat flows derived from depths of the bottom-simulating reflector. *Marine Geology*, 258:126-138.

13. Belkin, I.M. 2009. Rapid warming of Large Marine Ecosystems. *Progress in Oceanography*, 81: 207-213.

14. Nakamura, T., Hamano, A. 2009. Seasonal differences in the vertical distribution pattern of Japanese jack mackerel, Trachurus japonicus: Changes according to age?. *ICES Journal of Marine Science*, 66(6): 1289-1295.

15. Tanabe, S., Tateishi, M., Shibata, Y. 2009. The sea-level record of the last deglacial in the Shinano River incised-valley fill, Echigo Plain, central Japan. *Marine Geology*, 266: 223-231.

16. Son, Y.-T., Lee, S.-H., Choi, B.-J., Lee, J.-C. 2010. Frontal structure and thermohaline intrusions in the South Sea of Korea from observed data and a relocation method. *Journal of Geophysical Research: Oceans*, 115(2): C02011.

17. Fujita, S., Kuma, K., Ishikawa, S., Nishimura, S., Nakayama, Y., Ushizaka, S., Isoda, Y., Otosaka, S., Aramaki, T. 2010. Iron distributions in the water column of the Japan Basin and Yamato Basin (Japan Sea). *Journal of Geophysical Research: Oceans*, 115(12): C12001.

18. Na, H., Kim, K.-Y., Chang, K.-I., Kim, K., Yun, J.-Y., Minobe, S. 2010. Interannual variability of the Korea Strait Bottom Cold Water and its relationship with the upper water temperatures and atmospheric forcing in the Sea of Japan (East Sea). *Journal of Geophysical Research: Oceans*, 115(9): C09031.

19. Thomas, L.N., Lee, C.M., Yoshikawa, Y. 2010. The subpolar front of the Japan/East sea. Part II: Inverse method for determining the frontal vertical circulation. *Journal of Physical Oceanography*, 40(1): 3-25.

20. Yeh, S.-W., Park, Y.-G., Min, H., Kim, C.-H., Lee, J.-H. 2010. Analysis of characteristics in the sea surface temperature variability in the East/Japan Sea. *Progress in Oceanography*, 85: 213-223.

21. Min, D.-H., Warner, M.J., Bullister, J.L. 2010. Estimated rates of carbon tetrachloride removal in the thermocline and deep waters of the East Sea (Sea of Japan). *Marine Chemistry*, 121: 100-111.

22. Kidokoro, H., Goto, T., Nagasawa, T., Nishida, H., Akamine, T., Sakurai, Y. 2010. Impact of a climate regime shift on the migration of Japanese common squid (Todarodes pacificus) in the Sea of Japan. *ICES Journal of Marine Science*, 67(7):

1314-1322.

23. Lim, D., Xu, Z., Choi, J., Kim, S., Kim, E., Kang, S., Jung, H. 2011. Paleoceanographic changes in the Ulleung Basin, East (Japan) Sea, during the last 20,000years: Evidence from variations in element composition of core sediments. *Progress in Oceanography*, 88: 101-115.

24. Lee, H.J., Park, J.-H., Wimbush, M., Jung, K.T., Jang, C.J., Cho, Y.-K., Seo, Y.-K., Nam, J.H. 2011. Tidal effects on intermediate waters: A case study in the East/Japan Sea. *Journal of Physical Oceanography*, 41(1): 234-240.

25. Prants, S.V., Budyansky, M.V., Ponomarev, V.I., Uleysky, M.Y. 2011. Lagrangian study of transport and mixing in a mesoscale eddy street. *Ocean Modelling*, 38: 114-125.

26. Rosa, A.L., Yamamoto, J., Sakurai, Y. 2011. Effects of environmental variability on the spawning areas, catch, and recruitment of the Japanese common squid, Todarodes pacificus (Cephalopoda: Ommastrephidae), from the 1970s to the 2000s. *ICES Journal of Marine Science*, 68(6): 1114-1121.

27. Mitsudera, H., Uchimoto, K., Nakamura, T. 2011. Rotating stratified barotropic flow over topography: Mechanisms of the cold belt formation off the Soya warm current along the Northeastern coast of Hokkaido. *Journal of Physical Oceanography*, 41(11): 2120-2136.

28. Na, H., Kim, K.-Y., Chang, K.-I., Park, J.J., Kim, K., Minobe, S. 2012. Decadal variability of the upper ocean heat content in the East/Japan Sea and its possible relationship to northwestern Pacific variability. *Journal of Geophysical Research: Oceans*, 117(2): C02017.

29. Kim, D., Yang, E.J., Kim, K.H., Shin, C.-W., Park, J., Yoo, S., Hyun, J.-H. 2012. Impact of an anticyclonic eddy on the summer nutrient and chlorophyll a distributions in the Ulleung Basin, East Sea (Japan Sea). *ICES Journal of Marine Science*, 69(1): 23-29.

30. Gamo, T., Tsunogai, U., Hirota, A., Nakayama, N., Kang, D.-J., Kim, K.-R. 2012. First measurements of methane and its carbon isotope ratio in the Japan Sea (East Sea). *Marine Chemistry*, 128-129: 92-99.

31. Kang, Y.S., Jung, S., Zuenko, Y., Choi, I., Dolganova, N. 2012. Regional differences in the response of mesozooplankton to oceanographic regime shifts in the northeast Asian marginal seas. *Progress in Oceanography*, 97-100: 120-134.

32. Yoshikawa, Y., Lee, C.M., Thomas, L.N. 2012. The Subpolar Front of the Japan/East Sea. Part III: Competing Roles of Frontal Dynamics and Atmospheric Forcing in Driving Ageostrophic Vertical Circulation and Subduction. *Journal of Physical Oceanography*, 42(6): 991-1011.

33. Marcos, M., Tsimplis, M.N., Calafat, F.M. 2012. Inter-annual and decadal sea level variations in the north-western Pacific marginal seas. *Progress in Oceanography*, 105: 4-21.

34. Moon, J.-H., Tony Song, Y. 2013. Sea level and heat content changes in the western North Pacific. *Journal of Geophysical Research: Oceans*, 118(4): 2014-2022.

35. Yang, J., Lin, X., Wu, D. 2013. Wind-driven exchanges between two basins: Some topographic and latitudinal effects. *Journal of Geophysical Research: Oceans*, 118(9): 4585-4599.

36. Senjyu, T., Aramaki, T., Tanaka, S.S., Zhang, J., Isoda, Y., Kumamoto, Y., Hibino, S., Nakano, T. 2013. Abyssal water mass exchange between the Japan and Yamato Basins in the Japan Sea. *Journal of Geophysical Research: Oceans*, 118(10): 4878-4888.

37. Park, Y.-G., Park, J.-H., Lee, H.J., Min, H.S., Kim, S.-D. 2013. The effects of geothermal heating on the East/Japan Sea circulation. *Journal of Geophysical Research: Oceans*, 118(4): 1893-1905.

38. Tanabe, S., Nakanishi, T., Matsushima, H., Hong, W. 2013. Sediment accumulation patterns in a tectonically subsiding incised valley: Insight from the Echigo Plain, central Japan. *Marine Geology*, 336: 33-43.

39. Tian, Y., Nashida, K., Sakaji, H. 2013. Synchrony in the abundance trend of spear squid Loligo bleekeri in the Japan Sea and the Pacific Ocean with special reference to the latitudinal differences in response to the climate regime shift. *ICES Journal of Marine Science*, 70(5): 968-979.

40. Kim, T.-H., Kim, G. 2013. Changes in seawater N: P ratios in the northwestern Pacific Ocean in response to increasing atmospheric N deposition: Results from the East (Japan) Sea. *Limnology and Oceanography*, 58(6): 1907-1914.

41. Kim, G.B., Yoon, S.H., Sohn, Y.K., Kwon, Y.K. 2013. Wave-planation surfaces in the mid-western East Sea (Sea of Japan): Indicators of subsidence history and paleogeographic evolution of back-arc basin. *Marine Geology*, 344: 65-81.

42. Um, I.K., Choi, M.S., Bahk, J.J., Song, Y.H. 2013. Discrimination of sediment provenance using rare earth elements in the Ulleung basin, East/Japan sea. *Marine Geology*, 346: 208-219.

43. Lim, C., Lee, I., Ikehara, K. 2013. Geochemical identification of cryptotephras using INAA from Late Quaternary hemipelagic sediments, southwest Japan. *Marine Geology*, 346: 233-245.

44. Lee, S.H., Jung, W.-Y., Bahk, J.J., Gardner, J.M., Kim, J.K., Lee, S.H. 2013. Depositional features of co-genetic turbidite-debrite beds and possible

mechanisms for their formation in distal lobated bodies beyond the base-of-slope, Ulleung Basin, East Sea (Japan Sea). *Marine Geology*, 346: 124-140.

45. Yang, H., Choi, J.-K., Park, Y.-J., Han, H.-J., Ryu, J.-H. 2014. Application of the Geostationary Ocean Color Imager (GOCI) to estimates of ocean surface currents. *Journal of Geophysical Research: Oceans*, 119(6): 3988-4000.

46. Tian, Y., Uchikawa, K., Ueda, Y., Cheng, J. 2014. Comparison of fluctuations in fish communities and trophic structures of ecosystems from three currents around Japan: Synchronies and differences. *ICES Journal of Marine Science*, 71(1): 19-34.

47. Kwak, J.H., Lee, S.H., Hwang, J., Suh, Y.-S., Je Park, H., Chang, K.-I., Kim, K.-R., Kang, C.-K. 2014. Summer primary productivity and phytoplankton community composition driven by different hydrographic structures in the East/Japan Sea and the Western Subarctic Pacific. *Journal of Geophysical Research: Oceans*, 119(7): 4505-4519.

48. Tanaka, K. 2014. Formation of bottom water and its variability in the northwestern part of the Sea of Japan. *Journal of Geophysical Research: Oceans*, 119(3): 2081-2094.

49. Seo, G.-H., Cho, Y.-K., Choi, B.-J., Kim, K.-Y., Kim, B.-G., Tak, Y.-J. 2014. Climate change projection in the Northwest Pacific marginal seas through dynamic downscaling. *Journal of Geophysical Research: Oceans*, 119(6): 3497-3516.

50. Jeon, C., Park, J.-H., Varlamov, S.M., Yoon, J.-H., Kim, Y.H., Seo, S., Park, Y.-G., Min, H.S., Lee, J.H., Kim, C.-H. 2014. Seasonal variation of semidiurnal internal tides in the East/Japan Sea. *Journal of Geophysical Research: Oceans*, 119(5): 2843-2859.

51. Zhao, N., Manda, A., Han, Z. 2014. Frontogenesis and frontolysis of the subpolar front in the surface mixed layer of the Japan Sea. *Journal of Geophysical Research: Oceans*, 119(2): 1498-1509.

52. Joo, H., Park, J.W., Son, S., Noh, J.-H., Jeong, J.-Y., Kwak, J.H., Saux-Picart, S., Choi, J.H., Kang, C.-K., Lee, S.H. 2014. Long-term annual primary production in the Ulleung Basin as a biological hot spot in the East/Japan Sea. *Journal of Geophysical Research: Oceans*, 119(5): 3002-3011.

53. Nakada, S., Hirose, N., Senjyu, T., Fukudome, K.-I., Tsuji, T., Okei, N. 2014. Operational ocean prediction experiments for smart coastal fishing. *Progress in Oceanography*, 121: 125-140.

54. Ito, M., Morimoto, A., Watanabe, T., Katoh, O., Takikawa, T. 2014. Tsushima Warm Current paths in the southwestern part of the Japan Sea. *Progress in Oceanography*, 121: 83-93.

55. Gamo, T. 2014. Excess 222Rn profiles in the bottom layer of the Japan Sea and

their implication for bottom water dynamics. *Progress in Oceanography*, 121: 94-97.

56. Yoon, S.H., Sohn, Y.K., Chough, S.K. 2014. Tectonic, sedimentary, and volcanic evolution of a back-arc basin in the East Sea (Sea of Japan). *Marine Geology*, 352: 70-88.

57. Suzuki, A., Obata, H., Okubo, A., Gamo, T. 2014. Precise determination of dissolved platinum in seawater of the Japan Sea, Sea of Okhotsk and western North Pacific Ocean. *Marine Chemistry*, 166: 114-121.

58. Prants, S.V., Ponomarev, V.I., Budyansky, M.V., Uleysky, M., Fayman, P.A. 2015. Lagrangian analysis of the vertical structure of eddies simulated in the Japan Basin of the Japan/East Sea. *Ocean Modelling*, 86: 128-140.

59. Kim, J., Kim, G. 2015. Importance of colored dissolved organic matter (CDOM) inputs from the deep sea to the euphotic zone: Results from the East (Japan) Sea. *Marine Chemistry*, 169: 33-40.

60. Kim, T., Obata, H., Kondo, Y., Ogawa, H., Gamo, T. 2015. Distribution and speciation of dissolved zinc in the western North Pacific and its adjacent seas. *Marine Chemistry*, 173: 330-341.

61. Kim, J.J., Stockhausen, W., Kim, S., Cho, Y.-K., Seo, G.-H., Lee, J.-S. 2015. Understanding interannual variability in the distribution of, and transport processes affecting, the early life stages of Todarodes pacificus using behavioral-hydrodynamic modeling approaches. *Progress in Oceanography*, 138: 571-583.

62. Kodama, T., Morimoto, H., Igeta, Y., Ichikawa, T. 2015. Macroscale-wide nutrient inversions in the subsurface layer of the Japan Sea during summer. *Journal of Geophysical Research: Oceans*, 120(11): 7476-7492.

63. Yu, X., Guo, X., Takeoka, H. 2016. Fortnightly variation in the bottom thermal front and associated circulation in a semienclosed sea. *Journal of Physical Oceanography*, 46(1): 159-177.

64. Kida, S., Qiu, B., Yang, J., Lin, X. 2016. The annual cycle of the Japan sea throughflow. *Journal of Physical Oceanography*, 46(1): 23-39.

65. Kang, S.K., Seung, Y.H., Park, J.J., Park, J.-H., Lee, J.H., Kim, E.J., Kim, Y.H., Suk, M.-S. 2016. Seasonal variability in middepth gyral circulation patterns in the central East/Japan Sea as revealed by long-term Argo data. *Journal of Physical Oceanography*, 46(3): 937-946.

66. Sakaguchi, A., Nomura, T., Steier, P., Gloser, R., Sasaki, K., Watanabe, T., Nakakuki, T., Takahashi, Y., Yamano, H. 2016. Temporal and vertical distributions of anthropogenic 236U in the Japan Sea using a coral core and seawater samples. *Journal of Geophysical Research: Oceans*, 121(1): 4-13.

67. Karnaukh, V.N., Astakhov, A.S., Vereshchagina, O.F., Tsoy, I.B., Kosmach, D.A., Sagalaev, S.G., Volkova, T.I., Dubina, V.A., Prushkovskaya, I.A. 2016. Formation of subsurface shallow gas accumulations in Amurskiy Bay (Peter the Great Bay, Sea of Japan) as a result of postglacial sea-level change, paleoceanographic conditions and hydrological activity. *Marine Geology*, 372: 31-52.

68. Suk, D. 2016. Environmental conditions for the presence of magnetofossils in the Last Glacial Maximum inferred from magnetic parameters of sediments from the Ulleung Basin, East Sea. *Marine Geology*, 372: 53-65.

69. Zhao, N., Iwasaki, S., Isobe, A., Lien, R.-C., Wang, B. 2016. Intensification of the subpolar front in the Sea of Japan during winter cyclones. *Journal of Geophysical Research: Oceans*, 121(4): 2253-2267.

70. Nam, S., Yoon, S.-T., Park, J.-H., Kim, Y.H., Chang, K.-I. 2016. Distinct characteristics of the intermediate water observed off the east coast of Korea during two contrasting years. *Journal of Geophysical Research: Oceans*, 121(7): 5050-5068.

71. Itoh, S., Kasai, A., Takeshige, A., Zenimoto, K., Kimura, S., Suzuki, K.W., Miyake, Y., Funahashi, T., Yamashita, Y., Watanabe, Y. 2016. Circulation and haline structure of a microtidal bay in the Sea of Japan influenced by the winter monsoon and the Tsushima Warm Current. *Journal of Geophysical Research: Oceans*, 121(8): 6331-6350.

72. Yoon, S.-T., Chang, K.-I., Na, H., Minobe, S. 2016. An east-west contrast of upper ocean heat content variation south of the subpolar front in the East/Japan Sea. *Journal of Geophysical Research: Oceans*, 121(8): 6418-6443.

73. Kosugi, N., Sasano, D., Ishii, M., Enyo, K., Saito, S. 2016. Autumn CO2 chemistry in the Japan Sea and the impact of discharges from the Changjiang River. *Journal of Geophysical Research: Oceans*, 121(8): 6536-6549.

74. Yun, J.-Y., Chang, K.-I., Kim, K.-Y., Cho, Y.-K., Park, K.-A., Magaard, L. 2016. ENSO teleconnection to the isopycnal depth fluctuations of the East/Japan Sea intermediate water in the Ulleung Basin during 1968-2002. *Journal of Physical Oceanography*, 46(9): 2675-2694.

75. Kodama, T., Igeta, Y., Kuga, M., Abe, S. 2016. Long-term decrease in phosphate concentrations in the surface layer of the southern Japan Sea. *Journal of Geophysical Research: Oceans*, 121(10): 7845-7856.

76. Okamura, H., Yamashita, Y., Ichinokawa, M. 2017. Ridge virtual population analysis to reduce the instability of fishing mortalities in the terminal year. *ICES Journal of Marine Science*, 74(9): 2427-2436.

77. Nomura, T., Sakaguchi, A., Steier, P., Eigl, R., Yamakawa, A., Watanabe, T., Sasaki,

K., Watanabe, T., Golser, R., Takahashi, Y., Yamano, H. 2017. Reconstruction of the temporal distribution of 236U/238U in the Northwest Pacific Ocean using a coral core sample from the Kuroshio Current area. *Marine Chemistry*, 190: 28-34.

78. Chou, W.-C., Tishchenko, P.Y., Chuang, K.-Y., Gong, G.-C., Shkirnikova, E.M., Tishchenko, P.P. 2017. The contrasting behaviors of CO2 systems in river-dominated and ocean-dominated continental shelves: A case study in the East China Sea and the Peter the Great Bay of the Japan/East Sea in summer 2014. *Marine Chemistry*, 195: 50-60.

79. Igeta, Y., Yankovsky, A., Fukudome, K.-I., Ikeda, S., Okei, N., Ayukawa, K., Kaneda, A., Watanabe, T. 2017. Transition of the Tsushima Warm Current path observed over Toyama Trough, Japan. *Journal of Physical Oceanography*, 47(11): 2721-2739.

80. Shin, J.-W., Park, J., Choi, J.-G., Jo, Y.-H., Kang, J.J., Joo, H., Lee, S.H. 2017. Variability of Phytoplankton Size Structure in Response to Changes in Coastal Upwelling Intensity in the Southwestern East Sea. *Journal of Geophysical Research: Oceans*, 122(12): 10262-10274.

81. Park, J., Lim, B. 2018. A new perspective on origin of the East Sea Intermediate Water: Observations of Argo floats. *Progress in Oceanography*, 160: 213-224.

82. Na, T., Thamdrup, B., Kim, B., Kim, S.-H., Vandieken, V., Kang, D.-J., Hyun, J.-H. 2018. N2 production through denitrification and anammox across the continental margin (shelf-slope-rise) of the Ulleung Basin, East Sea. *Limnology and Oceanography*, 63: S410-S424.

83. Lee, E.A., Kim, S.Y. 2018. Regional Variability and Turbulent Characteristics of the Satellite-sensed Submesoscale Surface Chlorophyll Concentrations. *Journal of Geophysical Research: Oceans*, 123(6): 4250-4279.

84. Ponomarev, V.I., Fayman, P.A., Prants, S.V., Budyansky, M.V., Uleysky, M.Y. 2018. Simulation of mesoscale circulation in the Tatar Strait of the Japan Sea. *Ocean Modelling*, 126: 43-55.

85. Muhling, B.A., Tommasi, D., Ohshimo, S., Alexander, M.A., Dinardo, G. 2018. Regional-scale surface temperature variability allows prediction of Pacific bluefin tuna recruitment. *ICES Journal of Marine Science*, 75(4): 1341-1352.

86. Jiang, S., Zhang, J., Zhang, R., Xue, Y., Zheng, W. 2018. Dissolved Lead in the East China Sea With Implications for Impacts of Marginal Seas on the Open Ocean Through Cross-Shelf Exchange. *Journal of Geophysical Research: Oceans*, 123(8): 6004-6018.

87. Han, S., Hirose, N., Kida, S. 2018. The Role of Topographically Induced Form Drag on the Channel Flows Through the East/Japan Sea. *Journal of Geophysical*

Research: Oceans, 123(9): 6091-6105.

88. Lee, D. 2018. High concentration chlorophyll a rings associated with the formation of intrathermocline eddies. *Limnology and Oceanography*, 63(6): 2806-2814.

89. Jeon, C., Park, J.-H., Park, Y.-G. 2019. Temporal and Spatial Variability of Near-Inertial Waves in the East/Japan Sea From a High-Resolution Wind-Forced Ocean Model. *Journal of Geophysical Research: Oceans*, 124(8): 6015-6029.

90. Inoue, M., Takehara, R., Yamashita, S., Senjyu, T., Morita, T., Miki, S., Nagao, S. 2019. Convection of surface water in the northeastern Japan Sea: Implications from vertical profiles of 134Cs concentrations. *Marine Chemistry*, 214: 103661.

91. Cukur, D., Kong, G.-S., Chun, J.-H., Kang, M.-H., Um, I.-K., Kwon, T., Johnson, S.Y., Kim, K.-O. 2019. Morphology and genesis of giant seafloor depressions on the southeastern continental shelf of the Korean Peninsula. *Marine Geology*, 415: 105966.

92. Wang, Y., Guo, X., Zhao, L., Zhang, J. 2019. Seasonal variations in nutrients and biogenic particles in the upper and lower layers of East China Sea Shelf and their export to adjacent seas. *Progress in Oceanography*, 176: 102138.

93. Brandt, A., Alalykina, I., Brix, S., Brenke, N., Bła?ewicz, M., Golovan, O.A., Johannsen, N., Hrinko, A.M., Ja?d?ewska, A.M., Jeskulke, K., Kamenev, G.M., Lavrenteva, A.V., Malyutina, M.V., Riehl, T., Lins, L. 2019. Depth zonation of Northwest Pacific deep-sea macrofauna. *Progress in Oceanography*, 176: 102131.

94. Im, D.-H., Suh, H.-L. 2019. Evidence for resource partitioning by ontogeny and species in calanoid copepods. *Progress in Oceanography*, 176: 102111.

95. Kim, H., Park, C., Park, M.-H., Song, Y. 2019. Diagenetic study on the Neogene sedimentary basin as paleoenvironmental proxy data for an offshore CO2 storage project in Pohang Basin, South Korea. *Marine Geology*, 416: 105977.

96. Chen, L., Yang, J., Wu, L. 2019. Modeling the Dispersion of Dissolved Natural Gas Condensates From the Sanchi Incident. *Journal of Geophysical Research: Oceans*, 124(11): 8439-8454.

97. Ji, R., Jin, M., Li, Y., Kang, Y.-H., Kang, C.-K. 2019. Variability of primary production among basins in the East/Japan Sea: Role of water column stability in modulating nutrient and light availability. *Progress in Oceanography*, 178: 102173.

98. Mao, X., Guo, X., Kubota, T., Wang, Y. 2019. Numerical studies on snow crab (Chionoecetes opilio) larval survival and transport in the Sea of Japan. *Progress in Oceanography*, 179: 102204.

제12장 새로운 지명 교육의 방향과 동해

윤옥경*

I. 들어가는 말

지금까지 '지리'는 암기과목으로 여겨져 왔고, 많은 사람이 '지리' 교과를 오해하고 있다. 사람들은 학창 시절 지리 시간에 어디에 무엇이 있는가를 열거하고 그곳의 지명을 외우던 기억을 떠올리곤 한다. 2012년 5월 미국 오바마 대통령이 〈내셔널 지오그래픽 GeoBee〉[1]에서 문항을 출제한 일이 있었는데[2], 당시에 출제한 문항은 "2012년 3월 오바마 대통령을

* 청주교육대학교 사회과교육과 교수.

1 National Geographic Society의 후원으로 매년 열리는 일종의 지리경연대회로서 미국 전역의 4학년~8학년 학생들이 참여할 수 있다. 1989년부터 2000년까지 National Geography Bee, 2001년부터 2018년까지 National Geographic Bee, Nat Geo Bee라고도 했다.

2 Obama asks a question at 2012 National Geographic Bee(May 25, 2012). https://www.youtube.com/watch?v=Cshn_oiYSyY&ab_channel=btau24.

비롯하여 50여 개국 정상들이 참석한 핵 안보 정상 회의[3]를 개최한 아시아의 (수도) 도시"를 묻는 것이었다.[4] 문항 내용에 '한강'이 제시됐으며, 정답은 '서울'이었다. 그런데 여기서 주목할 부분은 오바마 대통령이 문항 출제에 앞서 '지리' 교과의 정체성에 대해 언급한 대목이다.[5]

> The study of geography is about more than just memorizing places on a map. It's about understanding the complexity of our world, appreciating the diversity of cultures that exists across continents. And in the end, it's about using all that knowledge to help bridge divides and bring people together.
>
> \- Barack Obama

GeoBee에 참가한 학생들은 경연 규칙에 따라 주어진 시간 안에 간단명료한 답(국가명, 도시명 등)을 적고 말하게 되어 있다. 오바마 대통령은 "지리를 공부하는 것은 단지 지도상의 지명을 외우는 것이 아니라, 우리 세계의 복잡성을 이해하고 전 세계의 문화 다양성을 인식하며, 궁극적으로 지식을 사용하여 분열을 해소하고 사람들을 하나로 모으는 데 도움이 되어야 한다"고 강조한다.

---

3 2012년 3월 말 서울에서 열린 '핵 안보 정상회의'에는 53개국 정상 또는 정상급 수석 대표와 4개 국제기구 수장들이 참석하여 고농축우라늄(HEU)과 플루토늄을 제거 및 최소화하려는 노력을 통해 핵무기 원료인 핵물질을 제거해 나감으로써 핵테러 가능성을 차단하도록 한다는 내용의 선언문을 채택했다(연합뉴스, 2012. 3. 27.).

4 문항의 원문 일부 내용은 다음과 같다. "in March, I met with leaders of more than 50 countries at the nuclear security summit... This Asian capital city located on the Han river hosted the meeting...."

5 https://www.politico.com/blogs/politico44/2012/05/obama-asks-geography-bee-question-124490.

그렇다면, '동해'에 대해 가르친다면 무엇을 가르칠 것인가?

교육은 누구를 대상으로 하며, 어떤 곳에서, 어떤 교과 시간에 가르치는가에 따라 다양한 모습을 가진다. 물론 시대적 · 사회적 상황과 국가적 배경 또한 교육에 영향을 미친다. 만약 고등학교 학생들을 대상으로 학교에서 과학 시간에 '동해'를 가르친다면, 과학 교과의 목표와 내용 체계를 고려하여 가르칠 내용을 선택하고 세분화할 것이다. 예를 들면, "해수의 운동과 순환"[6]이라는 주제하에 우리나라 주변 바다의 상황을 사례로 들어 학습이 이루어질 수 있다.

교육과정을 만드는 데 참여하는 전문가들은 이 세상의 많은 사례 중 학습에 활용할 사례를 선정하는 데 있어서 학습 주제 이해에 도움이 되며, 또 다른 사례를 해석하는 데 도움이 될 것인지 고려한다. 소위 전이성 있는 사례를 선택한다. 교육과정은 현실적으로 주어진 교육의 체계와 시간적 제한에서 가장 큰 효과를 얻기 위한 선택의 결과물이며 사회 · 경제적 상황이나 기타 여러 요인에 따라 변동 가능하다.

'지명'에 대한 학습으로서 '동해'는 지리 교과의 체계에서 다룰 수 있을 것이다. 사실 2015 사회과 교육과정의 고등학교 '한국지리' 교과에는 동해를 직접적으로 다룰 근거가 제시되어 있다.[7] 이 장에서는 '지명'에 대한 교육 논의를 '동해' 지명에 대해 가장 직접적으로 다룰 수 있는 지리교육

---

6 과학과 성취기준 중 '지구과학 1'[12지과 I 04-01] 대기의 대순환과 해양의 표층 순환과의 관계를 주요 표층 해류를 중심으로 설명할 수 있다. (해설) 대양별 주요 해류 분포를 다루되 우리나라 주변 해류 분포에 대해서도 북태평양의 표층 순환과 관련지어 다룬다. 출처: 교육부 고시 제2015-74호, 별책 9 '과학과 교육과정.'

7 사회과 성취기준 중 '한국지리'[12한지01-01] 세계 속에서 우리나라의 위치와 영역의 특성을 파악하고, 독도 주권, 동해 표기 등의 의미와 중요성을 이해한다. 출처: 교육부 고시 제2015-74호, 별책 7 '사회과 교육과정.'

분야로 한정하고자 한다. 다만, 지명을 암기하는 지리 공부가 아닌, 미래 세대가 살아갈 새로운 시대의 흐름에 걸맞은 지명 교육의 가능성을 모색하고자 한다.

II. 지리교육과 지명

처음 접하는 낯선 지명은 그 뜻이나 유래를 알게 되면 흥미롭게 느껴질 수 있다. 시중에는 재미있는 지명을 소개하거나, 지명의 유래를 다루는 서적들도 판매되고 있다. 지명은 뜻과 유래를 통해 지역을 이해하는 단서를 제공한다. 지리교육에서는 그 대상으로 '지역'을 다루고, 지역에 대한 자료는 지명을 포함하고 있다. 교과서에도 지명이 나오는데, 교과목으로 보면 여타 과목보다 사회과 지리교육 분야에서 지명이 가장 많이 나온다. 이러한 지명은 학생들의 지역 인식에 영향을 줄 수 있는데, 그 지명이 어떤 맥락에서 등장하는가에 따라 그 지역에 대한 편견이 생길 수도 있다(조수진, 2018).

지리교육계에서는 이 넓은 세계를 대상으로 '지역을(대륙별, 국가별로) 구분하고 각 지역의 고유성이나 특성을 공부할 것인가? 아니면 세계를 공간적 측면에서 분석하여 학습 주제를 선정하고 이해를 돕기 위해 각 지역의 사례를 곁들이는 것이 좋을까? 이 경우, 분석할 대상의 공간 규모는 어느 정도로 하는 것이 좋을까?' 등의 논의가 수십 년간 있었고, 현재의 지리교육 과정은 어쩌면 이러한 논의의 잠정적 결과물로 보인다. 지역을 연구할 때, 사례 그 자체의 독특함을 존중하는 입장과 사례들로부터 공통으로 도출되는 규칙을 추구하는 입장의 차이가 있을 수 있는데, 전자를 '지역지리학'이라고 하는 반면, 보통 후자를 '계통지리학'이라고 한다. 지역의 고유한 특징을 파악하려는 지역지리학적 접근방식에 따르면, 연구자는 지역마다 독특함을 기술하여 나열하게 되고 그 내용에는 (고유)지명이 포함되기 마련이다.

일반적으로 교육내용으로서의 '사실적 지식'과 '개념 및 원리'의 관계에 대응하여 지리학 및 지리교육의 내용을 보면, 지역지리학에서 추구하는 각 지역의 독특함은 사실적 지식에 해당한다. 사실적 지식에서 추출한 공통점을 기반으로 개념화와 일반적 원리의 도출이 가능하다고 하면, 각 지역의 특성에서 공통점을 지리 개념과 원리로 도출할 수 있다. 개념 중심의 교육에서 각 개념은 그 개념에 부합하는 속성을 지닌 사례가 있어 개념을 이해하는 데 유용한 것처럼, 지리교육에서 어떤 주제에 대한 구체적 사례 지역이 존재할 수 있다. 그러나 예외 없는 법칙이 없듯이, 어떤 한 주제에 대해 각 사례(지역)들은 다소간 차이를 드러내고, 어느 수준의 렌즈로 보느냐에 따라 각 사례(지역)의 독특함이 부각될 수도 있다. 그러한 차이를 존중할 것인가, 무시할 것인가에 따라 지리 개념 및 원리의 도출에 대해 다른 입장들이 존재한다.

지리교육에서 지명은 개념 및 원리의 사례로서 제시되는 어떤 곳의 이름, 즉 '지명 그 자체'(고유 지명)일 수도 있고, 지리적 연구나 개념 정의에 따라 새롭게 명명된 지역 명칭일 수도 있다. 전자의 예로, 화산 지형에 대한 학습에서 사례로 활용될 수 있는 '제주도'를 들 수 있으며, 후자의 예로 '수도권'을 들 수 있다.

지리교육에서 '지명을 아는 것'은 지식을 축적하는 차원에서 지명을 알고, 기억하며, 지식의 목록으로 단순히 습득하는 것 이상의 의미가 있다. 지명 교육은 첫째, 지명을 통해 지역과 지리를 알아가는 것으로서, 지명의 의미 등을 통해 지역의 특성을 파악하고 이해하는 것이다. 이는 장소에 대한 지식, 지역지리적인 지식일 것이다. 둘째, 지명에 대해 아는 것으로서, 지명의 규칙성, 지명 부여의 체계 등을 발견하는 계통지리적 지식과 관련된다. 셋째, 지명의 유래 및 역사적 변천 배경 등을 통해 지명을 둘러싼 힘, 정치에 관해 아는 것이다. 지리교육과 지명의 관계를 다음과 같이 다각도로 살펴볼 수 있다.

1. 지명을 통해 지역지리 공부하기

지명(geographycal name)은 지구상의 지형물(geohraphical feature)에 붙인 이름이다. 지형물의 특성(속성)에 따라 산, 강, 계곡, 섬 등의 자연적 지형물에 대한 이름(자연 지명)과 문화유적, 교통시설 등 인공적 지형물에 대한 이름(인공 지명)으로 나눌 수 있다. 오늘날 일상생활에서 지역 단위로 접하는 행정구역들(시·군·구 등) 또한 행정 지명으로서 지명의 한 종류이다. 지구상에 존재하는 지형물을 포함해, 지구가 아닌 외계의 지형물까지도 통틀어 지칭할 때, 그곳의 이름으로서 '지명'은 그리스어로 장소를 뜻하는 'topos'와 이름을 뜻하는 'onoma'가 합쳐진 지명(toponym)으로 용어를 구분 짓기도 한다(주성재, 2018, 52).

지리교육에서 지명의 활용은 지명이 지역을 인식하고 범주화하는 기준으로서 어떤 지역의 자연 환경이나 인문 환경, 그리고 그 조합인 지역성을 파악하는 데 도움이 된다(조성욱, 2004). 또한 지명을 통한 학습은 지명의

〈그림 12-1〉 지명의 지리교육적 의의(조성욱, 2004)

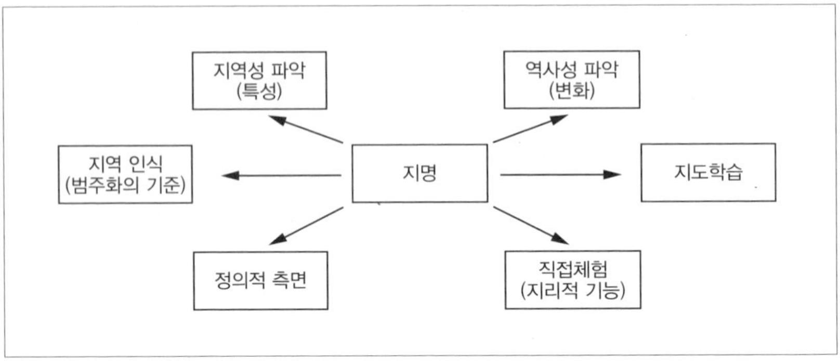

변화 과정을 추적하여 지역의 역사성을 파악하고, 지명의 위치와 분포 확인 과정에서의 지도 학습 및 지리적 기능의 향상을 꾀할 수 있으며, 지명에 부여된 지역 주민들의 관심과 애정 등을 접하면서 정의적 측면의 교육목표 달성에도 활용될 수 있다(〈그림 12-1〉).

2. 지명 명명의 체계 알기: 지명의 규칙성, 지명 부여의 체계 속에서 계통지리 공부하기

지명은 지형물(geographical feature)의 특성별로 분류 체계가 있으며, 장소의 특성을 반영하므로, 장소와 지역에 대한 학습에서 그 장소에 대해 인식할 때 지명은 효율적이고 유용하게 사용될 수 있다(조성욱, 2004, 212). 지명에 대한 학습은 그 지명이 형성된 지리적 요소와의 관련성, 지명 간의 상호 관련성, 그 관련성에 내재하는 원리의 분석, 지명 변형의 과정 등 기존의 지식을 새롭게 응용, 적용하는 학습의 과정이다(장의선, 2004).

3. 지명을 둘러싼 힘과 정치 알기

인간의 장소 인식의 범위가 지구이든 그 너머이든 인간은 어떤 장소에 대해 인식하고 그곳에 이름을 지어왔다. 이처럼 '이름을 짓는 일'은 그 주체의 인식과 생각을 반영하게 된다. 지명은 '어떤 곳에 붙인 이름'으로서 그 장소의 특징을 담게 마련이므로 그곳이 어떤 곳인지 상상하거나 알 수 있게 이름이 부여된다. 따라서 지명은 어떤 대상이나 범위를 지칭하는 기능 이외에 장소 인식의 결과물이며 지명을 둘러싼 사회적 관계가 담겨 있는 사회적 구성물로서 이해된다(권선정, 2014).

지명은 지역의 환경과 그에 대한 인간의 사유와 경험이 융합된 '의미의 복합체'로서, 지명에는 장소가 가지는 특성에 명명 주체로서 인간의 의식이 결합해 있으므로 그 지역에 거주하는 사람들의 생활과 어떤 관련을 맺고 있는지 살펴야 할 것이다(장의선, 2004). 지명의 유래 및 역사적 변천 배경 등을 통해 지명을 둘러싼 힘과 정치를 읽어내는 것은 지명을 둘러싼 교육이 어떤 장소를 나의 장소로 인식하는 데서 출발하는 장소 정체성, 영토·영역 교육과 연결되어 있음을 의미한다.

III. 장소감과 영역성으로 본 동해

1. 동해에 대한 이미지와 장소감

사람들은 어떤 장소에 관심을 가지고 의미를 부여하며, 애착, 소속감,

정체성 등을 느끼는 경우가 많은데 이것을 포괄하여 장소감(sense of place)이라고 한다. 사람들은 처음부터 그 장소에 대해 감정을 가지지 않을 수도 있지만, 여러 요인과 계기를 통해 장소감이 형성되며, 장소감은 인지적·정의적·행동적 요소로 구성된다(김민성·윤옥경, 2013). Shamai는 장소감이 없는 가장 낮은 단계에서 장소를 위해 이익을 희생하는 가장 높은 단계까지의 변화 과정을 체계화했다. 장소감의 발달 단계는 처음 장소감 없음(not having any sense of place)에서 시작하여 (감정 없이) 장소 위치를 인지하고 다른 장소와 구별하는 것(knowledge of being located in a place)을 거쳐, 공동체의 어떤 장소에 속한다는 느낌(belonging to a place)-장소에 대한 (감정적) 애착(attachment to a place) 등의 정의적 단계, 나아가 장소 목적과의 일체감을 확보하고 장소에 대한 충성과 헌신(identifying with the place goals)-장소에 대한 헌신을 바탕으로 장소에의 참여(involvement in a place)-장소를 위한 희생(sacrifice for a place) 등 행동적 단계로 향한다(Shamai, 1991).

그럼 동해에 대해서 사람들은 어떠한 장소감을 가지고 있을까?

동해는 대한민국 국민에게 익숙한 곳으로, 한 번쯤은 그 해안에 가서 끝없이 펼쳐진 바다를 바라본 경험이 있을 것이다. 새해 첫날이 되면, 동해를 찾아 떠오르는 태양을 바라보며 소원을 빌고, 새로운 다짐을 하는 사람들도 있다. 애국가 가사에 등장하는 동해는 개개인의 동해에 대한 추억의 소환이 아닌, 국가적 정체성의 장소, 집단 정체성의 상징적 장소로 자리매김한다.

동해에 대해 학생들은 어떤 이미지를 가지고 있을지 궁금해, 경기 지역의 초등학교 5학년 학생과 충북 지역의 대학교 4학년 학생의 '동해에 대한 마인드맵'을 수집하고, 면접을 통해 동해의 이미지를 살펴보았다(〈그림

〈그림 12-2〉 초등학교 5학년 학생의 '동해' 마인드맵

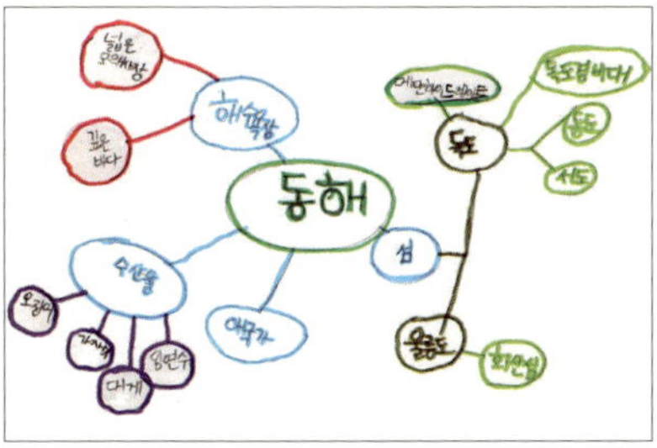

학생 A(초등학교 5학년)

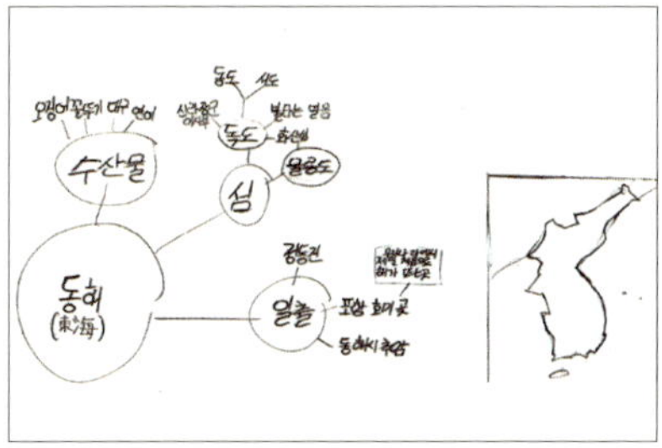

학생 B(초등학교 5학년)

12-2〉, 〈그림 12-3〉).

초등학교 5학년 학생 A는 동해로부터 파생되는 1차적 이미지로 해수욕장, 섬, 애국가, 수산물을 꼽았다. 해수욕장은 넓은 모래사장, 깊은 바다로 생각의 가지를 뻗었고, 수산물에는 오징어, 가자미, 대게, 임연수 등 여러 수산물을 나열했다. 섬은 다시 울릉도와 독도로 나뉘고 울릉도는 지리적 특성을 담은 화산섬으로, 독도는 동도-서도, 메탄 하이드레이트, 독도경비대 등으로 생각의 가지가 뻗어 나갔다. 학생 B(초5)는 동해 마인드맵에 동해로부터 수산물(오징어, 꼴뚜기, 대구, 연어), 섬(독도, 울릉도), 일출을 세부 이미지로 포함했다. 섬에 대해서는 울릉도와 독도가 화산섬이라는 공통점을 표시하고, 독도에 대해서는 추가적으로 신라 장군 이사부, 동도-서도, 불타는 얼음을 적어 넣었다. 학생 B는 특징적으로 한반도 지도를 그려 동해의 위치를 표현하려고 했다. 한반도 지도에는 주변 섬으로 제주도, 울릉도, 독도를 그려 넣었다.

학생 A와 학생 B가 보여준 동해에 대한 이미지는 모두 교과 과정으로부터 습득한 지리적 지식(예: 화산섬)과 수산물, 해수욕장, 일출 등 일상의 경험을 반영하고 있다. 특히 초등학교 5학년 학생들은 교육과정에 따라 5학

년 1학기 사회 과목에서 '우리나라의 위치와 영역'을 학습하는데, 학습 내용에 보통 독도에 대한 기본적인 정보와 관련 인물, 독도의 경제적 가치와 관련된 이미지 등이 포함된다. 이러한 내용들은 '독도' 교육 내용으로 자주 등장하는 것들이다. 또 주목할 점은 학생 A가 동해의 1차 연상 이미지로 '애국가'를 적었다는 점이다.

학생 C는 대학교 4학년 학생으로, 동해에 대한 이미지들을 〈그림 12-3〉과 같이 표현했다. 동해로부터 일차적으로 파생된 이미지로는 경상도, 금강산, 원자력발전소 등의 지리적·시사적 요소와 파도, 오징어 등의 생활 주변 요소를 떠올리고 있었다. 경상도를 따라 이어지는 동해의 이미지로는 독도(우리 땅), 통상기선, 남해(남도-다도해-직선기선) 등의 지리적 요소, 금강산에서 파생되는 북한(김정은-평양-냉면), 정철(관동별곡 등의 역사, 고전문학) 등 시사적 요소, 역사적 요소, 음식 등이 혼재되어 있다. 동해에서 원자

〈그림 12-3〉 학생 C(대학교 4학년)의 '동해' 마인드맵

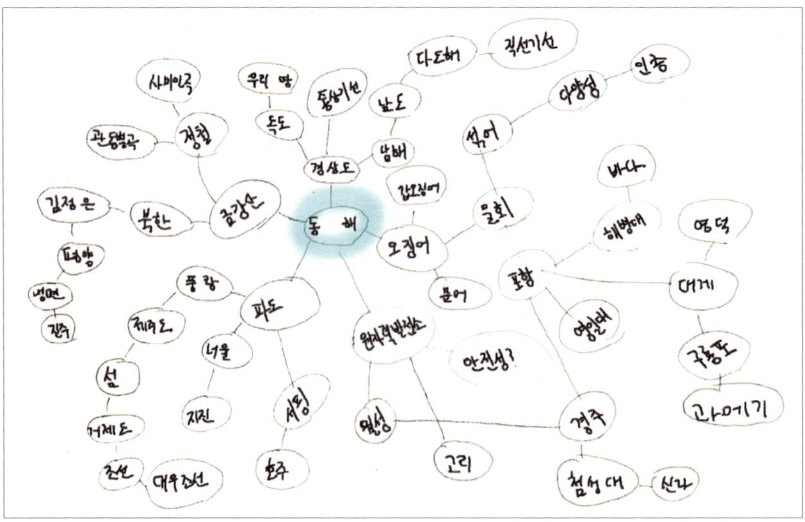

력발전소로 파생된 생각의 가지에는 안전성 우려 등이 나타난다. 전반적으로 동해로부터 파생된 경상도, 금강산, 원자력발전소 등의 세 가지 이미지는 한국지리 교과에서 다루는 내용과 연결된다. 학생 C와의 면담 과정에서 동해 표기와 관련된 연상은 없었는지 묻자, 학생 C는 '독도-우리 땅'을 적으면서 '동해 표기'에 대한 연상도 잠시 이루어졌음을 밝혔다. 동해에 대한 1차적 파생 이미지 중 오징어, 파도와 같이 일상생활의 요소를 담고 있는 것도 많았는데, 동해에서 서식하는 생물과 식량자원, 그것으로 만든 음식, 동해와 관련된 현상(파도, 너울), 경관(섬), 여가 공간 등 주로 학생 C가 직접 경험한 것들과 연결되는 것이었다.[8]

동해에 대해 세 학생이 가지는 이미지는 일상생활에서 경험한 것, 지리 수업을 통해 배운 내용들, 그리고 영토교육의 맥락에서 배운 독도에 대한 여러 사실을 동해와 연결한 것 등이다. 우리나라 교육에서 동해-독도를 영토교육의 범주에서 함께 다루고 있으며, 동해와 독도 관련 주제의 상대 국가가 일본으로 동일하다는 점이 이미지 형성에 작용한 것 같다. 학생들이 가지는 '동해'의 이미지는 우리나라 사람들 대부분이 가지는 통상적인 인식과 대동소이한데 여기에는 동해가 애국가를 떠올리게 했다는 것도 포함된다.

그렇다면 우리나라 국민의 이와 같은 내부자로서의 동해에 대한 인식과 달리, 외부자들의 인식은 어떠할지, 특히 동해 지명 표기에 관해 '동해와 일본해의 병기'를 수용하지 않는 당사국 일본에서는 어떤 이미지를 가졌는지 궁금해진다. 이에 최근 이루어진 '동해와 일본해 표기를 둘러싼

---

8 마인드맵의 말단부에 연결된 요소들은 동해의 이미지로 아우르기 어려운, 선행 고리의 어휘로부터 직접 연상한 이미지까지 포함되어 있어 개인적 경험 해석에 주의를 요한다.

한일 대학생들의 인식에 대한 연구'를 관심 있게 살펴보고자 한다.

심정보(2020)는 한국과 일본의 대학생들을 대상으로 설문조사를 한 바 있다. 설문 문항 중 하나는 "동해(일본해)라는 명칭의 기억이나 생각, 이미지(표상) 등을 자유롭게 적어 주세요"였다. 설문 문항에 대해, 한국 대학생들은 자신들에게 익숙한 '동해'의 이미지로서 깊고 푸른 바다, 넓고 깨끗한 바다 등 바다의 규모와 색으로 조합된 이미지(25.6%), 추억의 장소로서 여행지 및 해수욕장(18.9%), 우리나라 바다(17.8%), 독도(13.3%), 한반도의 동쪽 바다(8.9%), 지명 문제(6.7%), 오징어와 생선 등 풍부한 해산물(5.5%), 기타(애국가, 러일전쟁 등)(3.3%) 등의 순서로 응답 결과를 보였다. 반면 일본 대학생들은 '일본해' 이미지에 대해 춥고 눈이 많이 내리는 바다 등 날씨와 관련된 것(34.5%), 혼슈(本州)의 북쪽에 위치하는 바다(27.3%), 맛있는 생선과 풍부한 해산물(10.9%), 일본의 바다(9.1%), 지명 문제(9.1%), 특별히 없다(5.5%), 러일전쟁(1.8%), 기타(1.8%) 등의 순서로 응답 결과를 보였다.

요약하면, 한국 대학생들은 바다의 경관적 요소, 일본을 염두에 둔 영토 의식을 반영한 이미지를 가지고 있었고, 일본 대학생들은 날씨와 관련된 요소, (한일 관계가 반영된) 영해나 명칭 문제 관련 이미지를 가지고 있었다. 한국과 일본의 대학생들은 공통적으로 20세기 초 일본해 명칭 정착의 역사적 배경(러일전쟁)으로 이어지는 이미지를 많이 가지고 있지 않았다. 조사 결과로부터, 한국 대학생들은 동해에 대해 심정적 · 주관적 장소라는 이미지를 가지고 있는 데 반해, 일본 대학생들은 일본해에 대해 객관적 공간으로서의 이미지가 지배적임을 알 수 있다(심정보, 2020).[9]

9 한일 대학생들을 대상으로 2019년 12월~2020년 1월에 실시한 '동해와 일본해 표기 관련 설문조사'에서 수집한 자료로서, 조사 대상은 한국의 경우 중부 지방의 ○○도에 소재한 ○○대학교 사범

2. 학교에서 배우는 동해 지명

학교 교육에서 동해와 관련된 학습이 어떻게 이루어지고 있는가? 교육과정을 통한 형식 교육과 비형식 교육을 통틀어 동해 지명에 대한 학습은 다양하게 이루어질 수 있을 것이다. 그런데 실제적으로 교육과정에서 고등학교 '한국지리' 교과의 성취기준을 통해 동해 표기에 대한 직접적인 교육이 이루어진다는 것을 확인할 수 있다(<표 12-1>).

한국지리 교과는 국토의 자연 환경과 인문 환경에 대한 지리적 이해, 국토 공간에서 나타나는 다양한 지리적 현상을 종합적으로 파악하는 것이다. 우리 삶의 터전을 더 살기 좋은 공간으로 만들기 위한 고차적 사고력과 문화적 다양성을 통해 이해 능력, 국토의 지속 가능한 발전을 지향하는 가치관을 기르는 데 목표를 둔다. 한국지리에서 다루는 내용은 '국토 인식과 지리정보, 지형 환경과 인간 생활, 기후 환경과 인간 생활, 거주 공간의 변화와 지역 개발, 생산과 소비의 공간, 인구 변화와 다문화 공간, 우리나라의 지역 이해'의 8개 영역으로 구성되며, 우리나라 전반에 대한 지리를 다룬다. 그중에서 '동해 표기'에 대한 성취기준은 '한국지리' 교육과정의 첫 부분에서 다루는데, "국토 인식과 지리정보" 영역의 한 내용으로서, "세계 속에서 우리나라의 위치와 영역의 특성을 파악하고, 독도 주권, 동해 표기 등의 의미와 중요성을 이해한다"로 고시되었다. 교실에서의 수업은 교육과정을 근거로 하며, 이를 교사가 해석하여 수업을 조직하고 실행하게 되는데, 교육과정 문서에는 성취기준이 가지는 의미를 이해하는 데

대학 3학년 58명(사회교육과 20명, 역사교육과 20명, 지리교육과 18명)과 일본 긴키(近畿) 지방의 ○○교육대학교 사회계 코스 2~3학년 44명(2학년 25명, 3학년 19명)이었다.

도움을 줄 '성취기준 해설'도 기술되어 있다. 이를 살펴보면, **정확하고 유의미한 지리적·역사적 자료를 통해 독도 주권과 동해 표기 등의 의미와 중요성을 올바르게 파악하고, 관련된 현안에 대해 학생 수준에서 할 수 있는 활동 방안을 모색**하도록 안내한다. 아울러 국토 공간의 위치와 영역에 대한 기본적인 지식과 개념 이해를 바탕으로 주변 국가와의 현안에 대한 정부와 민간단체의 대응 방안에 학생들의 참여, 행동 가능성 탐색을 유의하도록 안내된다.

〈표 12-1〉 교육과정 성취기준 및 학습 안내: '한국지리' 교과의 동해 표기 관련 성취기준

국토 인식과 지리정보

우리 국토가 당면하고 있는 현재 상황에 대한 이해를 바탕으로 국토의 의미와 중요성을 인식하고, 우리나라의 위치와 영역 특성, 영토 관련 현안 등이 우리에게 미치는 영향과 이와 관련한 우리의 역할 및 대응 방안을 모색한다. 고지도와 고문헌을 통해 전통적인 국토 인식 사상 및 인식의 변화 과정을 살펴보고, 국토 공간을 체계적으로 파악하는 데 근간이 되는 지리정보의 수집·분석·표현 방법을 이해한다.

[12한지01-01] 세계 속에서 우리나라의 위치와 영역의 특성을 파악하고, 독도 주권, 동해 표기 등의 의미와 중요성을 이해한다.

[12한지01-02] 고지도와 고문헌을 통하여 전통적인 국토 인식 사상을 이해하고, 국토 인식의 변화 과정을 설명한다.

[12한지01-03] 다양한 지리정보의 수집·분석·표현 방법을 이해하고, 지역 조사를 위한 구체적인 답사 계획을 수립한다.

(가) 학습 요소

- 위치와 영역, 독도 주권과 동해 표기, 전통 지리 사상, 지리정보 시스템, 지역 조사

(나) 성취기준 해설

- [12한지01-01]에서는 우리 국토의 수리적·지리적 위치와 공간적 범위를 명확하게 인지하고, 주변 국가를 비롯한 전 세계 여러 나라와의 관계 속에서 우리나라의 위치와 영역이 가진 특성과 의미를 이해하도록 한다. 정확하고 유의미한 지리적·역사적 자료를 통해 독도 주권과 동해 표기 등의 의미와 중요성을 올바르게 파악하고, 관련된 현안에 대해 학생 수준에서 할 수 있는 활동 방안을 모색해본다.

(중간 생략)

(다) 교수·학습 방법 및 유의 사항

- 국토 공간의 위치와 영역에 대한 기본적인 지식과 개념 이해가 선행되어야 하며, 이를 주변 국가와의 영역 관련 현안에 적용할 수 있어야 한다. 영역 관련 현안에 대한 정부와 민간 단체의 대응 방안 소개와 함께, 학생 수준에서 직접 참여나 수행이 가능한 것을 탐색할 수 있도록 지도한다.

(중간 생략)

- 위치와 영역에 대한 학습 내용은 정확성·명확성 및 헌법을 비롯한 각종 법령과의 부합성이 중요하므로 면밀한 검토 과정이 요구되며, 시사성과 국익을 고려한 자료를 학생들이 접할 수 있도록 지속적인 자료 수집과 검토가 필요하다.

(중간 생략)

(라) 평가 방법 및 유의 사항

- '국토애'와 같은 정의적 영역에 대한 평가는 한국지리 학습 내용보다는 문장 표현 능력 등이 평가의 실질적인 판단 기준으로 작용하지 않도록 유의한다. 학생들의 평소 행동 관찰을 위해 체크리스트 등을 활용한 자기 평가 및 지속적인 피드백을 통해 국토 공간에 대한 학생들의 태도 변화를 지향하는 평가 방안을 모색할 필요가 있다.

출처: 교육부 고시 제2015-74호, 별책 7 '사회과 교육과정.'

교육과정을 읽고 그 의미를 해석하여 구현하는 하나의 과정이 교사의 '수업'이라면, 또 하나의 과정은 교과서의 서술이다. 우리나라의 교과서 발행은 국가가 주도하는 국정교과서 및 교육부가 검정기준에 따라 교과서를 심사하여 선정하는 검인정 교과서, 각 교육자치단체(지역교육청) 주관하에 일정 수준 이상의 교과서를 선정하는 인정교과서 체제가 복합적으로 운영된다. 동해 표기와 관련된 내용을 직접적으로 다루는 한국지리 교과서는 집필하여 출품된 교과서를 심사해 교육부 검정을 통과하면, 일선 고등학교에서 선정하도록 하는 검인정 교과서 체제를 따른다.

우리나라 교과서에 대한 문화와 관점 등을 고려하면, 교과서가 교육 현장에서 가지는 위상은 대단히 높다. 한국지리 교과서는 교육과정에 근거하여 저술되고 교육부 검정을 통해 교과서의 권위를 가지고 세상에 나오는데, 그 교과서의 동해 표기에 대한 내용을 검토함으로써 동해 표기에 대한 교육의 방향이 어떻게 흘러가고 있는지 가늠할 수 있다. 2015 개정

〈표 12-2〉 2015 개정 교육부 검정 한국지리 교과서(2017. 9. 8. 검정)

교과서 구분	교과서명	출판사	대표 저자
가	고등학교 한국지리	(주)미래엔	박철웅
나	고등학교 한국지리	(주)비상교육	유성종
다	고등학교 한국지리	(주)천재교과서	신정엽

교육과정에 따라 검정을 통과한 한국지리 교과서는 총 3종이다(〈표 12-2〉).

동해 표기에 대한 내용은 대단원 'Ⅰ. 국토 인식과 지리정보'에서 소단원 '1. 국토의 위치와 영토 문제'에서 다루어진다. '가~다' 교과서 각각의 소단원 구성을 정리하면 〈표 12-3〉과 같다. 동해 표기에 대한 내용은 '국토', '영토'의 테두리 안에서 다루도록 구성되어 있으며, 이 소단원에서 학생들이 접하는 주요 용어는 위치, 영토, 영해, 영공, 배타적 경제수역, 통상기선, 직선기선, 최저조위선 등이다. 동해 표기 관련 주제는 국제적 차원에서 접근하며, 국제기구(국제연합, UN), 유엔지명표준화회의(UNCSGN), G20, 국제사법재판소(ICJ), 국제수로기구(IHO)가 언급되고, 한일 어업협정, 한중 어업협정 등도 참고할 읽을거리로 제시된다. 또한, 역사적으로 독도와 동해 관련 고지도, 동해 표기(일본해 병기)의 사례를 보여주는 지도 자료들이 교과서에 수록되어 있다. 독도의 가치와 이어도의 역할도 이 소단원에 포함되어 있다.

한국지리 교과서의 동해 표기와 관련된 서술은 동해의 기본 정보(생성, 범위, 수심 등), 동해 명칭의 역사성(동해 표기의 역사), 국제수로기구에 동해 대신 일본해 명칭 등록(1929) 및 시정의 필요성, 우리의 동해 병기 주장과 노력, 그리고 그 결실 등으로 전개된다.

〈표 12-3〉 한국지리 교과서의 동해 표기 관련 내용이 포함된 소단원의 구성

교과서 구분	소단원 구성 내용	동해 표기 관련 자료
가	1. 국토의 위치와 영토 문제 1) 국토의 위치와 영역 - 우리나라의 위치 - 동아시아의 중심지, 우리나라 - 우리나라의 영역 2) 독도의 주권과 동해 표기 - 독도는 우리 땅 - 독도의 가치 - 동해 표기의 역사 - 동해 표기의 중요성과 주권 확립을 위한 노력	-『삼국사기』 고구려본기에 표기된 동해 - 광개토대왕릉비에 표기된 동해 - 서양과 일본의 고지도에 나타난 동해 (일본도, 일본변계략도) - 동해 표기 지도:『브리태니커 백과사전』의 지도 - 2015년 한국의 바다 이야기 사진전 개최(이집트 카이로)
나	1. 우리나라의 위치 특성과 영토 1) 우리나라의 위치 특성 - 위치의 의미와 종류 - 우리나라의 수리적 위치 - 우리나라의 지리적 위치 - 우리나라의 관계적 위치 2) 우리나라의 영역 - 우리나라의 영역 3) 소중한 우리 영토 - 소중한 우리 독도 - 동해 표기의 당위성	- 우리나라 고지도에 표시된 동해 (조선일본유구국도, 18세기) - 외국 지도책에 수록된 동해 (『웹스터 월드 아틀라스』)
다	1. 국토의 위치와 영토 문제 1) 우리나라의 위치와 위상 - 수리적 위치 - 지리적 위치 - 관계적 위치 - 우리나라의 위상 2) 우리나라의 영역 - 영토 - 영해 - 영공 3) 우리 땅 독도 - 독도의 위치 - 독도의 자연환경 - 독도의 가치 - 독도의 역사 4) 우리 바다 동해	- 아국총도 - 동해를 단독 표기한 지구본: 서울도서관 소장 이탈리아 zoffoli geographica 제작 지구본

3. 동해 지명을 통한 새로운 영토교육 열기

동해 표기를 다루는 한국지리 수업은 교과서를 통해 학습이 이루어지게 되고, 이러한 단원 구성에서 동해 표기에 관한 내용은 영토교육의 맥락에서 다루어질 가능성이 크다. 우리는 영토를 국가의 주권이 미치는 '국가 영역으로서 영토'에 국한된 개념으로 받아들이는 경향이 있고, 한국지리 교과서에서도 그와 관련된 지식을 중심으로 내용이 구성되어 있다. 배타적 경제수역이나 이어도의 역할 관련 수록 자료를 보면, 영토를 국가의 주권이 미치는 공간의 범위라고 정의하면서, 참고자료 내용에 배타적 경제수역을 국가가 갖는 법적으로 인정된 배타적 지배권이 미치는 범위로 설명하여, 광의의 영토 맥락에서 다루고 있다. 교과서에서 다루는 영토는 공식적인 차원에서만 언급되는데 이러한 영토 개념은 국가의 존립 그 자체와 직접적으로 연결되어, 영토의 침해는 곧 국가 주권의 침해로 간주될 수 있는 것이다(서태열, 2009).

그런데 교과서에 제시된 공식적, 국가적 차원의 영토 개념을 학습하면서 영토의 정의와 그 범위를 잘 아는 것에 머무르는 것이 영토교육의 목표일까? 그러면 영토를 어떤 관점으로 바라보고, 영토교육의 목표를 어디에 두어야 할 것인가? 서태열(2009)은 영토교육을 새롭게 정의하면서 영토를 다차원적인 시각에서 바라보고자 했다. 영토는 다양한 상황에서의 의미를 담고 있다. 영토는 국가의 존립과 관계되는 국가 영역의 한 부분이고(국가 영역으로서 영토), 개인이나 집단과 같은 다수의 사람들이 생활하는 공간이기도 하며(생활 공간으로서 영토), 개인의 삶이 실질적으로 생명력을 가지고 전개되는 실존적 공간(실존적 공간으로서 영토)이기도 하다. 따라서 영토의 의미를 각각의 차원에서 살펴보는 것은 의미가 있다고 강조한다.

영토는 물리적으로 땅, 바다, 하늘 및 사람들 간의 유대 관계, 정신적 · 물리적으로 자신들의 땅이라고 여기는 특정 장소에 대한 문화적 · 역사적인 애착까지 모두 포괄하는 개념이다. 영역성(영토성, territoriality)은 '특정한 지리 영역에 대한 지배력의 행사와 주장을 통해(사람, 물건, 관계) 행동과 상호작용에 영향을 미치거나 통제하려는 시도이다'(Stoltman, 2012).

영토를 물리적으로 설정할 경우, 동해안에서 12해리까지는 영해에 속하고, 동해 해역 전체에서 일부는 영해 밖의 범위가 존재한다. 그러나 우리는 동해 명칭을 전체 바다에 걸쳐 사용한다. 우리가 영토의 개념을 국가의 영역 차원에서만 사전적으로 좁게 해석하여 동해에 적용한다면 동해는 조각난 바다가 될 것이다. 영토의 다차원성에 근거하여 동해를 바라볼 필요가 있다. 한국지리 교과서는 동해에 대해 아래와 같이 서술한다.

> 동해는 아시아 대륙의 북동부에 위치한 바다로, 한반도와 러시아의 연해주, 일본 열도로 둘러싸여 있으며, 평균 수심은 1,684m이고 가장 깊은 곳은 3,762m에 달한다.
>
> -박철웅 외, 고등학교 한국지리

우리가 동해 해역 전체에 대해 동해라는 이름을 부여하려고 하는 것은 동해가 물리적 대상이라기보다, 문화적 애착의 장소로서 영역성의 대상이기 때문이다. 그래서 동해와 관련하여 기존의 영토교육과 다른 차원의 영토교육이 필요하게 된다. 영토의 개념이 단순히 물리적인 어떤 장소를 넘어, 자신들의 땅이라고 여기는 곳에 대한 애착까지 포괄하기 때문에,

어떤 장소에 대해 그 장소의 위치와 그 장소에 어떤 것들이 있는가와 같은 지식을 획득하는 것 이상으로, 그곳에 관심을 가지고 내부자로서의 정체성을 가지는 등의 새로운 영토교육이 필요한 것이다.

전보애(2016)도 영토교육을 재개념화하기 위해 기존의 영토교육을 '그냥' 영토교육이라고 하고, 통합적 영토교육 모형에 기반한 '새로운 영토교육'을 시도했다. 새로운 영토교육에서는 영토보다는 영역의 개념을 선호하며, 통합적 영토교육의 세 축에 접근방법, 스케일(범위), 학습의 영역을 설정했다(〈그림 12-4〉). 이 모형에 기반하여 고등학교 과정의 각 교과목에서 영토교육과 관련된 내용을 추출한 후 이 내용을 포함하는 12회 차 영토교육 수업 모듈을 개발했다. 새로운 수업 모듈에서 다루는 영역(영토)은 국가 스케일뿐 아니라 국지적 스케일도 아우르며, 학습의 영역도 지식 일변도의 수업이 아니라 정의적 영역, 행동적 영역까지 확장했다. 이 수업 모듈에서 두드러진 점은, 디지털스토리텔링맵 만들기를 도입한 점이다. 12개의 수업 모듈 내용은 다음과 같다.

1. 영토 및 영역의 의미: 브레인스토밍(강의 및 토론)
2. 세계분쟁 지역 속으로: 빅맵(Bigmap)(조별 활동)
3. 세계의 영토분쟁 지역 조사: 분쟁조정위원회(조별 활동)
4. 디지털스토리텔링맵의 이해: 세계분쟁 지역 지도 만들기(강의 및 실습)
5. 디지털스토리텔링맵: 우리나라의 영역 지도 만들기(조별 활동)
6. 디지털스토리텔링맵: 강원도 '평창' 지도 만들기(조별 활동)
7. 디지털스토리텔링맵: 내가 사는 고장 '진부면' 이야기(조별 활동)
8. 우리 마을 더 살기 좋은 곳으로 만들기(야외조사 활동)

9. 포스터 프레젠테이션: 스토리보드 만들기(강의 및 실습)

10. 포스터 프레젠테이션 작성하기(조별 활동)

11. 포스터 전시 및 공유, 토론(발표 및 토론)

12. 통합적 영토관이란?(강의 및 토론)

학생들의 수업 실제 사례를 보면, 모듈1. 브레인스토밍(영토 및 영역의 의미)에서 영토와 영역에 대한 연관어로 학생들이 가장 많이 언급한 단어 중 하나는 '다툼'(분쟁)이었다. 모듈4. 세계의 영토분쟁 지역에 대한 조사는 4인 1조가 되어, 세계의 분쟁 지역 위치를 확인하고 주변국의 상황을 유추하며, 2명은 각 분쟁 지역(국가) 당사자 역할, 2명은 분쟁조정위원회 위원이 되어 영토분쟁의 해결방안을 찾는 활동을 하는 것이다. 한편 영토(영역)를 국가적 차원으로만 생각하는 데서 벗어나 로컬의 영역 마을에 대해 '어떻게 하면 우리 마을을 더 좋은 마을로 만들 수 있을까?'를 고민하며

〈그림 12-4〉 통합적 영토교육의 모형(전보애, 2016)

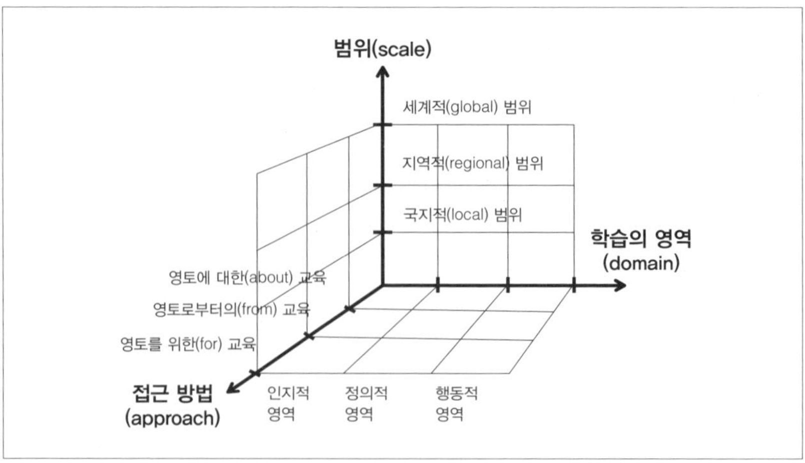

야외조사활동(모듈8)을 하는 등의 시도가 있었다. '그냥' 영토교육이 '한국지리' 교과에서 다루는 용어들—영토, 영해, 영공, 독도, 배타적 경제수역, 직선 기선—을 잘 이해되지 않아도 배우고 익히는 것이었다면, 새로운 영토교육은 통합적 영토교육 모형에 입각한 다차원적인 영토를 알아가는 과정이라고 할 수 있다.

Ⅳ. 맺음말

이 글의 시작에서 인용한 문구를 다시 떠올려, 동해 지명에 적용해본다. '지리를 공부하는 것은 단지 지도상의 지명을 외우는 것이 아니라, 우리 세계의 복잡성을 이해하고 전 세계의 문화 다양성을 인식하며, 궁극적으로 지식을 사용하여 분열을 해소하고 사람들을 하나로 모으는 데 도움이 되어야 한다.'

'동해'를 공부한다는 것은 동해 지명을 아는 것이 아니라, 동해를 둘러싼 역사와 사람들의 삶, 그리고 동해와 일본해의 병기가 어떤 가치를 지향하는지 등을 알고 이를 실현하는 것을 의미한다.

지명(geographical name)으로서 동해는 지구상의 지형물(geographical feature)인 바다에 지어진 이름이며 동해를 배운다는 것은 해양의 특징, 해안 지역의 특징, 해양 환경오염 문제 등 바다와 관련한 내용을 각 교과의 지식체계 내에서 학습하는 것이다. 지리 교과에서 다루는 내용인 지명으로서 '동해'는 고유 지명과 속성 지명이 합쳐진 형태이며, 동해 이외의 다른 바다들과의 비교 또한 흥미로운 학습 내용이 될 것이다. 한국지리에서 배우는 동해 표기와 관련된 내용은 단원의 구성상 우리나라의 위치와 영역의 범주에서 학습한다. 동해 해역 전체가 우리나라의 영해가 아님에도 물리적 대상이 아닌, 문화적 애착의 장소로서 자리매김하고 있기 때문에 우리는 그 바다 전체를 동해로 부르고 있다.

동해는 이러한 지식의 대상이기 전에, 어민들에게는 생계의 터전이고, 누군가에게는 추억의 장소가 된다. 동해는 우리들의 삶이 이루어지는 공간이고, 애착의 대상이 된다. 그래서 동해의 명칭이 동해로 불리기를 바라는 것이다. 우리들의 공간에 우리의 이름을 붙이려는 것이다. 이러한 장소감은 주관적 측면이 있다. 한일 대학생의 동해에 대한 이미지를 비교한 연구(심정보, 2020)에 따르면, 동해는 물리적으로는 동일한 바다이지만 그 공간은 우리나라 대학생과 일본 대학생들에게는 각각 다른 인식과 다른 이미지의 바다이며, 그들에게 그 바다의 이름은 일본해이다. 우리는 우리의 바다를 동해로 부르고 있다.

바다를 공유하는 두 국가에서 바다의 명칭은 어떻게 하는 것이 좋을까? 바다는 대륙과 대륙을 연결하고 국가와 국가를 연결한 것이다. 전 지구적 교류가 증가하고 환경문제가 발생하고 있는 오늘날, 바다는 인류가 공동으로 관리하고 사용해야 할 유산이다(윤옥경, 2007). 자원의 채굴 등으로 하나의 바다에서 경제 활동을 하는 국가들 사이에서는 분쟁과 갈등이 심화되고 있다. 미래 세대를 위한 교육이 평화로움을 지향한다면, 바다를 공유한 국가들 간의 평화가 중요하며, 동해 표기에 대해서도 동해와 일본해 병기를 통해 평화를 지키는 것이 바람직할 것이다.

그러나 우리나라와 일본 사이에 놓여 있는 많은 장애물은 현실적으로 동해와 일본해 병기를 가로막고 있다. 한일 갈등은 '동해 표기' 문제에만 그치지 않는다. 이러한 현실에 대한 교육의 처방은 분명하다(허수미, 2015). 기존의 영토교육이 국가 단위로 국가의 영역을 구분하여 알려주는 데에 머물렀다면(박선미, 2010) 새로운 영토교육으로 동해를 알고, 느끼는 영토교육이 되어야 한다.

'동해 표기'의 해법으로 영국과 프랑스 사이의 해역에 English Channel과 la Manche를 병기한 사례를 본보기로 들 수 있다(상선희, 2012). 이러한 병기 사례처럼 동해 표기도 동해와 일본해 병기가 가능하다. 하지만 여기서 중요한 것은 영국과 프랑스가 공유하는 해역에 서로 다른 언어로 바다 이름을 병기하게 된 이유를 생각해보는 것이다. 즉 두 나라 사이의 균형과 관계를 살펴볼 때, 현재 우리나라와 일본 사이의 균형과 관계의 진전이 동해 표기 해법의 열쇠가 될 수 있다는 점이다.

참고 문헌

권선정, 2004, "지명의 사회적 구성-과거 회덕현의 '송촌'을 사례로," 지리학연구, 38(2), 167-181.

김민성 · 윤옥경, 2013, "장소감 측정도구의 개발과 적용: 초등학생의 성별 차이를 사례로," 한국지리환경교육학회지, 21(2), 17-28.

박선미, 2010, "탈영토화시대의 영토교육 방향: 우리나라 교사와 학생 대상 설문 결과를 중심으로," 한국지리환경교육학회지, 18(1), 23-36.

박철웅 · 김진수 · 조성호 · 강은희 · 이강준 · 김지현 · 백승진 · 최재희, 2018, 『고등학교 한국지리』, ㈜미래엔, 서울.

상선희, 2012, "지도에 나타난 해역 명칭에 대한 이해와 분쟁사례 연구," 동북아역사재단, 영토해양연구, 2, 30-57.

서태열, 2009, "영토교육의 개념화와 영토교육모형에 대한 접근," 한국지리환경교육학회지, 17(3), 197-210.

신정엽 · 김명철 · 김봉식 · 김영화 · 양희경 · 유상철 · 이경희 · 최재영 · 홍석민, 2018,『고등학교 한국지리』, ㈜천재교과서, 서울.

심정보, 2020, "동해와 일본해 표기를 둘러싼 한일 대학생들의 인식," 한국지도학회지, 20(2), 99-111.

유성종 · 최병천 · 강성열 · 김덕일 · 우연섭 · 이우평 · 김시구 · 이훈정 · 엄주환 · 남길수 · 김차곤 · 이화영 · 이두현 · 강문철 · 윤정현 · 김진형 · 방완석, 2018,『고등학교 한국지리』, ㈜비상교육, 서울.

윤옥경, 2007, "지리 교육에서 해양지명의 학습 방안과 의의," 한국지도학회지, 7(1), 55-64.

장의선, 2004, "지리과 내용요소로서 '지명'의 의미 탐색과 교수-학습의 실제," 사회과교육, 43(2), 227-246.

전보애, 2016, "'그냥' 영토교육과 '새로운' 영토교육-통합적 영토교육 모형과 디지털스토리텔링맵의 구현," 한국지리환경교육학회지, 24(4), 73-91.

조성욱, 2004, "지역인식과 지명의 역할," 지리 교육논집, 48, 208-221.

조수진, 2018, "초등 사회과 교과서에 포함된 지명의 유형 및 지명 출현의 사회과교육적 맥락 분석," 학습자중심교과교육연구, 18(24), 799-820.

주성재, 2018,『인간 장소 지명』, 한울엠플러스, 파주.

허수미, 2015, "한일 갈등 완화를 위한 사회과 수업의 과제," 사회과수업연구, 3(2), 1-21.

Stoltman, J., 2012, "지리 · 영토 교육: 발전하고 있는가?" 영토해양연구, 4, 196-213.

Shamai, S., 1991, Sense of place: An empirical measurement, *Geoforum*, 22(3), 347-358.

[인터넷 및 신문자료]

핵안보 정상회의 '서울 코뮈니케' 채택, 연합뉴스 2012.3.27. https://www.yna.co.kr/view/AKR20120326112100043.

National Geographic GEOBEE. https://www.nationalgeographic.org/education/student-experiences/geobee.

Obama asks a question at 2012 National Geographic Bee (May 25, 2012). https://www.youtube.com/watch?v=Cshn_oiYSyY&ab_channel=btau24.

제13장 디지털 시대 지명 데이터의 특징과 전망

김영훈*

Ⅰ. 들어가는 말

지명은 마을이나 지방, 산천, 지역 등 땅에 붙인 이름이다(한국민족문화대백과사전). 지명은 지리적 지식의 의사소통, 길 찾기, 장소 탐색 등 지리적 행위에 대한 일종의 정보로서 작용한다. 일상에서 기억되는 지명은 도로와 건물, 공원, 가게나 상점, 여행 장소 등 자연과 인공물의 장소 이름이다. 사회가 발전하면서 일종의 사회적 합의에 의해 표준화된 명칭을 부여하는 과정과 절차가 중요해졌다. 전통적인 지명목록집(gazetteer)도 일종의 지명에 관한 사회적 합의의 결과물로서, 지명목록집은 지형지물의 이름뿐만 아니라 지형지물의 위치, 속성, 형태, 유형 등 지리적 명칭에 대한 다양한 정보를 담고 있다. 인터넷의 등장으로 지명을 바라보는 다양한 접근이

* 한국교원대학교 지리교육과 교수.

나타나고 있고 그 과정에서 새로운 특징들을 발견할 수 있다. 모바일 기기의 확산은 지명 데이터 활용의 중요성을 강조하고 있고(Goodchild and Hill, 2008), 지명은 디지털 지도에서 경로 탐색과 장소 검색을 위한 중요한 데이터로 자리 잡고 있다. 디지털과 온라인, 모바일 기기 활용을 포함하여 최근의 컴퓨터 환경은 지명의 수집과 구축, 수정과 갱신, 문서화, 활용까지 많은 부분에서 영향을 미치고 있다. 따라서 지리정보와 관련해서도 새로운 지리정보 서비스의 주제이기도 하다(Goodchild and Hill, 2008).

이 장에서는 이러한 배경을 바탕으로 디지털 환경에서의 지명에 대한 새로운 접근과 흐름을 다루고자 한다. 이를 통해 이전의 종이지도 방식과 차별되는 디지털 지도에서의 지명을 이해할 수 있다. 이는 디지털 지도의 동해 표기와도 직접적인 관계를 파악할 수 있다.

본 장은 크게 네 부분으로 구성된다. 먼저 디지털 환경에서 지리정보의 수집과 구축, 활용을 중심으로 지리정보의 자발성과 공유성을 살펴본다. 두 번째로 디지털 환경에서 지명의 확장에 대해 논의하고 디지털 지명목록집의 의미, 소셜네트워크와 지명 데이터, 지명 데이터의 공간적·속성적 의미 등을 대상으로 관련 내용을 살펴본다. 세 번째로 장소 기반 지리정보와 디지털 환경에서 지명 연구와의 관련성을 다룬다. 이러한 논의들을 바탕으로 마지막으로 디지털 환경에서 앞으로 필요한 지명 연구의 필요성을 제안하고자 한다.

Ⅱ. 자발적 지리정보와 지명

1. 디지털 사회와 지도

사회가 디지털화되면서 지도에 대한 인식도 변화하고 있다. 지도 제작과 함께 지도 서비스의 활용은 더욱더 중요해지고 있다. 지리정보에서도 'neogeography'라는 개념으로 이러한 변화에 대응하고 있다(Turner, 2006). 디지털 지도가 대중화되고 일반화되는 시점에서 'neogeography'는 일반 대중의 중요성을 강조하고 있다. 디지털 사회의 진입은 공간 데이터와 지리정보를 이해하는 생각의 틀과 접근의 변화를 가져왔다. 종이지도와 디지털 지도는 지도 제작에서부터 수정과 편집, 유통, 활용, 수요자의 참여까지 새로운 이해와 접근이 필요하다. 디지털과 모바일 환경에서 지도 데이터와 지리정보는 더 이상 소수의 전문가에 의해 주도되지 않는다. 지도와 지도화는 아날로그 시대와 디지털 시대를 비교할 때 개념과 접근, 관점에서 뚜렷한 차이를 보인다. 이런 변화는 지도 제작의 주체, 비용, 데이터 구축과 수집의 한계, 서비스로서의 지도 등에서 찾을 수 있다.

디지털 환경에서 지도 제작의 참여와 폭은 전문가에서 일반 대중으로 확대되고 있고(Goodchild, 2009), 대중의 관심과 의지에 따라 지도 제작과 지도 데이터의 수집과 구축, 수정과 갱신이 가능하다. 지도 데이터의 정확성도 또 다른 참여자에 의해 평가가 이루어지고 있고, 다양한 시각과 분석력을 갖춘 참여자에 의해 분석되고 다양한 대안이 도출될 수 있는 환경이다. 인터넷을 통해 오픈 소스 기반의 지리정보 소프트웨어 프로그램을 무상으로 사용할 수 있다. 인터넷 접속을 통해 기본적인 지리정보의 분석과 지도화도 가능하다.[1] 예를 들어 GPS(Global Positioning System)와 고해상도 위성 영상 데이터는 위치정보를 활용한 공간 정보 서비스의 활성화에 기여하고 있고, 고해상도의 위성 영상을 통해 전 지구적 범위의 데이터를 구축할 수도 있다. 소셜네트워크의 활용을 통해 사회 · 경제 · 문화 등 다양한 분야의 공간 데이터 수집도 가능한 시대가 되었다. 이처럼 오픈 소스 기반의 지리정보 환경은 온라인 기반의 디지털 지도 제작의 활성화와 함께 지도 플랫폼을 통합해 공간 데이터와 지도 콘텐츠의 가치를 높이고 있다. 예를 들어 카카오맵과 연동된 다양한 부가적인 서비스 기능들(예: 카카오택시 앱, 배달 앱)은 디지털 지도를 통해서 다양한 부가적인 서비스를 창출하고 있다.

이처럼 실시간 기반의 위치 좌표와 시간 데이터는 개인정보로 변환되어 즉각적으로 지도에 표현된다. 또한 디지털 지도에서 개인은 정보의 생산자인 동시에 정보의 수요자이기도 하다. 이론적으로 전 세계 모든 사람이 데이터 생산자가 될 수 있어 기술적으로도 지구상의 모든 지형지물의 위치가 지리정보화될 수 있다. 기술적 제약과 장애가 더는 지도 데이터 구축과 지도 제작에서 문제가 되지 않는 시대가 다가오고 있다.

아날로그와 달리 디지털 환경은 온라인과 소셜네트워크에 따라 실시간으로 무한대에 가까운 정보의 교환과 공유가 가능하다. 지리정보의 수집과 구축도 이전의 종이지도 시대와 달리 시간과 비용의 제약 없이 거의 무료에 가깝게 인터넷을 통해 서비스되고 있다. 모바일 기기에서 개

1 ESRI사의 온라인 ArcGIS가 대표적이다. 구글어스와 구글맵 프로그램도 간단한 지도화 기능들이 제공된다. 나아가 온라인 지도 플랫폼을 기반으로 부동산, 교통 정보의 지도화 서비스가 제공되고 있다.

인의 위치정보는 자동으로 지리 공간 데이터로 변환되고 수치화될 수 있다.[2] 이처럼 모바일 기기는 새로운 지리정보의 원천이 되고 있다. 예를 들어 여행지의 사진과 동영상은 촬영 지점의 위치와 시간이 동시에 데이터로 저장되어 디지털 지도와 결합해 새로운 지도 콘텐츠로 변환된다. 사용자의 위치정보는 단순한 데이터의 범위를 넘어선다. 어떤 지점이 가장 인기가 있는지, 누가 어떤 경로를 거쳐 그 장소를 방문했는지, 심지어 조난 지점 탐색에도 직전 방문지 탐색을 통해 조난자를 구조하는 데 활용될 수도 있다.

전통적으로 지도 제작 및 유통, 서비스는 국가 및 공공기관 위주로 종이 지도에 한정되어 특정 분야의 수요에 초점을 두었다. 반면 디지털 환경에서는 개인(이용자, 수요자)의 역할과 선호에 따라 다양한 방식으로 확장되고 있다. 지도 사용자가 생산한 데이터와 지도 수요자가 제작한 지도 콘텐츠의 연계는 디지털 지도 서비스에서 중요한 부분이 되고 있다. 이런 지도 데이터와 콘텐츠는 개인의 개별 위치정보(좌표)와 함께 실시간에 가까운 즉시성과 결합해 지리 공간 데이터베이스로 구축되어 지리정보화되고 있다. 지도 표현 방식에서도 2차원의 평면 지도 방식에서 3차원 입체 표현과 시각화로 발전하고 있다. 3차원의 입체화는 이용자의 선호도, 다양한 각도와 시선에 따라 지형지물의 표현과 지도화가 가능하다. 이러한 환경에서 대중 참여는 더욱더 일반화되고 있고 지도 제작, 지도의 활용, 지도 데이터의 구축과 분석, 지도화까지 지도에 관한 전반적인 접근도 향상에 기여하고 있다.

---

2 애플의 아이폰 기기에서는 사진의 위도와 경도 좌푯값이 저장되고 지도 앱과 연동되어 지도에 그 위치가 표시된다. 사용자는 별도의 작업 없이 자신이 촬영한 사진의 위치를 지도에서 확인할 수 있다.

2. 자발적 지리정보와 지명 데이터

디지털 시대를 맞이하여 지식의 전문화와 대중화의 중심에는 citizen, 즉 일반 대중으로 대표되는 지도 사용자가 있다(Goodchild, 2007, 2009). 지도 사용자는 일상에서 지도 데이터를 사용하고 유통하며 활용하는 주체이다. 지도의 중요한 역할이 지도를 제작하는 기관에서 지도를 사용하는 수요자로 바뀌고 있다. 이전의 종이지도 제작은 국가 주도로 제작에서부터 유통, 활용까지 이루어졌다. 지도의 활용도 특정 분야에 한정되고 일상에서 활용되는 경우는 제한적이었다(예: 운전자를 위한 도로 교통지도, 관광지도 등). 국가기관은 공식적인 근거와 객관적 자료에 의거해 지형지물의 명칭과 지명을 국가기관이 발간한 지도와 지명록에 표기했다. 종이지도의 제한된 지면과 문서 형식에서는 공신력과 객관성에 근거한 데이터의 신뢰성이 중요하다.

디지털 지도의 활용성을 고려할 때 일상에서 지명은 지역에 대한 일종의 누층적 정보이다. 지명은 단기간에 불린 지역의 이름이 아니라 오랜 기간 지역의 문화유산이었다. 이런 이유로 지명을 사용하는 지역 주민의 인식도 지도 서비스 측면에서 중요하게 간주해야 한다. 이런 영향으로 지도 콘텐츠의 생산과 소비 측면에서 일반 대중의 역할이 중요해지고 있다. 지명 콘텐츠 활성화와 활용성 측면에서 자발적 참여자로서 지역 주민과 같은 지명 사용자(수요자)의 역할은 중요하다. 개인의 자발성과 자발적 참여를 통한 지도 제작과 지도 콘텐츠 생산과 소비는 종이지도 방식에서 주목받지 않았던 내용이다. 지도 정보의 플랫폼과 콘텐츠 생산에서 '자발적 지리정보'(VGI: volunteered geographic information)는 중요하다(Goodchild, 2007). 지역의 역사문화적 유산으로 지명은 중요한 지역의 데이터이자 정보 자산이다. 지명의 문화유산으로서의 가치는 지역 주민의 자발성과 지명의 고유성에 대한 공유를 통해 그 가치가 높아질 수 있다.

자발적 지리정보는 수많은 일반 대중의 자발적 참여를 기반으로 한 일종의 크라우드소싱의 지리정보이다. 지도에서 지명의 수정과 갱신, 검토까지 지명은 하나의 데이터로서 일반 대중의 자발적 참여를 통해 활성화된다. 지명 데이터의 자발적 지리정보화는 소수의 전문가에 의해 주도되는 것이 아니라 지명정보의 수요자의 자발적 참여에 의해 구축되는 지리정보가 되어야 한다. 인터넷 지도에서 이러한 경향성은 점점 더 뚜렷해진다. 그 대표적인 사례가 wikimapia[3]와 OpenStreetMap(오픈스트리트맵, OSM)이다.[4] 지명 데이터 측면에서 wikimapia가 지명목록집 방식으로 구축된 지명 데이터를 활용한다면, OpenStreetMap은 지도 제작과 지도 데이터, 지도 콘텐츠의 크라우드소싱에 초점을 두고 있다. 대부분 Wikimapia의 지형지물 이름과 지명은 국가 기관의 공식적 지명목록집(gazetteer)보다는 자발적 참여자에 의해 명명된 지명으로 구성되어 있다. 일종의 자발적 참여자 기반으로 지명 데이터가 만들어지고 있다. 그래서 wikimapia를 온라인상의 집단지성 방식의 인터넷 지도라고도 한다. 일종의 사용자 참여 지도이다. 지도 데이터의 수집과 구축, 수정과 갱신은 사용자 주도로 이루어지고, 정확성과 객관성은 다른 사용자들에 의해서 검증된다. wikimapia에는 약 2,800만 개의 지리적 객체가 등록되어 있고 대부분의

3 www.wikimapia.org.

4 http://www.openstreetmap.org(검색일: 2021. 1. 31.).

〈그림 13-1〉 wikimapia의 지도 화면 사례

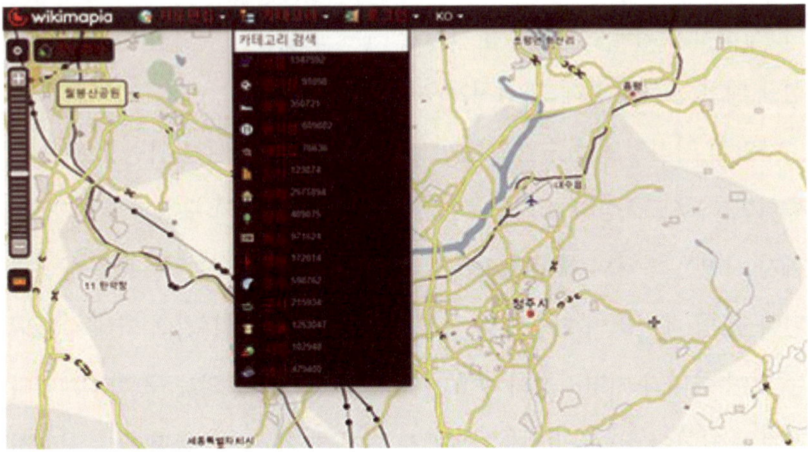

객체에는 이름이 부여되어 있다.[5] 〈그림 13-1〉은 wikimapia의 사례 지역(대한민국 청주시) 화면이다. wikimapia 메뉴의 [카테고리]에서 지리적 객체를 선택할 수 있다. 예를 들어 이용자는 상점, 경기장, 호텔, 음식점, 대학교, 도시, 주택, 공원, 학교, 병원, 호수, 군사, 마을, 시장, 생산 등의 항목을 선택할 수 있다. 특정 항목을 메뉴에서 선택하면 지명이나 해당 지형지물의 이름과 좌표 정보, 주변 시설물 정보와 거리 등 부가적인 정보가 제공된다.

wikimapia에서는 지도 제작과 수정·갱신뿐만 아니라 지명의 확인과 검증, 수정 등의 과정도 자발적 참여자에 의해 진행된다. 이러한 자발적 지리정보는 지명 사용자의 의미와 역할, 자발적 참여에 의한 데이터 구축과 활용을 강조하고 있다. 이것은 전통적인 종이지도 제작과 차별화되는 디지털 지도(포털 서비스)의 특징이다.

5 https://en.wikipedia.org/wiki/Wikimapia(검색일: 2021. 1. 31.).

3. 자발적 지리정보의 비자발성

자발적 지리정보에는 대중의 비자발성(involuntarity)도 함께 이해되어야 한다. 자발적으로 지도 데이터와 콘텐츠를 생산했다고 하더라도 자발적으로 공유된 내용은 정보 재생산 과정에서 달라질 수 있다. 이것은 일종의 개인정보 공개와 연관된다. 개인 블로그, 트위터(Twitter), 플리커(Flickr)의 콘텐츠는 사용자가 자발적으로 탑재한 텍스트와 사진으로 구성되어 있다. 개인이 탑재한 이후 해당 플랫폼에 따라 혹은 또 다른 데이터 분석가들에 의해 지리적인 분석이 가능하다. 아울러 위치정보와 개인정보의 검색과 위치 추적도 가능하다. 이렇게 추적된 정보는 다양한 방법과 경로를 통해 원래 정보 생산자의 의도와 다르게 공개되거나 재활용될 수 있다. 일종의 자발적 지리정보의 어두운 단면이다.

비록 개인의 선택이나 모바일 기기에 따라 사용자 위치정보의 공유를 제한하거나 비공개로 전환되기도 하지만, 이는 개인정보 노출과 추적에 제한적이다. 사용자가 인지하지 못한 상황에서 비록 사용자 자신이 자발적으로 공유한 정보라고 하더라도 정보의 노출과 개인정보 추적에서 자유로울 수는 없다. 지리정보의 시공간적 측면에서 비자발적 정보의 자연스러운 공개와 공유는 일상화될 수 있다. 예를 들어 일상에서 고속도로 통행 정보는 실시간으로 모든 통행자의 통행 기록과 위치정보가 공유되고 본인의 의사와 관계없이 기관이나 분석가의 필요에 따라 개개인의 통행 기록이 추적되고 공유될 수 있다. 이런 자발적 지리정보의 비자발성은 개인의 의도나 의지와 관계없이 이를 분석하고 활용하는 과정과 행위에 대한 일종의 정보 윤리의 문제이기도 하다.

4. 자발적 지리정보의 정확성과 신뢰성

일반 대중의 자발적 참여에 의한 지리정보는 지도 제작 과정에서 지도 콘텐츠로 반영되더라도 여전히 정보의 정확성과 신뢰성의 검증은 중요하다(Goodchild and Li, 2012a). 지명 데이터의 질 제고 측면도 관련성이 있다. 이는 국가지도 제작 기관에 의해 정해진 정확성 평가 기준이 자발적 지리정보 기반의 데이터와 지도에도 적용되느냐의 문제와 직결된다. 이에 대해 Goodchild and Li(2012a)는 세 가지 기준을 제안했다. 첫 번째, 군중의 지혜(wisdom of the crowd), 즉 '과연 대중은 현명한가'라는 일종의 대중의 현명함에 대한 기준이고, 두 번째는 확실한 대중의 대표자/대변자 역할에 대한 기준이다. 세 번째는 사실을 확인하고 결정하는 능력의 기준이다. 대중의 현명함은 집단지성의 힘을 통해 지도의 오류, 즉 지도 제작(과정)에서 발생하는 문제점을 해결할 수 있는가와 이를 대중의 자발적 참여와 노력을 통해 적절히 대처할 수 있는가에 대한 것이다(Surowiecki, 2004). 일종의 리누스의 법칙(Linus's Law)[6]처럼 수많은 대중의 집단지성을 통해 신속히 문제를 해결하고 신뢰성을 찾을 수 있는가의 확신이다(Himanen, et al., 2001). 확실한 대중의 대표자 혹은 대변자(moderators or gatekeepers) 역할은 중요하다. 지도의 수정과 갱신, 편집을 체계적이고 안정적으로 이끌 수 있는 대중의 리더 역할은 자발적 지리정보에서 데이터의 질과 정확성을 보장하는 데 중요한 요소이다. 따라서 자발적 지리정보가 실제 사실(facts)임을 결정하는 능력 또한 일반 대중의 자기 결정력의 중요한 요소이다.

---

6 리누스의 법칙은 "지켜보는 눈이 많으면 많을수록 문제를 찾을 가능성은 커진다"라는 의미이다. 리누스의 법칙(Linus's Law)은 리누스 토르발스의 이름을 따온 소프트웨어 개발에 관한 주장이

이러한 세 가지 기준은 자발적 지리정보 기반의 지명 데이터 구축과 활용에도 적용될 수 있다. 지역 주민이 사용하는 일상의 지명 역시 공식적으로 인정하는 지명과 함께 중요한 지역정보의 자산이다. 그러므로 공식 지명이든 비공식 지명이든 이러한 문화유산으로서의 지명을 디지털 지도의 지명 데이터로 입력하고 검증하는 것은 자발적 지리정보로서 지명을 이해하는 데 중요한 요소이다. 이 과정에서 지명의 정확성을 검증하는 일반 대중(이용자)의 현명함과 판단 능력은 확인되어야 한다. 참여자의 전문성 또한 중요하다. 이것이 비전문가에 의해 입력되는 지명의 오류를 제대로 검증할 수 있는 지명 전문가의 참여가 필요한 이유이다. 자발적 참여자로서 사용자는 지명의 정확한 위치와 디지털 지도 콘텐츠로서의 지명을 제대로 확인하고 결정하는 능력을 갖추는 것이 중요하다.

지도 정확성 측면에서도 기존의 국가기관에 의해 제작된 지도와의 비교에서 오픈스트리트맵의 정확성은 어느 정도 신뢰할 만한 수준이다(Coleman, 2013; Haklay, 2010). 오픈스트리트맵과 wikimapia 같은 자발적 지리정보 기반의 지도는 이전의 종이지도 제작과는 차별화되는 장점들도 뚜렷하다. 신속한 편집과 수정·갱신, 입력된 데이터를 검증하기까지의 과정은 국가 혹은 기업 주도의 지도 제작과 비교해 시간상으로 짧은 주기를 통해 지도의 수정과 갱신이 이루어진다. 새로 개통된 도로와 최근 완공된 건물이 기존의 국가 주도의 디지털 지도에 반영되기까지는 시간이 소요된다. 오픈 소스 기반 지도에서는 만약 지역을 잘 아는 사용자가 수정에

다. 이 법칙은 "눈알이 충분할수록, 모든 벌레는 드러나기 마련이다(given enough eyeballs, all bugs are shallow)"로 기술한다. 즉 "베타 테스터와 공동 개발자 기반이 충분히 클 경우, 거의 모든 문제는 빠르게 특징을 구별해낼 수 있고 수정할 부분이 누군가에게는 명확히 보이게 된다"는 뜻이다. https://ko.wikipedia.org/wiki/리누스의_법칙(검색일: 2021. 1. 31.).

참여한다면 그 수정 주기는 단축될 수 있고, 동시에 보다 상세한 도로와 건물의 입력과 추가적인 객체의 입력도 언제든 가능하다.

그 외 속성정보 측면에서도 장점이 있다. 지명이나 지리적 객체(지형지물, 건물, 도로 등)의 추가와 명칭 부여가 가능하다. 상세한 지명이나 지형지물의 명칭을 사용자의 의지와 참여에 따라 다양한 부가정보로 추가할 수 있다. 해당 지역 주민들이 일상에서 사용하는 비공식 지명도 부가적인 지명의 속성정보로서 구축될 수 있다. 이런 관점에서 디지털 지도는 복수 지명, 소수 지명 등의 부가적인 지명 표기와 데이터베이스 측면에서 여러 장점을 갖추고 있다.

Ⅲ. 디지털 시대 지명의 확장

1. 디지털 지명목록집(digital gazetteer)

디지털 시대의 지명 데이터와 데이터베이스는 지명목록집(gazetteer)의 확장에 기여하고 있다. 디지털 지명목록집은 이전의 종이 혹은 문서 기반의 지명록과 구분되는 세 가지 요소로서, 이름(name), 위치(footprint), 형태(type)가 제안된다(Goodchild and Hill, 2008). Name은 지형지물의 이름, Footprint는 (해당 지형지물의) 위치, Type는 지형지물의 유형을 의미한다. 이를 지명과 연계할 경우, N은 이름, F는 지명의 위치, T는 지명의 유형에 해당한다. 예를 들어 바다 이름인 '동해'에서 N은 동해의 지명, F는 동해 해역의 위치와 범위, T는 동해의 유형, 해역(Sea)에 해당한다.

이러한 〈N, F, T〉에 의하면 N(이름, 명칭)은 국가지형도 혹은 국가지도 제작 기관에서 공식적으로 발간한 지도에 등재된 지형지물의 명칭이다. F(footprint, 위치)는 이러한 지형지물의 위치이고, 보통은 경도와 위도 좌푯값 혹은 해당 국가의 국가좌표 체계상의 위치정보이다. 이러한 위치는 지형지물의 유형과 관계없이 하나의 '점'(point)으로 간주하여 데이터베이스로 구축된다. 그러나 T(type, 유형)가 점, 선, 면(point, line, area)적인 요소임에도 불구하고 '하천'(line)이나 '도시'(area)와 같은 선(line)과 면(area) 속성도 하나의 점(point)으로 지도에 표시되는 때도 있다. 예를 들면 하천의 위치는 하천 하구(mouth)의 위치 좌푯값으로 저장된다. 도시는 그 도시의 행정기관(시청, 도청 등)의 좌푯값으로 데이터베이스에 수록된다. T(type)는 공식적인 지형지물에 한정되는 것이 일반적이다. 종이 문서의 지명목록집은 지면의 한정과 제약으로 편의상 공식적인 절차를 거친 지형지물에 한정되었다. 종이지도에서는 모든 지표면의 지형지물을 한정된 지면에 수록할 수 없어서 선별하여 지도에 나타낼 수밖에 없고, 이는 공식적으로 인정된(official recognized) 지형지물 항목 위주로 수록된다.

반면 디지털 지도에서 지명 데이터와 지명 표기는 이러한 제약 조건에서 비교적 자유롭다. 지형지물의 표현 방식에도 기술적 제약이 거의 없다. 이용자의 의도에 따라 자유자재로 축척의 변화를 조절할 수 있고 종이지도보다 대량의 정보가 지도에 표출될 수 있다. 지명을 포함하여 이러한 대량의 다양한 지형지물의 표현은 지도 사용성과 활용성 확대에 기여한다. 인터넷 지도를 사용하는 이용자 입장에서는 지도상의 경로와 상점이나 음식점 등을 검색할 때 개별 건물과 도로명의 상세한 정보까지 기대한다. 지명 데이터 역시 이전과 달리 공식 지명과 함께 비공식 지명이나

미지명까지 데이터베이스로 구축된다. 개별 지형지물과 함께 다양하고 상세한 지명 데이터에 대한 수요가 증가하고 있다. 이러한 측면에서 관심지점(Point-Of-Interest, POI) 데이터는 좋은 사례이다.

관심지점(POI)은 기본적이고 중요한 건물과 시설물 위치를 명칭과 결합하여 경로 검색이나 탐색 등을 효과적으로 진행하기 위해 구축된 데이터이다. 주로 시설물과 지명의 두 요소로 구성된다. 오늘날 디지털 지명록과 POI 데이터베이스는 형태와 구성 요소에서 유사한 측면이 많지만, 여전히 개념적으로 구분되어 있는 상황이다. 지명과 관련하여, POI는 공간정보 측면에서 위치정보가 좌푯값으로 상세하게 수치화되는 반면 상대적으로 속성정보(지명)는 약술되어 있다. 반면 지명록(gazetteer)은 속성정보 측면에서 상세하게 기록되어 있지만, 지형지물의 공간정보는 POI에 비해서 간략하게 다루어지고 있다.

POI와 디지털 지명록에 적합한 지명 데이터의 형태와 유형, 표준화는 여전히 모호하고 해결해야 할 기술적인 부분이 많다. 주요 이유는 지명록의 지명 표현이 위치 좌푯값으로 변환되기에 모호한 표현적 특성 때문이다. 문장식 표현은 지도에 즉각적으로 표현하기에 모호한 표현이 많고, 직접적으로 위치를 서술했다고 하더라도 그 위치에 대한 수치적 정보가 미흡한 경우가 많다. 예를 들어 "…근처에 위치한다"라는 위치 표현인 '근처'(nearby)는 경도와 위도의 좌푯값으로 지정하기에는 현실적으로 어려운 부분이다. 관심지점(POI)은 지명록에 비해 명확한 위치 좌푯값을 가지고 있지만, 그 대신 해당 객체의 속성정보가 모호하다. 하천이나 도시는 실제로 '선'(line)과 '범위'(area)에 해당하는 지형지물이고 지도에서 하나의 선 혹은 면(범위)으로 표현되지만, POI의 데이터 처리 과정에서 선과 면은 주로 하나의 점으로 간주하여 대표 위치 좌푯값으로 지리정보화된다. 이러한 점 객체의 단순화(일반화)는 위치 검색이나 경로 탐색에는 효율적이지만 실제 지형지물의 속성을 지도에서 파악하고 해석하는 데에는 제한점이 있다.

지명도 관심지점(POI)의 핵심 구성 요소이지만 데이터베이스 구조에서 장소의 위치를 의미하는 점(point)으로 간주된다. 지명을 하나의 점(point)으로 간주하는 것은 지명의 공간적 단면과 지리적 관계를 제한적으로 지리정보화하는 수준이다. 이는 데이터 측면에서 지점의 point 데이터지만 속성정보에서 다양한 지명의 속성정보화가 필요한 이유이다. 특정한 공식 지명 이외에도 복수의 지명과 비공식적으로 그 지역 주민이 오랫동안 사용해온 과거의 지명들도 함께 존재하는 만큼, POI 데이터베이스에서도 이를 반영하는 노력이 필요하다.

2. 소셜네트워크와 지명

경계에 한정되지 않는 지형지물의 인식은 지명에도 적용된다. 지리적 경계보다 데이터 자체에 초점을 둔 지명 데이터베이스는 지명의 역할과 의미를 새롭게 조명하고 있다. 지리정보 시스템에서 지명이 하나의 데이터가 되기 위해서는 지명의 유형과 위치, 경계의 명확한 정의가 필요하다. 지명이 가지는 모호한 경계와 영역적 범위는 지리정보 프로그램에서 지리정보화의 어려움으로 작용한다(Borrough and Frank, 1996). 그럼에도 지리정보 시스템과 온라인, 소셜미디어상에서 지명을 표현하고 분석하는 연구들이 제안되고 있다(Montello et al., 2003; Jones et al., 2008).

효율적인 지명의 지리정보화는 명확한 위치정보와 모호하지 않은 지명의 속성정보를 포함한다. 과거에는 위치가 불명확하거나 모호한 지명의 표현은 데이터로서의 질(quality) 차원에서 고려되지 않았다. 이 과정에서 비공식 지명이나 소수 지명 등은 채택되지 않는 경향이 있었고, 정해진 경계가 없는 지명도 제외될 수밖에 없었다. 이러한 지명의 지리정보화는 지명의 공식성과 국가 기관의 범주에서 허용되는 지형지물에 한정되었다. 반면 지리정보 활용과 서비스를 강조하는 디지털 환경에서는 특정 장소의 이름과 범위에 대해 행정구역 경계에 국한되지 않는 개인적 차원의 장소 개념까지 포함하고 있다. 예를 들면, '시내'를 의미하는 지명의 경우 일반인 혹은 디지털 지도 이용자는 '시내'를 의미하는 행정구역 경계보다 자신만의 기준으로 '시내'의 범위를 가정한다. 즉 '시내'를 의미하는 지명은 사람마다 각자가 생각하는 경계가 있어 행정구역의 경계만으로 설정할 수 없다.

디지털 환경에서 일상적인 대화를 하거나 생활하는 데 있어서 개개인이 생각하는 지명에는 공식 지명 이외에도 지역 주민들 간의 의사소통에서 활발하게 사용하는 비공식 지명도 포함된다. '시내'를 의미하는 일종의 비공식적인 지명(vernacular geographical name)은 지리정보 프로그램과 결합될 수 있고 지명 데이터셋의 형태로 제공된다. 특히 wikimapia와 오픈스트리트맵과 같은 자발적 지리정보 서비스에서는 이러한 비공식적 지명의 표기와 지리정보화가 제약 없이 이루어지고 있다. 소셜미디어와 소셜네트워크 서비스는 개인의 자유로운 의사 표현과 소통을 중시한다. 컴퓨터 지도학 기술은 공식 지명 이외에도 비공식 지명, 소수 지명, 과거 지명 등을 지도에 표출할 수 있고 지리정보화하여 서비스할 수 있다. 이러한 지명 데이터는 경로 탐색, 지역정보 검색 및 주변 정보 탐색 등 주요 참고 데이터로서 인터넷 지도 서비스의 다양한 콘텐츠 활용에도 기여할 수 있다.

3. 지명 데이터의 공간적·속성적 의미

종이지도와 구분되는 디지털 공간 데이터는 위치적 의미와 속성적 의미로 나눌 수 있다. 한 지점에 여러 지형지물의 위치 좌푯값이 존재할 수도 있고, 한 지점에 동일한 사상이 반복적으로 나타날 수도 있다. 같은 주소나 지번에 반복적으로 범죄나 화재가 발생할 때 동일한 좌푯값에 여러 사건이나 사고 정보가 지리정보화된다. 속성적 의미는 동일한 지형지물이나 공간 객체에 여러 관련 속성 데이터가 구축되는 경우이다. 복수 지명과 다국어 표기의 속성정보화가 여기에 해당된다. 디지털 지도에서 이러한 공간적 의미와 속성적 의미가 서로 연관되는 특징이 있다. 공간적으로 다층적 구조를 가지는 공간 객체와 다층적 속성정보가 하나의 지리정보로 서비스될 수 있다.

일상의 온라인 지도 포털 서비스에서 이용자가 지정한 위치와 연계되어 지명이나 건물 이름, 도로명 등이 검색되고 이동 거리와 시간, 관련 교통 정보들도 제공된다. 예를 들어 구글맵 검색에서 특정 식당을 이름으로 검색할 경우 나의 위치를 기준으로 주변의 식당이나 음식점 등이 표시된다. 이것은 나의 컴퓨터 접속 주소(IP address)를 토대로 주변의 시설물(명칭이 부여된 건물) 위치와 비교한 검색 결과를 컴퓨터 화면에 보여준 것이다.

정부에 의한 공식적 지명이든 비공식적인 지명이든 지형지물 명칭의 수는 종이지도 시대의 규모와는 비교가 되지 않을 정도로 방대하다. 예를 들어 인터넷의 공개된 지명 데이터베이스인 GeoNames[7]는 약 2,500만 개의 지명을 데이터베이스로 구축하고 있고 wikimapia는 약 2,200만 개의 지명이 데이터로 구축되어 있다. 이런 규모의 지명 데이터는 위치 좌표 정보와 함께 지명 관련 부가적인 속성정보까지 제공하고 있다. 또한 지명 데이터는 지속적으로 수정과 갱신, 검증이 인터넷상에서 이루어지고 있다. 종이지도에서 지형지물의 명칭 부여가 '대표성'에 의해 다루어졌다면, 디지털 지도 환경에서는 '개별성'으로 이해할 수 있다. 즉 지표상의 모든 대상에 대해 다양한 정보들이 수집, 구축, 저장된다. 동시에 단일 지명이 아닌 관련된 여러 지명의 표기도 가능하다.

이와 함께 디지털 환경에서 지명은 명칭이 관여된 대상과 연관되어 이해될 수 있다. 동해(East Sea)는 하나의 지리적 명칭인 동시에 이 명칭을 형성하는 여러 지리적 사실에 기반한 문맥(context)으로서 의미가 있다. 지리정보 측면에서 지형지물은 '공간적 문맥'(spatial context)과 '속성적 문맥'(attribute context, non-spatial context, aspatial context)으로 구성된다. 이것은 일종의 지리적 지형지물의 명칭, 예를 들면 지명의 도메인(domain)이다. 공간적 의미가 지형지물에서 지리적 객체의 위치정보를 담고 있다면, 속성적 의미는 위치를 점유하고 있는 객체의 부가적인 정보를 담고 있다. 이러한 지리적 도메인은 데이터베이스 구축 과정에서 데이터베이스 개념화로 변환되어 구조화된다. 데이터베이스 측면에서 지리적 도메인은 공간적으로 지리적 객체를 포인트, 라인, 폴리곤의 벡터 방식과 픽셀 형태의 격

7 GeoNames(www.geonames.org)는 웹 기반 지리 데이터베이스이다. 전 세계 지명 데이터를 무료로 제공하고 있다. 일반 대중이 자발적으로 참여하고, 지명 관련 데이터베이스와 연동하여 지명 정보를 제공하고 있다.

자 방식으로 구분해 공간 데이터베이스로 변환하는 데 기초가 된다.

Ⅳ. 장소 정보와 지명 데이터

1. 장소 기반 지명 데이터

지명은 장소를 이해하는 데 중요하다. 장소를 정보로써 구축하고 분석하기 위해 지명 데이터는 다양한 측면에서 기여할 수 있다. '장소'(place)는 인문지리학의 오랜 주제이며 인문지리학이 주변 학문과의 차별성을 가지는 데 기여한 학문 주제이기도 하다(Tuan, 1977; 구동회 · 심승희, 2007; 윤영호 · 김미선, 2020). 이런 의미에서 지명은 장소의 정체성과 고유성을 확인하는 대상이다. 또한 장소는 지명에 의해서 인간과 긴밀한 관계를 확인할 수 있다. 지명에 의해 개별적 장소는 고유한 지리적 특성을 가진다. 지명에 의미와 가치를 부여할 때 지명은 하나의 장소로서 이해된다. 장소에 대한 인간의 인식과 의미는 장소성(sense of place)으로 규정될 수 있다(Tuan, 1977). 따라서 지명에 의한 장소성은 지명에 나타난 그 장소의 문맥과 맥락(context)으로도 이해된다. 그래서 지명은 역사문화적 유산으로 의미가 깊다.

디지털 환경에서 지명 콘텐츠 생산과 수요는 장소와 지명의 관계를 더욱더 긴밀하게 연결하고 있다. 인터넷상의 블로그, 트위터, 인스타그램, 플리커 등 소셜네트워크의 텍스트는 새로운 장소의 의미를 설명하고 분석하는 정보로 활용된다. 지명도 하나의 데이터로서 '위치정보'와 함께 지명을 구성하는 중요한 문맥적 정보이다. 텍스트마이닝은 소셜네트워크상에서 지명이 언급된 문장의 문맥을 통해 지명이 가지는 의미를 다차원적으로 분석할 수 있다. 지도화 차원을 벗어나 지명의 문맥적 해석은 소셜네트워크상에서 인식되는 장소로서의 지명과 지리정보의 의미를 강조하고 있다. 위치의 중요성과 함께 그 위치와 주변 장소에 대한 지리적 인식의 분석은 새로운 지리정보의 분석 분야로서 주목받고 있다. 지명 데이터 역시 장소로서의 지명을 해석하기 위해 관련 디지털 콘텐츠와의 연계를 강조하고 있고, 장소적 의미와 장소성을 구성하는 각종 속성정보의 데이터베이스는 GIS에서 중요하게 다루어지고 있다(Goodchild and Li, 2012b).

그러면 GIS에서 지명은 지도화와 공간분석을 위해 어떻게 이해되어야 하는가? 공간(space)과 장소(place)의 관점을 동시에 바라볼 때 지명 데이터는 지리정보 관점에서 공간과 장소를 연결하는 공간-장소적 개념으로 인식된다(Goodchild and Li, 2012b). 지명을 하나의 데이터로 간주하고, 동시에 장소적 의미를 공간적으로 분석하기 위해서 기존의 GIS 공간분석 기법이 얼마나 장소적 의미를 분석할 수 있는지를 살펴보는 것도 필요하다. 지명을 하나의 지리공간 데이터로 간주한다면 지명의 위치 좌표뿐만 아니라 지명의 장소적 특성도 GIS 공간분석에서 효과적으로 다룰 수 있어야 하고, 분석될 수 있어야 한다. 이를 위해 지명이 지니는 장소적 의미를 공간분석 측면에서 어떻게 분석할 수 있을지에 대한 개념적 이해가 중요하다. 기존의 GIS 공간분석은 공간 데이터의 위치 좌푯값을 기본 전제로 분석을 진행한다. 이때 위치 좌표는 GIS 공간분석의 기초 데이터이자 위치 기반 공간분석의 핵심 데이터이다. 지형지물 객체의 데이터베이스를 통한 좌표 정보화는 과정 자체가 중요한 의미를 지니고, 이러한 좌표를 통한 지오코딩은 공간분석 결과의 지도화와 시각화에 중요한 요소이다. 그래서 상대적으로 공간 데이터의 위치정보화를 먼저 고려할 수밖에 없고, 정확한 위치정보 자체가 분석의 정확성과 분석 결과의 정책적 지원 및 공간 의사결정에 중요한 근거가 된다.

그러나 일상생활에서 디지털 지도의 활용도가 높아지면서 지도 정보의 활용과 지도 콘텐츠도 주목받게 되었다. 디지털 지도 사용자들은 단순히 검색하는 대상의 위치만 주목하는 것이 아니라 검색하는 대상 주변의 지리적 대상이나 추가적인 장소 정보에 더 관심을 가진다. 예를 들어 사용자의 현재 위치에서 사용자가 원하는 시설, 예를 들어 관공서나 은행, 음식점, 호텔 정보와 함께, 관공서의 이름이나 은행의 서비스, 특정 기간의 숙박 여부 등의 정보를 알고 싶어 한다. 지도 구축 기관 입장에서도 단순한 데이터 그 자체로 지형지물의 이름과 명칭, 관련 속성정보를 데이터베이스로 구축하는 차원에 그치는 것이 아니라 지형지물의 이름과 명칭을 이용자의 인식과 의미로서 구축하고 이를 지도 검색 서비스로 활용하는 것을 중요하게 고려하기 시작했다.

이러한 관계는 GIS의 중첩(overlay)과 버퍼(buffer) 기능을 통해서도 잘 이해할 수 있다. 중첩과 버퍼는 GIS 공간분석에서 가장 일반적이고 핵심적이면서 다른 정보 시스템과 GIS를 구분하는 핵심 기능이다(Aronoff, 1989). 지명의 장소적 개념과 공간과 장소를 이어주는 디지털적인 관점도 중첩과 버퍼를 통해서 알 수 있다(Goodchild, 2016).

중첩은 둘 이상의 공간 데이터에서 공통적이거나 배타적인 조건을 만족하는 지리적 범위나 데이터를 탐색하는 기능이다(Foresman, 1998). 공간과 장소의 의미를 중첩 기능과 연관할 경우, 두 유형의 중첩 기능을 생각할 수 있다. 하나는 기존의 GIS 중첩 기능인 공간적 중첩(spatial overlay)과 장소의 의미와 관계를 탐색하는 장소적 중첩(platial overlay)으로 나눌 수 있다. 지명과 관련된 공간분석의 경우 장소적 중첩으로 생각할 수 있다. 공간적 중첩은 두 개 이상의 지리공간 정보를 중첩하여 위치 좌푯값을 기준으로 서로 공통되는 혹은 배타적인 관계를 탐색하는 기능이다. 이러한 중첩을 place 관점에서 보면 장소적 중첩(platial overlay)은 위치적 정확성보다는 텍스트와 공간적 범위의 결합을 통해 특정 조건이 일치하는 결과를 탐색하는 기능으로 이해할 수 있다. 예를 들어 지명과 지도를 결합하는 경우, 중첩(overlay)과 매시업(mashup)[8]이 대표적이다. 언론에 언급된 지명을 지도에 표시하거나 특정 지역의 언론 기사를 검색하는 경우이다.

지명은 위치적 연계를 가능하게 하는 텍스트 기반의 속성정보이다. 지명의 공간적 위계는 위치정보의 기하학적 위계와는 다르다. 공간정보에서 기하학적 위계가 좌푯값을 기준으로 인접성과 포함성, 연결성을 의미한다면, 텍스트의 위계는 위치적 위계가 아닌 텍스트 문맥 내의 의미와 해석으로 지리적 관계성을 파악하는 것이다. 예를 들어 〈그림 13-2〉에서 보는 것처럼 프랑스 파리디즈니랜드(Disneyland Paris)는 행정구역상 파리에 있지 않고 파리 근교에 있다. 그럼에도 지명의 위치적 위계보다는 파리의 행정구역 범위를 초월한 파리의 장소적 위상에 따른다(Goodchild, 2016). 이처럼 지명을 장소적 의미에서 분석할 경우, 수리적 위치가 아닌 텍스트의 위계적 차원을 고려한 문맥의 의미로 해석할 수 있다. 위치적으로 파리 내에 있지 않지만 '파리'라는 지명의 상징성은 행정구역의 범위를 벗어난

8 매시업은 여러 디지털 콘텐츠를 조합하여 하나의 새로운 콘텐츠나 소프트웨어, 서비스를 만드는 것을 말한다. 공간정보와 결합할 경우, 예를 들어 구글맵, 네이버 지도와 카카오맵을 배경으로 범죄 데이터, 교통정보나 부동산 정보 등을 결합하여 새로운 부동산 지리정보 웹사이트를 서비스할 수 있다.

〈그림 13-2〉 파리에 있지 않은 파리디즈니랜드(Gong et al., 2015)

보다 광의의 범위임을 알 수 있다. 왜 파리디즈니랜드는 파리에 있지 않은데 파리라는 지명을 사용하는가? 이는 파리라는 장소의 위상, 파리라는 지명이 가지는 상징성이 단순한 행정구역의 경계가 아닌 일반 대중에게 각인된 장소적 의미로 해석되기 때문이다. 파리라는 지명의 공간적 범위와 인위적인 경계의 영역이 아닌 장소적 범위에서 지명이 불리고 있음을 알 수 있다. 또한 공간과 장소가 분리된 것이 아니라 서로 연결되어 있다는 사실도 함께 생각해야 한다. 지명 역시 문화유산으로서 장소의 의미가 강하지만 데이터로서 바라볼 때 공간적 의미도 배제될 수 없다. 데이터로서, 텍스트로서 지명은 공간적 의미와 속성적 의미를 통합적으로 바라보아야 하고, 이런 측면에서 텍스트의 문맥에 대한 데이터의 의미와 가치를 어떻게 해석해야 할 것인가에 대한 고민이 필요하다.

버퍼 기능도 중첩과 함께 공간 데이터의 장소적 의미를 생각할 때 지금까지와 다른 공간 분석적 접근이 필요하다. GIS 공간분석에서 버퍼(buffer) 기법은 보통 특정한 거리 반경을 기준으로 반경 내의 지리적 특성을 탐색하고 분석하는 분석 방법이다. 이러한 반경은 지리적 탐색의 중요한 기준이다. 공간(space) 측면에서 거리는 중요한 조건이자 탐색 변수이다. 이것을 공간적 버퍼(spatial buffer)라고 할 수 있다. 이에 반해, 장소적 버퍼(platial buffer)는 장소적 의미와 문맥에 따라 범위가 정해지는 관계이다. 〈그림 13-3〉은 특정한 장소(지점)에 대해 서로 다르게 인식되는 (공간적) 범위이다. 서로 다르게 인식되는 대상은 인터넷 블로그, 트위터(Twitter), 플리커(Flickr)이다. 〈그림 13-3〉에서 보는 것처럼, '도심'이라는 장소는 블로그와 트위터, 플리커의 텍스트에 따라 범위가 일치하지는 않는다(Blaschke, et al., 2018). 장소에 대한 인간의 내재된 혹은 잠재적인 의미는 다양하다. 장소에 대한 인식은 사람마다 각자의 경험을 통해서 다양하게 내재되어 있다. 장소감(sense of place)은 장소에 내재된 인간의 의식이 일률적이지 않다는 것을 보여준다. 소셜미디어는 일상에서 사람마다 다르게 인식되는 장소와 장소감의 공간적 범위를 알 수 있게 해주는 새로운 디지털 매개체이다. 비공식적 지명(vernacular name)은 이를 확인하는 분명한 사례이다. '도심'은 누구나 도시 속에서 이해할 수 있는 지리적 범위의 용어이다. 소셜네트워

〈그림 13-3〉 미국 캘리포니아 산타바바라 시내에 대한 범위의 차이

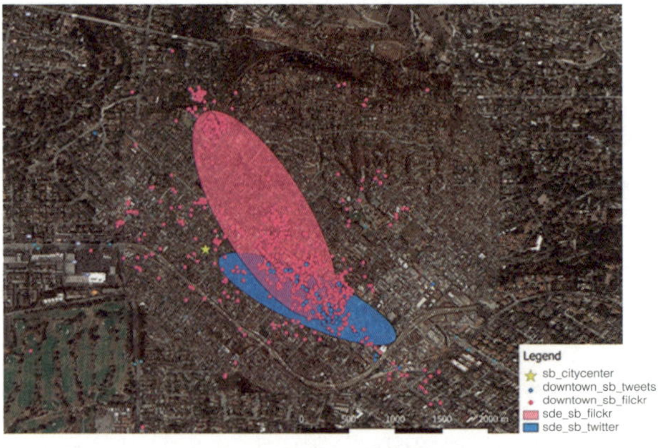

* 트위터와 플리커 사용자 사례. Blaschke, et al., 2018.

크는 이러한 디지털미디어 속에서 인간의 의식에 내재된 지리적 위치와 범위를 확인하는 일종의 경로이다. 이러한 경로상에서 지명은 이를 확인하는 하나의 수단이고 데이터로서 공간분석을 할 수 있는 대상이기도 하다.

일상의 대화 속에서 언급되는 지명은 하나의 데이터로서 인터넷 블로그와 소셜미디어에서 자연스럽게 인용되고 있다. 일반 대중의 인식은 특정한 경계에 의존하지 않고 자신의 경험과 일상의 시간 속에서 반복되는 기억과 함께 하나의 텍스트 내에서 존재한다. 텍스트 내에서 단어와 단어 사이의 문맥, 그리고 그 문맥을 이어주는 사진이나 동영상의 시각적 매개체는 소셜미디어의 네트워크를 통해 인간의 기억과 경험을 다른 사람들과 공유한다. 텍스트 문맥 속에서 지명은 이러한 사람의 인식과 경험의 범위 내에서 특정한 행정 경계와는 다른 차원의 범위를 보인다. 파리디즈니랜드의 장소적 위치처럼 소셜미디어 내 장소의 범위는 지리적 거리를 기준으로 한 반경보다는 다양한 차원에서 존재한다. 이 존재의 범위는 소셜네트워크에 접속하는 사용자, 즉 인간의 인식 차원의 범위이다. 지명이라는 단어, 텍스트에 존재하는 장소적 범위는 데이터마이닝과 같은 분석 기법에 의해 공간적 범위로 가시화된다. 일상의 공간 언어로서 지명은 하나의 장소적 의미의 문맥적 구조를 가진다. 동시에 이러한 문맥적 구조는 하나의 텍스트로서 분석되고, 분석된 결과는 공간적 지도화 기법을 통해서 지도상에 그 범위를 표현하게 된다. GIS 공간분석에서 중첩과 버퍼는 바로 이러한 데이터의 분석과 탐색을 지원하는 기법이다. 장소적 의미에서 지명 데이터의 분석은 중첩과 버퍼 기능을 통해 일상에서의 지리적 의식을 탐색하고 지도상에서 그 범위를 확인할 수 있다.

장소적 위계는 버퍼 기능에서도 뚜렷이 나타난다(Goodchild and Li, 2012b).

공간적 버퍼는 탐색하는 대상과 거리 반경을 기준으로 반경 안과 밖의 지리적 특성을 탐색하는 만큼 데이터 간의 위계는 별로 고려되지 않는다. 위계는 일종의 계층성으로 장소에도 계층성을 찾을 수 있다. 예를 들어 특정 장소를 포함하는 상위의 계층은 그 계층 내에서 하위의 여러 장소의 계층, 위치의 계층이 있다. 행정구역에서 읍·면·동의 상위 계층이 시·군·구라고 할 수 있다. 장소적 의미에서 위계는 시·군·구와 읍·면·동이 아닌, 시·군·구 내 읍·면·동 간의 장소적 의미에서 위계를 찾을 수 있다. 장소적 버퍼(platial buffer)는 동일한 장소의 위계 간의 탐색을 의미한다. 거리를 기준으로 한 반경이 공간적 버퍼라면, 거리 대신 위계를 기준으로 같은 위계를 가지는 대상과의 장소적 관계를 탐색하는 것이 장소적 위계이다. 즉 장소적 버퍼에서 반경의 의미는 동일한 장소의 계층을 의미한다. 예를 들어 "장소 A는 장소 B와 가깝다"는 C라는 상위 계층의 장소적 위계 내에서 장소 A와 B가 존재할 때 가능하다. 또 다른 사례로서, 구역 A와 구역 B가 있을 때 a와 b는 구역 A에 있는 장소이고 c는 구역 B에 있는 장소이다. 이때 장소적 위계를 보면 상위 구역인 A 구역에서 a와 b 간의 장소적 관계가 구역 B의 c보다 더 많이 발생한다. 또는 장소적 위계로 볼 때 b는 c보다 a에 더 가깝다고 할 수 있다. 따라서 장소적 버퍼에서 물리적 거리는 장소적 근접성으로 적절하지 않다.

2. 장소정보로서 지명 데이터의 정확성

지리정보의 정확성은 지리정보 데이터의 질과 분석에서 중요한 내용이다. 디지털 지도에서 지도 데이터의 오차, 에러, 부정확성의 문제는 중요하게 다루어왔지만, 속성정보(지명)의 정확성은 상대적으로 덜 중요하게 다루었다. 이는 지명의 디지털 데이터 변환과 디지털 지명목록집 측면에서 중요한 주제가 될 수 있다(Godchild, 2016). 장소적 관점에서 이름과 명칭은 다른 정보와의 연계라는 연결성 측면에서 중요한 반면, 명칭이 주는 모호함은 다른 정보와의 연계에서 장애 요인이 될 수 있다.

어떤 지점에서의 좌푯값은 어떤 좌표계와 투영 체계를 선택하느냐에 따라 달라진다. 장소에 따라 다른 공간적 위치는 지리정보의 데이터베이스에 지금까지 쉽게 이해되고 반영되어 온 반면, 장소에 대한 명칭(지명)이 다른 것에 대해서는 상대적으로 덜 관심을 가져왔다. 공간 데이터는 좌표체계, 투영법, 측지계에 따라 지표상의 특정 지형지물의 좌푯값이 다르고, 이러한 차이는 당연한 차이로 받아들여진다. 그런데 공간 데이터에서 이러한 차이는 당연하고 자연스럽게 받아들여지지만, 속성정보의 다양한 데이터 구축과 입력에 대한 인식의 차이는 상대적으로 덜 주목받고 있다. 지형지물의 위치가 다를 수 있음을 당연하게 생각하는 반면 지형지물의 명칭과 이름이 다를 수 있고 이를 데이터베이스에 반영한다는 인식에 대해서는 여전히 동의하지 않고 있다. 지명은 맞춤법과 철자가 다를 수 있고 언어적 관점과 사회문화적 상황, 시간적 변화 등에 따라 지명이 바뀌기도 하고 변화되거나 소멸되기도 한다.

장소적 관점에서 보면 지명은 다양한 위치와 같이 다양한 지명의 속성이 데이터로 반영되어야 한다. 단순히 위치적 관점에서 지명을 공간 데이터로만 바라보는 시각은 바뀌어야 한다. 장소적 관점에서 데이터는 하나의 장소를 설명하는 텍스트로서 구축되고 분석되어야 한다. 이러한 측면에서 지명 데이터 관점도 단일 지명이 아니라 그 위치 혹은 장소를 의미하는 대상으로서 병기되는 지명과 여러 지명을 데이터베이스에 반영하는 접근이 필요하다. 지명 병기와 복수 지명의 데이터 셋은 해당 지명의 다양한 속성을 의미하는 또 하나의 데이터이다. 하나의 지형지물이 어떤 좌표 체계를 적용하느냐에 따라 다른 위치정보를 가지듯이 하나의 지형지물에 대해 다양한 지명의 데이터베이스를 반영하는 것은 당연하다. English Channel/La Manche를 비롯하여 지명은 서로 병렬적인 관계 속에서 이해되어야 하고, 이런 차원에서 지명의 병기는 지명 데이터의 관점에서도 당위성을 가진다.

3. 사회 구성체로서 지도와 지명

지도는 사회 구성체로서 사회적 유산과 산물의 시각적 표현이다. 고지도를 비롯하여 현대의 디지털 지도에서도 지도의 각종 정보들이 그 시대의 상황과 배경을 지도적 표현으로 전달하고 있다. 지도를 하나의 시각적 전달 수단으로 이해하는 동시에 지도를 통해 시대적 상황을 이해할 수도 있다. 지도의 지명은 지도가 만들어진 그 당시의 장소를 이해하는 데 필수적인 지리적 언어이다. 지명을 통해서 그 당시 장소에 대한 사회적 특성과 시대 상황을 유추·해석할 수 있다. 시대와 사회적 상황에 따라 장소에 대한 지명은 다르게 불려왔다. '서울'은 위례성, 한성, 한양, 경성 등 여러 이름으로 불려왔다. 이러한 이유로 지명은 장소에 대한 역사적 산물이자 문화유산으로 인식되고 있다.

고지도의 지명은 단순한 장소의 이름에서 그치는 것이 아니라 그 지도의 제작자, 제작 연도, 제작될 당시 역사적 환경까지 담고 있는 하나의 사회구성물이다. 지명이 사회구성체이듯 지명이 표기된 지도 역시 사회구성체로 이해할 수 있다. 디지털 환경에서도 이러한 관계는 여전히 유효하고 오히려 상황에 따라 더욱더 복잡하고 다양한 관계를 보일 수 있다. 지명은 한 장소의 이름뿐만 아니라 그 장소의 성격과 내용을 규정짓는 또 다른 디지털 콘텐츠의 핵심 요소로 작용한다. 지명의 지리적 범위는 행정구역과 경계를 넘어선 개인 차원의 인식 범위로 확대되고 있다. 또한, 철자와 발음, 병기, 복수 지명, 비공식 지명 등 다양한 지명 데이터 형식과 형태가 자유롭게 데이터베이스에 구축되고 서비스될 수 있다.

디지털 지도에서 지명을 구분 짓는 경계는 여전히 정치적이고 지정학적 질서의 지리적 표현으로 작용하고 있다. 지명이 그것을 의미하고 규정짓는 대상(국가, 민족, 지역 주민 등)에 따라 획일적이지 않듯이, 경계 역시 정치적·사회적 대상으로 디지털 지도에서도 유동적으로 나타나고 있다. 분쟁 지역 국경선의 지도 표현이 대표적인 사례다. 구글맵에서는 보통 국경선이 실선, 분쟁 지역의 경계는 점선으로 표현된다(〈그림 13-4〉). 카슈미르는 인도와 중국이 서로 자신의 영토라고 주장하는 지역이고 상황에 따라 무력 충돌도 발생하고 있다. 구글맵을 인도에서 접속하는 경우 인도 정부가 주장하는 국경선이 실선으로 표시되는 반면, 중국에서 접속하는 경우 중국에서 주장하는 국경선이 실선으로 표시되는 구글맵이 서비스된다. 히말라야 혹은 카슈미르 지역의 지도는 하나가 아니라 해당 국가들의 주장과 요구가 반영된 디지털 지도정보가 서비스되고 있다.

그러나 디지털 지도 역시 양면성을 가지고 있다. 국제 정치 질서와 지정학적 관계에 따라 일관성 있게 반영되어 있지 않다. 일본해와 동해 표기의 경우, 구글맵이나 구글어스의 축척에 따라 일본해 단독 표기에서 동

〈그림 13-4〉 국경이 점선으로 표현된 카슈미르 지역의 구글맵

출처: 구글맵(https://www.google.com/maps).

해 병기가 나타나지만, 한국과 일본의 바다를 표현하는 축척에서는 여전히 일본해 단독 표기가 나타나고 있다. 또한 접속 국가에 따라 한글 버전이라도 일본해 단독 표기가 나타나고 있다. 예를 들어 미국이나 영국에서 구글맵에 접속할 경우, 설정 언어에서 한국어를 선택하더라도 일본해가 단독 표기된 바다 이름이 나타난다. 이는 구글사의 의도적 정책 방향이거나 전략적 양면성이라고 해석할 수 있다. 축척에 따른 지명 병기, 다국어 언어 설정에 따른 지명 표기, 인터넷 접속 주소에 따른 국경 표시 방식은 전적으로 구글사의 전략적 선택과 접근 방식에 달려 있다.

디지털 지도 제작에서 여전히 구글과 마이크로소프트사 등 다국적 정보통신 플랫폼 기업의 전략적 선택과 정보의 선택적 수용 방식은 결정적이다. 국제적으로 합의되지 않은 국경이나 육상 지명, 바다 이름 등은 여전히 표준화에서 해결되지 않은 채 디지털 지도 포털 기업의 기준에 따라 표기되고 있다. 이 점이 유엔을 중심으로 한 국제적 합의와 표준화의 노

력이 필요한 이유이다. 디지털 지도의 지명표준화는 유엔을 비롯한 국제기구에서 진행되고 있지만, 해결점은 여전히 가시적이지 않다. 언어 설정이나 접속 국가에 따라 자동으로 표시되는 국가의 경계나 국가명, 지명은 무의식적으로 포털 이용자들에게 받아들여질 수 있다. 이 상황에서 구글과 같은 다국적 기업의 표기 방식은 일반 대중들에게 비공식이지만 하나의 표준으로 인식될 수도 있다.

글로벌 차원에서의 지리 공간정보와 지도 데이터의 표준화가 미진한 가운데, 지리정보를 수집하고 구축하는 기술은 비약적으로 발전하고 있다. 또한 대중 참여와 오픈 소스 기반의 지도는 지형지물의 이름과 명칭 부여의 다양화를 특징으로 하고 있다. 일반 대중의 자발적 참여와 오픈 소스 기반의 디지털 지도 제작은 인터넷 환경과 결합하여 새로운 차원의 지도 제작과 지도정보 생태계를 구축하고 있다. 오픈스트리트맵(Open Street Map)이 대표적인 사례이다. 이전의 종이지도와 달리 자발적 대중 참여 방식의 오픈 소스 기반 지도에서 지명이나 지형지물의 명칭은 다양한 방식으로 표기될 수 있고, 이러한 경향성은 오픈 소스 기반 디지털 지도를 통해 주목받고 있다. 영어권에서도 나들목(진출입구간, off-ramp와 slip road), 항구(habor와 habour), 로터리(traffic circle과 roundabout)와 같은 지형지물의 명칭은 국가에 따라 서로 다른 속성정보가 입력되고 있다(Goodchild, 2016). 이러한 동일한 객체에 대한 다양한 명칭은 오픈스트리트맵과 같이 일반 대중이 주도하는 디지털 지도에서 볼 수 있는 특징이다. 지형지물의 정확한 위치와 형태를 지도에 표현하는 것도 중요하지만 실제 일상에서 사용하는 속성정보의 다양한 표현 또한 중요하다. 이러한 상황은 지도에 표기되는 지명의 이해와도 연관된다. 일본해 단일 표기의 근거가 전 세계적으로 알려졌기 때문이라고 한다면 앞으로 디지털 지도와 인터넷에서도 이러한 대중성은 새로운 차원으로 규정되어야 한다. 이전의 종이지도와 달리 인터넷 지도와 디지털 지도 포털에서의 지명 표기는 획일적이거나 단일 지명이 유일한 수단으로 인식되어서는 안 된다.

지명 데이터 구축에 대한 과학적 접근과 기술 발전, 문화유산에 대한 언어와 지역 문화의 반영, 생산자와 수요자 중심의 지명 데이터 등은 과거 아날로그 방식의 종이지도에서 상대적으로 중요하지 않았거나 거의 다루어지지 않았던 내용이다. 오늘날의 디지털 지도는 이러한 차이와 다름의 차이를 기술적으로 충분히 반영할 수 있고, 지리정보 기술은 이러한 다양한 변화를 디지털 지도에서 실제로 구현하고 있다. 자발적 참여와 시민과학자(citizen scientist)의 등장은 지명과 같은 지도 콘텐츠에서 사용자의 중요성을 강조하고 있고, 지도 콘텐츠의 중요한 대상이 공급자에서 수요자로 바뀌고 있다. 오픈 소스 기반의 개방적 지도는 다양한 지도 데이터의 즉각적 반영을 가능하게 하고 있다. 로컬 단위의 소수 지명, 비공식 지명 등도 사용자 수준에 따라 지도의 속성정보로서 거의 실시간으로 데이터베이스화될 수 있다. 민간 기업의 기술 표준화도 디지털 지도 제작에 영향을 미치고 있다. 지도 서비스 차원에서 다국적 기업의 지도 플랫폼은 이전의 국가 주도 방식의 지도 제작 방식과 대비된다. 리모트센싱 기술을 통해 거의 무제한으로 지표상의 지리정보 수집이 가능하다. 그만큼 다양한 지표상의 정보를 있는 그대로 수집하고 데이터베이스로 구축할 수 있다. 이 과정에서 지명도 하나의 단일 지명이 아니라 상황에 따라 다양한 형태의 지명과 표기 방식을 데이터로 저장하고 지도에 표출하는 환경으로 바뀌고 있다.

Ⅴ. 맺음말

디지털 환경이 성숙해지면서 장소 이름의 명명, 표기, 구축과 생산, 활용 등과 관련된 다양한 주제와 내용이 제기되고 있다. 이전에 일반화되었던 지명 표준화와 지명목록집, 지명 콘텐츠 등에 대한 새로운 이해가 필요한 시점이다. 디지털 환경에서는 공급자와 수요자 간 쌍방향의 정보 생산과 유통, 소비 구조가 일반화되고 있다. 데이터 활용 측면에서 보면 이러한 관계는 더욱더 촉진될 것이다. 온라인에서 사용자가 올린 데이터는 또 다른 사용자에 의해 소비된다. 이러한 생산과 소비의 일원화는 디지털 환경의 특징이다. 온라인 서비스의 중요성이 강조되면 될수록 온라인 콘텐츠의 생산과 소비 주체 간 쌍방향의 상호작용은 촉진될 것이다. 이 과정에서 장소 콘텐츠로서 지명 데이터의 활용은 온라인 기반의 서비스를 통해 더욱더 확산될 것이다. 결국 서비스 차원에서 지명 데이터는 그 중요성이 계속 강조될 것이고 장소 콘텐츠로서 지명의 중요성은 커질 것이다.

종이지도와 종이 문서 기반의 지명목록집은 지명을 하나의 점(point) 속성 위주로 목록화한 반면, 상대적으로 선(line type)과 면(area) 속성을 제대로 반영하지 않았다. 반면 디지털 지명목록집은 점, 선, 면의 객체 속성을 다양한 데이터 방식으로 데이터베이스로 구축할 수 있다. 또한 관심 지점(Point Of Interest) 데이터 구축과 대용량의 POI 데이터는 지명과 연계하여 새로운 지명 데이터의 확장성을 보여줄 수 있다. 지명 데이터의 다양한 활용은 지도 검색, 경로 탐색, 사용자 중심의 지명 데이터 생산과 소비에서 찾을 수 있다. 디지털 지도가 일반화되고 일상화될수록 지명은 단순한 장소의 이름에 국한되지 않고 지도 사용자의 목적에 부응하는 콘텐츠로 활용될 수 있다.

시민과학자로 대변되는 일반 대중의 참여 확대는 공간(space)보다 장소(place)에 관한 관심을 새롭게 불러일으키고 있다. 장소에 대한 풍부한 텍스트 정보는 대중의 정보 수요와 콘텐츠 재생산에도 기여하고 있다. 공간 좌표로만 파악할 수 없는 일반인의 장소에 대한 인식은 텍스트마이닝과 같은 분석 기법을 통해 장소의 특징과 일반인들의 장소에 대한 인식을 객관화할 수 있고 장소에 대한 시계열 변화도 파악할 수 있다(Adams and McKenzie, 2003; Ye, et al., 2011). 지명과 장소에 관한 풍부한 디지털 콘텐츠는 지리적 지식의 확장과 새로운 지리정보의 탐색 기회를 제공한다.

이러한 최근의 변화는 데이터로서의 지명과 지리정보로서 지명을 재조명하는 데 중요하다. 데이터로서 지명은 앞으로도 계속 진화할 것이고, 이에 부응하여 디지털 콘텐츠로서의 지명 연구는 촉진되어야 한다. 앞으로 디지털 생태계의 다양성과 복합성이 중요해지는 만큼 지명의 다양성과 역사문화적 유산, 지명 생산자와 소비자, 일반 대중의 참여와 중요성은 더욱더 주목받을 것이다.

참고 문헌

이-푸 투안, 2007, 구동회 · 심승희 옮김, 『공간과 장소』, 도서출판 대윤.

이-푸 투안, 2020, 윤영호 · 김미선 옮김, 『공간과 장소』, 사이.

Aronoff, S., 1991, *Geographic Information Systems: A Management Perspective*, WDL Press.

Adams, B., and G. McKenzie, 2013, Inferring Thematic Places from Spatially Referred Natural Language Descriptions, In *Crowdsourcing Geographic Knowledge: Volunteered Geographic Information (VGI) in Theory and Practice*, Edited by D. Z. Sui, S. Elwood, and M. F. Goodchild, 201-221, Netherland: Springer.

Blaschke, T., Merschdorf, H., Pablo, C-B., Gao, S., Papadakis, E., and A. Kovacs-Gyori, 2018, Place versus Space: From Points, Lines and Polygons in GIS to Place-Based Representations Reflecting Language and Culture, *ISPRS International Journal of Geo-Information*, 7(11), 452.

Burrough, P. A., and A. U. Frank (edits), 1996, *Geographic Objects with Indeterminate Boundaries*, London: Talyor and Francis.

Coleman, D. J., 2013, Potential Contributions and Challenges of VGI for Conventional Topographic Based-Mapping Programs, In *Crowdsourcing Geographic Knowledge: Volunteered Geographic Information (VGI) in Theory and Practice*, Edited by D. Z. Sui, S. Elwood, and M. F. Goodchild, 245-264, Netherland: Springer.

Foresman, T. W., 1998, *The History of Geographic Information Systems: Perspectives from the Pioneers*, Englewood Cliffs, New Jersey: Prentice-Hall.

Gao, S., 2015, Place-Based GIS: The Next Frontier of GIScience Research, https://www.slideshare.net/songgaogeo/placebased-gis-the-next-frontier-of-giscience-research-52734621.

Goodchild, M., 2007, Citizens as Sensors: the world of volunteered geography, *GeoJournal*, 69 (4): 211-221.

Goodchild, M. F., 2009, Neogeography and the Nature of Geographic Expertise, *Journal of Location Based Services*, 3(2), 82-96.

Goodchild, M. F., 2016, Gazetteers Present: Spatial Science and Volunteered Geographical Information, In *Placing Names: Enriching and Integrating Gazetteers*, Edited by M. L. Berman, R. Mostern, and H. Southall, 26-34. Bloomington and Indianapolis: Indiana University Press.

Goodchild, M. F., and Hill, L. L., 2008, Introduction to Digital Gazetteer Research, *International Journal of Geographical Information Science*, 22(10), 1039-1044.

Goodchild, M. F., and Li, L., 2012a, Assuring the Quality of Volunteered Geographic Information, *Spatial Statistics*, 1, 110-112.

Goodchild, M. F., and Li, L., 2012b, Formalizing Space and Place, In CIST2011-Fonder les sciences du territoire, Edited by Beckouche, P, Grasland, C, Guerin-Pace, and F, Moisseron, J-Y, *College international des sciences du territoire (CIST)*, Nov 2011, Paris, France. 177-183.

Haklay, M., 2010, How good is volunteered geographic information? A comparative study of OpenStreetMap and Ordnance Survey datasets, *Environment and Planning*

B: Planning and Design, 37(4), 682-703.

Himanen, A., Torvalds, L., and M. Castells, 2001, *The Hacker Ethic and the Spirit of the Information*, London: Secker and Warburg.

Jones, C. B., Purves, R. S., Clough, P. D., and H. Joho, 2008, Modelling vague places with knowledge from the Web, *International Journal of Geographical Information Science*, 22(10), 1045-1065.

Montello, D. R., M. F. Goodchild, J. Gottsegen, and P Fohl, 2003, Where's Downtown? Behavioral Methods for Determining References of Vague Spatial Queries, *Spatial Cognition and Computation*, 3(2-3), 185-204.

Surowiecki, J., 2004, *The Wisdom of Crowds: Why the Many Are Smarter Than the Few, and How Collective Wisdom Shapes Business, Economies, Societies and Nations*, New York: Doubleday.

Turner, A., 2006, *Introduction to Neogeography, Sebastopol*, California: O'Reilly.

Tuan, Y. F., 1977, *Space and Place: The Perspective of Experience*, Minneapolis: University of Minneapolis Press.

Ye, M., Janowicz, K., Mulligann, C., and W. C. Lee, 2011, What you are is when you are: the temporal dimension of feature types in location-based social networks, *Proceedings of the 19th ACM SIGSPATIAL International Conference on Advances in Geographic Information Systems*, 102-111.

제14장 국내 언론에서의 동해 표기 보도 추이

윤경호*

I. 동해 명칭과 표기에 관한 관심의 출발

한반도 동쪽에 있는 태평양으로 향하는 넓은 바다를 우리는 동해라고 부르고 표기한다. 중국과 마주 보는 서쪽에 있는 바다는 서해, 남녘 땅 아래 제주도를 끼고 있는 바다는 남해로 각각 말하고 쓴다. 고조선에서부터 삼국 시대를 거쳐 고려와 조선에 이르는 수천 년 동안 한반도 거주민들은 동서남북 방향에 맞춰 주변의 큰 바다를 이렇게 부르면서 역사와 생활 속에 익숙해졌다. 국토를 둘러싼 큰 바다로서, 그리고 삶의 한 터전으로서 동해 혹은 서해, 남해로 대하며 살아온 것이다.

하지만 주변의 다른 나라 존재를 알게 되고 교류나 다툼을 벌이기도 하면서 그들도 인접한 바다를 각각의 문자와 언어로 이름 붙여 부르거나 표

* 매일경제 신문발전위원 겸 MBN 논설위원.

기하고 있다는 것도 깨달았다. 이웃 나라와 접촉하지 않고 외톨이로 살던 시대에는 알 수도, 알 필요도 없었겠지만 국가 간 관계가 형성된 이후에는 바다 명칭에서도 상대의 주장과 존재를 감안해야 하는 단계로 접어든 셈이다. 우리 시대에는 대한민국이 국제사회의 일원으로 얼굴을 내밀면서 바다의 명칭 표기도 우리만의 방식으로는 통하지 않는다는 엄연한 현실을 확인했다.

출발은 1991년 9월 한국의 유엔 가입이었다. 유엔 가입 후 우리 정부에 건네져 회람된 유엔 기구의 각종 문서에 동해 수역이 일본해(Sea of Japan)로 표기돼 있다는 사실을 발견했다. 유엔환경계획(UNDP) 같은 비정치적인 성격의 문화 사회 관련 기구 문서였으니 더욱 큰 충격을 줬다. 이에 대응할 필요성을 인식하면서 외교부를 중심으로 관계부처 간 협의를 시작했고 1992년 8월 정부 차원의 공식 입장을 정리했다.[1] 정부는 이미 국제기구 등에서 쓰이고 있는 일본해(Sea of Japan)라는 표기를 우리 방식의 명칭으로 대체하자는 맹목적인 전략을 세우지 않았다. 명칭에서는 한국해(Sea of Korea)나 한국동해(East sea of Korea)가 아니라 우리 국민에게 익숙하게 쓰이고 있으면서 역사적으로 오래 함께해온 동해를 선택했다. 영문 표기도 읽히는 발음 그대로인 'DONG HAE'보다는 국제적으로 의미를 알 수 있게 'East Sea'로 하고 국내에서의 영문 표기를 통일했다. 무엇보다 일본해를 밀어내고 동해로 대체하자는 것이 아니라 기존의 일본해에 동해를 혼용 또는 병용하자고 제안한 점이 중요했다. 한국과 일본 양국 간에 단일 명칭으로 합의가 이뤄질 때까지 두 명칭을 병용토록 하자는 것이 목표였다.

---

1 유의상, "동해 명칭 문제의 현황과 향후 과제," 동해연구회 제26회 국제학술세미나 발표집, 2020. 9. p. 117.

정부는 이렇게 입장을 확정한 뒤 1992년 8월 열린 유엔지명표준화회의(UNCSGN: United Nations Conference on the Standardization of Geographical Names) 제6차 회의에서 최초로 문제를 제기했다.

국내 언론의 동해 명칭 표기에 관한 관심과 보도는 이 같은 정부의 정책 변화와 흐름을 같이한다. 국내 언론에서는 1992년 8월 말 유엔에서 열린 지명표준화회의에서의 문제 제기를 다루는 것으로 동해 표기 관련 기사가 처음 등장했다.[2] 기간통신사 연합뉴스가 일본 교도통신의 뉴욕발 기사를 인용해 띄운 내용이었다. 특히 유엔에 동시 가입한 남한과 북한이 일본해라는 표기에 공동으로 보조를 취했다는 점을 강조했다. 동해 표기와 관련해 국내 언론에서 사실상 처음 다뤄진 기사는 다음의 내용이다.

> **남북, '일본해' 이름 바꾸기 유엔서 공동보조**
>
> 【도쿄=연합】 남한과 북한은 28일 유엔 본부에서 개최 중인 제6차 유엔 지명회의에서 한반도와 일본 사이에 있는 바다를 '일본해'로 부르는 것은 잘못이라고 지적하고 그 명칭의 재조정을 요구했다고 일본 교도통신이 29일 뉴욕발로 보도했다. 이 회의에서 한국과 북한이 자리를 같이 한 것은 이번이 처음으로, 국제적인 모임에서 이례적으로 협조체제를 보여 주목되고 있다. 이 통신에 따르면 한국 대표단은 28일 회의에서 한국에서는 이 바다를 역사상 '동해' '조선해' '일본해' 등 여러 이름으로 불러온 사실을 소개하면서 일본에서 제작된 아시아 지도 가운데도

2 연합뉴스, 1992년 8월 30일 자 기사.

'조선해'로 표기된 사실이 있음을 지적했다. 북한 대표단은 한국 대표의 의견에 전적으로 찬성하면서 "일본해라는 호칭은 식민지 지배와 관련성이 있다"고 지적했다. 이에 대해 일본 대표는 '일본해'는 국제적으로 인정된 호칭으로 동일 지역에 다른 지명의 사용을 제의하는 것은 혼란을 초래할 뿐이라고 주장했다. 유엔 지명회의는 세계의 지명과 그 표기 방법의 통일을 목적으로 개최되고 있는데 많은 개발도상국 대표들은 국제 지명에 나타나는 식민지 유산은 청산되어야 한다는 입장을 보이고 있어 한국 쪽 주장이 어떤 결론으로 이어질지 관심거리이다.

세계일보는 연합뉴스의 보도를 이어받아 칼럼을 통해 일본해라는 명칭이 제국주의 시대의 유산이라는 점을 내세워 바로잡아야 한다고 지적했다.[3] 다만 동해라는 표기를 병용해야 한다는 주장으로 이어가지는 않았다. 세계일보 칼럼 내용도 전재하면 다음과 같다.

[설왕설래] 일본해

동해를 일본해로 부르는 것은 부당하다는 지적이 공식 제기됐다. 유엔 지명표준화회의에서 우리의 소병용 차석대사와 북한의 허종 부대사가 시정을 촉구함으로써 표면화된 문제다. "동해는 일본에서조차 역사적으로 조선해로 통칭되던 바다"로 일본해라는 명칭은 19세기 후반

3 세계일보, 1992년 9월 1일 자 칼럼.

제국주의의 영향으로 생긴 것임은 말할 나위도 없다. 대영백과사전 초판(1771)과 재판(1778)에도 「Sea of Korea」로 표기되어 있을 뿐만 아니라, 1794년 일본인 가쓰라가와(桂川甫周)가 제작한 아세아전도(亞細亞全圖)와 1810년 나카바시가 제작한 신정만국전도(新訂萬國全圖)에도 조선해로 표기되어 있고, 1840년 일본의 관찬지도에도 조선해로 명기되는 등 그 근거는 하나둘이 아니다. 이에 대해 일본 대표는 "일본해라는 명칭이 국제적으로 통용되고 있으므로 다른 이름을 제기하면 혼란만 올 것"이라고 우리의 요구를 반박했다. 아버지를 세상이 모두 아들로 알고 있으니, 편하게 그대로 아들이라고 하자는 것이다. 아직까지 독도를 자기네 땅이라고 우기는 것과 다름이 없는 발상이다. 왜냐하면 독도가 자기들의 땅이 아님은 1667년 사이토에 의해 쓰인 일본 최고의 기록 은주시청합기 한 가지만 보아도 자명한 일인데도 억지를 굽히지 않고 있어서다. "일본의 서북쪽 경계는 은주 은기로써 한계를 삼는다"는 기록이 "울릉도 동쪽에 붙어 있는 섬은 위경과 접하고 있다"는 우리의 숙종 때(1714) 기록과 맞아떨어지고 있는 사실마저 외면해서다. 이 섬을 다케시마(죽도)라고 부르고 이제부터 본현의 소속인 오키의 소관으로 정한다는 1905년 시마네현 고시 제40호를 근거로 독도를 자기들의 영토라고 주장하는 것이나, "조선해를 세계가 모두 일본해로 알고 있으니 일본해라고 해야 한다"는 주장은 어찌 보면 설득력이 있는 것처럼 보일 수도 있다. 그러나 대대로 소유하던 남의 땅을 뒤늦게 "이제부터 내 것이다"라고 적어놓고 그것을 근거로 억지를 쓰는 것과 다를 것이 없다. 동해의 명칭은 바로잡혀야 한다. 여태 일본해로 둔 것만도 안타깝고 부끄러운 일이다.

유엔 지명회의에서의 문제 제기를 계기로 동해가 일본해보다는 한국해 또는 조선해 등으로 쓰인 고문서나 고지도가 많았음을 알리는 발표가 줄을 이었고 언론은 이를 관심 있게 보도했다. 매체들은 1992년 해군 본부에서 공개한 자료를 인용해 17세기 중반 이탈리아에서 제작된 지도에 한반도와 일본 사이에 있는 바다의 이름을 이탈리아어 'MAREDI COREA,' 즉 한국해로 표기한 사실을 찾아냈다고 보도했다.[4] 이 고지도는 그해 5월 김철우 당시 해군참모총장이 미국 출장 중 조지아주 애틀랜타시의 한 고화랑에서 입수해 해사박물관에 보관해왔다는 것이다. 해군 본부는 유엔 지명회의에서 제기된 동해 명칭 개정작업에 역사적 증거자료로 활용하도록 이 고지도를 공개했다고 신문들은 전했다.

유엔 지명회의에서의 정부 차원의 문제 제기와 이후 속속 이어진 고문서 관련 보도 등의 연장에서 서울신문은 논설위원 칼럼을 통해 일본해 표기는 식민지 시대 일본 제국주의가 정착시킨 것으로 잔재 청산 차원에서 제 이름을 찾아줘야 한다며 유감을 표하는 데 동참했다. 칼럼에는 한국해나 동해보다는 푸른 바다라는 뜻의 창해(Blue Sea)라는 표기가 어떠냐는 제안도 담겨 있다.[5]

한국 정부는 이후 국내외에서 지속적으로 일본해 표기 정정을 위한 캠페인을 전개해나갔고 1994년 6월 열린 유엔지명전문가그룹(UNGEGN: United Nations Group of Experts on Geographical Names)[6] 제6차 회의에서도 같은 내용

---

4 한국일보, 1992년 9월 9일 자 기사; 서울신문, 1992년 9월 9일 자 기사.

5 서울신문, 1992년 9월 19일 자 칼럼.

6 유엔지명표준화회의(UNCSGN)와 유엔지명전문가그룹(UNGEGN)은 2017년 열린 UNCSGN 제11차 회의에서 두 기구를 통합하기로 했고 2019년부터는 새로운 유엔지명전문가그룹회의가 정부 간 국제회의로 출범해 활동을 이어가고 있다.

으로 의견을 표명했다.

우리 정부의 일본해 표기 문제 제기 이후 이 사안에 관한 관심이 높아졌고 주요 신문들이 사설에서 이를 다루기 시작했다. 국민일보는 1994년 9월 9일 "동해는 일본해가 될 수 없다"는 제목의 사설에서 그즈음 서울에서 열리는 유엔환경계획(UNEP) 주관 한국·중국·일본·러시아 4개국 회의 문서에 중국과 러시아의 동의 때문에 동해를 일본해로 표기할 수밖에 없다는 외무부의 발표를 강하게 비판하면서 국민을 실망·분노케 하는 일이 없도록 대책을 강구하라고 촉구했다.[7] 한국일보도 하루 뒤 "동해는 동해다"라는 제목의 사설을 통해 같은 사안을 다루면서 동해 표기가 국제사회에서 일본해로 공인된 역사와 원인을 언급했다. 특히 우리가 주권을 빼앗겼던 시절인 1929년 국제수로회의(IHO)에서의 첫 결정을 지적했다.[8] 당시 한국일보의 사설 내용은 다음과 같다.

동해는 동해다

국익·국위의 신장과 선양을 주 임무로 하는 외무부가 스스로 국위를 실추시키는 시행착오를 저지른 것은 한심한 일이다. 12일부터 서울서 열리는 북·서태평양환경보존회의에서 채택할 실천계획문안 중 외무부가 실무회의서 '동해'를 '일본해'로 표기하기로 동의했다가 거센 반발이 일자 뒤늦게 취소, 계획서의 채택 자체를 거부키로 했다는 것이

7 국민일보, 1994년 9월 9일 자 사설.

8 한국일보, 1994년 9월 11일 자 사설.

다. 한낱 해프닝으로 넘기기에는 사안이 매우 중대하다. 동해 표기를 놓고 일본해라고 억지 주장을 펴는 일본과 날카롭게 대립해오고 있음을 누구보다 잘 알고 있는 외무부가 한때 선뜻 양보한 것은 '외교적 실수'임이 분명하다. 동해는 조선조 초기부터 엄연히 '조선해' 또는 '창해'로 기록되고 불리어왔으며 16세기 유럽 각국이 극동에 진출하면서 제작한 대부분의 고지도에도 명백히 '조선해,' '한국해'로 표기됐다. 대표적 예로 1762년 프랑스의 유명한 해도제작자 로베르 드 보강디가 제작한 극동지도도 그렇고 15년 뒤 이탈리아의 안토니오 차타 교수가 만든 지도에도 '한국해'로 명기했다. 일본도 명치 초기까지는 동해를 모든 지도와 기록에 '조선해'로 하거나 동해를 반으로 갈라 한국 측은 '한국해'로 일본 측은 '일본해'로 규정했었다. 이것을 러일전쟁에서 승리한 뒤부터는 일본해라고 사용하다가 1910년 한국을 강점한 뒤에는 아예 일본해로 못 박았다. 우리의 주권이 없었던 1928년 국제수로회의에서 일본해로 공인받았던 것이다. 따라서 정부 수립으로 주권이 회복된 후에는 당연히 '한국해,' '동해'로 환원되어야 함에도 일본은 소위 관례와 공인을 들어 일본해를 고집하고 있는 현실이다. 지난 86년 한일 간의 해난협정 논의 때는 '동해'와 '일본해'로 맞선 끝에 "관계국 사이의 바다"로 표기되기도 했다. 우리로선 마땅히 '한국해,' '동해'로 환원시켜야 하며 어떤 이유로도 양보해서는 안 될 사안이다. 때문에 92년 8월 28일 제6차 유엔지명표준화회의에서 남북한은 러시아의 협조 아래 일본해를 '동해'로 정정 환원시킬 것을 정식 제기, 아직도 계류 중이며 그해 2월 니가타에서 열린 '환동해교류권국제포럼92'에서 남북한 학자 등은 동해 또는 평화해, 극동해, 청해, 금강해 등으로 고칠 것을 역설한 바 있는 것이다. 물론 이번 환경회의를 유엔이 주관하고 또 유엔환경개발계획에서 작성한 문안에 일본해라고 여러 군데 표기해온 것을 외무부가 한 군데만 표기를 허용하고 이번에만 표기에 동의한다고 제한을 가한 것을 모르는 바 아니다. 그러나 단 한 차례가 '일본해'를 동의해주는 빌미가 될 수 있는 만큼 처음부터 거부, 수정을 요구했어야 했다. 동해를 일본의 억지대로 통용시킬 경우 국위 실추는 물론 내부적으로도 중대한 문제가 발생한다. 동해는 일본의 안마당이 되고 또 우리의 애국가도 고쳐야 할 지경까지 이르게 되는 것이다. 외무부는 깊이 반성해야 한다. 정부가 유엔 무대에서 동해 표기와 관련한 문제를 제기한 뒤 민간 학계 등에서 과거 제작된 지도나 문서에 일본해가 아닌 다른 표기가 많았다는 발표와 주장이 속속 이어졌다. 매체들은 한 서지학자가 보유 중인 1810년부터 1908년까지 일본에서 제작된 지도와 문서에 동해가 '조선해'로 표기되어 있다며 자료 10여 점을 공개했다고 보도했다.[9] 고지도 가운데 1810년 제작된 '신정만국전도'에는 동해가 '조선해'로, 1883년 제작된 '일본인민통상장정'에는 일본의 섬 4개가 '조선해'에 접해 있다고 쓰여 있다는 것이다. 지도를 공개한 서지학자 이종학 씨는 일본에서 만든 지도에 '일본해'가 아닌 '조선해'로 표기되어 있는 점을 중시해야 한다며 방향을 나타내는 동해보다 고유 명칭인 조선해로 표기하는 것이 바람직하다는 주장을 폈다고 신문들은 덧붙였다.

Ⅱ. 동해연구회 출범과 동해 표기 논의 확산

동해 명칭에 대해 늘어난 관심은 1994년 11월 사단법인 동해연구회 창립으로 이어졌다. 언론은 이기석 서울대 지리교육과 교수를 준비위원회 대표로 움직이던 동해연구회 결성을 전하면서 1996년 유엔지명전문가그룹회의와 1997년 유엔지명표준화회의 때 “동해냐 일본해냐”를 결판낼 임무를 가진 단체라고 소개했다.[10] 11월 9일 창립총회가 열렸고 학계, 문화계, 관계, 언론계 등 여러 방면의 인사가 참여해 김진현 전 과기처장관을 초대회장으로 추대하며 정식 발족했다는 보도가 이어졌다.[11]

활동을 시작한 동해연구회는 동해 명칭의 국제적 통용 확산 사업의 일환으로 일본해와 동해를 병기한 100만분의 1 축적 한국지도 영문판 5,000부를 제작해 세계 각국에 배포하겠다고 발표했고 언론은 이를 전했다.[12]

동해연구회는 동해 지명에 관한 제1회 국제학술세미나를 개최했는데, 여기에서 17세기 이후 나온 서양 지도 62개를 분석해보니 조사 대상의 절반인 30개가 한국과 일본 사이 바다를 한국해 또는 동해로 표시한 반면, 일본해로 표시한 지도는 7개에 불과하다는 연구 결과를 발표한 논문 내용을 신문들이 보도했다. 또 우리의 역사 문헌 가운데 동해라는 명칭이 최초로 등장한 것은 『삼국사기』 고구려본기 시조 동명왕가사라는 연구 논문도 소개했다.[13]

---

10 세계일보, 1994년 11월 7일 자 기사.

11 서울경제, 1994년 11월 10일 자 기사.

12 국민일보, 1995년 2월 15일 자 기사.

13 세계일보, 1995년 5월 25일 자 기사.

이후 언론의 동해 명칭과 관련한 보도는 간헐적으로 이어지는 수준이었다. 주로 유럽 등 제3국에서 발간된 고지도나 고문서에 이미 동해라는 명칭이 쓰였음을 확인하는 기사와 당사자인 일본에서 만들어진 관련 문서조차 동해로 표기하고 있다는 보도 위주였다. 공영방송인 KBS는 일본 제국주의 지배하인 1936년 출판된 지도에서 한반도 동쪽 바다를 동해로 표기한 사실이 발견됐다는 보도를 했다. 일본의 황국 사상을 퍼뜨리기 위해 제작된 1,000쪽 분량에 달하는 백과사전인 『역대 문화 황국사 대관』이라는 책에 동해라는 표기가 뚜렷하게 있다는 내용이었다. 단국대 김원모 교수가 발견해 공개한 것으로 한일 간 명칭 논란에 쐐기를 박을 수 있는 중요한 자료라고 KBS는 전했다.[14]

동해연구회가 출범한 뒤 매년 열고 있는 국제학술세미나에는 일본 학자들이 가끔 참여해 국가 이기주의나 민족주의를 뛰어넘어 민간 차원에서의 객관적인 대안을 제시하는 노력에 상징성을 끌어올렸다. 1999년 열린 제5회 국제학술세미나에서는 일본 니가타대학교 후루야마 다다오 교수가 동해를 녹해(Green Sea)로 부르자는 제안을 했다.

후루야마 교수는 "일본해라는 호칭은 근대 일본의 침략 과정에서 연유한 것이므로 바꾸는 것이 좋다"며 "녹해는 이 바다를 주변 주민들의 평화와 환경의 바다로 만들어가자는 뜻"이라고 말했다. 한일 간에 벌이는 논쟁을 피해 제3의 명칭을 제안한 것인데 시대적 변화에 부응해 일본의 태도가 학계에서나마 변하고 있음을 보여준 점에서 의미 있는 해석이 나왔다고 언론은 보도했다.[15]

---

14 KBS, 1998년 3월 11일 9시 뉴스 보도.

15 한겨레, 1999년 10월 27일 자 기사.

각국 지리학자들이 모여 가진 관련 세미나에서도 유럽 등지에서는 18세기에도 한반도 동쪽 바다가 한국해(Sea of Korea)로 표기되고 통용됐다는 유럽 국가 소속 학자들의 논문이 발표됐다. 2000년 8월 서울에서 열린 세계지리학대회에서 발표된 논문과 관련 자료를 인용한 것이었다.[16]

동해연구회의 연례 국제학술세미나에 북한 쪽 대표가 처음으로 참여해 남북한 공조를 위한 진전된 여건을 조성할 토대를 넓히기도 했다. 2002년 7월 동해연구회는 러시아 과학원 극동분소 태평양지리연구소와 공동으로 블라디보스토크에서 제8회 국제세미나를 열었는데, 이 자리에 북한 과학원과 수로국 관계자 4명이 왔다고 신문들은 전했다.[17] 북한은 그동안 일본해 명칭 사용의 부당성 지적에는 우리와 견해를 함께하면서도 동해를 조선 동해(East Sea of Korea)로 부르자는 주장을 펴왔는데, 남북한 전문가들이 한자리에서 머리를 맞대는 것만으로도 주목을 끌고 의미를 키웠다.

IHO가 1929년 만든 '해양과 바다의 경계'라는 이름의 지도인 S-23 개정 제4판 발간을 앞두고 우리 정부의 동해와 일본해 병기 요구는 한층 활발해졌다. 2002년 9월 독일 베를린 제8차 유엔지명표준화회의에서 한일간 합의가 이뤄지지 않는 동안은 동해와 일본해를 나란히 쓰자는 기존의 제안을 우리가 거듭 천명했다는 사실을 언론은 전했다. 다만 국내 언론사들은 직접 현지 취재에 나서지 않았고 일본 매체의 기사를 인용해 올린 기간통신사 연합뉴스의 보도를 뒤따라 늦게 전달하는 데 그쳤다.[18]

2002년 10월에는 외교부와 해양수산부 등 정부 대표단과 동해연구회

---

16 국민일보, 2000년 8월 15일 자 기사.

17 한국일보, 2002년 7월 25일 자 기사.

18 매일경제, 2002년 9월 5일 자 기사.

부회장을 맡은 이기석 서울대 교수 등 민간 전문가들을 포함한 민관합동팀이 IHO 사무국을 방문해 S-23 개정 제4판 최종안에 우리의 요구인 일본해 표기 삭제 방침이 철회된 과정을 따지고 해명을 요구했던 동향이 언론에 보도됐다.[19] 이런 운동의 연장으로 동해에 접해 있는 지방자치단체가 동해 이름 찾기 차원에서 목소리를 내기도 했다. 강원도 동해시 시의회는 동해 수역을 일본해가 아닌 동해로 표기할 것을 국제수로기구에 촉구하는 결의안을 채택해 외교통상부에 발송했는데 해당 지역 신문들이 이를 보도했다.[20]

동해 표기에 대한 일반의 관심을 끌어올리는 역할은 동해연구회에서 매년 여는 국제학술세미나의 몫이 컸다. 2003년 가을 중국 상하이에서 푸단대학교 한국연구센터와 성신여대 한국지리연구소가 함께 참여해 동해연구회와 공동 주최한 세미나에서는 16세기부터 20세기까지 나온 서양 고지도 407종 가운데 동해 표기가 73%, 일본해 표기는 27%로 나왔다는 이상태 국사편찬위원회 사료조사실장의 연구 논문이 발표됐고 언론은 이를 부각시켜 전했다.[21]

그해 초 주미 한국대사관 문화홍보원에서 미국 의회도서관에 보관된 19세기 이전 발간된 고지도를 조사했더니 103개 중 66%인 68개가 동해 표기를 한 반면, 일본해 표기는 13.5%에 그쳤고 3개는 한국해와 일본해를 병기하고 있더라는 결과를 발표해 언론에서 다뤄졌다.[22]

---

19 헤럴드경제, 2002년 10월 15일 자 기사.

20 강원도민일보, 2002년 11월 19일 자 기사.

21 서울신문, 2003년 10월 16일 자 기사.

22 세계일보, 2003년 1월 20일 자 기사.

비슷한 차원에서 국정홍보처 해외홍보원이 동해연구회와 공동으로 미국, 영국, 독일, 프랑스, 러시아 등 5개국 도서관에 소장된 고지도의 동해 표기 실태를 조사해보니 동해, 한국해 등으로 표기된 것이 71%인 반면, 일본해 표기는 12%에 그치더라는 보도도 이어졌다.[23]

김진현 당시 동해연구회 회장이 미국 내셔널지오그래픽 소사이어티를 방문했을 때 그쪽 관계자들에게서 들었다며 2004년 11월 발간될 세계 지도책 『월드 아틀라스』 제8판부터는 그 전까지의 일본해 단독 표기를 일본해와 동해 병기로 바꾸기로 했다는 소식도 언론에 소개됐다.[24]

III. 동해/일본해 병기, 넓어진 인식

다른 나라의 고지도에 일본해뿐만 아니라 동해라는 표기가 이미 일찍부터 쓰이고 있었다는 연구 결과가 속속 나오면서 동해와 일본해를 병기해야 한다는 논리는 자연스럽게 자리를 잡아갔다. 우리는 일본해 단독 표기를 동해로 대체해야 한다는 식의 접근이 아니라 다른 나라 지도나 교과서에 '동해/일본해' 혹은 '동해'(일본해) 등의 방식으로 둘을 병기하자는 제안이었는데, 이러한 필요성에 대한 공감이 확산된 것이다.

동해연구회 부회장으로 활동하던 이기석 서울대학교 교수는 일본해에 맞서려면 동해보다는 한국해를 쓰자는 일각의 주장에 대해 왜 우리가 동해를 내세워야 하는지 논리적으로 반박하는 글을 언론에 실었다. 이 교수

23 내일신문, 2004년 4월 20일 자 기사.

24 한국일보, 2004년 4월 26일 자 기사.

는 18세기 이전까지의 서양 고지도 등에 한국해(Sea of Korea)라는 표기가 많이 사용됐지만, 이는 외국인이 만든 외래 지명(Exonym)이라며 중국 수도 북경(北京)을 서양인이 사용하는 페킹(Peking)에서 현지인들의 표현인 베이징(Beijing)으로 바꿔서 쓰고 부르는 것과 같은 이치라고 설명했다. 우리 땅에 인접한 바다를 한반도 거주민들은 동해라고 불러왔지, 한국해로 쓰지 않았으니 국제적으로 통용되는 명칭은 동해여야 한다는 논리였다.[25]

국제사회에서 동해 표기를 위한 정부와 민간의 노력이 한창이지만 우리나라의 관련 부처 정부 예산 규모가 일본과 비교해 33배 적다며 이를 증액해야 한다는 국회 문화관광위 소속 위원의 지적이 보도되기도 했다. 고흥길 당시 한나라당 의원은 국정홍보처 국정감사에서 일본은 IHO의 S-23 제4판 개정판 발간을 앞두고 다음 해(2005년) 관련 예산을 7억 8,000만 엔(약 80억 원) 책정했는데 우리의 동해 표기 등 오류 시정 관련 예산액은 국정홍보처 1억 4,500만 원과 해양수산부 9,500만 원 등 2억 4,000만 원에 그친다며 우리도 특별 지원 예산 등을 합쳐 연간 80억~100억 원 규모로 늘려야 한다고 주장했다는 내용이다.[26]

동해 표기를 둘러싼 한일 양국의 줄다리기는 팽팽하게 이어지고 우리의 민관 차원 노력도 특별한 진전을 이루지 못하는 가운데 2006년 말 베트남 하노이 한일정상회담에서 노무현 당시 대통령의 느닷없는 폭탄 발언성 제안이 뒤늦게 알려지면서 판을 흔들었다. 노 대통령은 그해 11월 18일 아베 신조 일본 총리와 만났을 때 한일 현안을 대국적 차원에서 풀기 위한 발상의 전환 차원에서 비유적으로 동해를 '평화의 바다'로 부르

---

25 한국일보, 2004년 9월 17일 자 칼럼.

26 내일신문, 2004년 10월 7일 자 기사.

면 어떻겠느냐고 비공식적으로 얘기했다는 것이다. 청와대는 일본 측에서 별다른 반응을 보이지 않아 추가 논의가 없었다고 해명했지만 일본 지지통신은 아베 총리가 노 대통령의 제의를 즉석에서 거부했다고 보도했다. 실제 발언을 했던 시점에 비해 한 달 보름여 뒤에 이 사실이 알려지고 언론에 다뤄지면서 후폭풍을 크게 키우지 않고 잦아들었지만, 국민적 공감대가 없는 상태에서 나온 대통령의 발언에 대해 야당은 물론 관련 학계 등에서도 부적절했다는 비판이 거셌다.[27]

언론은 동해 표기 문제를 동해와 일본해를 둘러싼 외교 무대에서의 한국과 일본 간 힘겨루기로 접근했다. 2007년 5월 모나코에서 열린 IHO 정례 총회를 앞두고는 "5년 만의 한일 재격돌"이라는 식으로 줄지어 보도했다. 2002년 열렸던 총회에서 동해 표기 문제가 한일 간 분쟁 사안으로 인정되어 일본해 단독 표기를 삭제하기로 하는 안건을 올려 표결에 부쳤을 때는 일본 측 방해로 무산됐지만, 다시 맞붙는다는 점을 부각시켜 일반의 관심을 자극했다.[28] 서울신문은 사설을 통해 모나코 IHO 총회에서 총력 외교를 펼쳐 일본해 단독 표기를 저지해야 한다고 촉구했다. 신문은 사설에서 일본해 단독 표기를 바꿔야 하는 일은 주권 국가의 자존이 걸린 문제일 뿐 아니라 해저 지명 등록이나 해양과학 조사, 배타적 경제수역(EEZ) 경계 설정 등 다른 분야에서 벌어지고 있는 한일 간 해양 분쟁에도 적지 않은 영향을 미칠 사안이라고 규정했다.[29] 연합뉴스는 모나코 국제수로기구 총회 현지에 기자를 보내 보도하면서 남북한이 일본을 상대로 동해 표

27 한국일보, 2007년 1월 8일 자 기사.

28 매일경제, 2007년 5월 7일 자 기사.

29 서울신문, 2007년 5월 6일 자 사설.

기의 정당성을 주장하는 2 대 1 논전을 펼쳐 눈길을 끌었다고 전했다. 당시 우리 측 수석 대표인 송영완 외교부 국제기구국장의 발언을 조경오 북한 측 수석대표가 지지한다고 발언하면서 동해 문제를 다루기 위한 회의를 북한에서 개최할 용의도 있다는 제안을 했다는 내용이었다.[30]

동해연구회는 2002년 제8회 때부터 외국 도시를 순회하며 국제학술세미나를 열었다. 2009년 9월 오스트레일리아 시드니에서 열린 제15회 회의에서는 오스트레일리아 지명위원회가 중·고교 학생들이 사용하는 지도와 교과서에 동해와 일본해를 병기하기로 국가 차원에서 결정했다는 낭보가 발표됐고 현지 취재에 동행했던 언론은 이를 전했다.[31] 그에 앞서 미국의 유력 경제신문 월스트리트저널이 그전까지의 일본해 단독 표기를 벗어나 동해 또는 일본해라고 쓰기 시작했는데, 각국에서 점차 동해와 일본해 병기를 받아들이는 언론과 교육 현장이 늘어나고 있음을 보여준 것이다. 국가별로도 프랑스와 호주가 IHO 실무그룹 회의에서 동해와 일본해 병기 방안을 제안했는데, 이는 사실상 병기 지지를 전제로 한 제안이라 고무적이라는 박노형 당시 동해연구회 회장(고려대 법대 교수)의 해석을 몇몇 매체들이 보도했다.[32] 박 회장은 2010년 여름 네덜란드 헤이그에서 열린 국제학술세미나에서 기자들에게 이같이 설명했다.

국제사회의 기류가 항상 우리에게 유리하게만 흐르지는 않았다. 2012년 IHO 총회를 앞두고 가동해오던 실무그룹회의에 각 나라가 제출한 동해 표기 문제에 대한 의견에 미국과 영국이 일본해 단독 표기를 지지하는

---

30 연합뉴스, 2007년 5월 11일 자 모나코발 기사.

31 내일신문, 2009년 9월 10일 자 시드니발 기사.

32 세계일보, 2010년 8월 24일 자 연합뉴스 인용 기사.

것으로 나왔다는 보도가 있었다.[33] IHO 회원국 80개국 중 27개국 전문가들이 실무그룹에 참여 중인데 해상 분야에 강한 영향력을 가진 미국과 영국이 이렇게 일본해 단독 표기를 지지하니 2012년 총회에서 동해와 일본해 병기 주장이 관철될 수 있을지 비상이 걸렸다는 분석이었다. 이와 관련해 경향신문은 "국제사회가 동해와 일본해의 역사성을 직시해야 한다"는 제목의 사설에서 1992년 처음 우리가 문제를 제기했을 때만 해도 세계지도 가운데 거의 없었던 동해와 일본해 병기가 2011년 28%가량으로 늘어날 만큼 변하고 있다며, 일본해 단독 표기는 1929년 한국이 주권을 빼앗긴 시점에 정해진 어두운 과거 역사가 담겨 있어 이를 인정하면 제국주의 침략을 정당화하는 것이라고 주장했다.[34]

2011년 광복절을 앞두고 김성환 당시 외교통상부장관은 내·외신기자들을 상대로 한 브리핑에서 동해 표기와 관련해 그 이전까지 이어온 정부의 입장과 다소 다른 방향으로 흐르는 듯한 언급을 했다. 이명박 정부가 국내 정치적으로 야당의 공세 등을 돌파하기 위해 취한 대일 강경노선의 일환이었던 것으로 분석된다. 김 장관은 우리 정부가 우선적으로 동해와 일본해 병기를 추진하고 있지만, 이는 1차 전략 목표일 뿐으로 궁극적으로는 동해 단독 표기를 추진해나갈 것이라고 밝혔다.[35] 그는 동해 외에 한국해나 조선해 등 다양한 다른 명칭을 사용하는 방안에 대해서도 검토해볼 수 있다고 했다. 김 장관은 추가 설명에서 지명과 관련된 국제기구들은 특정 지명에 관련국들이 합의를 이루지 못하면 병기를 권고한다며

---

33 한겨레, 2011년 8월 10일 자 기사.

34 경향신문, 2011년 8월 10일 자 사설.

35 서울신문, 2011년 8월 14일 자 기사.

IHO에서도 많은 회원국이 일본해 단독 표기에 동의하지 않는 입장을 밝히고 있다고 했다. 김 장관의 이런 발언은 동해와 일본해 병기를 추진한 그간의 흐름과 결을 달리하는 것이었는데도 언론의 문제 제기나 비판은 별로 없었다.

이런 기류의 연장에서 당시 정부와 집권당 실세였던 이재오 특임장관이 이명박 대통령에게 8.15 경축사에 동해를 한국해로 표기해야 한다는 당위성을 세계에 천명해달라고 건의했다고 트위터에 글을 올렸고, 언론은 이를 줄줄이 보도했다.[36] 이재오 장관의 이런 주장은 그 직전 미국이 IHO에 일본해 단독 표기를 지지한다는 입장을 밝혔다고 알려진 데 대응하려는 의도적인 정치적 발언이었다. 그는 트위터 글에서 이 대통령에게 8.15 기념사에 독도에 대한 보다 명확한 영토 주권 선언도 해달라고 건의했다고 밝혔다.

두 장관의 강경한 입장을 지원하려는 듯 일부 언론은 일본해에 맞서려면 동해보다 한국해를 국제 표기에 내밀어야 한다는 논조의 사설을 올렸다.[37] 다른 매체는 한 걸음 더 나가 동해를 과감히 버리고 한국해로 승부를 걸어야 한다고 했다.[38] 광복절을 앞두고 외교부장관이 강성 발언을 하는 등 당시 이명박 정부의 대일 강경 노선에 매체들이 동조하면서 동해와 일본해 병기는 슬그머니 뒤로 밀리는 듯했다. 이런 기류는 이명박 정부 임기 마지막 해에도 이어졌다. 서울신문은 독도와 동해를 연결시켜, 독도를 지키려면 동해라는 명칭을 한국해로 바꿔야 "독도는 한국땅"에 대한 설

---

36 경향신문, 2011년 8월 14일 자 기사.

37 매일경제, 2011년 8월 15일 자 사설.

38 서울신문, 2011년 8월 15일 자 사설.

득력을 더할 수 있다는 주장도 있다고 보도했다.[39] 이명박 대통령은 그해 광복절을 앞둔 즈음에 현직 대통령으로서는 처음 전격적으로 독도를 방문해 일본 측의 강한 반발을 불렀다.

2012년 4월 모나코에서의 IHO 정기 총회를 앞두고 한국에서는 동해 대신 한국해라는 명칭을 내세워야 한다는 강경론이 나오는 반면, 일본에서는 기존의 일본해를 양보 없이 고수하며 맞서는 기류가 팽팽해지자 영국 지명전문가가 제3의 명칭으로 부르자는 제안을 다시 했다. 2012년 3월 벨기에 브뤼셀에서 열린 동해연구회 주최 제18회 국제학술세미나에서였다. 폴 우드먼 전 영국지명위원회 사무총장이 양국의 평행선에 대한 대안으로 한국은 '해결해' 일본은 '가이케쓰카이'(解決海)로 표기하고 영어로 'Sea of Resolution'으로 쓰자고 한 것이다.[40] 앞서 노무현 전 대통령이 동해에 대해 "평화의 바다"라는 제3의 명칭을 검토해보자고 한일정상회담에서 비공식 제안한 적이 있었지만, 외국 전문가에게서 비슷한 방안이 나온 것은 처음이었다. 그러나 당시 분위기에서 이런 제안이 받아들여지기는 쉽지 않았다.

2012년 열린 IHO 총회에서도 동해와 일본해 병기에 대해 매듭을 짓지 못하고 넘어간 가운데 2014년 미국 버지니아주 하원이 공립학교 교과서에 일본해를 언급할 때는 동해도 함께 소개해야 한다는 내용의 동해 병기 법안을 압도적 표 차로 통과시켰다. 미국은 연방정부 기구인 지명위원회(BGN)의 1지역 1명칭 원칙에 따라 IHO에서 채택한 일본해를 공식으로 사용하고 있는데, 버지니아주의 결정은 동해 명칭 병기 운동의 귀중한 성과

39 서울신문, 2012년 4월 19일 자 기사.

40 중앙일보, 2012년 3월 13일 자 기사.

였고 언론은 이런 점에 의미를 부여하면서 대대적으로 보도했다.[41]

미국의 이런 변화는 학계나 교육 현장에서 일본해라는 명칭을 일제의 한반도 강점과 결부시키는 시각이 확산된 덕분이라는 분석이 있다는 보도도 있었다. 조지프 스톨트먼 미국 웨스트미시간대학교 교수의 주장으로 "2003년 이전에 동해 문제에 관심을 갖는 미국 교사는 거의 없었는데 감정적 트라우마를 일으킬 수 있는 지명 변경이 어떤 가치를 갖는지에 관한 관심이 생기기 시작했다"는 것이다. 박노형 동해연구회 회장은 "일본해라는 바다 이름이 채택될 때 한국은 일제에 강점된 상태였다"며 "동해와 일본해 병기는 국제사회에 공정성을 요구하는 것"이라고 설명했다고 매체는 전했다.[42]

국내외에 동해와 일본해 병기 당위성과 필요성을 인식시키는 데 앞장선 동해연구회 설립 20주년을 맞아 그동안의 활동 내용과 성과를 돌아보는 언론의 평가가 박노형 당시 동해연구회 회장과의 인터뷰를 통해 게재됐다.[43] 동해라는 특정한 지명을 주제로 한 국제세미나를 1995년 이래 20년간 한 해도 거르지 않고 이어온 측면에서 동해연구회의 역할을 높게 평가한 보도도 있었다.[44] 신문은 동해연구회 등의 활동 덕분에 각국의 세계 지도에서 동해 병기율이 2005년 18.1%, 2007년 23.8%, 2009년 28.1%로 상승했고 2014년에는 비공식적 통계로 40% 선을 넘본다고 덧붙였다.

2017년 4월로 잡힌 IHO 정기 총회를 앞두고 외교부가 동해 표기의 국

---

41 한겨레, 2014년 2월 9일 자 기사; 내일신문, 2014년 2월 12일 자 칼럼.

42 연합뉴스, 2014년 6월 13일 자 기사.

43 매일경제, 2014년 10월 25일 자 기사.

44 한겨레, 2014년 11월 4일 자 기사.

제적 확산을 촉진하겠다며 동해연구회, 동북아역사재단 등과 협력해 제작한 홍보 동영상을 홈페이지에 게재했다. 동영상은 "2,000년 이상 불려온 이름 동해, 이 바다의 가장 오래된 이름입니다"라는 문구를 시작으로 각종 사료와 외교 문건을 토대로 동해 병기가 타당한 까닭을 설명하고 있다. 한글판과 영어판이 먼저 공개됐고 일본어, 중국어에 이어 스페인어, 프랑스어, 독일어, 아랍어 등 8개 언어 버전으로 확대한다는 것이다. 민간 학술단체 등이 정부의 협조를 받아 동영상을 제작한 전례는 있는데 정부가 앞장서 만들고 외교부 홈페이지에 게재했다는 점에서 이례적이라고 언론은 평가했다.[45] 외교부의 홍보 동영상 홈페이지 게재에 일본 외무성은 "일본해가 국제적으로 확립된 유일한 호칭이라며 한국의 주장을 받아들일 수 없다"는 항의를 우리 외교부에 했다는 일본 NHK 보도를 국내 언론도 전했다.[46] 스가 요시히데 일본 관방장관이 정례 브리핑에서 해당 동영상 내용을 받아들일 수 없다며 한국 정부에 외교 루트를 통해 항의했다고 공식적으로 밝혔다는 보도가 이어졌고, 우리 정부는 일본의 이런 항의를 받아들일 수 없다며 일축했다는 후속 보도도 나왔다. 매체는 "복수 국가가 공유하는 지형물의 지명은 합의가 이루어지지 못할 경우 각각의 지명을 병기하는 것이 유엔과 IHO에서 채택된 국제적 원칙인바, 정부는 앞으로도 국제사회에서 동해 병기 확산을 지속 추진해나갈 예정"이라고 말했다는 외교부 당국자의 언급을 함께 전했다.[47]

2017년 4월 IHO의 모나코 총회에 우리가 민관합동대표단을 파견하

45 매일경제, 2017년 2월 20일 자 기사.

46 YTN, 2017년 2월 22일 보도.

47 아주경제, 2017년 2월 23일 자 기사.

기로 했고, 동해 표기를 놓고 한일 간에 외교전을 벌인다는 보도가 이어졌다.[48] IHO는 모나코 총회에서 한국과 일본 모두 참여하는 협의체를 만들고 추가로 논의해 차기 총회에 보고하도록 정리했다. 동해와 일본해를 병기해달라는 한국의 요구에 일본해 단독 표기를 고수하려는 일본의 수비가 여전히 팽팽하자 결정을 또 내리지 못하고 다시 뒤로 미룬 것이다. 회의를 마친 뒤 정부 대표단과 함께 현지에 다녀온 주성재 동해연구회 회장(경희대학교 교수)이 회의에서 다뤄진 논의 내용과 향후 과제에 대해 직접 매체에 글을 실었다.[49] 주 회장은 "동해 표기, 이제부터 시작이다"라는 제목의 기고문에서 IHO 내부에 나타나는 우리 쪽에 긍정적인 변화와 국내외 각 주체들의 동해 표기 확산을 위한 활동 등을 거론하며 희망적이라고 주장했다.

Ⅳ. IHO의 새 표준 제시와 디지털 해도 시대로의 진입

IHO가 2017년 모나코 총회에서 동해와 일본해 병기 문제를 실무협의체에서 논의해 차기 총회에 결과를 보고하도록 결정함에 따라 후속 움직임이 이어졌다. 2019년 4월 영국 런던에서 한국과 일본, 북한 등의 정부 관계자들이 만나 동해와 일본해 표기 관련 비공식협의를 벌인 사실이 외교부 대변인의 정례 브리핑을 통해 전해졌다.[50] 마티아스 요나스 IHO 사무총장 주재로 열린 회의에는 남북한과 일본 등 3국 외에 미국과 영국 관

48 머니투데이, 2017년 4월 15일 자 기사.

49 매일경제, 2017년 5월 16일 자 칼럼.

50 뉴시스, 2019년 4월 11일 자 기사.

계자도 참석했는데, 추가로 당사국 간 협의를 진행해 2020년 열릴 차기 총회에 결과를 보고한다는 일정이었다.

남북한과 일본 등 당사국 간 비공식협의는 2019년 10월에도 모나코에서 이어졌다. 구체적인 논의 결과는 공개되지 않았지만 외교부의 공식 발표를 인용하며 매체들은 "당사국 간에 포괄적인 의견을 교환했다"고 보도했다.[51]

IHO가 동해와 일본해 표기를 둘러싼 당사국 간 비공식 실무협의를 진행하도록 했지만 두 차례의 만남에서도 남북한과 일본은 결론을 끌어내지 못했다. 이에 IHO는 다른 한편에서는 디지털 기술의 발전이라는 환경 변화를 반영해 이제는 각 바다에 특정 이름, 즉 지명을 부여하는 대신 고유의 숫자로 식별하는 체계를 도입하는 방안을 추진했다. 바다에 지명을 부여하는 대신 "고유의 숫자로 식별하는 체계(a system of unique numerical identifiers)"를 도입하는 방안을 국제수로기구 사무총장이 한국과 일본에 제안한 것이다. 이 경우 한반도 동쪽 바다를 동해나 일본해라는 지명으로 부르고 표기하는 것이 아니라 일련의 숫자 표기로 대체하는 것이다. 디지털 시대에는 이름보다 숫자가 전자항해 등 지리정보 체계에 유용한 만큼 모든 바다에 고유 숫자를 부여하자는 방안이다. 2020년 열릴 IHO 정기총회를 앞두고 외교부는 이런 내용을 배경 설명 차원에서 언론에 브리핑했다. 언론은 이를 놓고 동해와 일본해 병기 문제가 숫자 표기로 결론 날 것으로 보인다고 전했다.[52] 국민일보는 일본의 일본해 단독 표기 주장을

51 세계일보, 2019년 10월 20일 자 기사; 한국경제, 2019년 10월 20일 자 기사.

52 한겨레, 2020년 9월 22일 자 기사; 세계일보, 2020년 9월 22일 자 기사.

무력화하는 데 의의가 있다는 해석을 했다.[53] 한국일보는 한 발 더 나아가 한국이 IHO에서 일본해 표기를 문제 삼은 이후 23년 만에 이뤄낸 성과라며 한일 외교전에서 한국이 거둔 판정승이라고 평가했다.[54]

이에 앞서 관련 분야에서는 이미 디지털 해도로의 진화가 구체적으로 진전되고 있음을 보여주는 기고문이 언론에 실렸다.[55] 오세웅 선박해양플랜트연구소 책임연구원은 이 기고문에서 "과거 종이해도만 사용했으나 대형 해양 사고가 잇따르면서 예방책으로 전자해도 개발 필요성이 제기됐다"며 "IHO는 2000년에 1세대 전자해도 국제표준(S57)을, 2010년엔 미래의 해양 활동에 적용할 새로운 국제 표준인 '차세대 수로정보표준'(S100)을 발표했다"고 소개했다. 국내에서는 2010년부터 국립해양조사원의 '차세대 전자해도 제작 및 표준 연구' 사업을 통해 S100 표준 개발 인프라를 구축하고 국립해양조사원과 선박해양플랜트연구소가 함께 이를 국제사회에 소개했는데, 우리 기술력을 인정한 IHO는 2013년 한국과 미국을 S100 시험운영국으로 지정했다고 그는 설명했다. 과거 종이해도인 S23이 발간되던 때와는 달라진 디지털 시대에 S100 표준기술을 우리가 선도하고 있다는 내용이었다.

당초 2020년 4월로 잡혔다가 코로나19 사태로 미뤄져 2020년 11월 16일(현지 시간) 화상으로 개최된 IHO 총회에서 마침내 각 해역을 기존에 써왔던 지명 등 구체적인 명칭 표기 없이 고유 식별번호로 표기하는 디지털 방식의 새로운 표준 해도집 S-130을 도입하는 방안이 합의됐다. 새로

---

53 국민일보, 2020년 9월 22일 자 기사.

54 한국일보, 2020년 9월 22일 자 기사.

55 서울신문, 2020년 4월 14일 자 기고.

운 개정판에서부터는 동해와 일본해를 병기해 표시하자는 한국의 요구도 실패했지만, 기존처럼 일본해 단독 표기를 고수하자는 일본의 방어도 받아들여지지 않았다고 매체들은 보도했다.[56] 최소한 일본해 단독 표기를 막아 동해 표기를 둘러싼 한일 양국 간 분쟁이 1997년 IHO에서 제기된 시점으로부터 23년 만에 전환점을 맞았지만, 종이지도에서는 미해결인 데다 일본에서는 기존 아날로그 지도에 일본해 표기가 유효하다는 주장이 있어 후폭풍이 우려된다는 지적도 있었다.[57] 일본 언론이나 일본 정부 관계자들 중에는 기존 지도에는 동해라는 단어는 하나도 없고 여전히 일본해가 남는다며 숫자와 기호로 표기하는 디지털 해도를 평가절하하고 있다는 내용의 도쿄발 기사를 올린 매체도 있었다.[58]

IHO 총회에서의 명칭 대신 고유 식별번호로의 표기를 반영한 S-130 도입 결정에 대해 세계일보는 사설을 통해 "그 나름대로 의미가 크지만 이제 시작일 뿐"이라고 평가했다. 세계일보는 "세계에서 가장 많이 사용되는 구글맵 초기 화면엔 동해 수역이 일본해로 표기된다"며 "일본해 단독 표기를 하고 있는 구글을 비롯한 대기업을 설득하는 작업에 나서야 한다"고 지적했다.[59]

동해 표기와 관련해 IHO의 『해양과 바다의 경계』, 즉 S-23 개정판 S-130이 구체적으로 어떤 내용을 담고 어떤 모습을 띨 것인가에 관심이 쏠렸다. 언론은 외교부 차원에서는 외국 정부와 민간을 대상으로 한 기존

56 서울신문, 2020년 11월 18일 자 기사.

57 문화일보, 2020년 11월 17일 자 기사

58 중앙일보, 2020년 11월 18일 자 기사; 한국일보 2020년 11월 18일 자 기사.

59 세계일보, 2020년 11월 19일 자 사설.

의 동해 표기 확산 노력을 계속 추진하고, 해양수산부 차원에서는 S-130 전자해도 세부 내용에 특정 해역 고유 부호를 클릭했을 때 관련 설명으로 동해 또는 일본해라는 설명을 쓸 수밖에 없을 것이니 이에 대한 후속 작업이 진행되어야 한다고 제시했다.[60]

동해와 일본해 병기 문제는 IHO의 S-23 개정 작업에 우리의 요구를 반영하느냐 못하느냐에 국한되는 일이 아니다. IHO가 차세대 전자해도인 S-130을 신(新)표준으로 개발하면서 동해와 일본해 병기 문제를 정리한 뒤 외교부는 이태호 차관의 기고문을 신문에 게재해 앞으로의 과제를 제시했다. 이 차관은 "일본해가 국제적으로 확립된 유일한 명칭이라는 주장의 주요 근거가 사라지면서 동해 표기 확산의 큰 걸림돌이 제거됐으니 우리 외교의 성과"라고 평가하면서 "구글 지도, 오픈스트리트맵 등 디지털 시대로의 전환이라는 기술 혁신 흐름 속에 앞으로 동해 표기 확산 노력이 나아가야 할 방향을 보여준다"고 했다.[61] 이 차관은 글을 맺으며 앞으로 각 부문이 해야 할 일을 잘 정리했다. 정부는 온라인 모니터링 시스템으로 재외공관이나 관계기관이 함께 각국의 동해 표기 상황을 상시 공유해 지속적인 업데이트를 해야 한다고 했다. 학계와 언론 등 민간은 각국의 지도나 교과서 등 일선 현장에서 동해 병기가 반영되도록 그동안 이어온 활동을 보다 체계적으로 이어가야 한다고 강조했다. 이른바 공공 외교를 통한 동해 병기 확산이다.

---

60 아주경제, 2020년 12월 10일 자 기사.

61 한국경제, 2020년 12월 3일 자 기고.

제15장 지도 제작사·출판사를 대상으로 한 동해 명칭·표기 확산 교섭

유의상*

I. 지도 및 교과서상의 동해/일본해 병기 비율

한국 정부는 1991년 유엔 가입 후 그 이듬해인 1992년 8월 미국 뉴욕에서 개최된 제6차 유엔지명표준화회의에서 '일본해' 단독 표기에 이의를 제기함으로써 동해 명칭 · 표기 문제와 관련한 국제무대에서의 본격적인 캠페인과 교섭을 개시했다. 국제무대에서 한국 정부의 동해 명칭 표기 확산 캠페인이나 교섭의 목표는 한일 간에 단일 명칭으로 합의가 이루어질 때까지 '동해'(East Sea)를 '일본해'(Sea of Japan)와 병기하도록 하는 데 있다.

동해 명칭 · 표기 확산 캠페인의 성공 여부는 얼마나 많은 국가, 특히 세계 지명에 큰 영향력을 가진 국가나 국제기구가 '동해'를 그 수역의 공식 지명으로 인정하거나, 또는 '일본해'와 함께 병용 또는 병기하는가가 중요

* 전 동북아역사재단 국제표기명칭 대사, 한중문화협회 부회장.

한 척도가 될 수 있다. 하지만 이보다 더 중요하고 직접적인 판단 요소는 사람들이 일상적으로 접하는 지도나 교과서상에 동해가 얼마나 많이 표기(또는 병기)되고 있는지 여부이다. 미국과 같이 '일본해' 단독 표기를 고집하는 국가나, 관행(practice)상 '일본해'를 단독 표기하고 있는 국제연합(이하 '유엔'으로 기술함) 등 국제기구가 단독 표기의 근거로 '일본해'가 전 세계적으로 가장 많이 사용되는 지명이라는 점을 들고 있기 때문이다. 따라서 실제 지도나 교과서상에 '동해'가 얼마나 많이 표기되는지, '동해'가 '일본해'와 얼마나 많이 병기되고 있는지는 이들의 주장과 관행을 바꿀 수 있는 중요한 교섭 재료가 될 수 있다.

한국 정부가 국제무대에서 동해 명칭 · 표기 확산 캠페인을 시작한 이래 세계지도와 교과서상의 '동해 · 일본해' 병기 비율을 조사한 것은 2000년이 처음이다. 2000년 외교부가 전 세계에 소재한 재외공관을 통해 조사한 결과, 세계지도와 교과서상에 '동해'와 '일본해'의 병기 비율은 2.8%로 나타났다. 당시는 대부분의 지도나 교과서가 '일본해'를 단독 표기하고 있었던 것이다. 이후 2005년 조사에서는 18.1%, 2007년 23.8%, 2009년 28.1%로 각각 나타났다. 이 통계 수치는 '동해 · 일본해' 병기 비율이 급격히 증가했음을 보여주고 있다. 이와 같은 증가의 배경에는 첫째, 각국의 지도 및 교과서 제작업체를 대상으로 한 한국 정부의 꾸준한 캠페인과 교섭이 있었기 때문이다. 둘째, 동해연구회가 1995년부터 꾸준히 개최해온 '동해 지명과 바다 이름에 관한 국제세미나'[1]나, 지명 관련 국제회의(유엔지

1 동해연구회는 1994년 설립되어 동해 표기 명칭 문제에 관한 학술적 연구 및 국제세미나 개최, 지명 관련 국제회의 참가 등을 통해 동해 명칭 표기 확산에 기여해왔다. 동해연구회가 매년 주최하는 "동해 지명과 바다 이름에 관한 국제세미나"는 2020년 9월 강릉에서 제26회 세미나를 개최한 바 있다.

명표준화회의[2], 국제수로기구 총회)에서 한국 정부와 전문가들의 교섭과 캠페인을 통해 세계적으로 저명한 지명, 지리학자들에게 동해 수역의 명칭이 한일 간에 분쟁의 대상이라는 사실이 널리 확산되기도 했다. 마지막으로, 지도 업계에 상업적 측면의 요소, 즉 한국 시장에 대한 기대감과 '밴드웨건 효과'(bandwagon effect)[3]가 작용함으로써 업체들이 자발적으로 '동해 · 일본해' 병기에 동참했던 것도 주요 원인으로 작용했다.

외교부에 의한 '동해 · 일본해' 병기 비율 조사 결과에 대한 공식 발표는 2009년이 마지막이다. 높아지고 있는 병기율이 일본 측을 자극하여 일본이 대응 캠페인을 적극적으로 전개하는 것을 방지하고, 병기율 조사방법론에 대하여 일본 측이 시비를 걸어옴으로써 불필요한 논쟁에 휘말릴 수 있으므로 이를 사전에 차단한다는 점이 고려된 결과다. 외교부가 공식 발표는 하고 있지 않지만, 2020년에는 전 세계의 지도나 교과서상에 '동해 · 일본해' 병기율이 40%를 넘어선 것으로 파악되고 있다.

이번 장에서는 온 · 오프라인(on · off-line) 지도나 교과서상의 '동해 · 일본해'(East Sea/Sea of Japan) 병기 현황과 함께, 이들 지도 제작업체 및 교과서 출판업체를 대상으로 한국 정부가 한 교섭의 몇 가지 예를 살펴보고, 앞으로의 교섭과 캠페인이 효과를 보기 위해서는 어떠한 점들에 유의할 필요가 있는지 논의해보고자 한다.

---

2 유엔지명표준화회의(UNCSGN, United Nations Conference on the Standardization of Geographical Names)는 2017년 제11차 회의에서 유엔지명전문가그룹(UNGEGN, United Nations Group of Experts on Geographical Names) 회의와 통합해, 2020년부터 유엔지명전문가그룹(NUGEGN)의 이름으로 재출범했다.

3 어떤 선택이 대중적으로 유행하고 있다는 정보로 인하여 그 선택에 더욱 힘을 실어주는 효과를 말한다. '편승 효과'라고도 한다.

Ⅱ. 세계지도상의 동해/일본해 병기 현황 및 교섭의 예(온라인)

컴퓨터, 스마트폰(smart phone) 등 전자기기의 발달로 인해 현재 세계의 지도업계는 미국의 '구글맵'(Google Map), 마이크로소프트사의 '빙맵'(Micro Soft Bing Map), 유럽의 '히어맵'(Here Map 또는 Here WeGo)과 '오픈스트리트맵'(Open Street Map) 등 온라인 지도가 대세를 이루고 있다. 사람들은 이제 스마트폰(smart phone)에 탑재된 온라인 지도를 통해 지도 본래의 기능인 길 찾기뿐만 아니라, 생활에 필요한 각종 정보를 손쉽게 찾아보고 확인할 수 있다. 따라서 번거롭게 종이지도를 찾는 일은 거의 없다고 해도 지나친 말이 아닐 것이다. 미국의 '내셔널지오그래픽 소사이어티'(National Geographic Society)나 '랜드 맥널리'(Rand McNally Map)사와 같이 전통적으로 종이로 된 세계지도집(world atlas)이나 다양한 지도를 발간해온 업체들의 영향력을 여전히 무시할 수는 없지만, 이들도 최근에는 온라인 지도에 더 많은 투자를 하는 것으로 보인다. 이러한 추세에 따라 한국의 '동해' 병기 캠페인이나 교섭도 온라인 지도 제작사에 더 큰 비중을 둘 수밖에 없다.

1. 구글맵

온라인(on-line) 지도 분야에서 전 세계적으로 최대의 시장 점유율을 차지하고 있는 것은 '구글맵'이다. 구글맵은 그동안 한국이 원하는 '동해'와 '일본해' 병기에 소극적인 자세를 견지해왔기에 한국 정부의 주된 교섭 대상이 되어왔다.[4] 한국 정부는 구글맵 본사가 소재한 샌프란시스코의 한

〈그림 15-1〉 한국에서 구글맵으로 검색할 경우 '동해'로 표기되어 있는 모습

〈그림 15-2〉 검색 지역을 일본으로 설정하여 검색할 경우 '日本海'로 표기된 모습

국 총영사관을 통해서, 구글 한국 법인을 통해서, 그리고 외교부나 동북아역사재단에서 동해 명칭·표기 문제를 담당하는 인사의 구글맵 본사 방문 등을 통해서 영어판 구글맵에 'East Sea'를 'Sea of Japan'과 병기해 줄 것을 요청해왔다.

한국에서 구글맵을 통해 한국 또는 일본을 검색하면 동해 수역의 지명이 〈그림 15-1〉과 같이 '동해'로 표시된다. 검색 지역을 일본으로 설정하여 찾아보면 〈그림 15-2〉와 같이 '일본해'(日本海)로 나타난다. 한국은 구글맵 일본어판에 '일본해'로 표기되는 것에 대해서는 구글맵 측에 아무런 문제를 제기하지 않고 있다. 일본도 한국판에 동해로 표기되는 것에 별다른 이의를 제기하지 않고 있는 것으로 확인된다. 문제는 영어판 또는 제3국어판에서 어떻게 표기되느냐 하는 것이다. 구글맵의 영어판(검색 지역을 미국 또는 영어를 모국어로 사용하는 국가로 설정할 경우)이나 프랑스어 등 제3국어판에 나타나는 동해 수역의 초기 화면에는 그간의 교섭에도 불구하고 〈그림 15-3〉 또는 〈그림 15-4〉와 같이 'Sea of Japan' 또는 'Sea of Japan'에 해당

4 구글맵은 세계의 수많은 관공서와 기업들이 사무실이나 점포의 위치 찾기에 구글맵을 사용하고 있다는 점에서도 매우 중요하다.

〈그림 15-3〉 검색 지역을 미국으로 한 구글맵 상의 'Sea of Japan' 단독 표기 모습

〈그림 15-4〉 검색 지역을 프랑스로 한 구글맵 상의 'Mer du Japon' 단독 표기 모습

〈그림 15-5〉 'East Sea'와 'Sea of Japan'이 병기된 구글맵 영어판

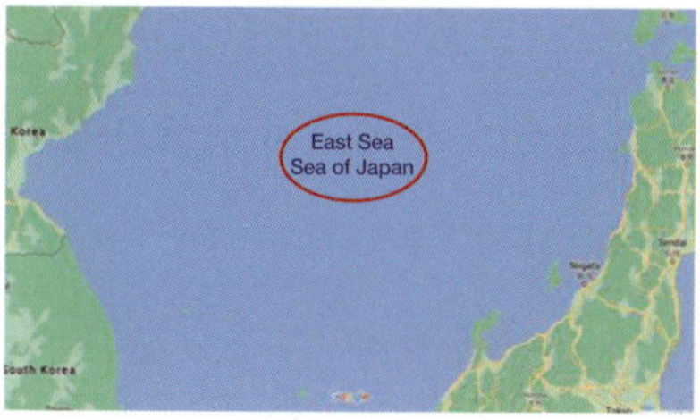

〈그림 15-6〉 'Mer de l'Est'와 'Mer du Japon'이 병기된 구글맵 프랑스어판

하는 제3국 언어가 단독으로 표기되어 나타난다.

그러나 이 화면을 2~3차례 확대하면 'East Sea'가 'Sea of Japan'과 병기됨을 알 수 있다. 과거에는 4~5차례 확대해야만 'East Sea'가 나타나던 것이 〈그림 15-5〉와 같이 2~3차례만 확대하면 되는 것으로 바뀌었다. 이러한 현상은 〈그림 15-6〉에서 보이는 바와 같이 프랑스어판도 마찬가지다. 이것은 미미하게나마 한국 정부의 교섭에 따른 결과라고 할 수 있다.

구글사는 초기 화면부터 'East Sea'와 'Sea of Japan' 병기를 요구하는 한국 측에 대해, 지도상에 병기할 공간이 없어 전 세계적으로 가장 많이 쓰이고 있는 'Sea of Japan'을 단독 표기할 수밖에 없다고 주장하고 있다.

그러나 이러한 주장은 납득하기 어렵다. 왜냐하면 2017년 7월 구글맵 영어판에 초기 화면부터 'East Sea'와 'Sea of Japan'이 병기된 적이 있기 때문이다. 이 병기 현상은 일주일 정도 지속되다가 'Sea of Japan' 단독 표기 상태로 환원되었는데, 아마도 일본 측의 항의가 있었기 때문이 아닌가 생각된다. 구글맵 측이 초기 화면에 'Sea of Japan' 단독 표기를 견지하고 있는 이면에는 추정컨대, 일본과의 관계와 함께 일정 부분 상업적인 이해 관계가 작용하고 있다고 보아야 할 것이다. 구글맵은 전 세계의 지도 데이터를 본사 서버에 저장한 상태로 지도 관련 서비스를 제공하고 있다. 그런데 한국 정부는 2016년 11월 관계 기관들의 논의 끝에 국가 안보상의 이유로 구글맵에 대해 1:25,000 축적보다 큰 지도의 해외 반출을 불허하는 결정을 내렸다. 한국의 지도반출협의체(국토지리정보원 주관, 외교부, 통일부, 국방부, 안행부, 산업부, 국가정보원 등으로 구성)가 구글맵 측에 '구글어스'(Google Earth, 위성지도)상에 표시되어 있는 청와대와 군사 관계 주요 시설 등을 삭제하거나 흐리게 처리함으로써 한국의 안보 우려를 해소할 방안을 강구할 것을 요청했으나, 구글맵 측이 이를 거절함에 따라 지도 반출 불허 결정이 내려진 것이다.[5]

구글사 측은 2020년 2월 서울에 데이터 센터를 설립해, 현재는 길 찾기 등 기본적인 서비스를 제공하고 있다. 하지만 네이버, 카카오 등 국내 지도업체나 애플 등 외국 업체가 제공하는 지도보다 지도의 품질이 확연

5 구글맵에 지도 반출 불허 결정이 내려진 것은 표면적으로는 국가안보상의 이유지만, 실제로는 한국 지도업계를 보호하기 위한 차원이라는 논란이 있다. 10년째 한국 지도에 집착하는 진짜 속셈은? 『노컷뉴스』, 2016. 7. 1. https://www.nocutnews.co.kr/news/4616061(검색일: 2021. 1. 25.); "구글에 지도 반출 안 돼" IT 업계 총공세, 『경향비즈』, 2016. 11. 16. http://biz.khan.co.kr/khan_artview.htmlartid=20111172131035&code=930100#csidxc229f1d0a63638a8d68b87b5 aaadb03(검색일: 2021. 01. 25).

히 떨어진다. 한국 정부가 구글사 측에 지도 반출을 용인할 경우 그 대가로 구글맵의 초기 화면에 '동해/일본해' 병기가 실현되리라는 보장은 없지만, 구글맵에 대한 한국의 교섭력이 증대되리라는 점은 부인할 수 없을 것이다.

2. 마이크로소프트사 빙맵

마이크로소프트사(Microsoft)가 제공하는 '빙맵'(Bing Map)은 한국에서 검색했을 경우 〈그림 15-7〉과 같이 '동해'(East Sea)로 단독 표기되어 나타나지만, 미국이나 제3국에서 검색할 경우에는 구글맵과 달리 〈그림 15-8〉과 같이 처음부터 'East Sea'가 'Sea of Japan'과 병기됨을 알 수 있다. 이 지도에서는 한반도에 가까운 수역에는 'East Sea/Sea of Japan'으로, 일본에 가까운 수역에는 'Sea of Japan/East Sea'로 병기함으로써 매우 이상적인 병기의 모습을 보여주고 있다.

빙맵이 언제부터 이와 같은 '동해 · 일본해' 병기 정책을 취해왔는지는 확실치 않지만, 시애틀 한국 총영사관의 초기 교섭이 주효했던 것으로 보인다. 2018년 5월 필자가 마이크로소프트 본사를 방문했을 때 동 회사의 고위 간부로부터 앞으로도 '동해 · 일본해' 병기 정책을 견지할 것이라는 입장을 확인한 바 있다.

〈그림 15-7〉 한국에서 영어로 검색한 빙맵상의 동해 수역 표기

〈그림 15-8〉 미국이나 영어를 사용하는 제3국에서 검색한 빙맵상의 동해 수역 표기

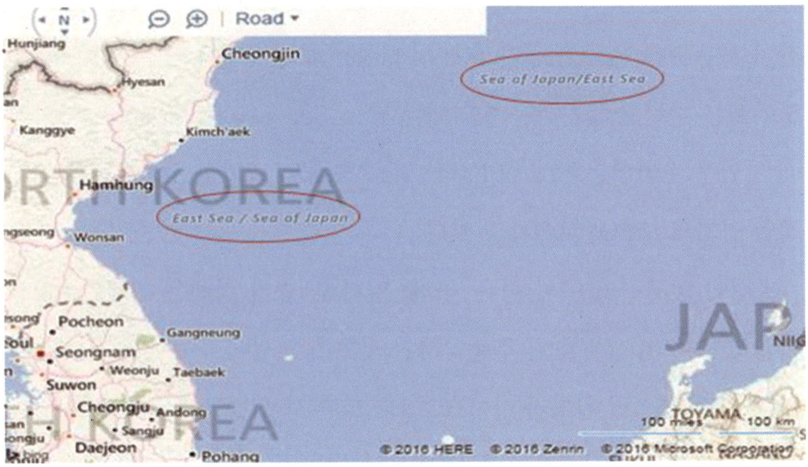

3. 랜드 맥널리 맵

1868년 미국 시카고에서 앤드류 맥널리(Andrew McNally)와 윌리엄 랜드(William Rand)가 공동으로 설립하고, 1872년 최초로 철도 안내용 지도

〈그림 15-9〉 랜드 맥널리사의 온라인 지도상에서 'East Sea/Sea of Japan' 병기 모습

를 출판한 바 있는 '랜드 맥널리'(Rand McNally)사는 현재 학교 교재용 지도집, 도로 지도(road map), 관광 안내 지도(tourism guide map) 등 다양한 종이 지도를 제작하고 있으며, 내비게이션(navigation) 등 온라인 지도 사업에도 힘을 기울이고 있다.[6] 랜드 맥널리사에 대해서는 주 시카고 한국 총영사관이 교섭을 담당하고 있는데, 동 회사의 온라인 지도상에는 〈그림 15-9〉에서 보이는 바와 같이 'East Sea'가 'Sea of Japan'과 병기되어 있다. 그것도 'East Sea'가 'Sea of Japan' 앞에 표기된 것이 매우 고무적이다.

4. 히어맵

'히어맵'(Here Map), 또는 '히어위고우'(Here WeGo)는 한국에서는 구글맵만큼 많이 알려지지 않았지만, 유럽에서는 2020년 현재 히어맵의 자동차

6 랜드 맥널리사 홈페이지, https://www.randmcnally.com/about/history(검색일: 2021. 1. 25, 〈그림 15-9〉).

〈그림 15-10〉 지명이 표기되어 있지 않은 히어맵상의 동해

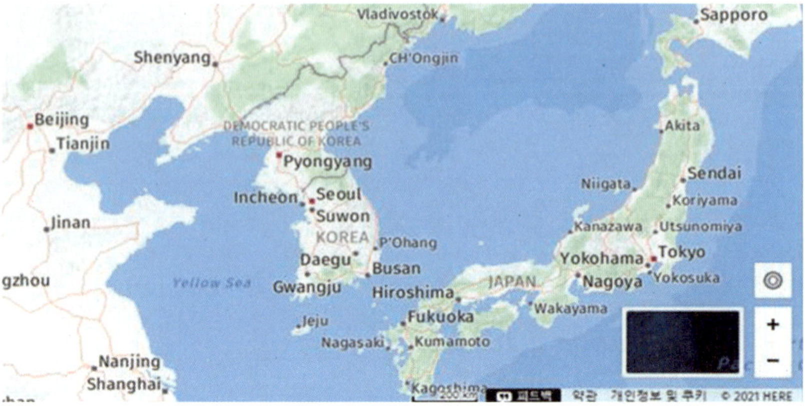

내비게이션이 1억 5천만 대의 자동차에 장착되어 있고, 많은 사람이 온라인 지도 서비스를 이용하고 있다. 히어맵은 핀란드의 노키아(Nokia)사가 2007년 미국의 나브텍(Navteq)을 인수하여 운영하다가, 2015년 독일의 아우디(Audi), 비엠더블유(BMW), 다임러 에이지(Daimler AG) 3사 컨소시엄에 매각해, 현재는 세계 56개국에 현지 법인이나 지사를 보유한 글로벌 회사로 성장했다.[7]

필자가 2013년 11월 핀란드 헬싱키에 소재한 노키아 본사를 방문했을 당시는 이 회사가 휴대폰 기기 생산을 접고 온라인 지도인 히어맵 사업에 주력하고 있을 때였다. 이 회사의 마케팅 담당 임원은 온라인 지도 기능에 쇼핑, 병원 등에 관한 각종 정보를 접합시켜 소비자들의 니즈를 충족하고자 하는 야심 찬 사업 계획을 필자에게 설명했다. 필자가 지도상의 동해 수역 표기 문제에 관해 설명하고 협조를 요청하자, 노키아사 측은

7 히어맵 홈페이지, https://www.here.com/company/about-us(검색일: 2021. 1. 25, 〈그림 15-10〉).

히어맵의 주된 고객이 유럽 지역에 거주하는 사람들이라 멀리 떨어진 동해 수역의 명칭에 관심이 별로 없을 것이라 하면서도, 지도상의 표기에 유념하겠다는 언급을 한 바 있다. 이후 회사의 주인이 바뀌었지만, 당시의 이러한 입장 또는 정책이 계속 유지되는 것인지 히어맵상의 동해 수역에는 〈그림 15-10〉에서 보는 바와 같이 아무런 지명도 표기되어 있지 않다.

5. 오픈스트리트맵

'오픈스트리트맵'(Open Street Map)은 2005년에 영국에서 출범한 오픈 소스(open source) 지도 서비스로, 비영리 단체인 오픈스트리트맵 재단이 운영하고 있다. 이 재단은 지도의 틀인 플랫폼만을 제공하며 독자들에 의한 지도의 자유로운 편집이 가능하다. 지도 자료는 수많은 웹사이트와 모바일 앱, 하드웨어 장치에 무료로 제공되고 있다.

필자는 2013년 11월 영국 런던에서 오픈스트리트맵 재단 운영이사직을 맡고 있는 인사를 만나 장시간 동해 수역의 지명 문제에 관해 의견을 나눈 바 있다. 재단 측 이사는 오픈스트리트맵이 위키피디아(wikipedia)와 마찬가지로 독자들에 의해 자유롭게 꾸며지는 관계로 이따금 지명 등과 관련하여 독자들 간에 다툼이 발생하는 경우가 있다고 했다. 이 경우 재단의 방침은 특정 지명을 독단적으로 선택하지 않고 일단 지켜보다가, 다툼이 반복되거나 악화될 경우—예를 들어 누군가가 동해 수역 명칭을 'East Sea'로 표기했는데, 곧바로 다른 사람에 의해 'Sea of Japan'으로 변경되고 이러한 현상이 수차례 반복될 경우—에는 아예 해당 지역의 지명이 표기되지 않도록 조처한다는 설명을 한 바 있다. 이러한 정책에 따

〈그림 15-11〉 오픈스트리트맵상에 지명이 무표기로 되어 있는 동해 수역

른 것인지는 확인할 수 없으나, 〈그림 15-11〉에서 보는 바와 같이 오픈스트리트맵상에는 동해 수역의 지명이 표기되어 있지 않다.

6. 맵퀘스트

'맵퀘스트'(Mapquest)사는 1967년 지도 서비스 회사로 설립되어 2000년 에이오엘(Aol; American Online)사에 합병되었으며, 세계 최초로 인터넷상에서 지도 서비스를 시작한 회사다. 지금은 구글맵에 밀려 사용자가 그리 많지 않지만, 제공되는 지도에 소비자가 자신만의 장소나 이동 경로 등을 추가할 수 있는 고유 기능이 있다.[8]

맵퀘스트사가 제공하는 일반 온라인 지도에는 동해 수역이 〈그림 15-

8 맵퀘스트 홈페이지, https://hello.mapquest.com/press(검색일: 2021. 1. 25, 〈그림 15-12〉, 〈지도 15-13〉).

12〉와 같이 무표기로 되어 있으나, 위성지도상에는 〈그림 15-13〉에서 보는 바와 같이 'East Sea-Sea of Japan'으로 병기되어 있다. 병기 방식은 랜드 맥널리사의 지도와 같이 'East Sea'가 'Sea of Japan' 앞에 표기

〈그림 15-12〉 맵퀘스트 지도상에서 무표기로 되어 있는 동해 수역

〈그림 15-13〉 'East Sea/Sea of Japan'이 병기되어 있는 맵퀘스트 위성지도

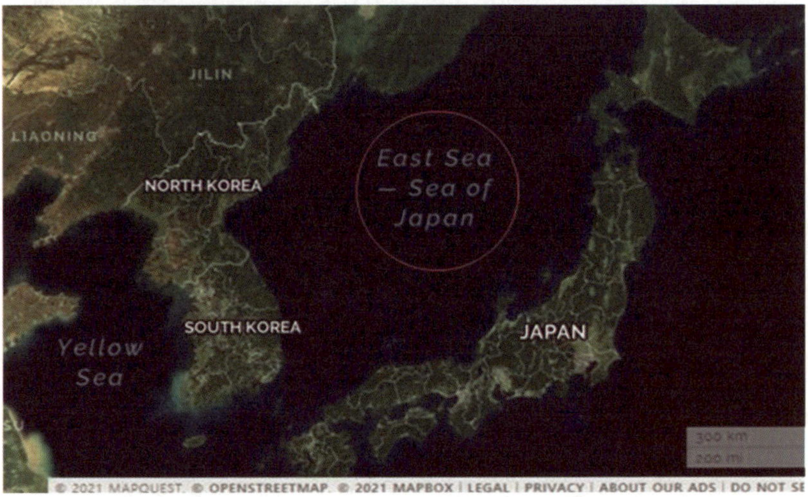

되어 있다. 맵퀘스트사의 경우 한국 정부가 별다른 교섭을 한 적이 없지만, 업체 스스로가 'East Sea'와 'Sea of Japan'을 병기한 아주 좋은 예라 할 수 있다.

Ⅲ. 세계지도상의 동해/일본해 병기 현황 및 교섭의 예 (오프라인 지도/종이지도)

현재 온라인 지도가 대세라고는 하나 오프라인(off-line)에서 종이로 된 지도나 지도집(atlas)을 발간하는 업체는 전 세계적으로 여전히 많다. 따라서 이들을 대상으로 한 한국 정부의 동해 병기 교섭에는 한계가 있을 수 밖에 없다. 이들에 대한 교섭은 주로 지도 제작업체의 본사가 소재한 지역을 관할하는 한국 공관에서 담당하고 있다. 다음에서는 수많은 업체 중 세계적인 명성과 함께 많은 독자층을 확보한 '내셔널지오그래픽 소사이어티'(National Geographic Society)의 지도제작부서(National Geographic Maps), '랜드맥널리'(Rand McNally)사, '옥스퍼드대학교 출판부'(Oxford University Press), '하퍼콜린스'(Harper Collinsl)사 및 '타임스'(Times)사가 출판한 영어로 된 지도집을 대상으로 이들의 'East Sea/Sea of Japan' 병기 여부와 함께 한국 정부의 교섭 현황을 살펴보고자 한다.

1. 내셔널지오그래픽맵

종이지도 제작업체 가운데 가장 유명한 곳은 내셔널지오그래픽 소사이

〈그림 15-14〉 내셔널지오그래픽맵의 『Atlas of the World』 제8판(2004)

〈그림 15-15〉 내셔널지오그래픽맵의 『Atlas of the World』 제10판(2014)

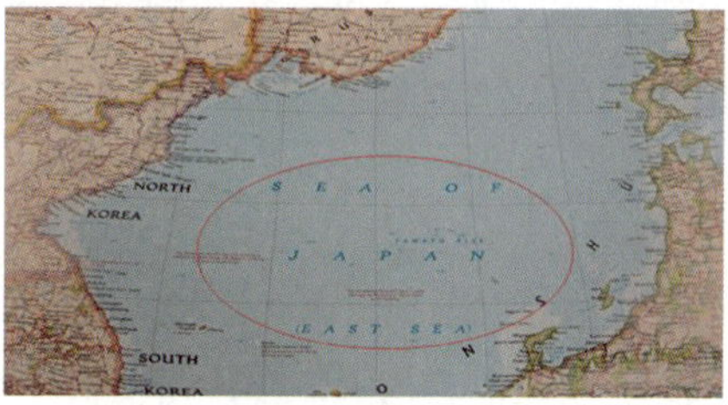

어티(National Geographic Society)가 1915년 지도 제작만을 위해 설립한 부서인 '내셔널지오그래픽맵'(Map Department of the National Geographic Society로 창설되어 현재는 National Geographic Maps란 이름으로 운영 중)이다.[9] 내셔널지오그래픽맵은 한국 정부가 지도 제작업체를 대상으로 본격적인 동해 병기 교섭을 시작한 지 얼마 안 된 시점인 2000년대 초반 스스로 '동해'를 '일본해'와 병기하기 시작했다. 〈그림 15-14〉는 내셔널지오그래픽맵이 2004년 발간한 『Atlas of the World』 제8판에 'East Sea'가 'Sea of Japan'과 병기된 모습을 보여주고 있다. 내셔널지오그래픽맵의 가장 대표적인 지도집이라 할 수 있는 『Atlas of the World』는 5년마다 개정판이 발간되는데, 2014년에 발간된 제10판도 〈그림 15-15〉에서 보는 바와 같이 변함없이 'East Sea'가 'Sea of Japan'과 병기되어 있다. 국내에서는 아직 접할 수 없는 2019년 발간한 최신판(제11판)에도 두 지명이 병기되어 있을 것으로 확신한다.

내셔널지오그래픽이 'East Sea/Sea of Japan' 병기 정책을 펼치게 된 배경은 다분히 한국에서의 사업을 의식한 데 있다고 보아야 할 것이다. 내셔널지오그래픽 소사이어티는 한국에서 지도집은 물론 잡지(YBM에서 한

9 National Geographic Maps 홈페이지. https://www.natgeomaps.com(검색일: 2021. 1. 26, 〈그림 15-14〉, 〈그림 15-15〉).

국판 발간), 의류, 가방 및 액세서리(라이센싱 사업), 방송 채널(월트 디즈니사가 운영) 등 다양한 사업을 펼치고 있다. 필자는 2015년 8월 워싱턴 D.C.에 있는 내셔널지오그래픽 소사이어티 본사를 방문해, 지도 제작부서의 책임자를 만난 적이 있다. 당시 책임자는 지도상의 'East Sea/Sea of Japan' 병기와 관련해, 현재는 'East Sea'가 'Sea of Japan' 아래 괄호 속에 'Sea of Japan'보다 약간 작은 글자 크기로 표기되어 있지만, 앞으로 전 세계적으로 'East Sea'의 사용 비율이 'Sea of Japan'과 비슷해질 경우 두 지명을 같은 글자 크기로 표기하게 될 것이라고 언급한 바 있다.

2. 랜드 맥널리

또 다른 유서 깊은 지도 제작업체인 '랜드 맥널리'(Rand McNally)사는 앞에서 살펴본 바와 같이 온라인 지도상에는 'East Sea'와 'Sea of Japan'을 병기하고 있으나, 종이지도에는 'East Sea/Sea of Japan' 병기와 'Sea of Japan' 단독 표기가 혼재하고 있다. 랜드 맥널리사가 발간하는 지도집이 워낙 다양하기 때문에 동 회사가 발간하는 모든 지도집에 'East Sea'와 'Sea of Japan'이 병기되지는 않고 있으나, 시간이 좀 더 경과할 경우 모두 병기로 바뀔 것으로 생각한다. 2005년 랜드 맥널리사가 출판하고 '피어슨 프렌티스홀'(Pearson Prentice Hall)사가 각 대학에 배급한 『Goode's World Atlas』에는 〈그림 15-16〉에서 보는 바와 같이 'Sea of Japan'이 단독 표기되어 있다. 그러나 영국 포츠머스대학교(University of Portsmouth)의 험프리 사우설(Humphrey Southall) 교수가 2018년 조사한 바에 따르면, 랜드 맥널리사가 2015년 발간한 『Classroom Atlas』나 『Student Atlas

〈그림 15-16〉 랜드 맥널리사의 『Goode's World Atlas』 제21판(2005)

Extended U.S.』(bonus section)에는 'East Sea'와 'Sea of Japan'가 병기된 것으로 나타난다.

3. 옥스퍼드대학교 출판부

세계 최대의 대학교 출판부이며 17세기부터 출판 업무를 맡아온 '옥스퍼드대학교 출판부'(Oxford University Press)[10]는 각종 지도는 물론 교과서, 학술 서적 등 다양한 출판물을 발간하고 있다. 옥스퍼드대학교 출판부가 발간한 세계지도에는 'East Sea'와 'Sea of Japan'이 병기된 지도와 'Sea of Japan'이 단독 표기된 지도가 혼재되어 있다. 〈그림 15-17〉에서 보는 바와 같이 비교적 최신판이라 할 수 있는 『Oxford Atlas of the World』

10 위키백과. https://ko.wikipedia.org/wiki/%EC%98%A5%EC%8A%A4%ED%8D%BC%EB%93%9C-%EB%8C%80%ED%95%99%EA%B5%90_%EC%B6%9C%ED%8C%90%EB%B6%80 (검색일: 2021. 1. 26, 〈지도 15-17〉).

〈그림 15-17〉『Oxford Atlas of the World』 2017년 판

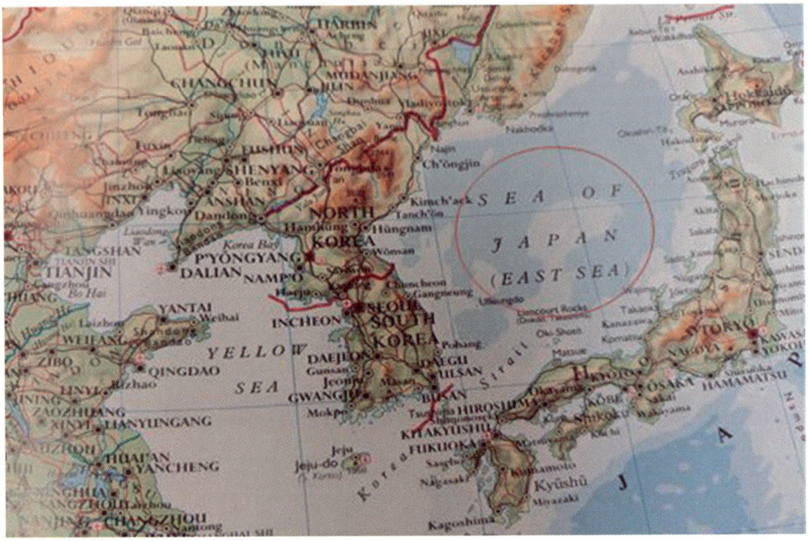

2017년 판에는 'East Sea'와 'Sea of Japan'이 병기되어 있다.

4. 콜린스맵

세계 5대 영어출판사 중 하나인 '하퍼 콜린스'(Harper Collins)사는 사전류, 교과서 등 다양한 서적 및 지도집을 출판하고 있으며, 이 회사의 '콜린스 맵'(Collins Maps)이 발간하는 세계지도도 독자층이 상당히 두터운 편이다. 뉴욕과 런던에 각각 본사가 있어 해당 지역 한국 공관이 이들을 상대로 한 교섭 업무를 담당하고 있다.

콜린스맵이 2016년에 발간한 『Collins World Atlas Illustrated Edition』에는 〈그림 15-18〉에서 보는 바와 같이 'East Sea'와 'Sea of Japan'이 병기되어 있다.

〈그림 15-18〉『Collins World Atlas Illustrated Edition』 2016년 판

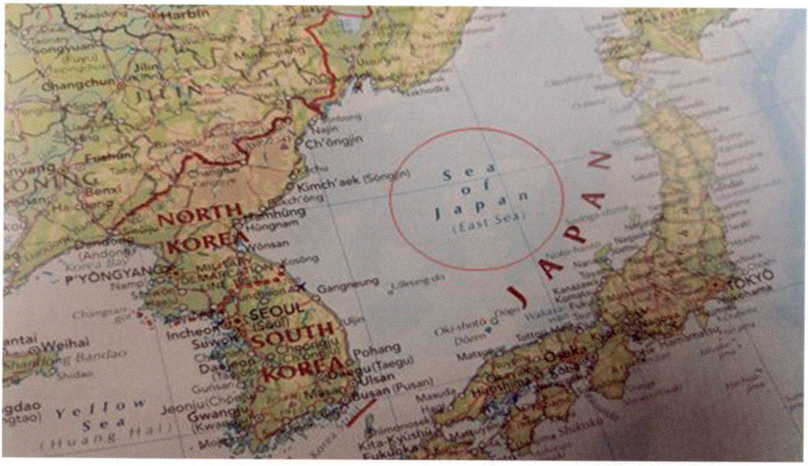

〈그림 15-19〉 타임스사의 『Reference Atlas of the World』 2008년 판

5. 타임스

영국 언론사인 타임스(The Times)사가 발간한 2008년 판 『Reference Atlas of the World』에는 〈그림 15-19〉와 같이 'East Sea'와 'Sea of

Japan'이 병기되어 있다. 타임스사가 영국의 일간 정론지라 할 수 있는 『타임스(The Times)』를 발행하는 세계적으로 영향력 있는 언론사라는 점에서, 이곳 출판부에서 간행한 세계지도에 오래전부터 '동해 · 일본해' 병기가 이루어지고 있음은 남다른 의미가 있다.

Ⅳ. 버지니아주의 동해 병기 입법과 미국 교과서상의 동해/일본해 병기 현황

세계 각국에서 사용하는 지리, 역사 등 사회 과목 교과서에 '동해'가 얼마나 많이 표기되고 있는지를 조사하고 확인하는 것은 결코 쉽지 않은 일이다. 한국 정부는 정기적으로 재외공관을 통해 가능한 범위 내에서 각국의 교과서상의 '동해' 병기 현황을 조사하고, 그 결과에 따라 필요한 교섭을 전개하고 있다. 필자도 2014년 2월 주요 국가를 방문해, 그 나라의 교과서 집필 기준을 결정하는 주 교육장관회의 사무처 담당자를 만나 '동해' 병기 교섭을 진행한 바 있다. 다음에서는 지명 문제와 관련하여 세계적으로 큰 영향력을 발휘하고 있는 미국의 교과서를 대상으로 '동해' 병기가 어떻게 이루어지고 있는지를 살펴보고자 한다.

2014년 초반 미국의 버지니아(Virginia)주 의회에서 획기적인 '사건'이 발생했다. 주 상원 및 하원에서 이른바 '동해병기법안'이 통과된 것이다. 동해병기법안이란 "버지니아주 교육위원회에서 승인된 모든 교과서는 '일본해'(Sea of Japan)를 언급할 경우 반드시 '동해'(East Sea)도 언급해야 한다는 점에 주의해야 한다"는 내용의 법안을 지칭한다. 즉, 교과서상에 '일본해'

〈그림 15-20〉 버지니아주 상원의 동해 병기 입법안

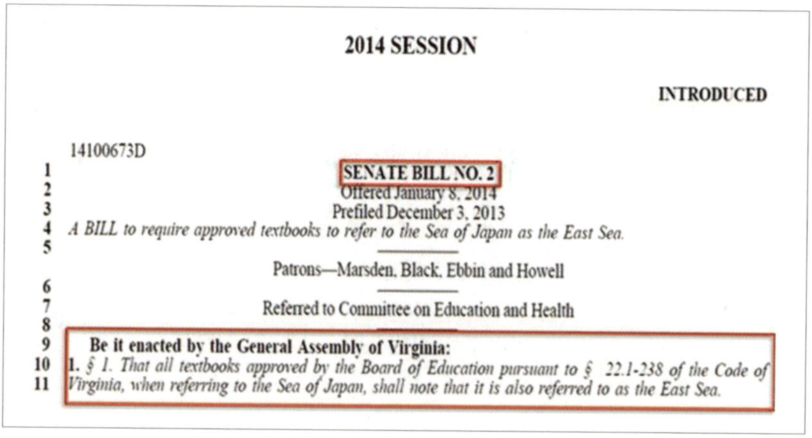

2014 SESSION

INTRODUCED

14100673D

SENATE BILL NO. 2

Offered January 8, 2014

Prefiled December 3, 2013

A BILL to require approved textbooks to refer to the Sea of Japan as the East Sea.

Patrons—Marsden, Black, Ebbin and Howell

Referred to Committee on Education and Health

Be it enacted by the General Assembly of Virginia:

1. *§ 1. That all textbooks approved by the Board of Education pursuant to § 22.1-238 of the Code of Virginia, when referring to the Sea of Japan, shall note that it is also referred to as the East Sea.*

가 나오면 반드시 '동해'도 병기해야 한다는 것이 버지니아주 법으로 정해진 것이다. 주 상원은 한인 타운을 지역구로 둔 마스덴(David W. Marsden) 의원의 주도하에 블랙(Richard H. Black), 에빈(Adam P. Ebbin), 하우웰(Janet D. Howell) 의원이 법안을 공동 발의해 2014년 1월 23일 통과되었다(〈그림 15-20〉 참조). 주 하원은 휴고(Timothy D. Hugo) 의원과 한국계 마크 김(Mark L. Keam) 의원의 주도하에 의원 20명이 법안을 공동 발의해, 2014년 2월 6일 통과되었다(〈그림 15-21〉 참조).[11] 3월 5일 주 의회의 교차 표결을 통과한 동해 병기 법안은 로비 회사를 동원한 주미일본대사관의 집요한 방해 공작에도 불구하고 우여곡절 끝에 2014년 3월 28일 맥컬리프(Terry McAuliffe) 주지사의 서명을 거쳐 원안대로 확정되었다. 법안은 2014년 7월 발효되었으며, 2015학년도부터 발간되는 교과서에 적용되기 시작했다.[12] 버지니아주

11 최정원, "미국 버지니아주의 동해병기법안 입법과정과 의미," 『의정연구』 제20권 제2호(통권 제42호), 2014, 151–156쪽.

12 "버지니아주 '동해병기법' 최종 통과… 내년부터 적용," 『중앙일보』(인터넷 판), 2014. 4. 3. https://news.joins.com/article/14344772(검색일: 2021. 1. 27.).

〈그림 15-21〉 버지니아주 하원의 동해 병기 입법안

2014 SESSION

INTRODUCED

14100726D

HOUSE BILL NO. 11

Offered January 8, 2014

Prefiled November 18, 2013

A BILL to require approved textbooks to refer to the Sea of Japan as the East Sea.

Patrons—Hugo, Keam, McQuinn, Yancey, Albo, Anderson, Bulova, Comstock, Cox, Greason, Howell, W.J., LeMunyon, Lingamfelter, Marshall, R.G., Miller, O'Quinn, Ramadan, Rust, Sickles and Watts

Referred to Committee on Education

Be it enacted by the General Assembly of Virginia:

1. *§ 1. That all textbooks approved by the Board of Education pursuant to § 22.1-238 of the Code of Virginia, when referring to the Sea of Japan, shall note that it is also referred to as the East Sea.*

에서 이 법안이 통과되기까지는 오랜 기간에 걸친 현지 한국 동포사회의 노력과 이들의 유권자로서의 힘(voting power)이 주효했음은 두말할 필요가 없다.

이 법은 비록 버지니아주에만 해당되는 것이지만, 교과서를 제작하는 출판사들이 버지니아주에서 사용되는 교과서만을 별도로 제작하지는 않을 것이기 때문에 미국 전역에 '동해'가 병기된 교과서들이 확산되는 것은 시간 문제로 보인다. 사실 맥그로힐사와 같이 미국에서 교과서를 출간하는 대형 출판사들 중에는 버지니아주의 동해 병기 법안이 제정되기 전부터 '동해'를 '일본해'와 병기해온 곳들이 있다(〈그림 15-22〉 참조). 이들은 버지니아 법안 제정으로 앞으로 더욱 확실하게 '동해'를 병기하게 될 것이고, 그간 '일본해'를 단독 표기해온 출판사들도 버지니아 법안을 의식해 '동해'를 병기하게 될 것으로 생각한다.

필자는 2016년 12월 미국 워싱턴 D.C.에서 개최된 미국 사회교과협회(NCSS: National Council for Social Studies) 연례총회에 참석하는 기회에, 총회장에

설치된 교육용 출판물 및 부교재 전람회를 둘러본 적이 있다. 100여 개가 넘는 회사가 전시 부스를 설치하여 출판물 등을 전시했는데, 이 가운데 동해 수역을 보여주는 지도가 포함된 출판물과 지구본 등 부교재의 60% 이상이 '동해'를 '일본해'와 병기하고 있었다. 버지니아주 동해 병기 법안 제정으로부터 1년 반 정도밖에 시간이 경과하지 않은 시점에서 이 정도 성과가 나타나고 있다는 사실에 흥분된 마음을 감출 수 없었다. 이제 몇 년만 더 지나면 미국 전역의 모든 학생이 '동해'라는 지명을 접하게 될 것이라는 확신도 갖게 되었다.

〈그림 15-22〉 맥그로힐사의 『Traditions & Encounters(Sixth Edition)』 2016년 판 역사 교과서상의 '동해' 병기 모습

V. 동해 명칭의 확산을 위하여

한국 정부가 1990년 초반 국제무대에서 동해 명칭 · 표기의 확산을 위한 캠페인과 교섭을 시작한 당시와 비교하면, 지금은 세계 곳곳에서 어렵지 않게 'East Sea'가 표기('Sea of Japan'과 병기)된 지도나 교과서를 발견할 수 있다. 한국 정부, 학계, 일반 시민 모두가 힘을 합쳐 노력한 결과이다. 앞으로 동해 지명이 더 널리 확산되기 위해서는 정교하고 효율적인 교섭과 캠페인이 '대상의 선택과 집중'이라는 전략 기조 위에 지속적으로 이루어져야 할 것이다.

필자의 동해 병기 교섭이나 캠페인 경험에 의하면, '일본해' 단독 표기를 고집하는 업체를 설득할 수 있는 가장 효과적인 무기는 동해 지명의 역사성이나 정당성이 아닌, 실제 지도나 교과서상에 '동해'가 표기된 통계 수치다. 상업적인 측면을 우선시하는 업체들은 대세를 따를 수밖에 없기 때문이다.

최근 전 세계의 지도나 교과서상에 동해 병기율이 40%를 훌쩍 넘고 있는 것으로 파악되고 있는데, 앞으로 이 병기율이 50%를 넘게 된다면 초기 화면에서 'Sea of Japan' 단독 표기를 고집하고 있는 구글맵의 입장도 바꿀 수 있을 것으로 확신한다.

참고 문헌

최정원, 2014, "미국 버지니아주의 동해병기법안 입법과정과 의미," 한국의회발전연구회 의정연구, 20(2), 147-163.

Bentley, J., Ziegler, H. and Salter, S., 2016, *Traditions and Encounters* (Sixth Edition), McGrow Hill Education, New York.

National Geographic Maps, 2004, *Atlas of the World* (Eigth Edition), Boston.

National Geographic Maps, 2014, *Atlas of the World* (Tenth Edition), Boston.

Veregin, H. (ed.), 2005, *Goode's World Atlas* (21st Edition), Rand McNally, Chicago.

Oxford University Press, 2017, *Oxford Atlas of the World*, Oxford.

Collins Maps, 2016, *Collins World Atlas Illustrated Edition*, London.

Times Atlases, 2008, *Reference Atlas of the World*, New York.

[인터넷 및 신문자료]

빙맵 한국어판, https://www.bing.com/maps.

히어맵, https://wego.here.com/?map=45.33006,111.59292,5,normal.

오픈스트리트맵, https://www.openstreetmap.org/#map=5/60.109/76.465.

맵퀘스트, https://www.mapquest.com.

Google Map, https://www.google.co.kr/maps.

Rand McNally Homepage, https://www.randmcnally.com/about/history.

Here Map Homepage, https://www.here.com/company/about-us.

Mapquest Homepage, https://hello.mapquest.com/press.

National Geographic Maps Homepage, https://www.natgeomaps.com.

* 본문에 삽입된 지도 내 붉은색 표기는 인용자가 표기한 것임.

제16장 동해 지명 외교 25년과 동해연구회: 나의 체험에서 오는 제언

김진현*

I. 구질서 현상(status quo) 깨기

2020년 11월 국제수로기구(IHO) 총회에서 바다 이름을 코드로 표시하는 방안을 통과시켰다. 이는 지명 표기 국제규범의 일대 혁명적 변화이다. 앞으로 IHO가 발행하는 모든 공식 문서와 지도에서 종래의 글자 지명 대신 '숫자로 된 고유식별자'로 표시하게 된다. 공식적으로는 '일본해'란 이름이 IHO 지도에서 사라진다.

1929년 IHO가 『해양과 바다의 경계』라는 공식 문서에서 우리가 동해라 부르는 바다를 일본해(Sea of Japan)로 표기함으로써 서세동점 이후 대서양 유럽 제국이 지배한 해양국제법 질서에서 일본해라는 이름이 해양 지명에서 적자(嫡子)로 등재되었다. 91년 전, 근 100년 전의 일이지만, 조선

* 세계평화포럼 이사장.

이란 나라가 지도에서 지워지고 10년 지나자, 동해도 국제적으로 지명으로서의 자격을 잃은 것이다. 1929년에서 19년 뒤 대한민국이 건국되었지만 동해는 여전히 국제법상으로는 적자 아닌 서자 격이었다. 이제 91년의 세월이 흐르고 IHO가 스스로 표기 방식을 숫자 코드로 변경함으로써 일본해와 동해 모두 국제법상 표기 지명으로서는 자격 논의가 살아 있다.

이 소식을 듣는 순간 참으로 기뻤다. 일본해라는 지명의 현상 변경(그것이 동해와의 병기가 되거나, 지명 표기 없는 빈칸의 표시가 되거나, 제3의 다른 명칭이 되거나) 중에서 오직 '일본해 명칭에 대한 현상 변경'을 최우선 전략으로 추진해야 한다고 확신하고 일했던 나로서는 이렇게 큰 틀로 현상 변경이 일어난다는 것은 일대 사변이고 기쁨이었다. 이는 디지털 시대 지명 표기의 기술적 변혁이기도 하고, 서양 유럽 질서가 지배하는 시대에 이른바 비(非)서양 제3세계의 지정학적 · 지경학적 비중 증가로 인한 세력 변동의 한 측면이기도 하고, 지구촌 보편질서 진전의 한 단면이기도 하다.

Ⅱ. 동해연구회 발족 무렵: 외교와 정치의 우선순위

1994년은 나로서는 번잡한 때였다. 1993년 2월 말 정부에서 퇴임 후 한국경제신문사회장이 공식 직함이었으나 밀린 일들이 겹쳤고, 새 일도 있었다. 지금까지 원조만 받던 나라에서 원조를 주는 나라로 변모한 첫 케이스로 한국 유엔아동기금(UNICEF) 위원회가 발족하여 부회장 겸 언론클럽 회장으로서 모금 활동을 하고, 베트남 초등학교를 방문하고 교육 자재를 지원했다. 현승종 위원장과 김수환 추기경을 모시고, 배우 안성기

씨 등과 함께 열심히 활동했다. 정보화추진위원회와 한중, 한일 관계 모임, 한국경제연구원에 책임자 또는 고문 등으로 이름도 걸었다. 그간 바빠서 활동하지 못했던, 한승주, 이홍구 교수와 1986년에 창립한 서울국제포럼 출장과 수락 후에 한 번도 참석 못 한 Pacific Forum 이사회도 참석하고, 스위스 다보스 세계경제 포럼도 처음 참가했다. 특히 일본의 국제주의자들과 지성공동체를 만들어 한일 관계의 새 장을 뚫어보자는 의욕으로 Korea-Japan Global Forum을 추진하던 때였다.

같은 해 연말에 한승주 외무부장관으로부터 전화가 왔다. 외무부 산하에 동해연구회가 생기는데 회장을 맡아달라는 주문이었다. 실무는 서울대 이기석 교수가 맡고 외무부에서 협조할 테니 맡아달라는 것이었다. 당시에 너무 바빠 좀 망설여졌지만 맡아야 한다는 일종의 통보였다. 그때는 이기석 교수가 누구인지, 연구회가 어떻게 구성되고 어떻게 운영될 것인지 나로서는 관심 둘 틈이 없었다. 특히 한일 간에 'global' 포럼을 구상 추진하던 나로서는 동해라는 한 지역의 지명 문제에 매달리는 것이 내심 탐탁지 않았다. 참으로 미안한 일이지만 발족 당일에도 회장 인사 후에 바로 자리를 떴다. 1994년 11월 9일 내 수첩에는 10시 한중 포럼 개회식 축사와 오후 5시 초고속통신망 구축 자문위원회(내가 위원장이었다) 모임만 적혀 있고 동해연구회 기록이 없다. 그만큼 관심이 없었다는 증거이다. 나의 수첩에 동해연구회가 나오는 것은 1995년 2월 15일 롯데 호텔에서부터였고, 5월 24일 국제회의, 프레스센터 등이 있다.

발족 후 공식 외무부 브리핑과 이 교수와의 대화를 통해 확인할 수 있었던 것은, 일본해와의 싸움은 외무부의 의제라기보다 김영삼 정부의 대일외교 '정치'의 한 단면으로 시작된 것이라는 점이다.

김영삼 대통령은 민주화운동의 연장선상의 논리에 의한 것이었는지 비교적 반일 감정이 높았다. 취임하고 바로 옛 총독부 건물을 일제 잔재라고 해서 허물겠다고 선언했다. 이미 전 정부인 노태우 정부 국무회의에서 경복궁 복원을 위해 총독부 건물을 없애기로 의결한 것인데 'YS 일제청산' 이미지 강화를 위해서인지 굳이 일제 잔재 청소라고 주장했다. 그리하여 대선 과정에서 그의 우군이라 할 만했던 조선일보의 일제 건물도 역사유물이라는 반론에 부딪혀 곤혹스러운 처지에 몰리기도 했다.

전에도 동해 지명 문제, 일본해 표기의 부당성 문제가 아주 가끔 민간에서 제기되긴 했었다. 그러나 이 문제가 민간, 정부(교육부, 외교부)의 공식 채널에서 이슈로 제기된 적은 없었다. 그러나 우리나라 민주화는 보편적 자유, 민주, 개방, 진보, 다원의 가치, 제도적 측면보다는 '반공 독재,' '일제 관료 군인 독재'에 대한 항거라는 운동적 성격이 강해서 민주화운동이 오히려 민족주의 지향, 반외세 감성과 궤도를 같이하는 독특한 성격이 있다. YS 정부 들어서 국회에서도 동해 지명 문제를 언급한 의원이 나왔다. 정치 분위기에 밀려 뒤처리로 나온 외무부가 제시한 것이 '동해-일본해 병기,' 동해연구회 설치였다.

한승주 장관도 회장 취임 부탁 전화 이후 동해 표기 문제, 동해연구회 운영 문제로 따로 나에게 설명한 적이 없다. 목표와 과업과 시간표가 있어야 하는 중점 외교, 우선순위 외교 사안이었다면 당연히 나와 따로 협의해야 했다. 개인적으로 오랜, 그리고 두터운 인연을 생각해도 그랬다. 육감적으로 동해 처리는 국내 정치 대응용이라는 기분이 들었다.

얼마 후 외무부에 근무하는 주요 대사직을 역임한 친구들을 포함해 대학 동기동창들과 자리를 같이하게 되었다. 외무부 정통파들은 철저한 반대 견해를 보였다. 한일 외교의 의제로 올릴 대상이 아니라는 것이다. 특히 국제적으로 이미 인정된 양국 분쟁 대상인 독도 '영토' 문제에 집중해야 하는데 동해 '지명' 문제가 끼어들어 오히려 한일 외교 전선을 흐트러트린다는 것이다. 독도 문제와 트레이드오프 관계가 생겨 우리 외교에 불리하다는 논리였다. 외교의 우선순위로 보면 일리가 있는 것이고, 정통 외교 관료의 입장으로서는 당연하기도 하다. 더구나 서구적 해양 질서가 국제법, 국제규범으로 지배하는 외교 전선에서는 당연한 논리일 것이다.

Ⅲ. 한계와 '전문가'

나로서는 연구회의 출발부터 착잡하고 어눌한 처지임을 확인한 셈이었다. 내 전문 관심 영역도 아니고, 외무부의 중점 과제도 아니고, 싸움의 대상은 일본인데 전쟁터는 한일을 넘어 국제기구, 국제전문가 대상이라는 복합적 복잡성까지 띤 것이었다.

초기에는 유엔지명전문가회의(UNGEGN)에서 일본해 표기의 문제점 및 부당성을 지적하고 왜 우리가 동해, 일본해 병기를 주장하는지 설명했으며, 국제회의를 개최하는 데 노력을 기울였다. 또 일본과 전쟁한 역사가 있는 러시아와 중국을 끌어들여 우군을 만들 수 있지 않을까 하는 기대로 블라디보스토크, 상하이에서 국제회의를 개최했고 북한이 참석하는 성과도 있었다. 국무성 안에 사무국이 있는 미국지명위원회는 면회나 설명할 기회조차 거부했었다.

일본을 적으로 하는 역사를 지녔던 나라들, 이들에 대한 지정학적 접근은 두 가지 이유에서 성과가 나지 않았다. 첫째로 특히 러시아는 일본의 역로비에 쉽게 무너졌고, 둘째로 러시아, 중국 같은 중앙집중 독재국가의 경우 정부의 방침에서 전문가들이 자유롭지 못해 그 영향력이 극히 한정적이기 때문이다. 러시아와 중국 정부 입장에서 동해, 일본해 지명 문제는 대일 외교에서 우선순위가 없는 문제이며 대한국 외교에서도 중요한 것이 아니어서 굳이 국제법 질서를 건드리는 문제에 앞장설 처지가 아니었다. 우리도 국가적 입장을 모르는 바는 아니지만, 이 나라 전문가들의 입을 통해 정책결정자들과 여론에 영향을 미치기를 기대하는 것이었다. 그 기대는 독재 통제 국가의 경우 한계가 뚜렷했다.

이 점에서는 초기 아시아 중심의 러시아, 중국, 북한 접근에서 유럽, 미국 중심으로 옮긴 것은 여러 의미가 있다. 이 중심 이동은 자연히 '국제 전문가' 초청 국제회의가 되었다. 이들 국제적 지명전문가에게 일본해의 문제성을 인식시키고 이들을 앞세움으로써 국제회의의 전문적 권위도 높이고 인류 보편적 휴머니즘과 평화의 차원으로까지 한일 지명 문제의 경계를 넓힐 수 있었다. 전문화와 보편성을 함께 엮을 수 있는 것은 역시 자유 민주 개방 사회만이 가능한 것이다.

여기서 우리가 얻을 수 있는 교훈이 있다. 아무리 개인적으로 우수한 전문성이 있어도 그 나라에서 전문성이 작동할 수 있는 공간, 연구와 표현의 자유와 다원성이 열려 있지 않으면 전문가와 전문성의 효용은 한계가 있다는 것이다. 일본해의 문제점과 부당성을 가장 전문적으로 또 자료 면에서도 충실히 제기할 수 있는 것이 한국, 북한을 제외하고는 중국, 러시아인데 자유와 개방이 없으니 나라 안에서나 국제적으로나 영향력이 적다. 오히려 IHO, UN 질서에 더욱 친화적인, 바로 1929년 일본해 지명을 적자로 만든 국가들의 국제 지명전문가들은 높은 전문성과 영향력으로 '일본해 현상 타파'에 큰 보탬이 되었다. 특히 오스트리아와 미국에서 지도와 교과서 개정에 큰 실적을 냈고 앞으로도 기대할 만하다.

나에게 큰 감명과 교훈을 준 전문가는 지명에 관해서 명실공히 세계 최고의 전문가인 이스라엘의 나타리 카드먼(Natari Kadman) 히브루대학교 교수였다. 언어도 10여 개나 통달했고, 세계 각국에서 복수의 대표가 나오는데 이스라엘은 늘 카드먼 교수 홀로 대표였다. UNGEGN 회의에서도 논의와 논쟁의 끝을 정리하는 건 늘 그의 몫이었다. 지명학계의 세계적 보물이었다.

이것이 바로 이스라엘이나 스위스 같은 강소국이 살아가는 방법이다. 나라에 꼭 필요한 것은 반드시 하되, 세계의 1등을 하는 것이다. 4대 강국에 둘러싸여 있는 지리적 숙명의 대한민국과 국민이 다져야 할 각오이고 능력이어야 한다. 중국, 미국, 일본, 러시아, 4대 강국의 인구를 합치면 대한민국의 20배가 되니 한국인 하나하나의 능력은 이들보다 20배가 되어야 자강과 안전이 보장된다는 것이 나의 지론이다.

카드먼을 비롯하여 우드만(Paul Woodman) UNGEGN 전 의장, 스톨트만(Joseph Stoltman) 미 웨스턴 미시간대학교 교수, 오멜링(Ferjdn Omelling) 네덜란드 유트리트대학교 교수, 하우스너(Isolde Hausner) 오스트리아 과학 아카데미 회원, 조르단(Peter Jordan) 오스트리아 지명위원장 등과 같은 국제적 지리학계 전문가들의 활발한 참여가 동해연구회와 동해 국제회의 성과를 올리는 데 큰 도움이 되었다. 국제회의를 되도록 이들 나라에서 열고 그 주변 지역 지명 문제들도 동해 문제와 함께 다루면서 일본해 현상 타파의 소리가 그 주변에 퍼지게 하는 데 효과가 컸다. 이 점에서 이들 국제적 전문가들을 끌어들인 이기석 교수와 주성재 교수의 노력은 높이 평가하고 기록할 만하다.

Ⅳ. 지명 외교와 국제 지리학자 육성의 성과

이제 외교부에 한때 동해 지명대사가 따로 임명될 정도로 한국 외교의 영역으로 자리매김한 것은 동해 외교 25년의 극적 표현이다. 특히 국제 전문가를 초청해 전문가를 활용한 동해 외교와 동해연구회 활동의 축적은 UNGEGN에서 한국의 위상을 크게 높였다. 평가전문가그룹 컨비너(convenor)를 이기석 교수가 맡기 시작하여 2012년부터는 주성재 교수가 이어받고 2019년부터는 주 교수가 전체 회의 부의장을 맡고 있다.

지난 25년간 일본해와의 싸움에서 현상 변경, 즉 세계의 권위 있는 지도에서의 동해 병기 증가, 언론에서의 이슈화 보도 등은 일차원적 성과이다. 더 큰 의미는 대한민국 지리학의 위상을 결정적으로 높였다는 데 있다. 국제적으로 동해연구회만큼 지명에 관해 많은 연구나 논의를 다룬 학회나 연구 그룹은 세계에 다시 없을 것이다. 동해연구회는 그간 워싱턴, 파리, 비엔나, 헬싱키, 헤이그, 브뤼셀, 튀니지, 이스탄불, 밴쿠버, 시드니, 상하이, 블라디보스토크를 개최지로 하여 국제회의를 열었다. 그때마다 동해, 일본해 문제뿐 아니라 그 지역의 지명 분쟁을 다룬 축적도 기록할 만하다.

이런 축적과 경험은 앞으로 김영훈, 류연택, 지상현, 교수 등 후진 연구자들로 이어져 지명 문제 연구에 관한 한국 전문가의 의견이 참조로 붙지 않으면 신뢰도가 떨어진다는 경지로 발전하기를 바란다. 분명한 사실은 특정 지명 문제로 양국 간의 논쟁뿐 아니라 국제기구, 국제 학술회의에서도 25년간 매년 계속하여 논쟁을 논의한 기록은 '동해와 일본해' 이외에는 없었고 앞으로도 없을 것이다.

결과는 대한민국에 유리하게 전개되었고 앞으로도 시간은 일본 편이 아닐 것이다. 결정적 성과는 이 과정을 통하여 국제 지리학계에서 한국학자들이 지명에 관한 이론 및 경험 활동에서 단연 최고의 실력을 키울 기회를 얻게 되었다는 점이다. 한국의 카드먼 교수가 계속 나와 21세기 국제 지리학계의 특화된 실력, 지리학 소프트파워가 대한민국 안보 외교에 큰 기여를 하기 바란다. 정부 특히 외교부, 해수부 등과 학계와 사회에서도 지난 25년의 과정과 성과를 종합·통시적으로 평가하고 지명 부문에서 특화한 한국의 국제적 지리학, 역사학 콘텐츠를 더욱 강화·발전할 수 있도록 지원해주기 바란다.

Ⅴ. 일본만의 특수성과 '암흑 지대'

IHO의 지명 표기 코드화에도 불구하고 일본이 쉽사리 일본해 적자론을 포기하지 않을 것은 분명하다. 일본은 한국의 감정적 민족주의자들이나 근대화 모범론자들이 그리는 이론이나 인식보다는 훨씬 복잡·독특한 나라이고 민족이다. 서양의 근대이론 모두를 동원해도 장님 코끼리 만지기로 끝나는 중국에 못지않게, 결코 한두 이론이나 차원에서 이해하고 다루어서 한일 관계가 해결될 수 있는 그런 존재가 아니다. 동해연구회 입장에서는 앞으로도 계속 맞서고 협의해야 할 대상이니 일본이란 어떤 실체인가에 대한 내 나름의 경험에서 나온 판단과 정의를 회원들, 특히 후진들에게 전하고자 한다.

가) 일본은 대한민국과 달리 국가적 정체성, 전통 국체에 대한 인식, 국민적 합의가 아주 특별히 단단한 나라이다. 2019년 5월 11일 헤이세이(平成) 천황을 뒤이어 레이와(令和) 천황이 즉위했다. 일본에서는 126대 천황으로 기록된다. 일본 측 기록으로는 33대 스이고(推古) 천황 즉위가 서기 592년이니 2021년 현재 1429년이 된다. 1428년 연속된 국가수반 체제가 존재하는 세계 역사상 유일한 나라이자, 최장 기록의 국가이다. 그들 스스로는 1대 신무천황이 서기전 660년이라는 주장을 하기도 한다. 중국의 주(周)나라와 맞먹는 긴 역사를 자랑하는 것이 된다. 사실이 그렇다기보다 현재도 그렇게 긴 역사 시간의 개념과 정체성을 믿고 공유하며 가꾸고 있다는 것이 중요하다.

2020년 12월 4일 미국 뉴욕타임스는 일본 교토 신궁 옆 1020년 지속된 하세가와 나오미 씨 가문의 튀긴 모찌떡 집을 소개했다. 10여 년 전 주인이 바뀌었지만, 백제 후예가 천 년 넘게 가업으로 이어왔던 사찰 건설 전문업체도 있었다. 500년, 200년 가업 전통을 이어오는 기업들이 유난히 많다. 전통을 자랑하는 유럽도 일본에는 적수가 못 된다.

실제로는 천황 중심의 통일국가 역사보다는 지방 경쟁, 쇼군이 지배한 시대가 더 길다. 그런데도 국민 심성은 천황의 계승 기록, 가업의 계속성 같은 일본 특유의 역사적 정체성, 일본 다음의 연면성(連綿性) 그리고 그 정체성 가꾸기를 강조한다. 바로 이 점이 서세동점, 페리 제독의 구로센 앞에 문호를 개방하면서도 중국, 조선, 베트남, 인도, 중동, 아프리카 전통 국가들과는 달리 메이지 유신을 가능케 했다. 자주 자발적 근대화를 성취한 유일한 비서양 국가로 도약한 것이다. 그리고 아시아 최초로 중국이 아닌 해양 세력 일본이 중국을 삼킨 아시아 제국, 대동아공영권, Pax Japonica를 단기간이나마(1937~1945) 축성한 저력이었다.

그러나 바로 이 일본의 완고한 역사성, 전통성으로 인해 일본 근대성의 외형은 세계 제국적 서양 국제질서가 주도하는 국제법 질서 참여국인 것처럼 보이지만 서양의 보편적 근대성과는 전혀 일치하지 않는 이중성을 갖게 된다. 일본은 결코 민주주의 국가가 아니며 시민사회가 아니다.

나의 체험 두 가지를 소개하는 것으로 일본의 실체를 알리고 싶다.

나) 1972년 10월 하버드대학교에서 '경제 개발'을 중심으로 공부하고 있을 때였다. 한국에서는 10월 유신이 등장했다. 오전 강의가 끝나고 사무실 라운지에서 뉴욕타임스를 펼치니 1면에 탱크가 국회 정문을 막아선 사진과 함께 유신 계엄선포 기사가 꽉 찼다. 눈물이 났다. 이제 신문사도 문을 닫겠구나. 나라는? 나는 어찌해야 하나? 동료들도 있는데 눈물 보이기 미안하여 정문을 열고 뜰로 내려가는데 다리 힘이 빠져 계단에서 주저앉아 버렸다. 마침 미국 친구가 사무실로 들어오다 신문을 들고 울고 있는 나를 보더니 놀라 왜 그러

느냐고 했다. 나는 대답 대신 신문을 건넸다. 그는 서울 유신 기사를 훑어보고는 의아해했다. 내가 "아마 내 신문사가 문 닫게 될 거다"라고 하니 이 순진한 친구는 "우리가 주선할 테니 미국에서 신문기자를 하라"고 했다. 36세의 나이에 애들은 넷이나 있는 몸이 고급 영어를 원어민보다 더 잘해야 살아남는 미국 신문기자로 언제 변신할 수 있을까. 눈물과 고마운 허탈이 범벅이 된 순간을 회상하면 지금도 가슴이 먹먹하다.

약 열흘 뒤 하버드대학교 에두우인 라이샤워 교수가 주동하여, 한국을 걱정하는 학자, 전직 외교관 등 10여 명이 모여 박 대통령 유신과 독재를 맹렬히 비판하고 박 대통령에 대한 압력으로 주한미군 철수를 주장하는 성명서가 나왔다. 나는 바로 면회를 신청했다. 하버드대학교에 온 후 한국 사정에 관한 대화를 나눈 적도 있고 마침 그의 강의도 듣고 있었다. 바로 연락이 왔다. 이틀 뒤 옌칭도서관에 있는 그의 사무실에서 만났다. 유신 반대 성명에 감사를 표하면서, 유신의 명분이 북한으로부터의 위협인데 미군의 철수 주장은 닉슨 독트린과 같이 박정희 독재의 명분을 강화할 수 있다고 걱정했다. 그러면서 우리는 미국을 신뢰하고 싶지만, 1904~1905년 T. 루스벨트 대통령처럼 친일-조선 무시 정책 같은 발상이 주한미군 철수 주장에 있는 것은 아닌지 우려된다고 말하는 순간, 라이샤워 교수는 책상을 탕 치면서 소리를 높였다.

"미스터 킴, 내가 한국을 얼마나 사랑하는지 아는가. 옌칭도서관에 한국관을 만든 것도, 한국학 강의와 한국학 교수를 독립시킨 것도 나일세. 나는 아시아 국가 중 민주주의 할 수 있는 나라는 한국밖에 없다고 확신하고 있네. 한국인들의 개성적, 직설적 성격으로 해서 한국만이 민주주의가 가능한 나라네. 중국이 베트남이…? 일본이? 내가 일본 전문가고 주일대사 했고 마누라도 일본 사람이지만 일본 민주주의 어려워….”

나로선 두 가지 큰 충격이 있었다. 일본을 경제 기술은 물론 정치 민주주의도 우리보다 훨씬 앞선 선진국으로 생각했던 나였고, 당시 평균적인 한국인 모두 그렇게 알고 있는 일본을 민주주의 정치가 어렵다고 판단하는 미국 최고의 원로 일본 전문가의 말이 놀라웠고, 소화하기 어려웠다. 또한 한국만이 아시아에서 민주주의가 가능한 특출한 나라인데 오직 박정희가 이를 막고 있다는 판단은 국내, 해외에서 처음 듣는 소리였다. 아시아에서 한국만이 민주주의가 가능하다는 논리와 해석을 들어본 적이 없었다. 48년이 지난 오늘날 이 두 가지, 라이샤워 교수의 판단을 어떻게 검증하고 평가해야 할까? 우리 모두의 과제로 생각해보자. 그리고 동해연구회에서도 한번 토론해보자.

나는 이후로 일본은 어떤 나라인가, 아시아에서 한국의 특징, 세계적 보편성과 아시아적 일반성, 한국의 특수성, 예외성 같은 명제에 많이 매달렸다. 그 결과물의 하나가 2005년 한길사에서 출판된 『일본 친구들에게 정말로 하고 싶은 이야기』이고, 아직도 계속 매달리고 있다.

다) 일본 메이지유신의 경제 재정 1등 공신이요, 지금도 엔화 지폐에 나오는 인물인 시부사와 에이이치 가문의 장손인 시부사와 마사히데(澁澤雅英)와의 교류 이야기이다.

나는 라이샤워 교수와의 대화 충격 이후, 그리고 70년대부터 잦은 일본과의 교류로부터 내 나름대로 두 가지 방향을 설정했다.

하나는 외교적·제도적 접촉은 그것대로 지속하며 다원적으로 펼쳐가되 새 차원을 추가하자는 것이었다. 한국의 일본 전문가와 일본의 한국 전문가끼리의 거래보다 양국의 국제주의자, 보편주의 주장자들을 중심으로 한일 간의 특수 문제보다 한일 공통의 과제와 도전을 다루자는 것이었다. 아시아와 인류의 공통 과제를 우선하고 큰 과제에서 큰 이익과 혜택을 창출함으로써 작은 이익 분쟁과 과거에의 함몰에서 해방되는 길을 찾아보자는 발상이었다.

또 하나는 일본 특유의 아집성, 고립성, 연면성의 성곽을 깨는 첫 단추는 1억 2천만 일본 국민의 눈물, 마음속으로부터의 눈물을 받아내야 한다는 것이다. 아무리 양국 수뇌 간, 기업 간, 민간 간 인상적 제스처나 숫자, 아름다운 언어가 오가더라도 압도적 일본인의 눈물과 마음을 받아내지 못하면, 일본 특유의 '암흑 지대'를 뚫지 못한다. 밖에서는 참으로 이해하기 힘든 것이 일본의 실체이다. 개개인은 지극히 정직하나 집단적으로는 집요하게 고립하고, 아집이 있는 일본의 정책 결정 과정은 늘 실망의 결과가 되풀이된다.

1993년 7월 세종연구소 이사가 된 것을 계기로 나는 첫 번째 방향, Korea-Japan Global Forum을 추진했다. 세종연구소도 취지에 찬성하여 당시 내가 적을 두고 있던 한국경제신문사와 공동 주최하기로 했다. 일본에 가서 제일 먼저 접촉한 사람이 당시 일본여학관(日本女學館)-일본여자대학재단 이사장인 시부사와 마사히데였다. 한일 지식인 모임과 한·미·일 국제관계 회의에서 몇 번 만났었다. 그 세대 일본 사람보다는 매우 높은 수준의 영어를 구사하는 데다 가문의 전통으로 인해 매너도 세련된 영국 신사의 풍모를 갖추었다. 1994년 1월 20일 첫 번째 만남에서 그와 바로 의기투합하게 되어 매우 기뻐했다. 진작 이런 모임 중심으로 한일 지도자들이 모였어야 했다며 일본 측 참가자 선정과 발표 주제 결정도 맡아주기로 했다. 그러나 진행 중에 갑자기 연락이 끊겼다. 연락해도 답장이 없었다. 혹시 건강에 문제가 생겼나. 신사의 매너와 가문의 무게로 봐서 결례할 것으로는 생각할 수 없었다. 연락이 끊기고 한 달여 뒤 마침 베트남 다녀오는 길에 일부러 당신을 만나러 도쿄를 들르겠다 하고 날짜를 주니 바로 답장이 왔다. 3월 22일 저녁 호텔까지 와서 나를 픽업했는데, 도착한 곳은 레스토랑이나 요릿집이 아니라 아카사카의 게이샤 집이었다. 놀랐다. 일본의 악기 뜯는 게이샤 집이 얼마나 비싼지는 아직도 나는 모른다. 다만 최고 호텔 값의 몇 배는 넘는다는 얘기를 들었을 뿐이다. 방에 정좌하고 게이샤가 샤미센을 뜯고 나서 그는 게이샤에게 방을 나가달라고 했다.

방문이 닫히니 그는 벌떡 일어나 무릎 꿇고 엎드려 절하며 용서를 빌었다. 참으로 당황스러웠다. 나보다 일곱 살쯤 위인 그가 엎드려서 말하는 것이 참으로 민망했다. 편하게 앉아서 말씀하시라고 해도 한동안 엎드린 채 말을 이어갔다. "우리가 같이 추진하는 포럼 내 일본여학관과는 전혀 관계가 없다. 그러나 일본 관행은 대학과 관계없는 일이라도 이사장 활동은 문부성에 보고하게 되어 있다. 그런데 자기도 뜻밖에 문부성에서 그 프로젝트에 대해 부정적 의견을 시사했다. 법적으로는 그냥 추진해도 아무 문제가 없고 문부성이 막지도 못한다. 그러나 내가 이사장을 그만두지 않는 한 문부성의 구두 개입을 어기면 나에게는 물론 내가 그만둔 뒤에 재단에도 반드시 나쁜 영향이 온다. 포럼 일에서 손을 뗄 수밖에 없으니 정말 죄송하다. 엎드려 사죄한다."

일본 특유의 법치 아닌 인치, 문서 아닌 구두 개입 지시로 돌아가는 시스템, 특히 관료들에 의한 증거를 남기지 않는 구두 개입 문제는 무역자유화 과정에서 가끔 제기되었다. 겉과 속, 즉 무역협정과 실제 상품거래 간의 장애에서 많이 거론된 것은 알고 있었다. 그러나 일본의 대표적 명문 귀족에 속하는 전통 있는 대학교 책임자까지 법과 규정에 없는 구두 '시사'에 복종할 수밖에 없는 닫힌 성곽의 일본의 조직문화에 좌절감이 몰아쳤다. 일본 중심부에서 진정한 국제주의자 글로벌리스트 찾기는 이렇게 힘든 것이다. 무늬만 다르지 거의 모두 철저한 '일본주의자들'이다. 한국과 대화가 된다는 이른바 좌파 진보 진영도 종당은 각도가 다른 일본주의자임을 종종 보게 된다. 그런 점에서 한국의 이른바 급진 좌파의 국제주의가 반국가 통일지상 민족주의와 반정부 생명 환경 인권운동 초국가주의를 겸하고 있다는 점에서 일본주의와 본질적으로는 궤도를 같이한다고 해석할 수 있다.

결국 한일 글로벌 포럼은 좌절되고 이미 확보한 세종연구소 예산으로 1995년 5월 9~10일 서울에서 한일 전문가 20여 명이 참여한 또 하나의 전문가 회의로 끝났다. 나의 기조연설에서 한일 글로벌 지식인 연대의 취지만 기록으로 남겼다(『한일관계의 재조명-쟁점과 과제』, 세종연구소 편, 1995).

Ⅵ. 두 가지 제언: 휴머니즘의 눈물과 제3의 지명

두 제언으로 끝을 맺고자 한다. 첫째는 일본 국민 1억 2천 명의 눈물 받아내기이다. 일본은 과거, 현재, 미래라는 시간의 컨텍스트에서는 물론 지리적 조건, 일본이나 한국보다 더 큰 중국, 미국, 러시아와의 지정학·지경학적 관계, 특히 미래 인류 공통의 문제가 분포하는 지리적 조건에서도 반드시 좋은 이웃, 공동의 집을 지어 같이 살아가야 할 나라이다. 그러기 위해서는 반드시 서로의 불행한 과거사를 뛰어넘어야 한다. 일본의 특수성, 고립성, 아집성, 이중성으로 인해 공식 정식 문서, 대표 협정, 행사, 회의 등의 요식으로는 안 된다. 일본 정치의 핵심 배경, '암흑 지대,' 요샛말로 딥 스테이트를 움직일 힘이 있어야 한다.

영국 케임브리지대학교와 말년에 런던대학교 교수로 있던, 일본인으로서 최초의 경제학 노벨상 수상 후보로 기대가 컸던 모리시마 미치오는 1990년에 쓴 『Why Japan Collapse』의 부록에서 일본의 풀리지 않는 수수께끼를 사회과학적으로 풀어보겠다는 말을 남겼다. 하지만 2006년 세상을 뜨기까지 해답을 주지 못했다. 그는 일본에는 풀리지 않는 수수께끼, '암흑 지대'가 있다고 주장하며 야쿠자 유사종교('신종교'라 표현했다), 어느 나라보다도 월등히 높은 세습의원들의 비중 등을 예로 들었다. 그의 책은 다음 글로 끝을 맺는다.

> 일본의 비극은 정계도 종교계도 모두 힘이 없을 뿐만 아니라 이들이 설명이 불가능한 암흑 지대에 칭칭 얽매여 있다는 사실에 있다. 일본 사회에는 사회과학자가 방치하고 있는 불량 자산이 산더미처럼 쌓여 있는 것이다.

일본 사람이면서도 영국에서 오래 최고의 학문 수준에 이르러서 깊이 보이는 보편성과 특수성의 문제인 것이다. 이제 한국과 일본은 아시아에서뿐 아니라 전 세계 역사상에서도 일단 근대화의 형식적·통계적 기준에서는 완벽하게 성공한 유이(唯二)한 나라로서 새 문명사적 도전-환경, 팬데믹, 먹거리, 에너지, 물 등의 생명 자원 결핍(WWF가 정의하는 Footprint와 Bio-capacity 문제)에 공동 대응해야 한다. 그러나 현실은 두 나라가 모두 겉모양으로는 더 국제화되고 교류가 넓어져도 마음의 골은 깊어지고 국익의 손상은 커지고 있다.

나는 과학기술처장관 시절 국무회의에서 내 자리와 가까웠던 문화장관에게 내 제언을 열심히 설명했다. 외부에서(전국경제인연합회를 염두에 두었다) 기금 마련에 나도 힘을 쓸 테니 젊고 늙고를 가리지 말고 우수하고 사명감 있는 작가, 시인, 극작가, 영화감독 등을 뽑아 일본에 보내면서 5년 전후의 기간을 주고 본인이 하고 싶은 방식대로 머물면서 일본어, 일본 역사, 일본 문화를 철저히 공구(攻究)하고 체험하게 하자는 것이다. 단 하나의 의무는 일본인의 마음속 깊은 눈물을 받아낼 수 있는 작품이다. 보통 일본인들이 정말로 우리가 한국인, 한국 역사, 한국 문화, 한국 땅에 잘못을, 몹

쓸 짓을 저질렀구나, 하는 보편적 휴머니즘의 눈물을 받아내자는 것이었다. 그리고 두 민족이 같이 힘써 해야 할 일이 얼마나 많으냐, 이런 정념이 절절한 작품을 창작해보자는 것이다.

보통의 일본 시민들은 놀랄 만큼 정말 정직하다. 감사하고 미안해할 줄 안다. 이들의 눈물이야말로 암흑 지대를 깰 수 있는 유일한 횃불이다. 한국에서 위안부 문제를 최초로 알린 보도는 평범한 일본 초등학교 여선생님의 원초적 휴머니즘이었다. 인도네시아 관광을 갔다가 우연히 위안부라는 존재와 위안소라는 집의 설명을 듣고 놀란 여선생님이 자비로 열 번 가까이 현장을 답사했다. 일본 잡지에 난 그녀의 글이 우리나라 신문에 보도된 것이다. 1965년 한일협정 체결 훨씬 후의 일이다. 일본인들의 해외여행이 늘어나면서 다른 일본 여행객들에 의해서도 동남아 위안소가 소개되며 휴머니즘 이슈로 일본에서 제기되고, 그 후에 한국의 언론 보도로 한일 간 관심 대상이 된 것이다. 이것이 1962~1963년 외무부 출입기자로 한일협정 교섭 과정을 취재했던 나의 기억이다. 위안부 문제의 실질적 제기는 일본의 이름 없는 보통 사람의 정직한 가슴이었다. 한국 측의 언론이나 정부의 자료에서 시작된 것이 아니다(그 후 알아본 바로는 한일협정 교섭 문서철에는 위안부 문제가 있긴 했다. 그러나 우리 정부가 주요 의제로 제기하지 않았고 공표된 의제 리스트에서는 한 번도 나타나지 않았다. 아마 긴급한 안건의 우선순위에서 크게 밀렸을 것이다. 민간에서도 전혀 관심 제기가 없었고, 무엇보다 자료가 전무한 상태였기 때문이었을 것이다).

이런 평범한 일본인, 정직한 보통 사람들의 마음이 움직여야 한다. 압도적 국민의 마음이 움직여야 동네가, 도시가, 정치가 움직이고 천황의 말씀이 나와야만 한일 관계도 정상화된다는 것이 나의 결론이다. 일본의 소수 진보 진영 목소리는 백 년을 가도 일본의 암흑 지대를 뚫지 못한다(당시 문화부장관은 끝내 수용하지 않았다. 그 이유를 지금까지도 모른다. 간곡한 제언이었는데, 혹시 자기 영역 침범이라 오해한 것은 아닐까.)

동해연구회 회원들도 한일 과거사와 미래 정상화를 위해 우리가 어떤 보편적 휴머니즘을 지리학에 보탤 수 있는지 진지하게 숙고해주기를 바란다. 그런 관점에서 일본의 저변 뿌리 지리학자들을 발굴하고 접촉하는 새로운 접근법을 모색해봄 직하다.

두 번째 제언은 동해를 고집하기보다 제3의 지명으로 전략을 바꿔보자는 것이다. 한일 간의 수용 여부를 떠나, IHO의 코드 표기로의 변화를 계기 삼아 좀 더 대국적인 새로운 접근이 필요한 때라는 판단이 선다. 동해, 일본해 분쟁 25년을 지켜보는 제3국인들에게도 역시 한국이 더 보편적이고 합리적이며 휴머니즘적이라는 감동을 만들었으면 하고 그런 주도권을 쥐었으면 한다. 앞에서 제언한 눈물 받아내기 휴머니즘의 동해 지명판의 적용이다.

일본의 속성으로 보아 외교적으로는 절대 일본해 지명을 자진 포기하지 않을 것이다. 한국과의 협상, 아마 통일 후 협상에서도 포기 안 할 것이다. 동해 병기도 수용 안 할 것이다. 그러나 IHO의 지명 코드 표기화로 인해 일본이 의지하던 국제법상 기초는 대단원을 내리게 되었다. 이제부터 우리가 앞장서 절대 소모적 논쟁을 걷고 제3의 이름으로 화해하자는 적극 공세, 국제적으로 호소력 있는 평화 공세를 펴보자. 이미 2차 국제회의 때 일본 측 참가자, 니이가타대학교 교수가 제3의 이름을 제기한 기억이 있다, 고래해, 평화해, 청해(Blue Sea) 같은 제안이었다. 폴 우드만도 제기했고 그리스 학자도 제안한 기억이 남아 있다.

한일을 넘는, 그리고 전 세계 지리학계가 공감할 수 있는 제3의 지명을 한일이 빠진 제3자들이 주도하여 추진하도록 새 플랫폼을 만들어보자. 실체는 한국 동해연구소이지만 되도록 우리가 앞장서기보다 우리는 뒤에 서고 미국, 유럽 등이 나서도록 정교한 플랫폼 세팅이 필요할 것이다. 그런 노력의 출발만으로도 UNGEGN이나 국제 지리학계 반응은 호의적일 것이다.

동해연구회에서 진지하게 숙의하기를 바란다.

보론 '통장'(通場, Trans-geo)적 지명으로: '황해·동해' 지역, '히말라야권'으로

극동, 동북아, 아시아, 인도차이나, 아메리칸 인디언의 Exonym을 버리자

김진현*

Ⅰ. '테헤란'로

테헤란로를 지나다니며 늘 떠오르는 상념이 있다. 대한민국의 심장인 서울, 근대화 성공을 상징하는 거리인 강남의 메인 스트리트 이름이 왜 테헤란로인지에 대해 현세대 젊은이들과 외국인들에게 물으면 어떤 반응을 보일까. 분명히 한국, 한민족의 고유한 삶, 역사와 관련된 땅, 거리 이름은 아니다. 그렇다고 외래 지명(exonym)이라면 그리 흔한 유럽 미국풍의 이름도 아니다. 일본 식민 지배 유산의 이름도 아니다.

강남이 경제 중심이고 근대 경제 성장 성공의 심벌로 메인 스트리트 이름을 취하려 했다면 이란의 수도 테헤란이 아니라 영국 런던의 시티나 미국 뉴욕의 맨해튼 같은 이름이 더 어울렸을 것이다. 만일 이란 사람들이

* 세계평화포럼 이사장.

서울에 몰려와 사는 거리 이름이었다고 가정하면 미국의 'New' York, 'New' Britain, 'New' Hampshire 지명처럼 'New' Teheran이라 해야 했을 것이다. 물론 강남의 테헤란로는 이란 사람이 많이 살아서도 아니고, 이란 정부가 요구해서도 아니고 대한민국이, 서울시가 자발적으로 정한 것이다.

1977년 6월 17일 테헤란 시장의 서울 방문을 계기로 서울과 테헤란 시가 서로 도로 지명 하나를 바꿔 부르자고 서울시 측이 제안해서 성사된 것이다. 그전까지 '삼릉로'였던 거리를 '테헤란로'로 바꾸었다. 테헤란 시 측도 북부 바라크 지역 6차선 도로를 '서울로'로 개명했고 서울로 끝에 '서울공원'도 생겼다(2003년 한·이란 수교 40년 기념 조성).

서울의 강남 '테헤란로'나 테헤란의 '서울로'는 각자의 역사 지리와는 무관하나 자발·자율적으로 만든 지명이어서 분명한 자생 지명(endonym)이다. 물론 실체적으로는 중동 석유, 중동 건설 붐의 산물이다. 1차 석유 위기(1973~1974)로 원유 값이 배럴당 4달러에서 14달러까지 뛰자 거의 100% 에너지 수입국인 한국은 더욱 큰 위기였다. 대신 중동은 석유 경기 호황으로 일대 건설 붐이 일어났다. 마침 베트남 전쟁 특수로 베트남에 진출했던 한국 건설업계는 이란, 사우디, 쿠웨이트, 아랍에미리트로 몰려갔다(1975년 사이공 함락으로 베트남 철수가 불가피했던 사정이 중동 붐을 더욱 가속했다). 그 유명한 현대건설의 9억 달러짜리 사우디 주베일항 건설 프로젝트 입찰이 1976년 2월 16일이었기 때문에, 한국 내 중동 붐, 중동 엘도라도(El Dorado)와 1977년 테헤란로 등장의 연관성은 충분히 짚을 수 있다.

Ⅱ. 아메리칸 인디언(American Indian)과 인도차이나(Indochina)

내가 아메리카 대륙에서 서양 사람들이 일컫는 인디언을 처음 본 것은 푸에르토리코 섬에서였다. 아시아재단 프로그램으로 경제 개발 메커니즘을 공부하기 위한 세계 1주 코스 중, 미국 스케줄에 카리브해의 미국령 섬인 푸에르토리코 개발이 포함되어 있었다.

1963년 1월 수도 산후안(San Juan)에 도착해, 호텔에 짐을 풀고 호텔 뒤편 경사진 언덕을 산보하러 올라서니 밭이 있고 농부가 엎드려 일하고 있었다. 그가 일어서서 그의 얼굴과 마주치는 순간 나는 몸이 흠칫 떨릴 정도로 놀랐다. 영락없이 내 시골 고향의 작은아버지였다. 얼굴과 체구가 완전히 우리와 같은 모습이었다. 왜 우리와 같은 몽골리안인 저 삼촌이 인디언으로 불리는가. 인도양의 인도인과는 인종, 문화, 역사, 단 한 조각의 인연도 없는 몽골족이 '아메리칸 몽골인'이라면 모를까 '아메리칸 인디언'이라니. 이 의문은 1995년 이후 동해연구회 국제회의를 다니면서 endonym과 exonym 개념을 익히면서 더욱 분명해졌다. 아메리칸 인디언, 요샛말로 아메리칸 원주민(Native American)은 인도양 인도 대륙의 인도인, 드라비다인과 아리아인을 원조로 하는 인도인과는 완전무결하게 무관했다.

이들은 인종으로나 어족으로나 인디언과는 무관한 몽골인 계통의 인종이다. 콜럼버스가 대서양 건너 1492년 카리브해 섬에 도착하고 인도의 주변 섬으로 오인하여 섬 주민을 인디언으로 부르면서 주어진, 밖에서 불린 명칭이다. 전형적인 유럽적 시각의 exonym이다. 지리적 · 인종적 exonym이며 오용이다. 아무리 서양 세계, 그리고 근대를 만든 서양 기준

규범으로는 몽골 인종을 '아메리칸 인디언'으로 부를 수 있다 치더라도 역사적 · 보편적 논리로는 수용하기 어렵다. 개정이나 현상 변경, 새 보편 규범이 나와야 한다.

'인도차이나반도'라는 지명도 마찬가지이다. 베트남, 캄보디아, 라오스, 미얀마가 있는 반도를 인도차이나반도라 부른다. 아주 엄격하게 먼 옛날로 올라가면 미얀마와 베트남 북부 쪽 거주자 일부가 중국과는 약간의 인종적 · 문화적 관계가 있으나 오늘 인도차이나반도라 불리는 공간은 인도와 차이나의 부속품 또는 인도와 차이나의 하위 존재로 간주할 정당성과 이유가 전혀 없다. 오로지 유럽의 서세동점 과정에서 인도의 역할이 가장 중요했기 때문에 인도에서 중국으로 가는 중간 길목이라는 뜻에서 나온 유럽인들의 자의적 지명이었다.

나로서는 지금 이 지리 공간에서 살고 있는 베트남, 캄보디아, 라오스, 미얀마인들이, 유럽인들이 명명한 '인도차이나'에 대한 의견이나 평가가 어떤지, '인도차이나적' 동질성, 역사 · 문화 · 정치적 동질성을 공유하는지, 이 지역을 포괄하는 새 지명을 만들고자 하는 의욕이 있는지 알고 싶다.

Ⅲ. '황해·동해' 지역: 극동, 동북아

나는 1995년 이래 극동, 동북아시아라는 표현이 필요할 때마다 될 수 있으면 '황해 · 동해' 지역이란 술어를 쓴다. 아직도 동북아시아, 동남아시아란 말을 많이 쓰나 극동이란 술어는 많이 줄고 있다. 미국, 러시아, 영국, 유럽 강대국들의 외교부 직제에서 전에는 한 · 중 · 일을 합쳐 '극동국'(極東

局)이라 불렀다. 그 후 중국이나 일본 중 하나를 따로 독립시키고 그중 하나와 한국을 합쳐 극동국 또는 극동과로 명명한 적도 있었으나, 이젠 한·일·중의 비중이 커지면서 극동이란 이름 아래 한 묶음으로 매기는 것은 사라지고 있다.

극동, 동북아시아는 인도차이나반도와 같이 유럽의 입장에서 동쪽 극단, 동북 방향이라는 공간 개념이다. 여기 사는 한·중·일 주민의 공통적 공간 개념으로는 동서남북이라는 지리적 개념보다 유교 문화권, 한자 문화권이라는 비교적 밀착된 문화적 권역 개념이 존재한다(일부 베트남까지 포함).

한·중·일 스스로도 극동, 동북아라는 지명을 꼭 따를 필요는 없을 것이다. 우리의 endonym도 아닐 뿐 아니라 이 지역은 인종, 문자, 역사로 연결된 확실한 문화적 공통성도 있다. 또 한·중·일 간을 포괄하는 황해와 동해라는 지리적 연결성이 존재한다. 따라서 대서양 유럽에서 바라보는 극동 동북아시아가 아니라 문화적 통합성을 지리적으로 품을 수 있는 지명인 '황해·동해' 지역으로 부르고 싶다.

유럽의 크리스천 문화, 아랍의 이슬람 문화와 함께 한·중·일-'황해·동해'권만큼 역사적, 사회문화적, 문자적 동질성을 가진 권역도 드물다. 나는 '황해·동해' 지역이라 주장하지만, 꼭 이것이 아니더라도 더 좋은 작명의 연구가 나오기를 바란다. 서양의 관점에서 규정한 극동 동북아시아가 아닌 이 지역을 포괄하는 보편적 endonym 지명을 꼭 탐구하기를 바란다.

'베세토'(BeSeTo)란 용어가 있다. 1990~2000년대 초 동북아공동체 논의가 한창일 때 한국·중국·일본을 하나로 묶어보려는 의미였다. 도시학에서는 쓸 만한 개념일 수 있겠다. 그러나 베세토는 북한이 빠져 있고 지나친 직선적 함의로 인해 지역을 포괄하는 의미가 약하기에 '황해 · 동해' 지역이라는 명명보다 훨씬 설득력이 떨어진다.

Ⅳ. '히말라야권': 아시아

같은 입론에서 '아시아'에 대해서도 한번 다시 생각해보았으면 한다. 서양 개념에서는 지중해 이동(以東), 그리스 이동을 모두 아시아라 한다. 여기 주민을 '아시아인'이라 한다. 인종 · 문화 · 역사적으로 하등 함의가 없는 서양적 exonym이다. 실체에 있어 지리적으로 '아시아'라 부른 지역에 인종적으로 아시안이 존재한 적이 없다. 영국의 외무성 · 국방성이나 국제에너지기구인 IEA 같은 곳에서는 아시아 하나로 묶지 않고 중동아시아, 중앙아시아, 동북아시아, 동남아시아로 나눈다. 나는 파키스탄에서 서쪽 중동 아랍권은 '아시아'라는 문화지리적 권역에서 떼는 것이 옳다고 본다. 인종적으로는 인도까지 포함하여 종교문화적으로 '황해 · 동해'권과는 동질성 연결성이 적거나 없기 때문이다.

하나의 공통점이 있다면 인도반도, 중앙아시아, 인도차이나를 포함한 동남아, 그리고 황해 · 동해 지역을 지리적으로 커버하는 조건이 있으니 히말라야산맥과 여기에서 발원하는 8대 강(황하, 양쯔강, 메콩, 갠지스, 인더스, 브라마푸트라강 등)이다. 이 지역은 지구 인구의 47%를 품고 있다.

아시아라는 exonym보다는 '히말라야권'(Himalayan Zone)이라는 이름으로 히말라야산맥과 수원지라는 지리적 동질성과 연결성을 핵심으로 '아시아'를 대체하는 것이 옳다고 본다. 더구나 히말라야는 어원부터 '눈의

집', '눈의 고원'을 뜻하는 endonym이다.

V. 통장적 장관(場觀)

1. 나의 지리 순력

내가 국민학교(요샛말로 초등학교) 때부터 성적이 특별히 우수했던 과목은 지리였다. 아주 좋아했다. 경기도 안성군 이죽면 두교리에서 나서 안성읍에서 1942년 초등학교에 입학한 내가 왜 세계지도에 그리 관심이 끌렸는지는 딱히 설명되지 않는다. 특별한 계기도 없었다. 선생님이나 주변에서 자극 준 사람도 없다. 아마 일제 말기 혹독한 시절 어떤 탈출, 어린이다운 환상, 현실 초월적 상상을 자극한 게 세계지도 보기였나 하는, 사후적 해석을 해본다. 중학교, 고등학교 시절에도 지리는 최고 점수였다.

이런 경험 축적 때문인지, 아니면 한학에 능하셨던 외할아버지 말씀대로 구천 붕정만리 날아 달릴 팔자를 타고났는지, 나는 우리 세대 사람 중에는 유난히 세계 일주를 많이 했다. 26세에 신문기자를 시작하고 4년 만의 첫 해외여행이 1962년 11월부터 1963년 2월에 걸친 90일 동안 12개국을 도는 완전한 세계 일주였다. 홍콩, 인도, 파키스탄(지금의 방글라데시 포함, 당시 East Pakistan이라 표현함), 테헤란, 이스라엘, 제네바, 파리, 브뤼셀, 본, 미국, 푸에르토리코, 일본, 대만, 일본 코스였다. 후진국 경제 개발과 선진국 국제경제기구들의 경제 시스템 공부 연수였다.

두 번째 여행은 6개월 세계 일주였다. 1966년 1월부터 29개국 순회 취재 여행이었다. 내가 1964년 말부터 1년여 준비한, 동아일보에 1년간 1주 1회 싣는 연재물 〈코리안의 고동-세계로 향하는 한국, 한국인, 한국 상품〉 취재였다. 당초에는 3개월 예정이었는데 독자 반응이 좋아서 1년 장기 연재가 되었다.

도쿄, 홍콩, 태국, 말레이시아, 싱가포르, 이란, 레바논, 이집트, 케냐, 우간다, 이탈리아, 스위스, 프랑스, 영국, 벨기에, 네덜란드, 스웨덴, 독일, 스페인, 포르투갈을 거처 귀국했다. 2020년 한국 반도체나 자동차의 세계 시장 진출, 그리고 방탄소년단과 K-pop의 세계 공연 무대 등장의 싹을 54년 전에 찾아 헤맨 것이다. 6개월 지속 취재와 취재경비 규모의 기록은 아직도 한국 언론사에서 깨지 못하고 있다.

아주 기이한 여행도 여러 번 했다. 1975년 6~7월에 걸친 서아프리카와 남미 여행은 그중에서도 으뜸이다. 안광호 KOTRA 사장을 단장으로 한 수출시장 개척 사절단이었다. 먼저 파리로 가서 옛 프랑스 식민지였던 국가들의 대사관이 많은 이곳에서 비자를 받을 예정으로 6월 13일에 서울에서 출발했다. 첫 도착지 자이르(Zaire, 오늘날 콩고민주공화국)의 수도 킨샤사에서의 상품전시회가 20일인데 전날까지도 비자가 나오지 않았다. 그다음 행선지는 아예 비자 신청도 못 했다. 파리 대사관과 현지 대사관이 애를 태우다, 비자 없이 출발하기로 했다. 비행장에 도착하면 현지 대사관에서 비행기 트랩까지 대사관 차를 대고 입국 심사 없이 공항을 빠져나오는 것이다. 그때나 지금이나 서아프리카 국가의 대부분은 기율이 없었다.

다음 날 오전 10시부터 전시회가 열리는데 밤 8시에 킨샤사 공항에 도착한 사장님들은 곧장 전시장으로 직행했다. 칸막이, 진열대, 상품 배열 등 손수 망치와 톱을 들고 밤새 작업하여 아침 개관 시간에 맞추고 이어서 온종일 손님 상담에 매달렸다. 그때만 해도 중소기업 사장님들이 해외 수출시장 개척에 직원을 데리고 다닐 형편이 못 되었다. 눈 한번 못 붙이고 식사도 제대로 못 하고 24시간 이상의 강행군으로 첫날 행사를 마치고 호텔 방으로 들어오자마자 그대로 쓰러졌던 협신양행 이용호 사장. 같이 방을 썼던 나로서는 지금도 그 모습을 회상하면 눈이 아리다. 킨샤사의 혼돈은 여기서 끝이 아니었다. 출국 직전 출입국 관리들이 일행의 지갑에서 현금을 강탈했다. 사실상 눈 뜨고 당하는 것이지만 불가항력이었다. 국가를 세우고 질서와 규범이 작동하는 나라 만들기가 얼마나 어려운 것인가를 자이르 여행에서 톡톡히 체험했다.

다음 가봉, 아이보리코스트(현재 사용되는 이름은 코트디부아르), 세네갈 모두 킨샤사처럼 불법 입·출국이었다. 세네갈에서 남미 브라질, 베네수엘라, 자메이카를 거처 미국 뉴욕 일정까지 마치고 7월 15일 귀국했다. 지구를 동서로, 또 남북으로 두 바퀴 돈 셈이다. 여권에는 서아프리카 네 나라의 출입국 도장이 없다. 파리 다음에 리우데자네이루, 브라질이 나온다.

지금 대한민국은 무비자 협정 체결국이 영국 다음으로 많다. 비자 없이 갈 수 있는 나라가 170여 국으로 덴마크와 더불어 세계 2위다. 일본 프랑스보다 많다. 1962년과 1966년 여행의 첫 기착지가 홍콩과 도쿄인 것은 그곳에서 비자를 받기 위해서였다. 그 무렵 서울에는 이른바 강대국을 제외하고는 대사관이나 영사관이 없었다. 1975년 서아프리카 여행에서 받은 고통과 질곡, 요즘 여행자들은 상상이나 할 수 있을까.

아주 특별한 지구 한 바퀴 반짜리 여행도 있다. 1992년 8월 과학기술처 장관 시절 KAIST에서 만든 과학위성을 띄우기 위해 발사대가 있는 남미 프랑스령 가이아나를 간 것이다. 파리로 가서 프랑스 과기장관과 만나고 같은 비행기로 대서양 건너 케이엔(Cayenne)으로 갔다. 위성 궤도 진입 성공의 박수를 함께 치고 이틀 만에 다시 파리를 거쳐 귀국했다. 황량한 발사기지 근처에 중국 음식점과 상점들이 눈에 많이 띄었던 기억이 의문스럽게 남아 있다.

상상하기 어려운 남북동서 지그재그 여행도 많았다. 다만 여기서 1979년 8월 13~16일 스리랑카 수도 콜롬보에서 열린 Society for International Development(SID) 16차 세계 회의 참석은 꼭 기록하고 싶다. 한국으로서 첫 참석이고 나로서는 처음 영문으로 국제무대에서 한 발표였다. 지금 읽어도 이상주의 냄새가 물씬 난다.

발표논문 제목이 〈A Proposition for the Global Welfare Tax-the road to create an Intellectual environment for a new global interdependence system and global welfare for the mass〉였다. 전 세계 빈부격차 해소와 평화 복지를 위해 다음과 같은 기준에서 '인류복지세'를 걷자는 제안이었다. 1) 자원을 많이 소비하는 나라일수록, 2) 인구가 많은 나라일수록, 3) 무역을 많이 하는 나라일수록, 4) 1인당 소득이 많은 나라일수록, 5) 군사비를 많이 쓰는 나라일수록 인류복지세를 더 많이 거두어 인류 공통의 복지 안보 교육을 위해 쓰자는 제안이었다. 1990년대 각광받던 토빈세와 같은 차원의 개념이었다. 지금 보면 조악한 영문이지만 그나마 한국 측에서는 유일한 발표였다. 나의 통장적 지명, 보편적 근거에 기초한 지명, 또는 지구촌 인류 문제 같은 문제의식의 싹을 볼 수 있다.

2. 대한민국 땅에 살면서: 통장적 장관의 개념을 갖자

나의 독특한 지리적 관심과 운명 같은 여행 경험으로 인해서 지리적 공간에 대한 냄새와 공간의 연결성에 관한 관심이 높아졌다. 특히 국경 경계선에 관한 관심이 높았다. 홍콩과 중공 간의 경계인 카오룽(Kowloon), 불교국가인 태국과 이슬람국가인 말레이시아 간의 국경, 인도와 파키스탄 간의 펀자브 경계, 이스라엘과 요르단 간의 경계, 동-서베를린 장벽, 프랑스와 독일 사이 자르 지역, 이탈리아와 오스트리아의 트렌티노(Trentino) 지역, 스위스와 독일, 프랑스, 오스트리아, 이탈리아의 연결과 스위스의 방어 차단시설 등은 직접 체험해보려는 노력을 기울였다. 서아프리카에서는 가까운 이웃 나라끼리도 비행기 편이 없어 멀리 파리까지 가서 다시 이웃 나라로 가는 직행 비행기를 타는 현실도 목격했다.

국경에서 보면 같은 땅, 같은 바다에서 하나의 끝인 동시에 또 하나의 시작, 문지방이라는 것이 하나의 경계이자 연결점이듯이, 분단과 연결을 같이 보게 된다. 라틴어에 '리멘'(Limen)이란 단어가 있다. 라틴어 사전에는 '문, 집'이라는 뜻과 '시초, 출발, 그리고 끝, 묘소'라는 뜻이 함께 있다. 탄생과 죽음이 함께 있는 단어이다. 로마 사람들은 어떤 경우에 리멘이라는 단어를 썼을까? 시작과 끝의 동시적 · 동장적 거주라는 개념의 존재가 라틴 문화에 있었음을 알 수 있다. 로마 문명 이후 너무 분절적 · 분석적 · 전문적 접근과 사고가 발전하여 리멘적 통합 · 통섭 · 융화 · 다원적 연결의 사고가 퇴화해온 것은 아닐까. 오늘날같이 인류의 생존조건이 지구적 · 세계적 차원에서 연결 · 복합 · 복잡화된 조건에서 리멘의 부활을 생각하게 된다.

이런 경험에서 생긴 개념이 '통장'이다. 과거 · 현재 · 미래라는 시간을 통시적으로 보자는 개념, 즉 시관(時觀)은 꽤 있어 보인다. Dia-chronic(통시)이라는 술어도 있다. 그러나 인간의 현장 중심적 편견 탓인지 지리 공간을, 여기저기 남북동서를 같은 차원에서 보는 개념은 숙성되지 않은 것 같다. 지리적 공간을 통장적으로 보자는 개념은 별로 없다. 그래서 내가 궁리한 것이 '통장'이란 개념이다. 영어 번역을 여러 가지 고안해보고 'Trans-geo'로 정했다. 서울대학교 이기석 교수와 해외문화관을 여러 곳 근무해 박식한 김준길 전 문공부 해외문화원장과 상의했다.

"내가 선 이 자리에서만 보면 세상이 좁아진다. 내가 선 이곳을 넘어 먼 곳도 두루 섭렵해야 한다. 이 땅의 자로 바깥세상을 재어서도 안 된다. 바깥의 자로 이 나라를 그려서도 안 된다. 이 땅에도, 바깥 세계에도 모두 자기 나름의 지리가 있고 역사가 있다. 이 땅, 이웃, 지구촌 공간을 종합해 균형 있게 아우르는 통합적 관념, 통장적 장관을 가져야 한다. 나와 우리, 우리와 남, 이곳과 저곳, 이것과 저것을 통시적 · 통장적으로 보는 융합의 안목과 균형의 지혜, 그리고 중용의 성숙만이 나와 사회 공동체와 나라와 지구촌의 생명, 안전, 평화(정의의 평화)를 얻을 수 있다." 2015년 8월 15일 작성한 나의 글 중의 한 대목이다.

내가 앞에 긴 사설을 쓴 이유는 이제 우리 인류 각자가 선 땅을 좀 더 통장적으로 보고 그런 개념에서 손을 대어보자는 데 있다. 지리와 지명학에서는 endonym의 입장에서 지구적 · 보편적 접근을 연구해보자는 것이다. 그리하여 인류 역사에서 보면 불과 500년~200년밖에 되지 않는 시기 동안 지명을 지배한 유럽 중심의 지명을 지구촌의 통장적 · 보편적 지명으로 바꾸는 '세기적' 노력을 시작해보라는 것이다.

이를 동해연구회의 발전적 새 차원의 탐구과제로 던지고 싶다. 강대국 간의 세력 균형 변동기에 큰 파란을 예고하는 시점에서 대한민국은 좁은 지정학, 지경학의 수준에서 생존 전략을 모색해서는 답이 안 보인다. 중국과 일본, 그리고 미국과 러시아를 극복하기 위해서도 우리는 모두 각각의 전문 영역에서 충실한 것은 물론, 이에 통장적 · 통시적 탐구를 더하여 좀 더 보편적 · 지구촌적 · 인류공동체적 접근의 우월성으로 이들과 겨루어야 한다. 대한민국 땅에서 사는 동해연구회 후배들에게 간절히 부탁한다.

저자 소개

김신

경희대학교 경영대학 명예교수(동해학술원장). 고려대학교 상과대학 경영학과를 졸업하고 동 대학원 경영학 박사학위를 취득했다. 현재 컬럼비아대학교 객원교수, 동해포럼 대표, 한국국제경영학회장을 역임하고 있다. 저서로 『잃어버린 동해를 찾아서(1997)』, 『East Sea(2004)』, 『동해의 경계와 명칭(2004)』, 『동해연구(2005)』 등의 저서가 있다.

김영원

현 한국외국어대학교 Language and Diplomacy 학부 초빙교수. 고려대학교 법학과를 졸업하고 동 대학원에서 법학 박사학위(국제법 전공)를 받았다. 오스트리아 Diplomatische Akademie 수료, 미국 American University(Adjunct Professor), 미국 Georgetown University(Associate), 서울대학교 행정대학원(초빙교수), 외교관으로 주프랑크푸르트 총영사, 독도영유권 대사, 국제표기명칭대사, 한일청구권협정대사, 주네덜란드대사 겸 헤이그 국제기구대표부 대사 등을 역임했다.

김영훈

한국교원대학교 지리교육과 교수. 경북대학교 지리학과를 졸업하고 영국 에든버러대학교에서 석사, 리즈대학교에서 박사를 받았다. 2013년부터 동해 명칭 논의에 참여했고, 2015년 이래 유엔지명전문가그룹(UNGEGN), 유엔지리공간정보관리위원회(UNGGIM)에 한국 대표 및 전문가로서 참여하고 있다. 현재 사단법인 동해연구회 총무이사를 맡고 있다. 주요 연구 분야는 지리정보학, 지도학이다.

김진현

세계평화포럼 이사장, 동해연구회 고문. 서울대학교 사회학과를 졸업하고 하버드대학교 니만펠로우 과정(경제개발 과정 전공)을 마쳤다. 고려대학교에서 명예 경제학박사를, 광운대학교에서 명예 공학박사를 수여받았다. 서울시립대학교 총장과 과학기술처 장관을 역임했다. 동해연구회 초대회장, 세계화추진위원장과 대한민국역사박물관 건립위원장도 역임했다. 저서로 『일본친구들에게 정말로 하고 싶은 이야기(2005)』, 『한인, 삶의 조건과 미(1995)』 등이 있다.

류연택

충북대학교 지리교육과 교수. 서울대학교 지리교육과를 졸업하고 미국 미네소타대학교에서 박사학위를 받았다. 2005년부터 동해 명칭 논의에 참여했고, 2007년 이래 유엔지명전문가그룹(UNGEGN), 국제수로기구(IHO)에 한국 대표로 참가했다. 2018년부터 2019년까지 한국도시지리학회 회장을 역임했다. 저서로 『세계의 도시와 건축(2021, 공저)』, 『도시지리학개론(2020, 공저)』, 『도시해석(2019, 공저)』이 있으며, 역서로 『지리사상사(2015, 공역)』, 『도시사회지리학의 이해(2012, 공역)』가 있다.

박노형

고려대학교 법학전문대학원 교수. 고려대학교 법과대학을 졸업하고 미국 하버드 로스쿨(Harvard Law School)에서 법학 석사학위, 영국 케임브리지대학교(Univ. of Cambridge)에서 법학 박사학위를 받았다. 사단법인 동해연구회 창립에 참여한 이후 회장을 역임했다. 현재 사단법인 국제사이버법연구회 회장, 사단법인 국제조정센터 이사장 등을 맡고 있다. 최근 저서로는 『개인정보보호법(2020)』이 있다.

박재훈

인하대학교 해양과학과 교수. 서울대학교 해양학과를 졸업하고 동 대학원에서 석사학위를 받은 후 일본 히로시마대학교에서 박사학위를 받았다. 2018~2019년에는 사단법인 한국해양학회 감사를 맡았고, 현재는 사단법인 동해연구회 이사, 한국해양학회 재무이사, 국제해양물리학연맹(IAPSO)의 집행위원을 맡고 있다. 동해의 물리해양학적 현상을 연구한 학술 논문 20여 편을 해양학 분야 국제학술지에 게재했다.

심문보

한국해양조사협회 해양조사기술연구소장. 인하대학교 해양학과를 졸업하고 동 대학원에서 박사학위를 받았다. 1993년부터 2017년까지 국립해양조사원에서 근무하며 해양조사 업무를 수행했고, 2009년부터 1년간 모나코의 국제수로기구(IHO) 사무국(IHB)에서 파견관으로 근무했다. 2015년까지 국립해양조사원의 국제협력 업무를 담당하며 IHO 회의에 한국 대표로 참석하고, 동해 지명 관련 업무를 수행했다. 현재 한국수로학회 감사, 광명시 텃밭보급소 운영위원을 역임하고 있다. 연구 저서로 『울릉도와 독도의 거리와 해류에 관한 연구(2006)』가 있다.

유의상

한중문화협회 상임부회장. 한국외국어대학교 영어학과를 졸업(1981)하고 미국 위스콘신 주립대학교 매디슨교에서 정치학 석사(1988), 광운대학교에서 일본 전공으로 지역학 박사학위(2016)를 받았다. 1981년 제15회 외무고시를 통해 외교부에 들어가 37년간 외교관 생활을 했으며, 퇴직 전 5년간 동북아역사재단에 파견되어 독도, 동해 표기 명칭 문제를 담당하는 국제표기명칭대사로서 주요 국가, 지도 제작업체 등을 대상으로 한 동해 명칭 확산 교섭과 캠페인 활동에 주력했다. 저서로 『대일외교의 명분과 실리(2016)』, 『13년 8개월의 대일협상(2016)』 등이 있다.

윤경호

매일경제 신문발전위원 겸 MBN 비상임논설위원. 매일경제신문에서 워싱턴특파원, 경제부장, 논설위원 등을 거쳤다. 동해와 일본해 병기 문제에 대해 객관적인 전달자 역할을 하다가 2014년부터 동해연구회에 동참해 한 걸음 더 깊게 다가서 활동 중이다. 연세대학교 정치외교과를 졸업했고 동국대학교에서 법학 박사학위를 취득했다. 저서로 평론집 『경제의 창으로 보는 세상』, 취재록 『워싱턴특파원 1200일의 기록』 등이 있다.

윤옥경

청주교육대학교 사회과교육과 교수. 서울대학교 사범대학 지리교육과를 졸업하고 동 대학원에서 박사학위를 받았다. 국가지명위원을 역임했고 2009년 이래 국립해양조사원의 해양 지명 교육 관련 프로그램(교사연수 및 해양탐구학교 등)을 조직하여 운영해왔다. 『고등학교 한국지리(지학사, 2014)』, 『중학교 사회과부도(지학사, 2018)』, 『고등학교 사회과부도(지학사, 2018)』 등의 교과용 도서를 저술했고, 공저로 『교사학습공동체의 이론과 실제(2019)』가 있다.

이기석

서울대학교 지리교육과 명예교수. 서울대 사범대학 지리교육과를 졸업하고 미국 미네소타주립대학교에서 박사학위를 받았다. 동해연구회 창립회원으로 1994년 이래 UN과 IHO 관련 회의에 참여했다. 현재 동해연구회 고문, 사단법인 독도보전협회 회장을 맡고 있다. 주요 동해 관련 연구로는 『The Virginia Geographer(1999)』에 게재된 "The Historical Precedent for the Geographical Name of 'East Sea(Sea of Japan)'"이 있다.

이상태

한국영토학회 회장. 연세대학교 사학과를 졸업하고 동국대학교에서 박사학위를 받았다. 1994년 동해연구회 창립회원이고, 1995년 제1회 국제세미나부터 2021년 제25회 국제세미나까지 모두 참석하여 논문을 발표했다. 2005년부터 2015년까지 동해연구회 부회장으로 활동했다. 저서로 『한국 고지도 발달사(1999)』, 『사료가 증명하는 독도는 한국 땅(2006)』 등이 있다.

이창위

서울시립대학교 법학전문대학원 교수. 고려대학교 법과대학을 졸업하고 동 대학원에서 법학 석사, 일본 문부성 장학생으로 게이오대학교에서 법학 박사학위를 취득했다. 국제법, 해양법 및 북핵 문제의 학제간 연구를 전문 연구 분야로 하고 있다. 현재 세계국제법협회(ILA) 한국본부 회장을 맡고 있으며, 국제해양법학회 회장(2015~2017)을 역임했다. 저서로 『북핵 앞에 선 우리의 선택』(2019)이 있다.

주성재

경희대학교 지리학과 교수. 서울대학교 지리학과를 졸업하고 미국 버팔로 뉴욕주립대학교에서 박사학위를 받았다. 2004년부터 동해 명칭 논의에 참여했고, 2006년 이래 유엔지명전문가그룹(UNGEGN), 국제수로기구(IHO)에 한국 대표로 참가했다. 현재 사단법인 동해연구회 회장, 국가지명위원회 위원장, 유엔지명전문가그룹 부의장을 맡고 있다. 저서로 『인간 장소 지명(2018)』, 『분쟁지명 동해(東海 East Sea), 현실과 기대(2021)』가 있다.

진준호

한국해양조사협회 이사장이자 (현)엘티메트릭 부회장. 군산대학교에서 토목공학 석사학위를 받았다. 해양수산부 국립해양조사원 해도과장, 수로측량과장을 역임했고, 2007년 해양수산부 해양영토과에서 동해 명칭 표기 업무를 담당했으며, 2008년 국제수로기구(IHO) 파견근무, 2014년 IHO 특별총회 한국 대표단장으로 참가했다.

최양선

동명대학교 초빙교수(예비역 해군 준장). 해군사관학교 졸업 후 독일과 미국에서 유학하고, 전투병과 장교(잠수함 함장)로 근무했다. 경남대학교에서 정치학 박사학위를 받았으며 2017년부터 동명대학교에 재직 중이다. 2012년 국제수로기구(IHO) 총회에 정부대표단으로 참가했고, 2017년부터 동해연구회 이사로 활동 중이다. 현재 동해연구회 부회장을 맡고 있다.

김기덕

인하대학교 해양과학과 석사과정 학생. 2021년에 인하대학교 해양과학과를 졸업했고 동 대학원(해양물리과정분석연구실)에서 석사과정 중에 있다. 2018년 한국해양과학기술원 부설 극지연구소의 대학생 기자단으로 활동했고, 2019년 인하대학교 해양과학과 39대 학생회장을 맡은 바 있다.